BIM 正向设计方法与实践

罗赤宇　焦　柯　吴文勇　金　钊　主编

中国建筑工业出版社

图书在版编目（CIP）数据

BIM正向设计方法与实践/罗赤宇等主编. —北京：中国建筑工业出版社，2019.5
ISBN 978-7-112-23342-7

Ⅰ.①B… Ⅱ.①罗… Ⅲ.①建筑设计-计算机辅助设计-应用软件 Ⅳ.①TU201.4

中国版本图书馆CIP数据核字（2019）第033476号

本书对建筑、结构和机电专业的BIM正向设计方法进行了系统的研究总结，为设计人员进行BIM正向设计提供了操作性强的设计方法与理论指导。全书共分为10章，包括：概述、BIM正向设计项目管理、BIM设计模型管理、BIM正向设计流程、BIM三维设计方法、BIM正向设计协同管理平台、BIM正向设计常用软件、结构BIM正向设计软件GSRevit应用、超高层办公楼建筑BIM正向设计以及综合体建筑BIM正向设计。本书内容全面，实用性强，可供建筑行业设计单位从事BIM设计的人员参考使用。

责任编辑：王砾瑶　范业庶
责任校对：王　瑞

BIM正向设计方法与实践
罗赤宇　焦　柯　吴文勇　金　钊　主编
*
中国建筑工业出版社出版、发行（北京海淀三里河路9号）
各地新华书店、建筑书店经销
霸州市顺浩图文科技发展有限公司制版
天津翔远印刷有限公司印刷
*
开本：787×1092毫米　1/16　印张：19　字数：459千字
2019年5月第一版　2019年5月第一次印刷
定价：**59.00**元
ISBN 978-7-112-23342-7
（33647）

本书编委会

主　编：罗赤宇　焦　柯　吴文勇　金　钊

编　委：陈卫民　许志坚　浦　至　周敏辉　区　彤　王华林
陈少伟　郑　昊　杨　新　莫颖媚　陈剑佳　黄高松
霍浩彬　赖鸿立　蔚俏冬　蒋运林　蔡凤维　袁　辉
林广都　鲁　恒　唐　煜

前　言

BIM 正向设计通常是指基于 BIM 技术“先建模，后出图”的设计方法。目前大多数 BIM 项目采用的是 BIM 翻模设计，即先有图纸再建立 BIM 模型，这既不符合 BIM 理念，也无法体现 BIM 的价值。BIM 设计的真正价值在于多专业利用三维协作平台显著提升设计效率，解放设计师的创造力和生产力。BIM 正向设计方法要求将设计问题前置，进行实时协调实时同步，利用模型实现设计配合。因此，BIM 正向设计对从业人员提出了更高的要求。

本书对建筑、结构和机电专业的 BIM 正向设计方法进行研究总结，为设计人员进行 BIM 正向设计提供操作性强的设计方法与理论指导。将 BIM 技术融入设计人员的日常工作中是 BIM 理念落地的关键，也是编写本书的目的。

本书第 1 章是概述。第 2 章和第 3 章对 BIM 正向设计过程中项目管理和 BIM 设计模型管理进行了探讨，通过规范化项目管理，可以有效提升 BIM 设计模式下的工作效率和工作质量。第 4 章从 BIM 正向设计流程和模型内容出发，分析了各设计阶段 BIM 应用要点，引导 BIM 正向设计的流程化实施。第 5 章分析了建筑、结构和机电专业 BIM 正向设计的技术要点、操作细则、注意事项及示例，为各类工程提供具体可操作的实施方法。第 6 章在传统 CAD 协同设计的基础上分析了 BIM 正向设计协同的需求，给出了基于现有管理系统的实现方法。第 7 章介绍了现阶段设计过程中常用到的 BIM 软件，以及基于 Revit 二次开发的常用插件使用功能。第 8 章详细介绍了结构 BIM 正向设计软件 GSRevit 的应用。GSRevit 系统实现了结构快速建模、计算、自动成图及装配式设计功能，大大降低了 BIM 应用门槛。第 9 章和第 10 章分别介绍了超高层办公楼建筑和综合体建筑基于 BIM 正向设计的工程应用，可作为设计单位推广 BIM 正向设计的参考。

限于作者水平，本书论述难免有不妥之处，望读者批评指正。

目　　录

第1章 概 述

1.1 BIM正向设计的意义

何为BIM正向设计目前无统一的定义。通常意义上的BIM正向设计，是指基于BIM技术“先建模，后出图”的设计方法，区别于“先在CAD中出图，后通过BIM软件进行三维翻模”的设计方法。BIM正向设计要求设计师将设计思想首先表达在三维模型上，并赋予相应的信息，之后再由三维模型输出二维图纸。其目标是使设计师能在三维的信息化平台上，直观地表达设计思想，省去“设计时由三维表达为二维，施工时由二维还原为三维”的过程，并通过计算机的参数化功能减轻设计师的一部分工作量，使设计师能够专注于设计，而非专注于绘图。

BIM正向设计也是一次对传统项目设计流程的再造，三维设计的高集成性有别于传统设计图形+表格的设计流程，使不同维度的信息在同一平台中高度集成，有利于帮助设计人员理清项目思路，获取管理信息，从而提高设计质量。

目前较为常见的是BIM翻模设计，在CAD图纸完成之后，由BIM建模人员将二维施工图转换为三维BIM模型，并根据后续的模型使用目的确定翻模的深度以及要添加的信息，相对于BIM正向设计，通常将上述方式称为“BIM逆向设计”。在逆向设计的流程下，BIM模型通常作为二维施工图的补充扩展以及几何校核。然而由于传统基于CAD的工作流程中，存在大量的“三边”工程以及图纸改动频繁的现象，逆向设计很难与传统设计保持一致的节奏，因而，在经过长时间的配合后，逆向设计形成的BIM模型常常与施工图不完全一致。在国家规范层面上，目前仅二维蓝图具有法定的公信力，BIM模型本身并不具备国家规范赋予的公信力，因此与施工图不完全一致的BIM模型经常不能作为传递到下一个流程的交付物，进而失去继续深化的价值和信息传递的价值。而BIM正向设计无此硬伤，有望改变这种现状，进一步推动BIM技术的发展。

1.2 BIM正向设计的特点

三维设计的好处是基于直观的三维模型，不仅各专业设计人员对设计的理解可以趋同，业主、施工、物业对于图纸的理解也将趋同。这将在整体层面提高设计效率，减少后期改图、施工配合出现问题的可能。

1. 解放生产力

传统二维设计由于设计工具及手段的限制，禁锢了设计师的创造力和生产力。设计师大部分的精力是放在制图和图纸修改上而非设计优化和空间创造上。BIM正向设计可以帮助设计师将更多精力用于设计本身，降低在图纸和表达上花费的精力，从而实现对生产力的解放。

利用 BIM 模型也可以有效降低沟通成本，尤其是非专业业主，较原来抽象的二维图纸。利用 BIM 模型进行多方沟通可以有效提高沟通效率。

2. 设计问题前置化

传统设计是以提一次资换一次底图为一个迭代周期，而 BIM 正向设计可以是以模型同步为一次迭代周期。各专业可以更快更方便地实现信息沟通。由于模型中包含有参与设计的所有专业信息，很多设计问题都可以及时被发现，有效提高了设计质量，避免后期返工现象。

站在工程全生命周期的角度看，问题前置也不仅仅指设计阶段。这里的前置也可以理解为设计阶段的设计方向的“显性”风险、施工阶段安全和质量的“显性”风险、运营阶段的故障和维护的“隐性”风险。在开展相关任务之前就提前预判风险的时间和空间，从而采取有效措施来应对和化解相关风险，可有效提升工程项目的质量和安全。

3. 实时协调实时同步

BIM 设计自带协同，相比传统二维设计，三维设计迭代周期短，问题暴露全面。如结构设计过程中可以方便链接机电模型，方便预判结构梁布置形式，提前为机电管线预留排布空间。机电可以在设计过程中快速查询土建布置，优化自身路由。

由于地域限制，传统 CAD 模式协同往往是单向的，如方案通过压缩包形式将全套图纸打包发给施工图设计单位，施工图设计单位通过压缩包将全套图纸打包发给施工单位。现有 BIM 软件可以通过广域网实现跨地域协同，各方可以存取同一个模型，在同一个模型上进行批注和修改。这就有效降低了沟通壁垒，实现理想化的实时协同。

同时传统设计由于基于二维图形，容易出现方案设计与施工图设计的设计偏差导致项目完成度不高，效果出不来。基于 BIM 正向设计的项目具备直观、可视化、所见即所得的特点，因此可以更好地帮助业主实现一体化设计。

4. 更深入的信息留存

传统二维设计无法快速查询到单个构件的信息，门窗、设备参数等重要信息无法快速查询、提取，往往基于图表等辅助手段进行记录。BIM 软件的信息留存是面向单个构件的，不仅可以方便筛选，也可以快速提取，甚至可以在不同阶段不断添加信息，其信息的全面和完整性是传统设计流程所无法企及的。

在项目实施过程中，很多在二维设计无法得到良好解决的问题通过 BIM 正向设计可以得到妥善解决。同时 BIM 模型也是真实物理实体的虚拟映射，我们也能借助这个虚拟实体做更多的工作以帮助解决真实实体可能发生的设计或施工困难。

1.3 BIM 正向设计的现状及存在问题

从设计院的角度，由基于 CAD 的设计走向基于 BIM 的正向设计需要经历三个阶段。

第一个阶段是熟悉软件，也就是从图纸到模型。建模工作是设计的基础工作，不论是后 BIM 管综还是正向设计，只有熟练掌握了建模方法，才能有利用模型产生价值的可能。

第二个阶段是实现模型到图纸。这个阶段需要制作大量的符合当地出图习惯的二维族，还需要大量修改族的二维平面表达。因此不仅需要设计人员掌握快速建模的方法，还需要掌握建族的技巧以及使用族的二维表达技巧。

第三个阶段是实现利用模型完成设计配合。本阶段需要设计人员不仅具备以上两个阶段的能力，还需要能够利用模型互相提资、沟通的能力。需要多专业有组织地利用模型进行沟通和协调。如利用体量模型进行机房及设备占位、空间协调等工作。

目前，大多数设计院都能顺利完成第一阶段，但到了第二阶段就会遇到一定的瓶颈，只有少数设计院能在某个专业中做到第三阶段。

设计院在第二阶段中遇到的瓶颈大体上可以分为两类问题，一类是总体应用问题，另一类是局部应用问题。总体应用问题是大多数设计院普遍遇到的问题，并且难以通过个别人员、个别单位的努力解决，需要从整个行业的角度去解决；局部应用问题是目前困扰设计院但有望通过自身的努力去解决的问题。

BIM 正向设计的总体应用问题主要有：文件的责任问题、技术规范和标准问题、成本问题、出图问题、技术文件存档问题、软件的不完善问题、应用和交付深度问题等；BIM 正向设计的局部应用问题主要有：建模效率问题、模型计算问题、校审问题、出图标注问题等。

上述问题主要是设计行业内部的问题。在实际的项目应用上，还存在着 BIM 正向设计与目前地产公司推行的“高周转”并不十分契合的问题。产生该问题的原因主要是传统的 CAD 制图法只在计算机中绘图，再由人工对信息的关联性进行处理，因而速度快，可兼容一定的“不精确”内容，而 BIM 正向设计需要在设计前期与计算机通过大量对话输入数据，从而在后期实现对信息的自动处理，进而产生收益。因此，BIM 正向设计要求前期有较大的时间投资，与传统的思维习惯和工作节奏不一致，实际项目应用中就出现了“无法根据业主要求冲刺时间节点”的现象，很多 BIM 正向设计项目遇到“冲节点”的情况便会夭折。

1.3.1 总体应用问题

1. BIM 文件责任

BIM 文件法律风险主要来自于 BIM 数据的所有权以及如何利用一定的方法来保护这些数据。

1）由于 BIM 设计采用的是协同设计方式，因此存在着各个设计阶段以及在各个专业之间、专业内部操作权限问题；

2）由于 BIM 平台的数据来自于工程设计项目的各方，因此在客观上存在着如何保证录入到模型中数据的正确性，及知识产权归属问题；

3）BIM 平台的共享数据来自于工程设计项目的各方，因此在客观上存在着在不同设计阶段将以何种格式、何种方式来提交 BIM 过程文件以及 BIM 成果的问题。

2. BIM 管理方法和技术标准

BIM 技术的引进将影响传统工程设计流程中的各节点内容，包括工程的整体管理方法，ISO 标准和技术标准等内容。对此，需落实国家和地方相关 BIM 规范及标准，以及提升 BIM 管理方法和技术标准与工程项目流程的融合度。

3. BIM 资源配置

BIM 技术引入到工程设计项目中，需要调整传统设计模式下的资源配置。

1）BIM 软件对计算机的配置要求较高，除了三维设计的软硬件使用，还包括后期的维护；

2）BIM 模型数据主要以电子文件的形式存档，需要搭建用于存储模型数据资源的中心服务器，包括后期的维护；

3）工程项目实施过程中要求组织对 BIM 人员的软件培训和 BIM 技术应用培训；

4）配置 BIM 设计人员和工作岗位。

4. BIM 软件使用

1）BIM 软件对计算机硬件配置要求较高；

2）目前 BIM 软件以国外软件为主，本土化程度不够，影响推广应用；

3）BIM 技术的应用是多款 BIM 软件结合使用的成果，软件之间模型的转换有利于模型的重复利用，降低出错率，因此要求软件之间实现接口功能。

5. BIM 应用成果

以 BIM 为基础的工程设计，形成的工程设计成果文件不仅包括传统的工程设计图纸和文档资料，还包括以下内容：

1）不同设计阶段，不同专业软件的 BIM 数据模型文件；

2）用于快速浏览的三维轻量化模型文件；

3）用于可视化演示的多媒体文件。

6. 施工图纸

BIM 设计依然是传统线性工作流，但与传统二维 CAD 设计工作流不同的是，BIM 设计以一种不断演进的方式在完善项目涉及内容。BIM 设计本身就是一种协同设计，传统设计中不同楼层的关系是通过二维对位进行协调的，而三维设计本身就具备空间对位能力，其空间逻辑、专业逻辑明晰，是有利于设计的准确与清晰的。所以最终的出图形式是 BIM 设计过程实施的关键。

7. BIM 成果文件存档

现阶段各地城市档案馆的文件存储使用的是蓝图微缩技术，部分省市采用电子报批、电子存档。目前缺少 BIM 技术文件存档的标准，同时现有建设档案馆数据库的硬件及软件条件不足以满足 BIM 存档的要求。

1.3.2 局部应用问题

1. 建模效率

制图快慢，与软件成熟度以及设计人员的能力有很大关系。目前 BIM 设计软件还是以国外软件为主，本地化程度不够，软件之间的接口不完善，BIM 数据互通性差等因素影响到设计制图的效率。

2. 出图标注

国内图纸交付还是以二维为主，三维出图还是需要根据以前的出图标准去完成，这就加大了出图标注的难度。

3. 模型计算

模型精细度以及软件间接口的问题，直接导致结构模型计算的准确与否。

4. 校审

校审是一项繁琐、细致的工作，数据源的种类繁多错综复杂，因此校审人员除了要有丰富的经验以及专业知识外，还需要掌握 BIM 软件，有 BIM 技术应用的经验，及时发现模型转换中数据丢失等问题，这些是制约校审工作的主要原因。

1.4 影响正向设计质量和效率的不利因素

正向 BIM 设计是通过三维模型来表达设计思路，基于三维模型实现各专业的协同设计，并根据完善后的模型生成二维图纸。传统二维设计的图纸站在各个专业角度看也许是没问题的，但在施工现场常常发现各类错漏碰缺。此外，还存在不同设计人员的绘制手法不统一导致图纸理解错误，各专业信息交流差，相互配合不到位等问题。

传统设计是结果导向型，图纸表达的是设计结果。BIM 正向设计是过程导向型，图纸表达的是设计过程（模型）的结果，由于多了设计过程这一阶段，从原理上说 BIM 正向设计必然慢于传统设计。想从正向设计中获得效益必然不是从提高单专业或者个人设计效率获得的，而是从多专业协同中获得更高的效率，从而实现在整个设计周期中做到比传统设计模式更快更好的目标。

另外，人才储备也是影响 BIM 发展的重要因素。目前 BIM 专职人员较少，且大部分专职从事 BIM 的技术人员缺乏设计经验，其工作主要以翻模为主，设计工作还是由设计师完成。因此，大部分项目都需要 BIM 工程师与设计师协作才能完成 BIM 设计，既影响了项目进度，还经常由于一些协同问题产生矛盾。缺乏既有设计经验又掌握 BIM 技术的工程师，将成为设计院开展 BIM 正向设计工作的最大障碍。

下面从不同专业角度来分析 BIM 正向设计较传统二维设计慢的技术层面原因。

1.4.1 建筑专业

传统设计是一种二维设计思维，如绘制 CAD 图，设计人员仅需要考虑 X、Y 方向构件位置，Z 方向是在立面剖面图中表达或通过引注表达，其中大部分设计元素无需考虑 Z 轴内容。从效率上讲，这样的确提高了设计效率。但从影响来看，常规设计中不带 Z 轴的思维方式是产生大部分错漏碰的根本原因。如设备间需要做反坎，在二维设计中仅需要多表达一根线并在设计说明中通过文字描述即可，而三维设计中则需要逐一修改各个门的高度。又比如局部需要升降板，绘制 CAD 仅需框选一个范围加填充，而 BIM 模型需要建立两块不同标高的楼板并逐一设计高度差。以上两点只是正向设计比传统二维设计多出来的一部分工作量，这部分多出来的工作量就是精细化设计所带来的增量成本。

其次是 BIM 软件上手有难度。BIM 软件中一旦模型建好，在 BIM 平台中修改模型的工作量是要大于在 CAD 平台中修改线条的，这部分工作也是精细化设计所带来的增量成本。

国内工程项目往往是“三边”工程，边设计、边修改、边建造。这种形态的工程逻辑是迅速从粗糙的方案变为有一定深度的图纸，再在这个有较高深度的图纸中进行大面积调整。以 BIM 模型所代表的真实世界的虚拟镜像是较为复杂的，这类在一定深度模型中修改所带来的工作量远大于在粗糙模型中的修改工作量。成本上的增加也是阻碍 BIM 正向设计的重要因素。

1.4.2 结构专业

结构专业有自己的常用结构设计软件，如 YJK、PKPM 等，在 GSRevit 推出之前，结构 BIM 推广缓慢的原因在于结构计算模型与结构 BIM 模型不能互通导致的重复建模。虽然结构计算软件与结构 BIM 互导插件很早就出现了，但事实上这类互导插件并没有达到实际使用层面上"好用"的程度。主要原因是：

1）结构计算模型本身的简化性

结构计算的原理及当前技术水平决定了计算模型是满足计算简图要求的简化模型。譬如，梁柱构件简化为一种"线模"，"线模"没有宽度没有高度，只是理论中的一根线，因此偏心、降板都可以在"线模"中简化不表达。而实际工程则需要考虑偏心、梁板的偏离等问题。这就带来了计算模型和施工图模型的理论偏差。

2）结构模型的导出单向性

结构模型一般是从计算模型导出到 BIM 模型，从 BIM 模型导出到计算模型的还比较少，为提高计算效率，计算模型往往建得比较粗糙，造成计算模型导出到施工图模型后极大的模型深化工作量。同时在 BIM 模型上完成的设计和优化工作无法返回计算模型，导致要维护两个模型增加重复建模的工作量。

1.4.3 机电专业

正向设计后机电专业的工作量实际上是大幅度增加的。机电专业很多管线是通过线来表示的，如电气专业的线管，现在要将原来很简单的线模改为真实实体模型，建模工作量大增。又比如给水排水专业的厕所回弯。这类信息在传统设计中常常忽略，但 BIM 正向设计后，这类不影响关键设计但影响设计品质的因素会越来越多。不排除未来建筑设计会由现有的设计师画图转变为设计师＋深化设计师两个层级的可能。

机电专业强调的是系统性，给水系统、排水系统、防排烟系统、新风系统等，CAD 在平面上管线的表达可以说是在机电各系统下抽象概念性的路由表达，非三维实体的准确表达。二维到三维的升维过程，本身就是信息的升级。在三维中的表达，对比之前通过线表达管线，该设计是否可行是否有碰撞可以通过图形直观观察到，相当于已自带其与土建专业"协调"功能。各管线从平面的简单的线条连接变为三维实体连接，需要考虑和增加的信息量更大。

其次，现有出图标准仍为二维出图标准，三维中利用视图作二维平面后，仍需手动补充许多二维注释，这些二维注释仅为满足审图或出图需要，在三维中这些信息不是必须的或者是无效的。这给 BIM 正向设计增加很多附加工作。

再次，相比于土建专业，机电专业需要高一个数量级的三维连接构件，在一定深度模型中修改所带来的工作量很多是低效重复的，这一点对于机电专业表达更为突出。

1.5 BIM 技术标准发展现状

1.5.1 国外及中国香港 BIM 技术标准

（1）国外 BIM 发展

BIM标准从提出到逐步完善，再到工程建设行业的普遍接受，经过了几十年的历程。BIM技术在国外的起步相对较早，应用也比较广泛。国际上已发布的BIM标准主要分为两类：第一类是行业推荐性标准，由行业性协会或相关机构提出的推荐做法，通常不具有强制性；第二类为针对具体软件的使用指南，是针对BIM软件应用的指导性标准。

1）美国BIM标准

2003年，美国总务署推出了全国3D-4D-BIM计划。2006年10月，美国陆军工程兵团发布了为期15年的BIM发展路线规划。2007年美国国家建筑科学研究院发布了“基于IFC标准制定的BIM应用标准”NBIMS-US的第一个版本。主要包括了关于信息交换和开发过程等方面的内容，明确了BIM过程和工具的各方定义、相互之间数据交换要求的明细和编码。2012年5月，NBIMS-US发布NBIMS的第二版的内容。

2）英国BIM标准

2009年11月英国建筑业BIM标准委员会发布了“AEC（UK）BIM标准”，2011年6月发布了适用于Revit的英国建筑业BIM标准。主要包括模型命名、对象命名、单个组件的建模、与其他应用程序或专业的数据交换等。2015年6月，发布BIM技术协议第二版。

3）挪威BIM标准

2011年，挪威发布了“BIM手册（1.2版本）”，手册中提出了BIM有关要求和BIM在各个建设阶段参考用途的信息。

4）澳大利亚BIM标准

2009年，CRC Construction Innovation发布了“Nation Guidelines for Digital Modeling”，面向澳大利亚建筑行业所有参与方的BIM实施指南。

5）新加坡BIM标准

2012年5月，新加坡建设局发布了BIM指南。其内容包括BIM规范和BIM建模及协作程序。概述了项目成员在项目的不同阶段使用建筑信息模型（BIM）时的角色和职责。它被用作制定BIM执行计划的参考指南。

6）日本BIM标准

2012年7月，JIA（日本建筑学会）发布了BIM指南，从BIM团队建设、BIM数据处理、BIM设计流程、应用BIM进行预算、模拟等方面为日本的设计院和施工企业应用BIM提供了指导。

7）韩国BIM标准

2010年1月，韩国国土交通海洋部发布了建筑领域BIM应用指南，主要是用于指导业主、施工单位和设计师等如何实施BIM技术。

（2）中国香港BIM标准

香港房屋委员会于2008年开始编写BIM标准，内容包括BIM用户指引、BIM标准手册和BIM构件库组件参考，第一版于2009年11月推出，该BIM标准规范了BIM在项目每个阶段的模型内容深度标准、模型文件格式、文档名、档案系统架构等，让系统参与者有共同的工作平台。2017年11月，机电工程署发布了BIM-AM标准与准则1.0。

1.5.2 中国内地 BIM 技术标准

随着信息化程度的不断深入，现有基于二维的建筑表达方式已不能满足行业进一步发展的要求，实施 BIM 技术已成为建筑业信息化的必然选择。内地针对 BIM 标准的研究大体分为两类：BIM 框架标准和 BIM 行业标准。

（1）中国 BIM 框架标准

2011 年，清华大学软件学院 BIM 标准研究课题组发布了《中国建筑信息模型框架研究（CBIMS)》，在分析了国际 BIM 标准体系框架和中国 BIM 标准的实际需求后，提出一个与国际标准接轨并符合中国国情的开放的中国建筑信息模型标准，分为理论研究和实例研究两部分。2012 年发布了《设计企业 BIM 实施标准指南》，该标准指南从设计企业内多专业、全周期的角度对 BIM 整体应用进行系统性分析研究，从 BIM 设计过程的资源、行为、交付三个基本维度，给出了设计企业实施 BIM 标准的具体方法和实践内容。

（2）建筑工程 P-BIM 软件功能与信息交换标准

2017 年，中国工程建设标准化协会建筑信息模型专业委员会（中国 BIM 标委会）组织编制的建筑工程 P-BIM 软件功能与信息交互标准正式发布，形成《建筑工程 P-BIM 软件功能与信息交换标准合集》，如表 1.5-1 所示。加上《规划和报建 P-BIM 软件功能与信息交换标准》和《规划审批 P-BIM 软件功能与信息交换标准》，构成 13 项 P-BIM 协会标准。

建筑工程 P-BIM 软件功能与信息交换标准合集 **表 1.5-1**

合集名称	标准名称
合集(一)	《岩土工程勘察 P-BIM 软件功能与信息交换标准》T/CECS-CBIMU 3-2017
	《建筑基坑设计 P-BIM 软件功能与信息交换标准》T/CECS-CBIMU 4-2017
	《地基基础设计 P-BIM 软件功能与信息交换标准》T/CECS-CBIMU 5-2017
	《地基工程监理 P-BIM 软件功能与信息交换标准》T/CECS-CBIMU 6-2017
合集(二)	《混凝土结构设计 P-BIM 软件功能与信息交换标准》T/CECS-CBIMU 7-2017
	《钢结构设计 P-BIM 软件功能与信息交换标准》T/CECS-CBIMU 8-2017
	《砌体结构设计 P-BIM 软件功能与信息交换标准》T/CECS-CBIMU 9-2017
合集(三)	《给水排水设计 P-BIM 软件功能与信息交换标准》T/CECS-CBIMU 10-2017
	《供暖通风与空气调节设计 P-BIM 软件功能与信息交换标准》T/CECS-CBIMU 11-2017
	《电气设计 P-BIM 软件功能与信息交换标准》T/CECS-CBIMU 12-2017
	《绿色建筑设计评价 P-BIM 软件功能与信息交换标准》T/CECS-CBIMU 13-2017

（3）中国 BIM 行业标准

为推动中国 BIM 行业的不断发展，行业上着力于从不同层面上规范 BIM 标准内容。2017 年，住房城乡建设部发布了国家标准《建筑信息模型应用统一标准》，主要是对建筑工程信息模型在各工程实施阶段的建立、共享和应用进行规定，其中包括模型数据要求，应用要求，项目或企业实施要求等内容。

此外，还有各地方 BIM 标准文件，如 2013 年北京市发布的《民用建筑信息模型设计标准》等；各行业 BIM 应用标准，如 2015 年中国安装协会标准工作委员会发布的《建筑机电工程 BIM 构件库技术标准》等；各企业 BIM 应用标准，如 2015 年中国建筑西北设计研究院有限公司发布的《中建西北院 BIM 设计标准 1.0》等。

1.5.3 BIM 技术标准分类

按照一定的层级结构，BIM 技术标准大致可以划分为以下几类：国家标准、地方标准、行业标准、企业标准。

国家标准：主要由国家建设工程管理部门主导，对 BIM 技术的基本内容进行规定，所制定的适用本土化 BIM 技术发展的标准文件。

地方标准：主要由地方建设工程管理部门主导，结合地方政策需求，制定适用于本地区 BIM 技术发展的标准文件。

行业标准：主要由各行业协会牵头，结合各行业的应用特点和实施要求，组织编制适用于各行业 BIM 技术发展的标准文件。

企业标准：主要由企业本身主导，综合考虑企业本身的发展特点、建筑工程应用范围所制定的适用于企业 BIM 技术发展的标准文件。

国内部分 BIM 技术标准如表 1.5-2 所示。

国内部分 BIM 技术标准 **表 1.5-2**

序号	标准层级	发布/编制单位	标准名称	实施时间
1	国家标准	住房和城乡建设部	《建筑信息模型应用统一标准》	2017 年 7 月
2			《建筑工程设计信息模型分类和编码标准》	2018 年 5 月
3			《建筑工程设计信息模型制图标准》	2019 年 6 月
4	地方标准	北京市地方标准	民用建筑信息模型设计标准	2013 年 12 月
5		上海市城乡建设和管理委员会	建筑信息模型应用标准	2016 年 9 月
6			上海市建筑信息模型技术应用指南(2017)	2017 年 6 月
7		四川省住房和城乡建设厅	四川省建筑工程设计信息模型交付标准	2015 年 12 月
8		成都市城乡建设委员会	成都市民用建筑信息模型设计技术规定	2016 年 10 月
9		河北省住房和城乡建设厅	建筑信息模型应用统一标准	2016 年 9 月
10		深圳市建筑工务署	BIM 实施管理标准	2015 年 4 月
11		江苏省住房和城乡建设厅	民用建筑信息模型设计应用标准	2016 年 9 月
12		广东省住房和城乡建设厅	广东省建筑信息模型应用统一标准	2018 年 9 月
13	行业标准	中国建筑装饰协会标准	建筑装饰装修工程 BIM 实施标准	2016 年 12 月
14		中国勘察设计协会市政工程设计分会	中国市政行业 BIM 实施指南	2015 年 8 月
15		上海申通地铁集团有限公司	城市轨道交通工程建筑信息模型建模指导意见	2014 年 9 月
16		中国安装协会标准工作委员会	建筑机电工程 BIM 构件库技术标准	2015 年 7 月
17	企业标准	中国中铁股份有限公司	中国中铁 BIM 应用实施指南	2016 年 1 月
18		中国建筑西北设计研究院有限公司	中建西北院 BIM 设计标准 1.0	2015 年 2 月

第 2 章　BIM 正向设计项目管理

BIM 模型的建立以及模型出图已不再是推进 BIM 设计的难点，如何将 BIM 技术融入到设计人员的日常设计生产任务中是 BIM 设计落地需要攻克的难关。本章主要对 BIM 正向设计过程中如何有效管理进行了探讨。分析了国内设计院的常见类型；对比了现行设计工作与 BIM 正向设计工作的异同；讨论了 BIM 正向设计与企业 ISO 管理体系的关系、BIM 正向设计任职岗位等；给出了方案阶段、初步设计阶段、施工图设计阶段具体的工作流程。

设计单位在现行组织架构及 ISO 管理体系下，通过增设 BIM 负责人、BIM 流程清单、BIM 校审等管理手段，可实现项目由点及面、由浅入深地逐步平稳过渡，高质高效满足 BIM 正向设计的技术管理要求，充分发挥 BIM 项目的共享、协调、模拟、优化、出图特点，有利于提升设计和施工质量，全面提升项目的全生命周期有效管理和综合效益。

2.1　国内设计院（机构）常见类型及特点

国内建筑设计院根据业务特点一般可分为创作型设计院/所/事务所、生产型设计院、产业链型设计院，随着设计企业的快速发展及资源整合，目前部分大型综合型设计院（集团）会同时拥有以上各种类型的设计院（机构）。下面分别介绍各类设计院的特点。

1. 创作型设计院（事务所）

创作型设计院的核心竞争力是创意，这些公司非常强调自己对建筑的理解，通常拥有较独特的建筑设计理念。这类设计院（事务所）一般规模比较小，大部分由大师或者明星建筑师领衔，大师或者明星建筑师的个人高度决定了这个建筑设计院（事务所）的高度。这类设计院需要一个相对宽松的工作与创作环境，在管理上也是以制定方向为主，不需要制定特别严格的管理协作流程。因此创作型设计院更需要的是无为而治的管理模式。

2. 生产型设计院

生产型设计院承接的建筑类型一般为功能合理、质量可靠、造价可控的建筑，如住宅、常规办公建筑，或承担复杂公共建筑的初步设计及施工图设计工作。生产型设计院主要为了满足社会大量建设需求应运而生的，现阶段大多数建筑都是由生产型建筑设计院参与完成的。

为满足快速生产需要，生产型建筑设计院需要制定标准化、流程化的设计生产体系，以生产流程化为手段达到设计产品也就是图纸，质量可靠、制图标准、造价可控、周期合理。这类流程化设计体系类似于工业体系中流水线，通过分工协作产生效能从而提高效率。

3. 产业链型设计院

随着 BOT/EPC 等工程模式在中国的逐步成熟，一些具备龙头行业地位的大型设计院在国家政策的支持下，开始向大规模的集成交付方式转型。这种集成主要是把设计、施工、设备采购、项目管理、监理、工程测试等不同的产业组织集中在一起，达到经济上的协同效应，获取集中的剩余价值。一般为综合甲级建筑设计院。业务涵盖前期可研、工程设计、施工、设计管理、咨询、运营等业务。如 AECOM，化工领域的寰球、天辰、成达；电力领域的国有各大设计院，这类产业链型设计集团可以提供建筑行业多个环节的服务。以成达工程有限公司为例，其前身为化学工业部第八设计院，不仅承担石油化工的前期设计工作，也承担该领域的勘察、工程设计及施工业务。

产业链型设计院对其员工垂直管控能力要求较高，需要其员工将技术能力的表现形式由设计图纸的层面衍生到咨询、项目管理等其他环节。员工不仅具备广泛的工程知识，还需要能把控住工程进度与质量。

2.2　BIM 正向设计与二维设计对比分析

（1）方案阶段

利用多种 BIM 软件，我们可以在概念设计阶段建立较之前更真实的地形，方便设计推敲与计算土方量。另外经济技术指标也可通过参数的方式嵌入设计，在调整三维模型的时候可以很方便地查看其指标数据。

不管是 SU+CAD 模式还是 BIM 模式，我们都可以借助渲染软件如 Iumion、Escape 等快速实现效果图、分析图、视频的可视化效果，更好地帮助设计师和业主评估项目建成后的效果。表 2.2-1 列出了方案阶段 BIM 设计与传统设计的对比。

方案阶段 BIM 设计与传统设计对比　　表 2.2-1

<table>
<tr><th>设计依据</th><th>设计要求</th><th>设计内容</th><th>BIM 优缺点</th></tr>
<tr><td rowspan="2">1. 项目可行性研究报告</td><td rowspan="5">满足使用者需求，把握功能的合理性，创造愉悦的空间形式，符合相应的法律法规</td><td>1. 建筑体量模型、建筑立面、绿建措施</td><td>缺点：建模速度较 SU 略慢，灵活性较 SU 有所欠缺。
优点：模型具有良好的传递性，具备参数化功能</td></tr>
<tr><td>2. 透视图（效果图）</td><td>Revit 和 SU 都可以利用插件在本软件内实现渲染，也可方便导入 3DSMAX 进行渲染</td></tr>
<tr><td>2. 政府有关部门的批文</td><td>3. 方案设计说明书</td><td>—</td></tr>
<tr><td>3. 设计任务书</td><td>4. 总图</td><td>传统总图设计是由点线面组成的，包含内容较少。利用 revit 建模所得的总图包含高差信息，优点是设计准确，缺点是建模工作量大于二维总图</td></tr>
<tr><td></td><td>5. 工程造价估算</td><td>—</td></tr>
</table>

总结：在方案设计阶段，BIM 设计的设计深度是要高于传统 SU+CAD 设计的，因此带来工作量的增加。在设计方向相对稳定的情况下，该模式是有利于项目整体实施的。但如果只是概念方案设计，仍然推荐使用 SU+CAD 的设计流程。

（2）初步设计阶段

借助方案模型和初步设计 BIM 模型，以及 VR、视频和动画可以准确评估各类空间关系，帮助设计师更好地优化设计方案。表 2.2-2 列出了初步设计阶段 BIM 设计与传统设计的对比。

初步设计阶段 BIM 设计与传统设计对比 **表 2.2-2**

设计依据	设计要求	设计内容	BIM 优缺点
1. 经审定的方案设计输入条件	对方案设计的重大技术问题进行讨论和解决	1. 各专业设计说明书	在 BIM 平台设计与在 CAD 设计平台无异
2. 设计任务书及功能需求		2. 各专业设计图，可根据实际情况做局部或者整体的 BIM 模型	建筑、结构全专业可通过 BIM 模型论证是否符合工程设计标准。建立模型，则速度明显慢于 CAD 绘制二维图纸，但准确性高
3. 相关规范		3. 主要设备、材料表	基本等同 CAD 设计
		4. 工程概算	利用 revit 房间功能可以快速统计面积，提资给预算专业的工作量增量不多
		5. 设计重难点推敲	利用三维设计，可以较二维设计有更多确定性，能够显著降低后期出现重大修改的风险

总结：在初步设计阶段，BIM 设计的设计深度是要高于传统 SU＋CAD 设计的，因此带来工作量的增加。在初步设计阶段用 BIM 三维模型研究项目重要、复杂部位，如坡道、降板区域、避难层，对设计质量与品质提升有重要意义，可以更方便地实现从方案到初步设计到施工图设计的衔接，有利于把控设计重难点，统筹设计进度。

（3）施工图阶段

基于 BIM 正向设计的项目可以在整体层面提高设计效率，减少后期改图、施工配合出现问题的可能。由于模型包含参与设计的所有专业，很多设计问题都可以及时被发现，有效提高了设计质量。同时前置风险，将大多数问题解决在设计阶段。表 2.2-3 列出了施工图设计阶段 BIM 设计与传统设计的对比。

施工图设计阶段 BIM 设计与传统设计对比 **表 2.2-3**

设计依据	设计要求	设计内容	BIM 优缺点
1. 经过审定的初步设计输入条件	解决各专业间的碰撞问题。着重解决施工中的技术措施、工艺做法、用料等。为施工安装、工程预算、设备和配件的安放、制作提供完整的图纸依据	1. 各专业的全套施工图纸	在设计过程中常常出现各专业碰撞的情况，通过 BIM 设计可实现自动提醒碰撞以便快速直观解决问题
2. 设计任务书		2. 各方施工图审查意见	由于不熟悉软件和设计深度问题，在设计前半段 BIM 设计的效率是不如二维设计的。但由于 BIM 设计的准确性，对设计品质的提升有重要意义
3. 相关规范		3. 取得施工图审查合格证的各专业全套施工图	

总结：BIM 设计虽然在建模方面比不上纯 CAD 绘制速度，但在准确性上，有很大优势。尤其可以避免机电设计单线图容易导致净高不足等问题。在施工图出图频繁的状况下，BIM 设计有利于管理提资，避免版本错乱。

（4）施工配合阶段

施工配合阶段 BIM 工作是基于与现场情况一致的 BIM 模型，可以通过模型沟通现场状况，更好地帮助设计师及驻场工程师解决现场问题。表 2.2-4 列出了施工配合阶段 BIM 设计与传统设计的对比。

施工配合阶段 BIM 设计与传统设计对比　　　　**表 2.2-4**

<table>
<tr><th>设计依据</th><th>设计要求</th><th>设计内容</th><th>BIM 优缺点</th></tr>
<tr><td>1. 施工图设计文件</td><td rowspan="3">从设计交底至竣工验收的全过程配合内容：
1. 业主的功能调整、使用标准变化、用料及设备选型变更等。
2. 施工单位和监理单位提出的施工质量、施工困难等需要处理的问题</td><td>1. 图纸会审、技术交底</td><td>利用 BIM 技术可以在可视化层面方便设计交底和设计交流，避免沟通误会</td></tr>
<tr><td>2. 业主、施工单位、监理单位在施工过程中提出的变更单</td><td>2. 设计、施工变更</td><td>1. 基于施工单位深化后的模型较图纸更加准确，有利于判定问题。
2. BIM 技术方便多方案比选，可以直观判定各类问题</td></tr>
<tr><td>3. 交底记录单</td><td>3. 现场服务</td><td>较单纯二维图纸，基于三维模型与现场照片能更加直观解决问题，方便设计技术咨询</td></tr>
</table>

总结：在施工配合方面 BIM 对设计方极为有利，可以显著降低沟通成本，增加沟通效率，避免沟通误会。在设计配合阶段，设计院的 BIM 模型应交付给施工单位或 BIM 顾问继续深化。模型应与现场吻合，为工程结算提供设计依据。

2.3　如何实现 BIM 正向设计进阶

2.3.1　现行 BIM 的工作模式

参考《勇敢走向 BIM2.0》中对现行 BIM 应用模式的定义，分别是 BIM1.0、BIM1.5、BIM2.0。

其中 BIM1.0 是指传统二维施工图完成之后进行的 BIM 三维翻模工作。BIM 建模过程中几乎不会有工程师参与，因此专业性无法保证。同时由于施工图与 BIM 分别由两个团队完成，因此大部分的协调工作是由甲方完成，加重了甲方人员工作负担。而在这中间，又会出现设计院与 BIM 单位为了各自立场而产生不必要的纠纷。

BIM1.5 是指在传统二维设计过程中，同时进行 BIM 三维建模及优化工作。由于在设计过程中提出了很多优化建议，能够为工程带来一定的价值。但由于始终是分由两个团队完成的工作，BIM 意见会有一定延后性。同时设计本身就是一个不断完善的过程，施工图可能随时在改动，BIM 设计师只能被动接受不断修改的新的输入条件，工作量和工作时间成倍增加。

BIM2.0 才是真正有意义的设计模式。BIM2.0 是设计全过程直接利用 BIM 软件，运用 3D 思维进行 3D 设计，最后利用三维软件直接获取二维施工图完成设计、报审以及交付。这种模式避免了 BIM1.0、BIM1.5 所存在的重复工作，减少了错误发生的概率，极大提升了设计效率。

现在绝大多数 BIM 工作包括很多专业的 BIM 咨询单位还停留在 BIM1.0 时代，部分 BIM 项目已经做到 BIM1.5 的阶段。只有极少数的项目和团队有能力做到 BIM2.0 阶段，即使是宣称 BIM2.0 的项目也耗费了极大的人力物力，效率明显低于常规施工图+BIM1.5 的工作效率。

2.3.2 正向设计的进阶研究

正向设计的设计原理与 CAD 的设计原理最大的区别是 CAD 设计是直接面向结果的设计、而 BIM 正向设计是首先面向过程，然后再面向结果的设计。原理图如图 2.3-1 所示。

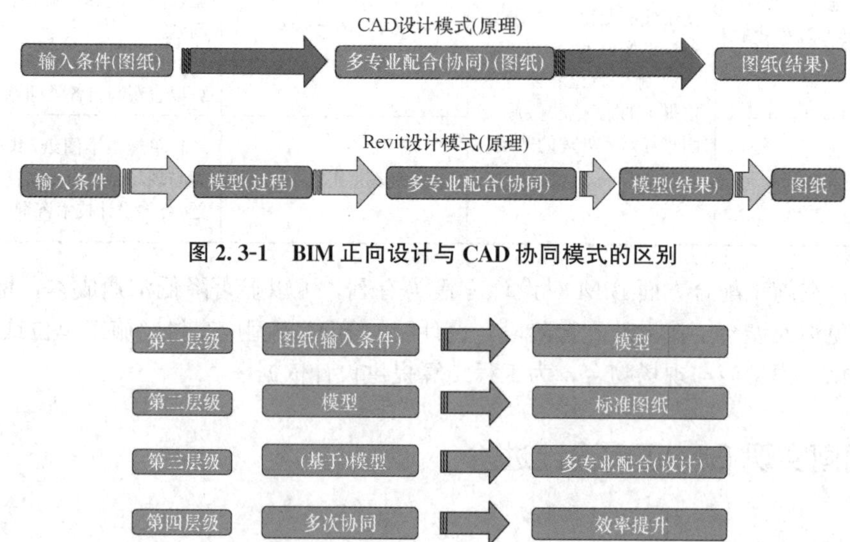

图 2.3-1 BIM 正向设计与 CAD 协同模式的区别

图 2.3-2 BIM 正向设计技术门槛

在多年的 BIM 应用基础上，我们总结出一个从未接触正向设计的团队需要四个阶段（图 2.3-2）来实现 BIM 正向设计目标，分别是建模能力，出图能力，多专业协同设计能力和迭代提效能力。只有具备了上一个层级的能力后，才能向下一个层级突破。

第一个层级是熟悉软件，也就是从图纸到模型。建模工作是设计的基础工作，不论是后 BIM 管综还是正向设计，只有熟练掌握了建模方法，才能有利用模型实现生产价值的可能。

第二个层级是实现模型到图纸。这个阶段需要制作大量的符合各个设计单位出图习惯的二维族，还需要大量修改族的二维平面表达。因此不仅需要设计人员掌握快速建模的能力，还需要掌握建族的技巧以及族与族的二维表达技巧。

第三个层级是利用模型实现设计配合。需要设计人员不仅具备以上两个层级设计人员的能力，还需要能够利用模型互相提资、沟通的能力。需要多专业有组织地利用模型进行沟通和协调，如利用体量模型实现机房及设备占位、空间协调等工作。

第四个层级是通过多次设计协调实现组织层面的设计效率提升，要从正向设计中获得效益必然不是从制图效率层面去提升，而是从多专业协同中获得更高的效率，以更高的沟通效率获得效益，从而在整个设计周期层面中做到比传统设计模式更快更好。

2.3.3　正向设计效率门槛及协同迭代关系

第一次全专业正向设计往往耗时耗力，因为有大量的图层，专用族二维平面表达、注释族二维表达需要完善。根据已完成项目评估，第一个正向协同设计项目往往两三倍于常规二维设计工作量；第二个正向设计项目往往两倍于常规二维设计工作量；第三或者第四个正向设计项目才可能追平常规二维设计项目。因此建议设计团队一定要真正下决心进行转型，彻底抛弃传统设计，连续通过数个项目的锻炼实现效率的提升并追平二维 CAD 设计效率。这种关系就像做一个产品，第一个产品总有各种各样的不如意，只有不断改进完善，修正产品各个部件的配合程度，才能实现高效和快捷。

此外，设计团队应在每个项目完成后对项目进行总结，对项目进行复盘。尤其需要着重讨论在不同设计深度模型的表达深度、各专业如何通过同一个平台进行实时互动的信息协调，如何直观、全面地表达建筑构件的空间关系以及施工图设计过程中如何避免大量的设计冲突问题。

2.4　BIM 正向设计与 ISO 管理

为提高设计管理的质量，并与国际质量体系接轨，国内许多设计院已采用国际标准化组织（ISO）的质量管理体系。随着电子化、信息化程度越来越高，尤其是建筑信息模型（BIM）的应用及普及，设计院沿用的针对 CAD 及纸质文件的管理体系也需要进行更新换代，下面针对 BIM 正向设计需要采用 ISO 9001 的管理方法进行探讨，希望有助于 BIM 正向设计的推进和普及。

2.4.1　设计企业 ISO 质量管理体系的现状

目前 ISO 的质量检查多流于形式，没有结合设计人员的实际工作情况，也导致普通设计人员对 ISO 管理流程的抗拒心理。随着技术不断的发展，业主的各项要求也越来越多，ISO 管理体系常常不能快速适应技术的发展变化，需要用新的手段套在旧的表格中。

现在管理系统的软件化程度越来越高，但很多设计院 ISO 管理没有与时俱进，ISO 的管理人员多为脱产人员，对整个过程控制没有直观的把握和详细的调研，针对 BIM 设计项目，也是套用原有的纸质表格进行补充，没有针对性的制订一些管理措施。

2.4.2　BIM 正向设计管理与传统绘图管理的区别

（1）项目策划

传统项目大家都较为熟悉，项目策划都相对简单，多数参照经验来制定，而对于 BIM 正向设计，因为很多设计手法和理念都与传统有较大差别，因此对前期的策划就显得格外重要。项目策划应包含项目信息、人员安排、时间安排、流程计划等。

（2）项目的基本信息

ISO 的项目基本信息包含项目建设单位、位置、规模、类型、涉及专业等基本信息，此部分内容基本一致。

（3）项目的人员安排

人员安排上有两种形式，第一种和传统设计一样，各专业设计人员既是设计人也是建模人，作此种安排的前提是各专业设计人员均需熟练掌握BIM的相关软件，对设计人员的BIM技术要求较高，此种配合方式目前在一些简单的项目上可以采用，但是在复杂项目上，采用难度较大，设计周期长；另一种方式是设计人加建模员的双重人员架构，能实现各自专业特长的应用，如图2.4-1所示。

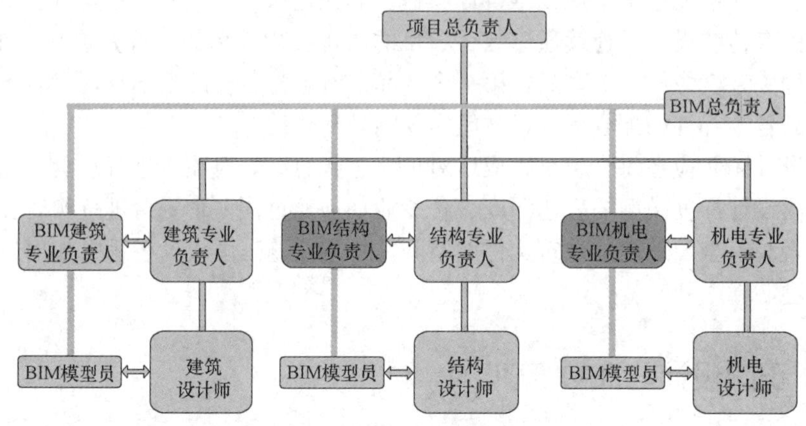

图2.4-1　设计人加建模员的双重人员架构

（4）项目的时间安排

若项目要考虑采用BIM正向设计来实施，需要将前期的时间预留充足，并从项目的整个周期来考虑时间安排的合理性。在设计阶段花费较多时间，可以在后期施工计划和减少变更等方面节省时间。对目前设计市场上高周转项目，采用BIM正向设计确实有很大难度，且修改量很大。

2.4.3　ISO过程管理的几点建议

（1）有针对性地进行项目策划

根据不同需求进行不同的人员配置，同时优化项目策划表格。

（2）电子化流程全覆盖

大部分项目已使用二维协同。三维协同的实现方式有两种，一种是借用二维协同平台进行三维模型的管理，但此种方式还是较为不便，没有跟随时代的步伐；另一种是实时的三维协同，由于三维协同的实时性，对于重要的修改内容，需要按时间节点对修改内容进行保存并提资，在调整模型的同时，也告知各专业设计人员变动内容，方便管理留存和校对人员查看，并进行实时的过程校审。

（3）根据不同的需求提交不同的交付成果

BIM的文件也可以进行纸质图纸的交付，但主要的成果还是需要通过三维形式展现，才能充分体现BIM模型的价值，因此，对三维交付模型的技术标准就显得很重要，不只是一张签收单即可，技术上有施工图审查及相关部门的审查意见，而模型也需要有相关的管理表格。

图2.4-2是广东省建筑设计研究院开发的装配式建筑协同管理系统GDAD-PCMIS，

在交付模型的同时，对 WEB 端模型重建以实现模型轻量化，通过 MySQL 数据库实现业主、设计、监理、施工、质检等各参与方云协同，各方在 PC 端、平板、手机端均可浏览查看。

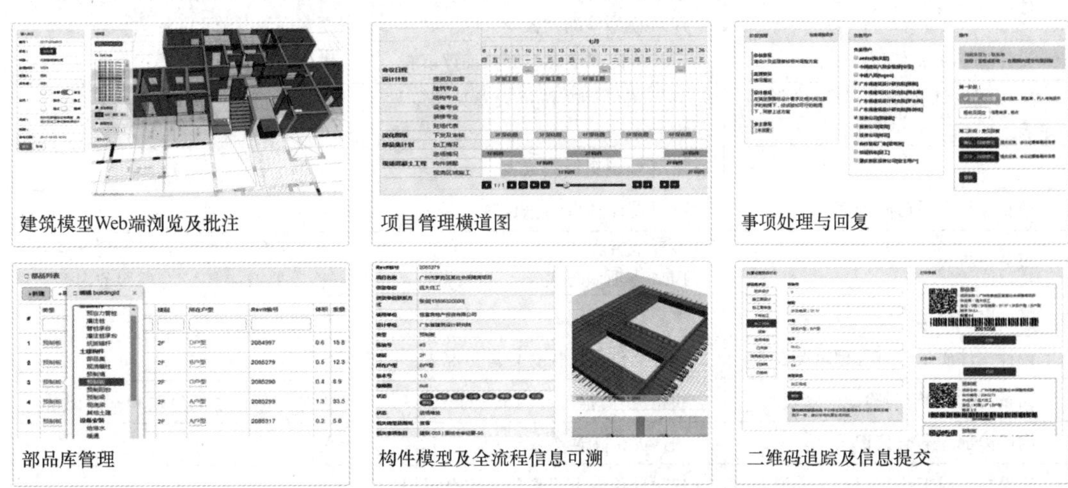

图 2.4-2　装配式建筑协同管理系统 GDAD-PCMIS

2.4.4　ISO 管理表格的优化

表 2.4-1 对比分析了传统 ISO 与 BIM 正向设计 ISO 模式的不同之处，进一步明晰 BIM 正向设计的管理要求，采用 BIM 正向设计管理过程将对项目品质有一个提升作用。

传统 ISO 与 BIM 正向设计 ISO 模式对比表　　表 2.4-1

传统项目 ISO 流程	BIM 正向设计 ISO 流程	BIM 正向设计 ISO 与传统 ISO 流程的不同之处
设计项目质量记录册	设计项目质量记录册	需补充增加的清单
设计任务单	设计任务单	备注注明采用 BIM 正向设计
工程项目组人员表	工程项目组人员表	增加 BIM 的相关设计人员
建设工程质量终身责任制承诺人会签表	建设工程质量终身责任制承诺人会签表	无
设计进度计划表	设计进度计划表	需针对 BIM 正向设计的情况来制定与之对应的时间进度计划
方案设计策划、实施表	方案设计策划、实施表	无、BIM 参与方案部分的量少
设计大纲	设计大纲	技术要求中增加 BIM 专项部分及 BIM 负责人签名
结构设计质量总控大纲	结构设计质量总控大纲	无
工程结构设计质量管理表	工程结构设计质量管理表	无
本项目适用的法律-法规-规范-规程	本项目适用的法律-法规-规范-规程	增加 BIM 的相关技术规程
项目各专业互提技术资料书	项目各专业互提技术资料书	增加过程互提资料，以及三维协同的配合清单，形式更加多样化
项目设计评审表	项目设计评审表 BIM 专项评审表	增加 BIM 专项评审

续表

传统项目ISO流程	BIM正向设计ISO流程	BIM正向设计ISO与传统ISO流程的不同之处
校审意见书	校审意见书 BIM模型检测及校审	增加BIM的专项校审意见，此类校审更多采用电子化的形式呈现
设计验证评审表	设计验证评审表模型验证评审表	增加模型验证评审表
施工图设计文件审查意见回复记录表	施工图设计文件审查意见回复记录表	无
	BIM模型交付记录表	
项目设计联系(通知)书	项目设计联系(通知)书	无
服务报告表	服务报告表 BIM专项服务表	涉及与施工配合、运维管理相关内容的，需要增加BIM专项服务内容
顾客财产登记表	顾客财产登记表	无
设计文件质量检查处理情况表	设计文件质量检查处理情况表	无
纠正/预防措施与验证记录表	纠正/预防措施与验证记录表	增加BIM模型的修改和验证记录
内(外)部沟通会议记录	内(外)部沟通会议记录	无
建设单位或上级部门来文登记表	建设单位或上级部门来文登记表	无
设计资料归档登记表	设计资料归档登记表 BIM模型归档记录	增加BIM模型归档的相关标准及记录表
设计文件签收表	设计文件签收表 BIM模型提交的电子记录	
附表-会议签到表	附表-会议签到表	

2.5 BIM正向设计项目岗位与职责

2.5.1 传统设计院的岗位设置及职责

以广东省建筑设计研究院为例，现有七个技术岗位，分别是项目主持、项目总负责、项目专业负责人、项目审定、项目审核、项目校对、项目设计，见表2.5-1。

技术岗位及任职资格表 **表2.5-1**

岗位	项目级别	任职资格
项目主持	院管	院领导及院正、副总工(总建)具备“●”资格
	所管	部门正、副负责人和正、副总工(总 建)具备“▲”资格
项目总负责(项目负责人)	建筑工程项目	一级注册建筑师并已获中级职称，具备“●”资格；二级注册建筑师应按照国家规定的执业范围而定
	机电及智能化专项设计工程	高级工程师具备“●” 资格和“▲”资格
项目专业负责人	院管	工程师(建筑师)具备“●”资格 (结构专业必须是一级注册结构工程师，岩土工程必须是注册岩土工程师)
	所管	工程师(建筑师)具备“▲”资格 (结构专业必须是注册结构工程师，并应按照一、二级注册结构工程师执业范围而定；岩土工程必须是注册岩土工程师)

续表

岗位	项目级别	任职资格
项目审定	院管	(1) 院领导及院正、副总工(总建)具备“●”资格 (2) 机电一所、机电二所、机电三所、深圳分院、设计三所共五个部门机电专业的正、副总工经院机电相应专业 总工授权,可具备院管工程施工图设计审定“▲+”资格; (3) 部门正总工(总建)经院相应专业总工授权,可 具备院管工程施工图设计审定“▲+”资格
	所管	(1) 部门正、副总工(总建)同时应为高级工程师及一级注册建筑(结构、电气、设备)工程师具备“▲”资格; (2) 部门正、副负责人同时应为高级工程师及一级注册建 筑(结构、电气、设备)工程师具备“▲”资格; (3)经院科技委员会审议通过的部门代理正、副总工 程师,具备“▲”资格
项目审核	院管	高级工程师(建筑师)3 年以上,具备“●”资格
	所管	高级工程师(建筑师)具备“▲” 资格;经济专业工程师具备资格
项目校对	院管	工程师(建筑师)具备“●”资格
	所管	助理工程师(建筑师)、研究生毕业工作满一年具备“▲”资格
项目设计	院管、所管	助理工程师(建筑师)、研究生毕业工作满一年具备“●” 和“▲”资格

2.5.2　BIM 正向设计技术岗位

BIM 正向设计能够有效解决设计中常见的碰撞、设计深度不够等问题，但综合考虑现有设计人员对 BIM 软件的熟悉程度和设计效率，应在 BIM 设计中增设 BIM 负责人，BIM 负责人的职位等同于各专业设计负责人；在保留原设计体系的基础上，在原有设计人、工种负责、审核人的工作内容中增加与 BIM 相关的工作。

(1) BIM 技术负责人

1) 总体负责项目 BIM 应用的规划和实施。

2) 解决项目实施中可能遇到的各类 BIM 问题。

3) 组织各专业划分工作集，组织各专业统一各专业模型深度，组织各专业 BIM 视图树，控制各专业链接关系，统一各专业视图样板。

4) 负责模型技术交底、模型维护及通过建模对项目的质量、效率提升等问题做分析总结报告。

5) 确定管线排布的总体原则。

6) 负责模型深度控制，满足合同或设计、施工需求。

7) 参与模型碰撞问题协调会，汇总具体问题，记录会议确定的碰撞解决方案并跟进核查管线碰撞问题的落实情况。

8）组织并完成各项扩展 BIM 应用。

9）将设计模型导出为图模一致的 NW 模型给审核审定人。

（2）设计人

1）在专业负责人指导下进行设计工作，根据专业负责人分配的任务熟悉设计资料。了解设计要求与设计原则，正确进行设计，并配合设计，做好本专业与其他专业的配合工作。

2）设计人对设计内容负主要责任，做到设计正确、选用计算公式正确，参数合理，运算可靠，满足设计要求，设计能够满足现行国家及地方的规范和技术条件。

3）图面方面应做到交代清楚，与本专业内部及有关图纸的一致性，尺寸准确，设计深度应符合《建筑工程设计文件编制深度的规定》。

4）负责本专业设计模型的搭建，根据视图样板完成模型创建及图纸创建。确保模型内容明确表达设计意图，图面清晰，注释、文字、标注、索引、比例尺等恰当，符合制图标准。

（3）专业负责人

1）配合设计主持人组织和协调本专业的设计工作，对本专业设计工作负主要责任，解决本专业的设计矛盾，解决本专业的重大技术问题。

2）把控好本专业的规范、规程、标准。编制本专业的技术措施和专业标准。

3）全面负责本专业与各专业的配合及提资工作。

4）检查设计，应对设计原则，规范，措施和技术负责，督促设计人员及时处理存在的问题。

5）各专业负责人应参与本专业视图样板的设置与改进，工作流程的划分、工作集的划分。选择合适的视图样板及视图深度，与其他专业沟通，在提资前核对提资内容及嵌套图纸，保证沟通的准确、高效。

（4）审核人

1）根据设计任务书要求检查和分析设计基础文件，在前期制定设计原则。

2）重点审查设计图纸中涉及规范、规程、标准中有关安全及可能带来重大设计失误的原则性问题及工程中采用的新材料、新技术等重大问题。

3）审核全部设计文件的正确性、完整性及设计深度是否符合要求、设计内容是否符合设计规划条件和设计任务书的审批要求。

4）审查专业对接接口是否协调统一，构造做法，设备选型是否正确，图面索引及标注是否正确，说明是否清楚。

5）通过 NW 审核各专业模型及图纸，并以构件 ID 和问题报告的形式反馈各类问题，填写《审核审定意见》。

2.6 为提升设计效率的培训工作

影响正向设计的个人能力主要受制于建模能力和出图能力，因此针对个人的 BIM 培训将主要围绕建模、出图、协同三个方面展开。

（1）建模培训

培训内容：建筑专业能够掌握小别墅的基本建模方法，熟悉轴网、标高、墙体、窗户等构件的建模方法。

培训教程：《BIM 正向设计项目管理指引》和《BIM 正向设计技术标准》等企业标准。

考核内容：在规定时间内根据图纸建立 Revit 模型。

（2）出图培训

培训内容：视图管理器的控制，图框的制作与修改，模型不同版本的对比，视图样板的制作与选用，出图管理等。

培训教程：《BIM 正向设计项目管理指引》和《BIM 正向设计技术标准》等企业标准。

考核内容：能够在规定时间内完成模型的出图，能够正确应用和修改视图样板。

（3）协同培训

培训内容：项目浏览器的组织，各专业提资内容与要求，模型审核与校对等。

2.6.1　概念方案中 Revit 参数化体块的实现方法

本方法利用 Revit 参数化功能，在概念方案阶段通过驱动参数化的体块以及体块组合实现方案阶段的体块推敲，过程如图 2.6-1 所示，实现建筑概念方案设计的数据驱动。

（1）新建一个“概念体量族”，如图 2.6-2 所示。

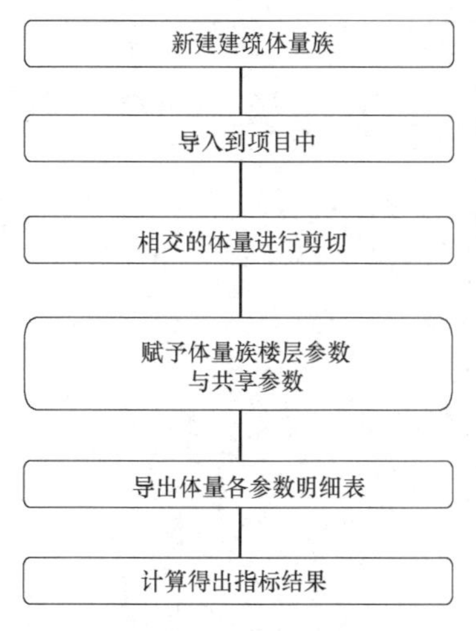

图 2.6-1　创建体量族及分析明细表的实现过程

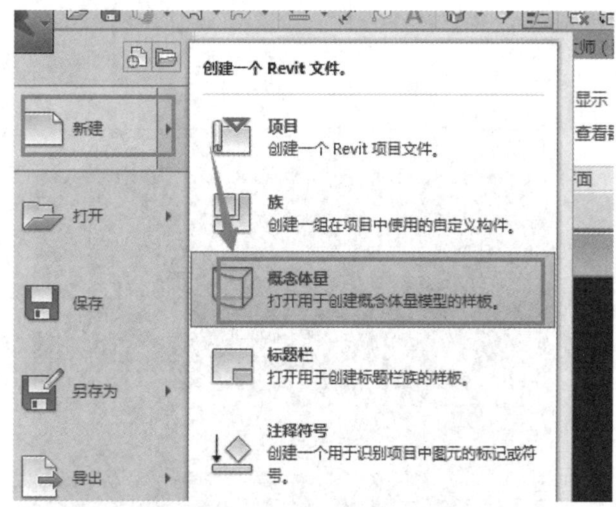

图 2.6-2　新建“概念体量族”

（2）根据需要创建所需的体量（可创建圆形、梯形、正方形、长方形、三角形、半圆形等各种形状的体量）：“创建→选择矩形/圆形等工具→绘制”然后点击绘制的图案，创建实体形状。如图 2.6-3～图 2.6-5 所示。

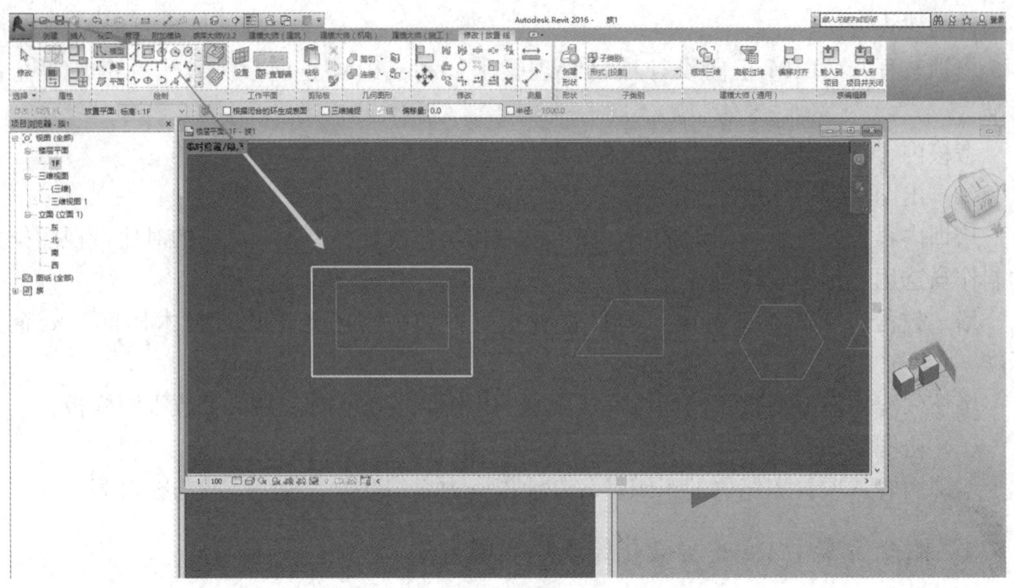

图 2.6-3　创建矩形

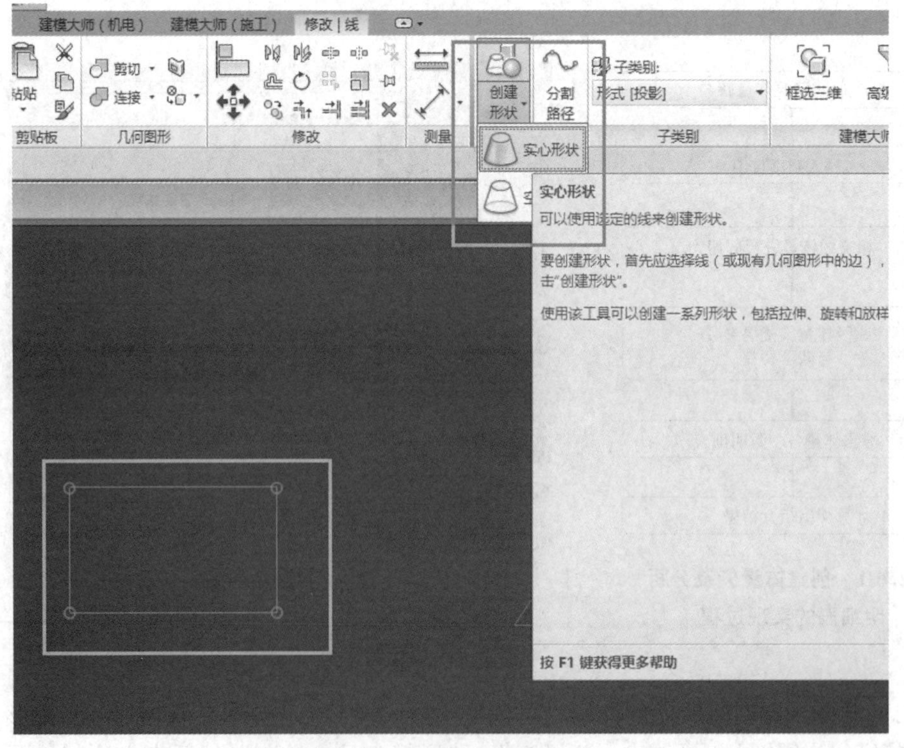

图 2.6-4　创建矩形实心形状

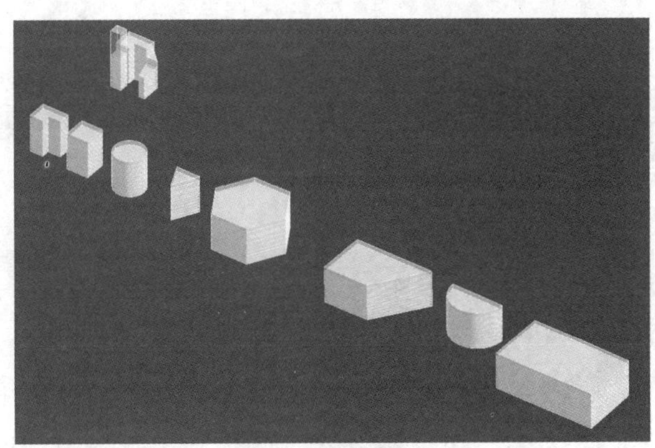

图 2.6-5　创建实体形状

（3）将体量族导入至所要的项目中，在体量族附上楼层前需先在立面创建好楼层标高（图 2.6-6）。

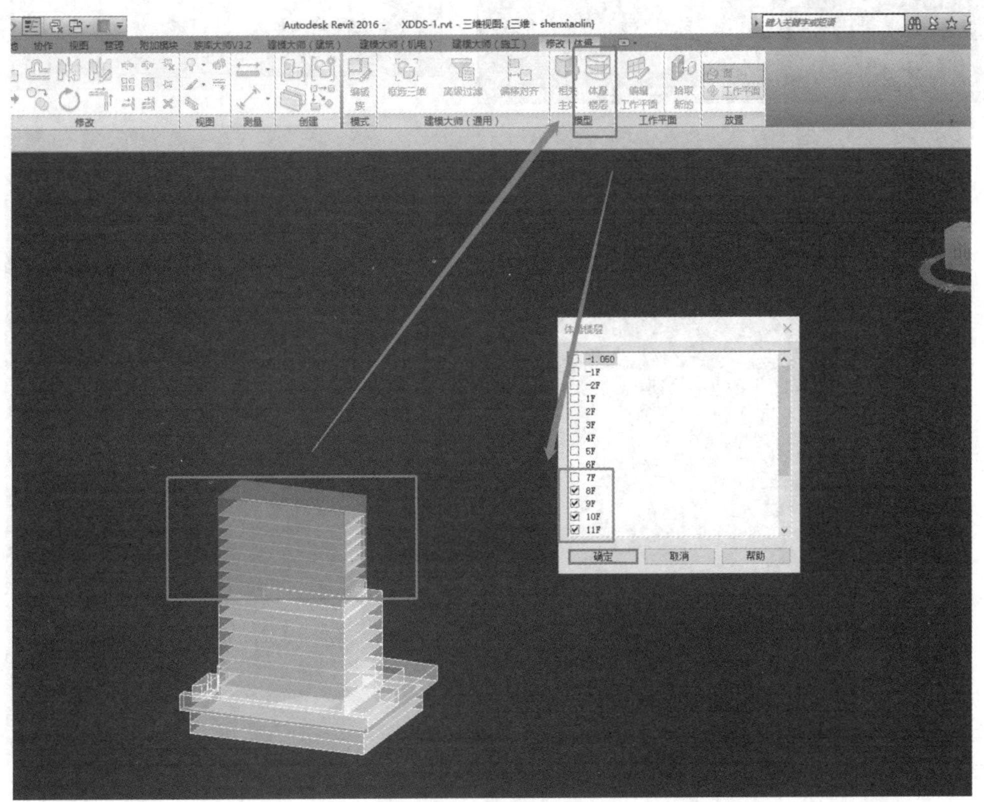

图 2.6-6　创建楼层标高

（4）将相交的体量进行剪切，如图 2.6-7 所示。

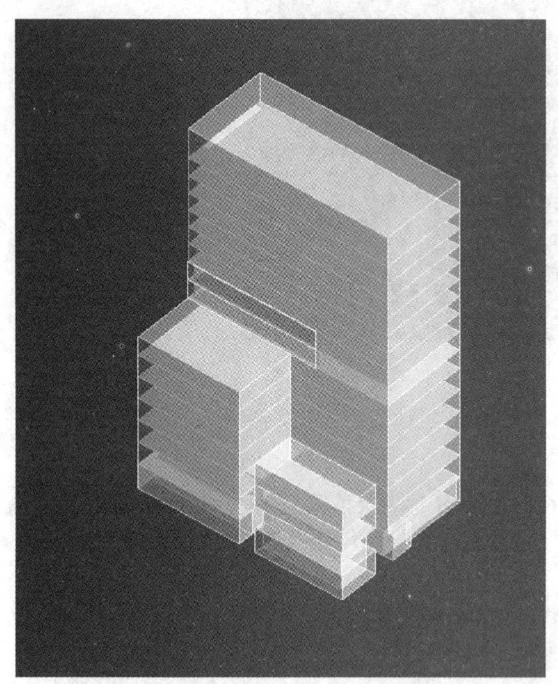

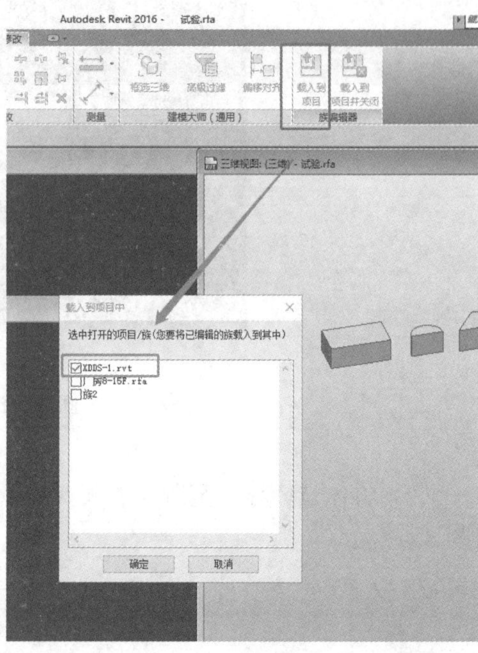

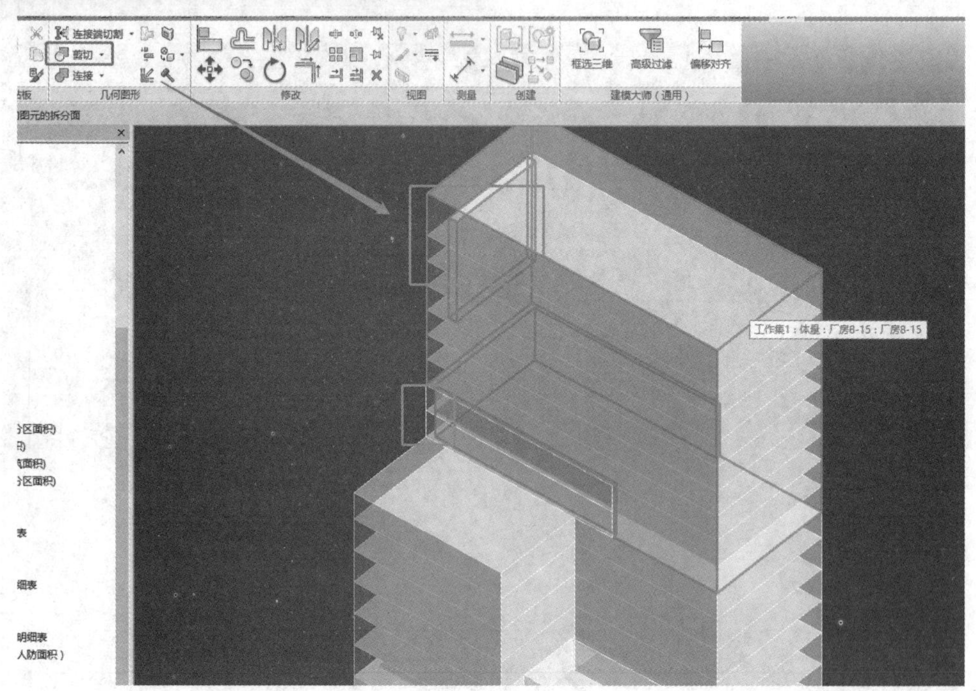

图 2.6-7　剪切相交的体量

（5）创建共享参数，为每个体量附上参数属性，如图 2.6-8 所示。

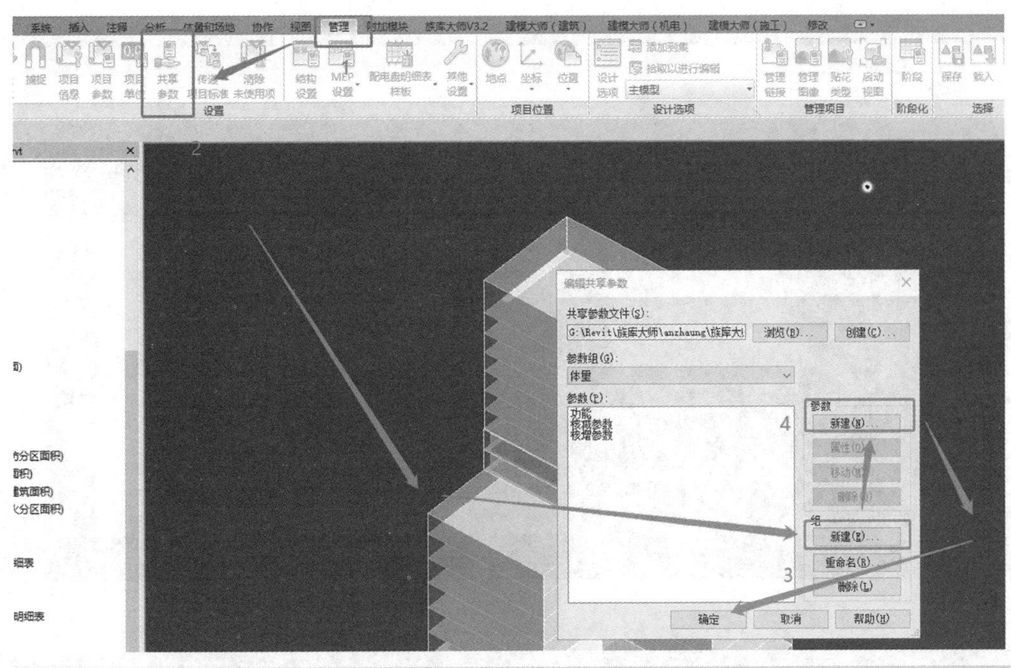

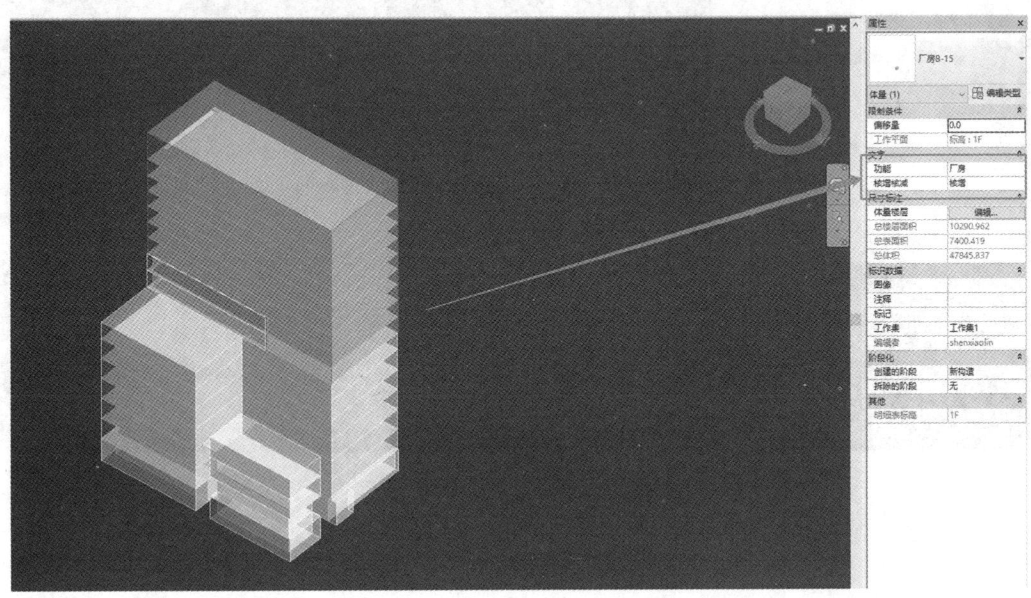

图 2.6-8　创建共享参数

（6）根据需求增添参数，如图 2.6-9 所示。

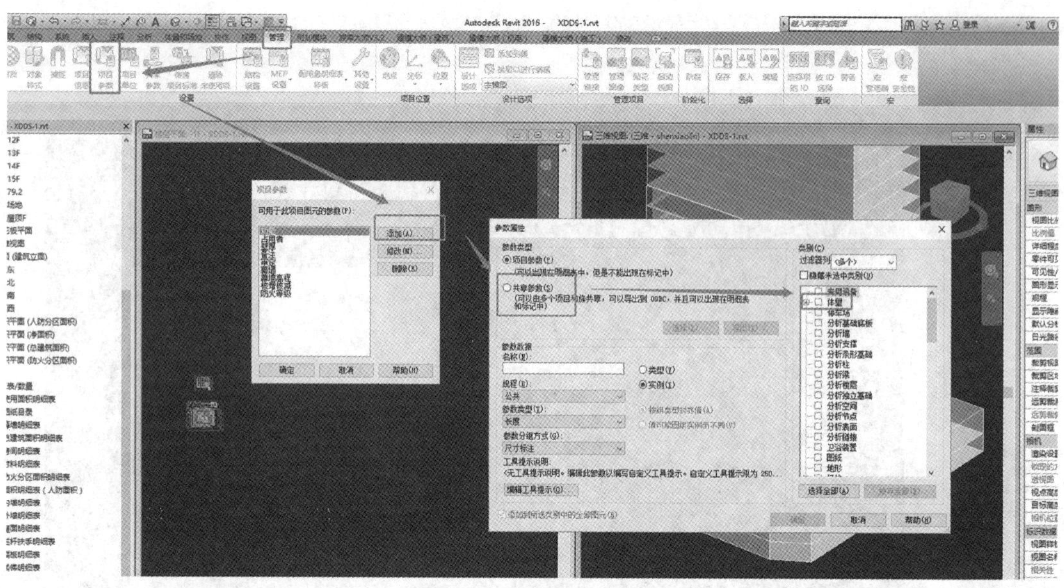

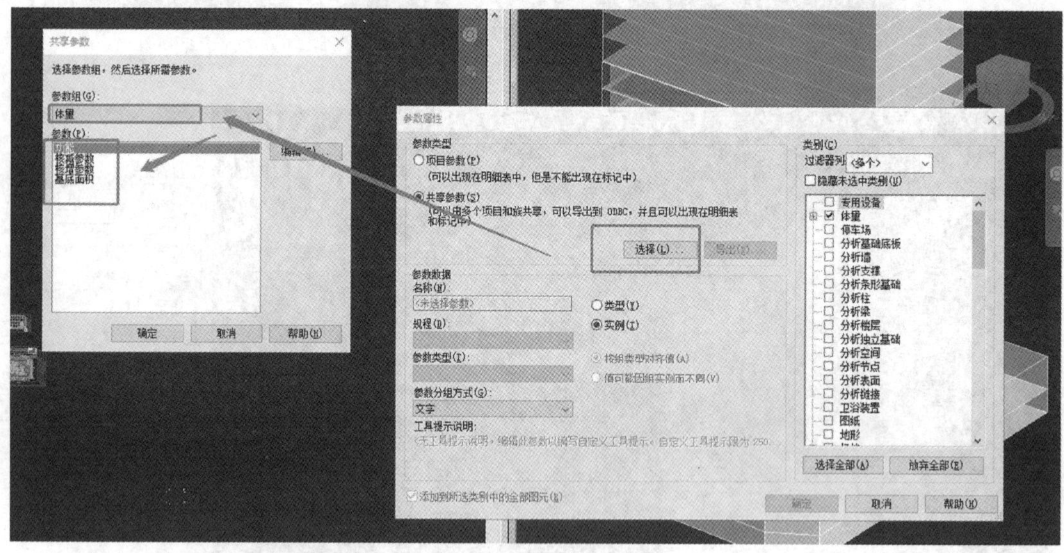

文字	
功能	厂房
核增核减	核增
尺寸标注	

图 2.6-9 增添参数

（7）由明细表（图 2.6-10）中得出建筑面积进而进行计算。

A	B	C	D
<体量明细表>			
总楼层面积	族	核增核减	功能
10600.02	厂房1-屋顶	核增	厂房
10290.96	厂房8-15	核增	厂房
510.21	1	核减	厂房
137.62	3	核减	厂房
121.25	4	核减	厂房
1347.53	基地，面积	核增	厂房
158.96	商业1-屋顶	核增	商业
240.94	核增	核增	商业
463.30	2	核减	商业
8789.33	dixias	核增	地下室

图 2.6-10　体量明细表

（8）由 Excel 软件打开明细表，得到如图 2.6-11 所示表格，将所需要的技术指标套入表格中，并使用公式套入计算，即可得出大概指标结果。

A	B	C	D
体量明细表			
总楼层面积	族	核增核减	功能
231.65	基地面积1	核增	商业
10600.02	厂房1	核增	厂房
10290.96	厂房2	核增	厂房
510.21	厂房核减1	核减	厂房
137.62	厂房核减3	核减	厂房
121.25	厂房核减4	核减	厂房
1585.43	基地面积2	核增	厂房
158.96	商业1-屋顶	核增	商业
240.94	核增	核增	商业
463.3	商业核减1	核减	商业
8789.33	地下室面积	核增	地下室
1472.06	绿化面积	核增	绿化

J	K	L	M
项目概括			
项目名称	雄帝大厦新建项目	用地单位	深圳市雄帝科技股份有限公司
宗地号	G02302-0016	用地位置	龙岗街道宝龙工业区
主要经济技术指标			
总用地面积	5242.2	总建筑面积（m²）	30080.21
记容积率建筑面积（m²）	21503.19	容积率/规定容积率	4.10/4.0
地上规定建筑面积（m²）	20302.47	不计容积率建筑面积（m²）	5627.045
地上核减建筑面积（m²）	1232.38	地下规定建筑面积（m²）	0
地上核增建筑面积（m²）	240.94	地下核增建筑面积（m²）	8789.33
建筑基地面积（m²）	1817.08	建筑覆盖率（%）	33.97259127
绿地面积（m²）	1472.06	绿化覆盖率（%）	27.71336128
最高高度（m）	73.2	最大参数（地上/下）	15/2层

=SUM(A5:A6,A11,A12,A14)

图 2.6-11　Excel 软件计算过程

（9）图 2. 6-12 为创建的全部体量模型，与设计方案的模型大体一致，将不同使用功能的建筑分为不同的体量族进行整合、剪切计算。

与传统 CAD 二维平面计算面积方法比较的优点：

1）创建体量组可以快速生成楼层平面，软件系统自动计算体量族中楼层总面积；

2）不同使用功能或者核增核减的面积可以通过剪切的形式进行切分确保面积不重复计算，也可通过添加共享参数在明细表中进行体现；

3）同一计算类型的建筑可用一个体量族创建并得出总面积之和（图 2. 6-13），无需进行多次楼层面积叠加计算。

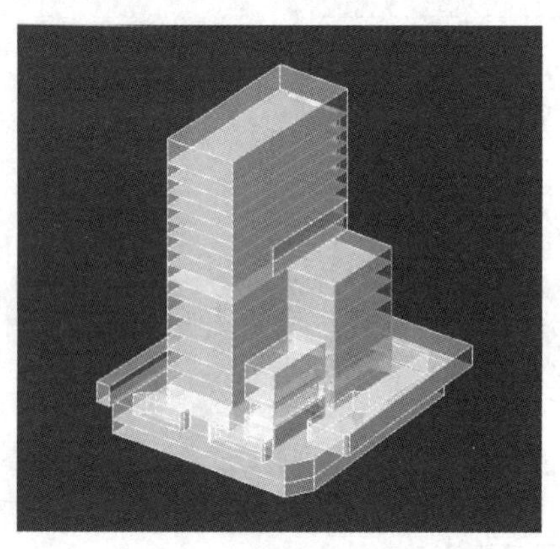

图 2. 6-12　体量模型

核增核减	核增
尺寸标注	
体量楼层	编辑
总楼层面积	10290.962
总表面积	7400.419
总体积	47845.837
标识数据	

图 2. 6-13　总面积

2. 6. 2　初步设计阶段管线预综合的方法

合理的净高控制是项目成功实施的重要保障，在没有做 BIM 管线综合之前，复杂项目的管线排布是以设计人员通过二维管线综合处理，难度大且效果不好。即便使用了 BIM 技术的项目，其管线综合大多放在施工图出图后，可以说当前传统管线综合是各专业设计完成后进行的设计验证措施，类似一种设计补救的形式存在。当然这并没有什么不好，即便是施工图出图后做的管线综合，也能解决大部分的施工问题，在减少施工现场反复的问题上有突出贡献。但从本质讲，出现这类问题是前期空间规划（管线路由规划）上不妥当造成的。各专业在初步设计中一直处于优质机电空间的争夺，从机房到走道，从管井到排布方式。因此我们建议在初步设计阶段即开始管线预综合，目的是建筑空间利用最大化，让各专业都参与到机电空间的优化中来。在初步设计即开展机电管线主路由的排布，确定机电专业较大管线的留洞、路由情况，让部分施工图阶段 BIM 工作提前到初步设计。

以下为管线预综合的具体实施步骤：

（1）现状描述：本层深灰色标注的梁（图 2. 6-14）为 800 高，其余为 600 高。

（2）本层层高 4. 5m，业主希望达到 3m 净高，因此管底需要 3. 1m，根据当前建筑结构模型处理可知管线通行能力如图 2. 6-15 所示。最不利点在四个角部，可通行净高仅 400；中部（深灰色）可通行能力在 600 左右。

（3）由此可见，转角处 400 通行能力不足（图 2. 6-16），需要结构压梁或者暖通压管。

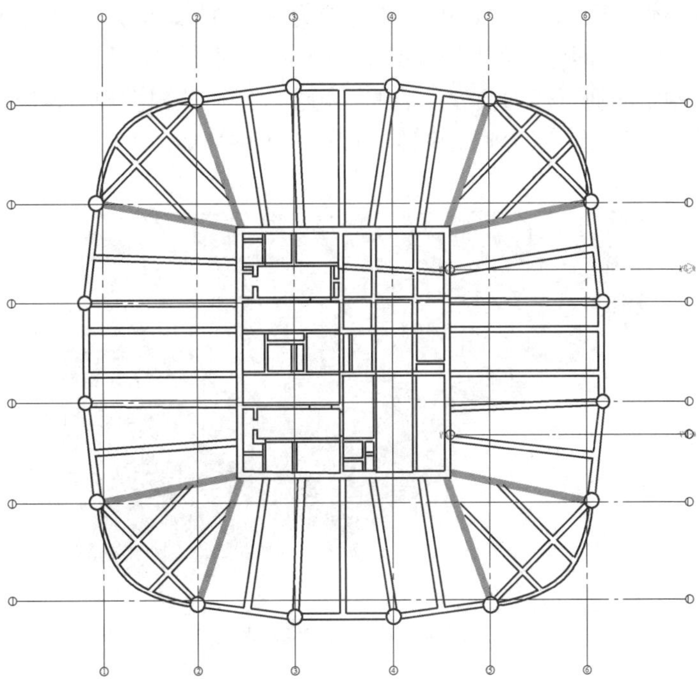

图 2.6-14　梁示意图

图 2.6-15　建筑结构模型

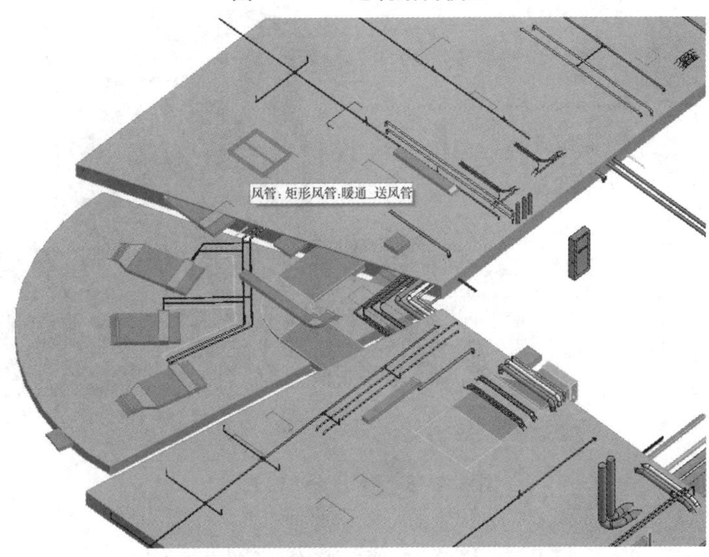

图 2.6-16　转角处示意

（4）此处有叠管（图 2.6-17），中部通行能力只有 600，但是此处有 400 暖通风管和多个 DN200 的管线，空间明显不足，要调整路由或者调整梁布置。

（5）通过绘制空间通行能力模型，能够在初步设计阶段根据现有情况初步预判管线交叉情况，并提前发现问题，减少施工图阶段设计返工的可能。

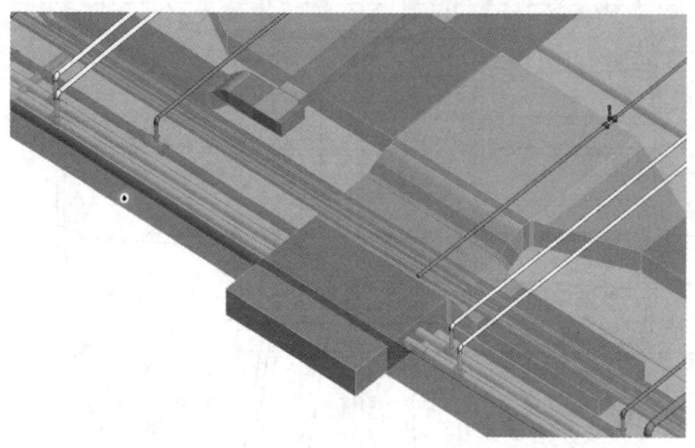

图 2.6-17　叠管处示意

2.6.3　施工图设计阶段图模联动的方法

（1）在 Revit 中导出 dwf 格式图纸（图 2.6-18～图 2.6-20）。

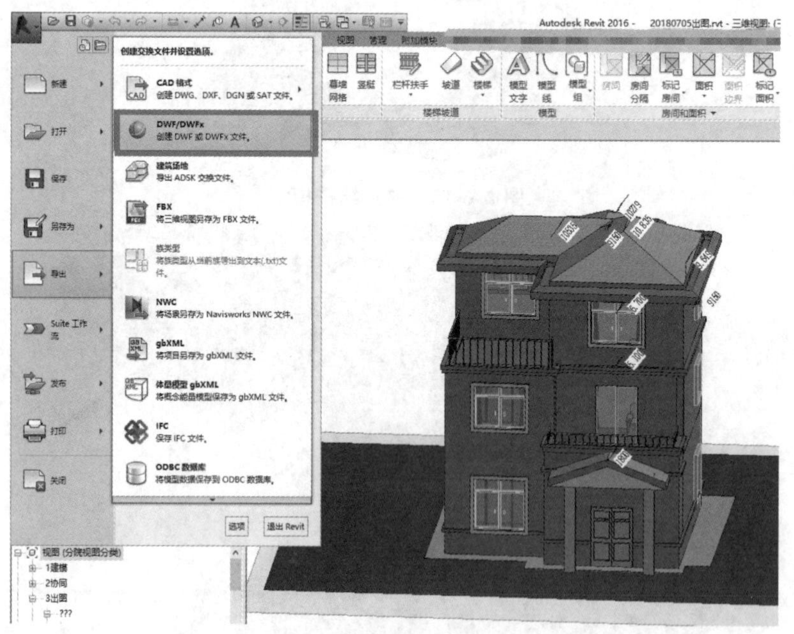

图 2.6-18　导出 dwf 格式 1

（2）在 Navisworks 中打开项目文件并绑定图纸（图 2.6-21）。

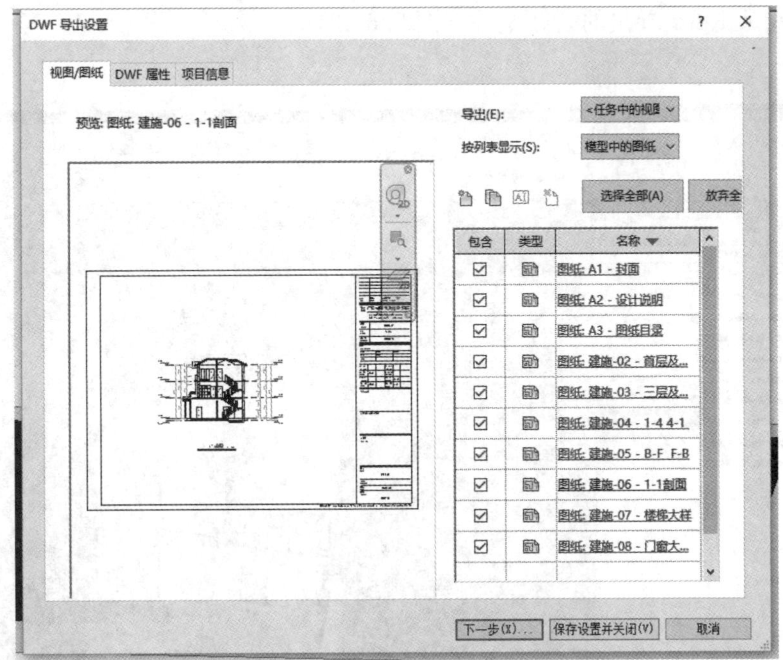

图 2. 6-19　导出 dwf 格式 2

名称	修改日期	类型	大小
20180625出图.rvt	2018/7/9 11:54	Revit Project	41,932 KB
20180705出图.dwf	2018/7/9 14:58	DWF 文件	11,248 KB
20180705出图.nwc	2018/7/9 15:55	Navisworks Cache	2,066 KB
20180705出图.rvt	2018/7/9 11:58	Revit Project	41,996 KB

图 2. 6-20　导出的 dwf 文件

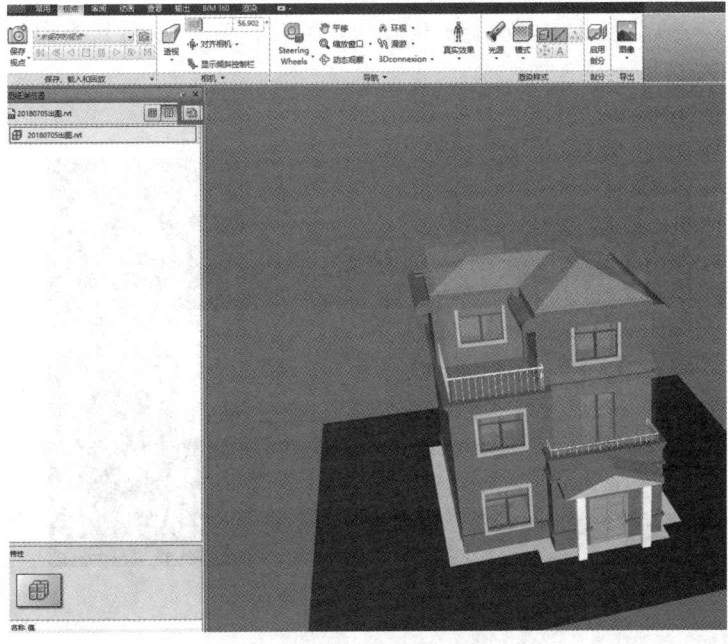

图 2. 6-21　绑定图纸步骤

绑定刚刚从 Revit 导出的 dwf 文件（图 2.6-22）。

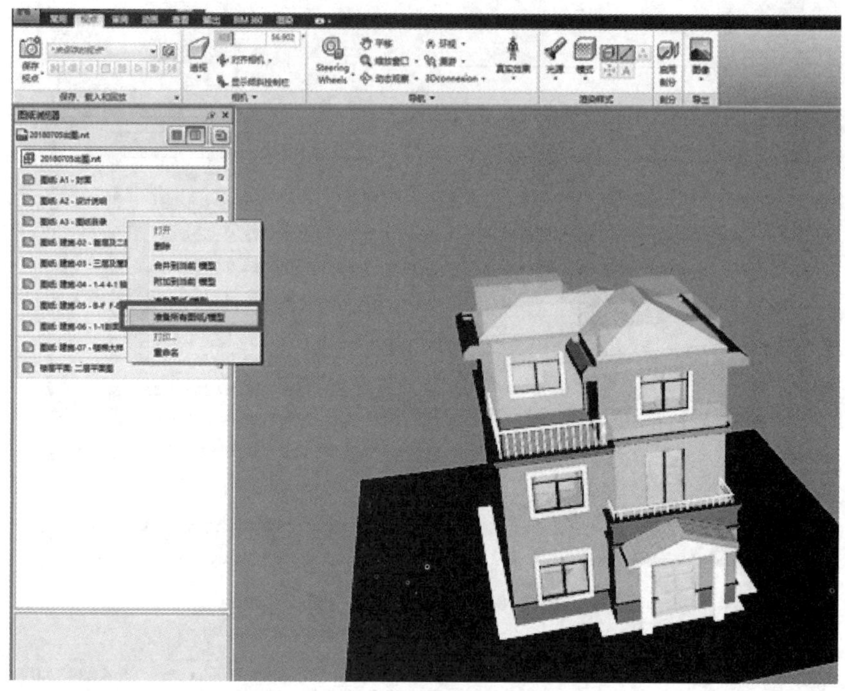

图 2.6-22　绑定 dwf 文件

导入后，准备所有图纸/模型，Navisworks 会将所有 dwf 文件转换为 nwc 文件，方便访问，如图 2.6-23 所示。

图 2.6-23　dwf 文件转换为 nwc 文件

(3) 打开关联图纸（图 2.6-24）。

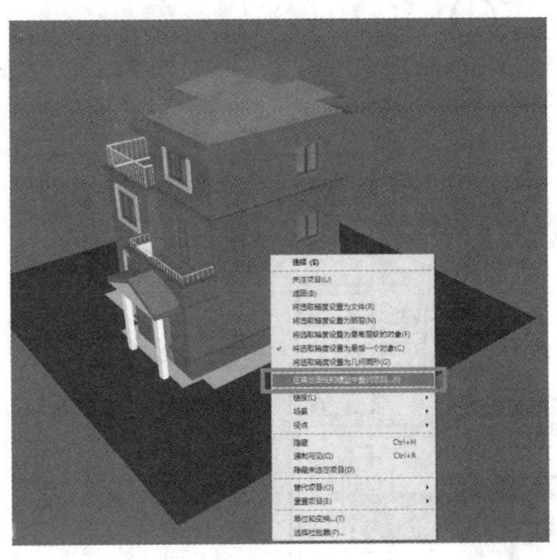

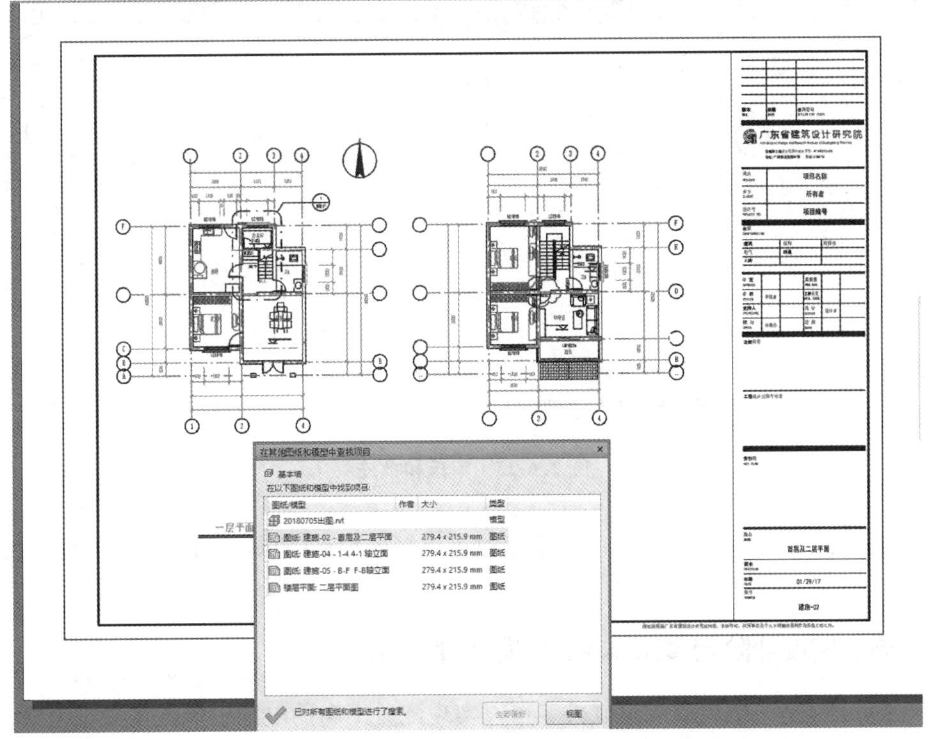

图 2.6-24　打开图纸

(4) 校审人员在 Naviworks 上面对模型进行审核和批注（图 2.6-25）。

总结：图模联动的意义在于我们可以通过模型快速找到对应的图纸，以及通过图纸快速查找模型相关位置。且由于图纸来源于模型，是真正的图模一致。模型审核不再需要查

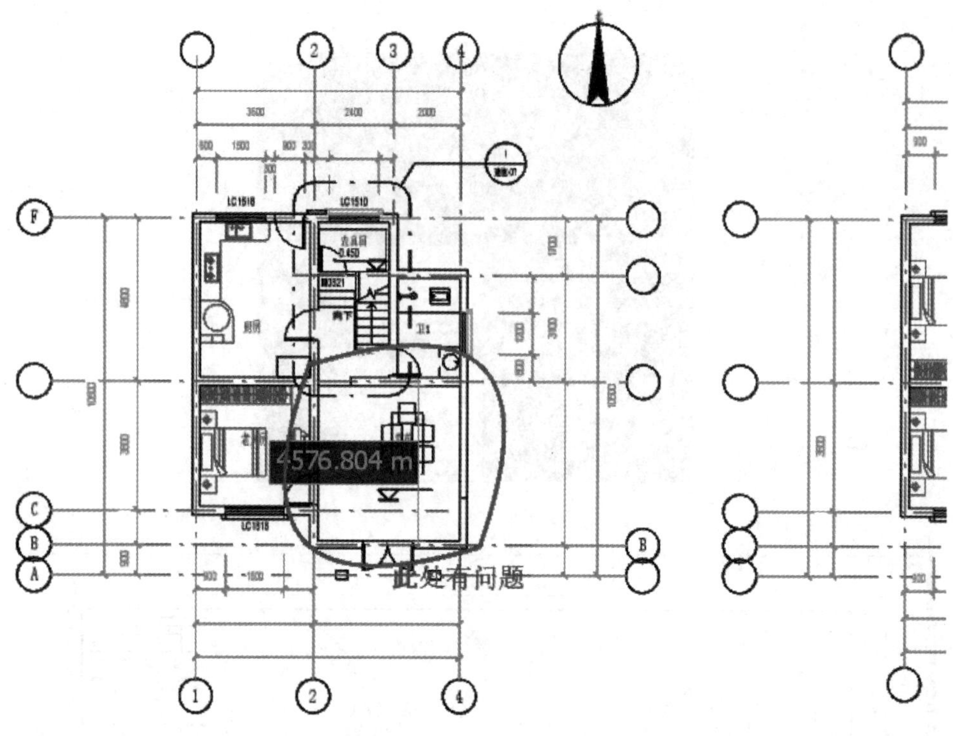

图 2.6-25　审核和批注

看复杂且对硬件要求高的 Revit，一般电脑也可以轻松加载 Navisworks，使得硬件投入大幅减少。

2.6.4　施工图设计阶段多版本 Revit 模型对比方法

Navisworks 是一款模型浏览软件，可以实现配置不高的电脑也能流畅浏览大型模型。

传统 CAD 提资是通过 CAD 平面圈注的方法，在正向设计过程中也存在其他专业多次提资或平面不方便表达的情况，如何快速对比模型是我们首先需要解决的问题。下面通过一个案例说明模型对比方法。

本项目分别在 6 月 25 日及 7 月 5 日出图，机电配合专业及审定人可以在归档路径中查看到两个不同时段出图模型。CAD 出图时修改位置可以用云线圈出，但用 Revit 出图不方便模型对比时可用以下多版本对比的方法。

（1）6 月 25 日，修改前，如图 2.6-26 所示。

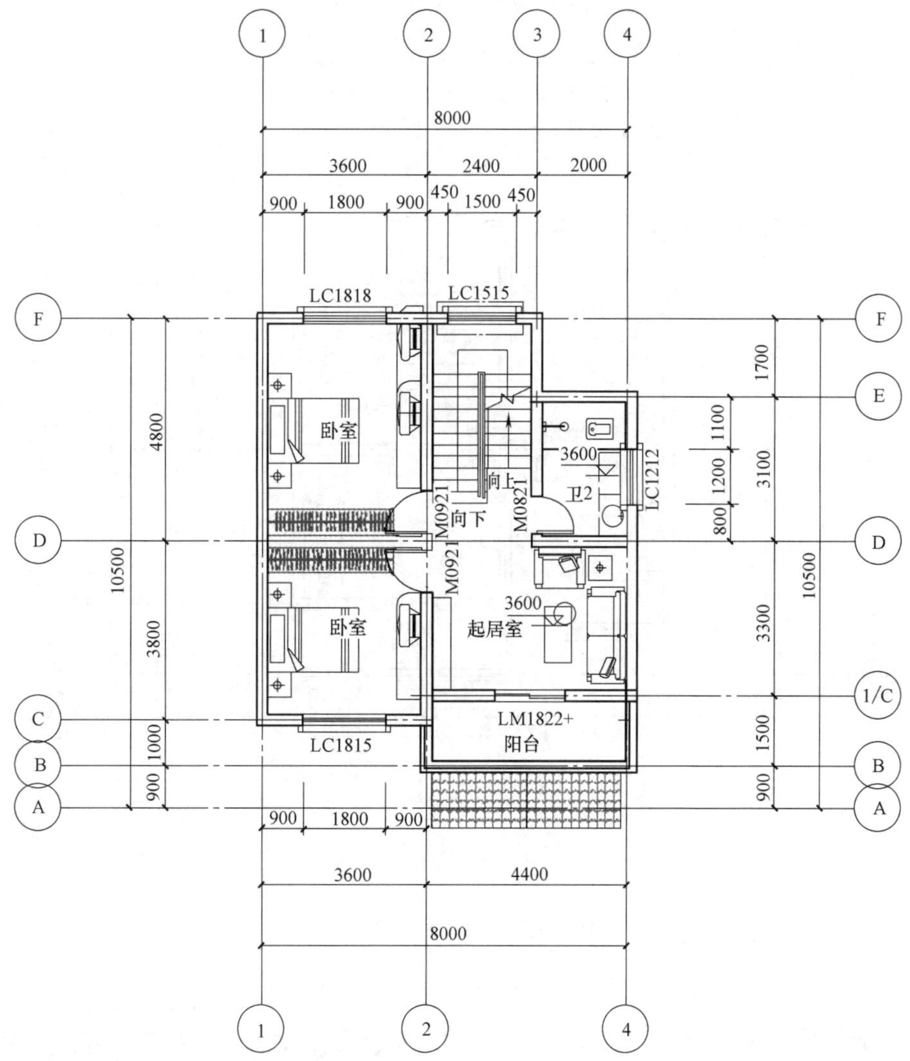

图 2.6-26　修改前平面图

（2）7 月 25 日修改后（为突出修改用云线圈出修改位置），如图 2.6-27 所示。

（3）先在 Navisworks 中打开新版模型，并附加旧版模型。如图 2.6-28 所示。

（4）选中两个模型，点击比较，如图 2.6-29 所示。

（5）点击确认，即可看到两版模型变化的位置，如图 2.6-30 和图 2.6-31 所示。

（6）查看图纸修改情况。

该对比方法操作简单，大大减少了设计人员对于多版本模型对比的工作量，有利于提高设计人员的配合效率。

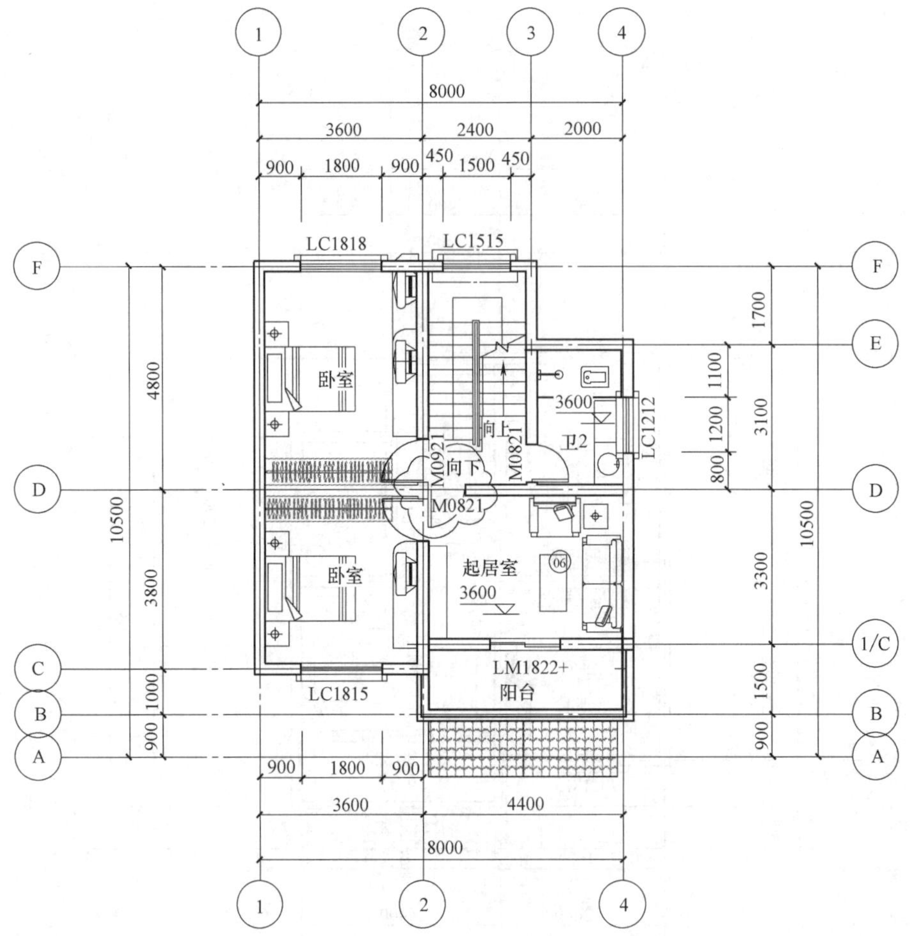

图 2.6-27　修改后平面图

图 2.6-28　打开模型

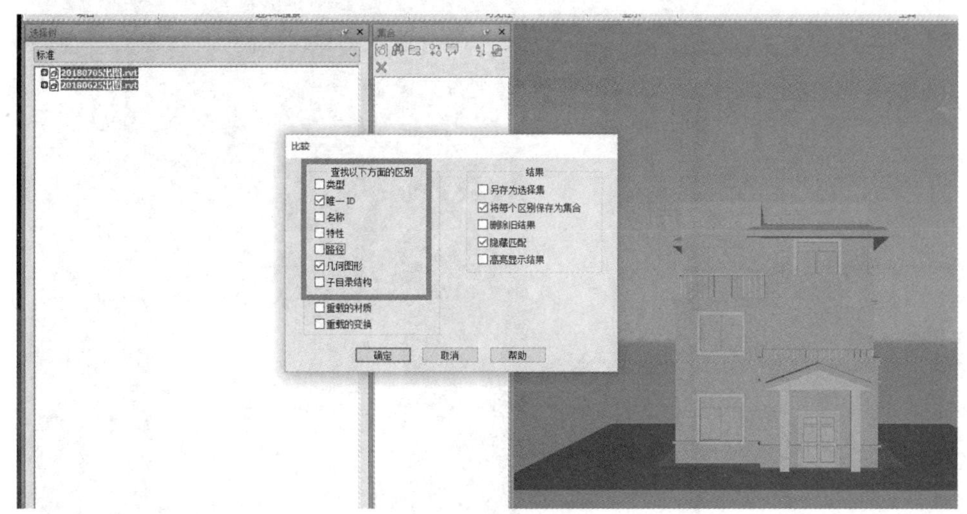

图 2.6-29　比较模型

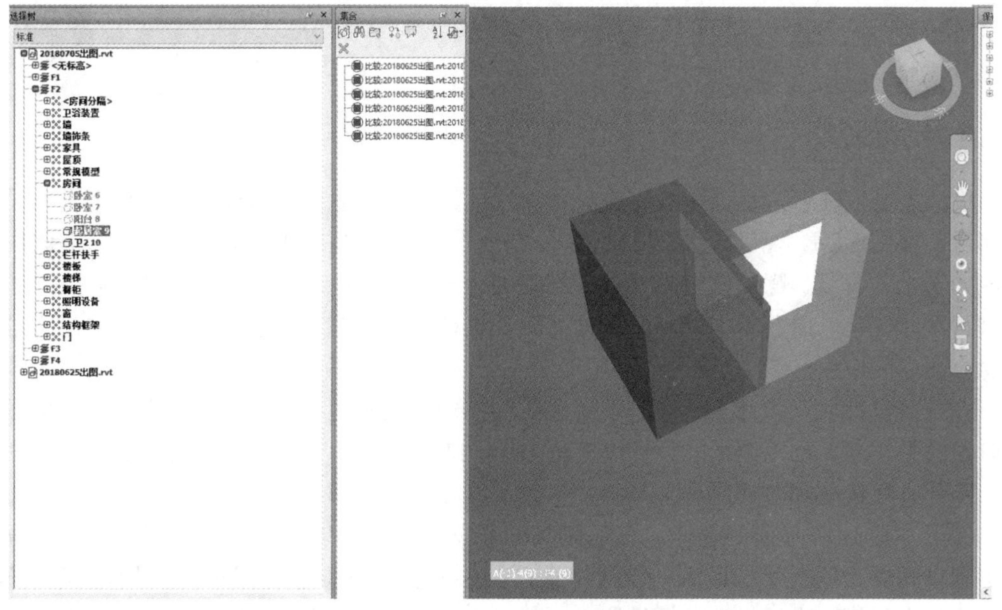

图 2.6-30　模型变化的位置 1

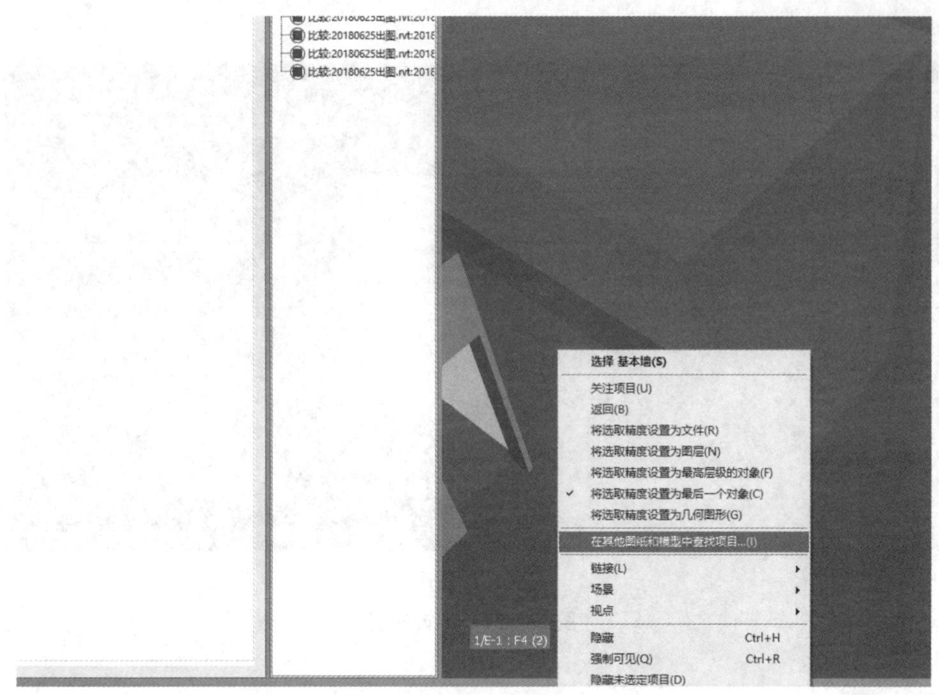

图 2.6-31 模型变化的位置 2

2.7 BIM 正向设计的工作流程

2.7.1 方案阶段

设计人员应在概念设计阶段完成项目的选址、找型、立面风格设计、概算等重要设计方向后，利用 BIM 模型结合绿建分析软件完成本项目对周围地形的影响，并基于该模型完成如采光、日照、噪声、室内外流场等基础分析。以及应用参数化特性针对以上绿建分析进行设计优化，以获得本设计的最佳方案。具体方法可参考论文《Revit 参数化体量在概念方案中的应用》。

在方案设计后，设计人员应基于概念模型搭建方案模型，并利用方案模型自动生成方案阶段的平、立、剖等图纸。也可以应用 Revit 自带的多方比选功能实现一个模型多个方案，降低方案优化和对比成本。

利用方案 BIM 模型的立体、直观化，机电设计人员可以快速根据模型判断出本方案的不利空间、无用空间。将机电设计中管井与不利空间相结合，最大化利用建筑内部空间。同时方案模型中的空间、体量信息也可以作为初步设计中机电设计的设计依据，预估建筑能耗及负荷。

方案阶段工作流程见表 2.7-1。

方案阶段 BIM 设计工作内容及相关会议　　表 2.7-1

阶段	专业	设计内容	BIM 工作
方案设计启动会			
概念及方案设计	建筑	建筑形体创作	体量
概念及方案设计	建筑	方案平面及平立面设计	体量到 Revit 构件
概念及方案设计	建筑	建筑绿建分析	Revit 导入绿建软件
方案比选会			
概念及方案设计	结构	柱位布置	结构柱
概念及方案设计	建筑	机电设计指标数据	体量＋空间划分
方案深化会			
概念及方案设计	机电	接收建筑提供的机电指标数据	输入参数化体块
概念及方案设计	机电	机房布置	机房体量模型
方案确定会			

启动会：

明确设计要求，协调设计矛盾，对目前收集到的各类信息进行分析整理，确定方案体量及功能分区，搭建体量模型。

方案比选会：

对多种概念方案进行比选，通过体量模型搭建结构模型，对多种结构模型进行选型，选取最佳结构形式和建筑形体。

方案深化会：

在确定深化设计方案后，与机电专业探讨机房位置与大小，管径位置、大小与主管路由。

方案确定会：

经过多方协调，方案已接近成熟，与各专业统一各专业需求及位置，明确出图成果。

2.7.2　初步设计阶段

初步设计的目的是对各专业的方案或重大技术问题进行综合技术经济分析，协调各方矛盾，初步完成结构和机电的设计方案并逐渐完善。由于 BIM 软件的空间性质，使得三维设计过程中大量的施工图阶段的工作提前到初步设计来解决。

初步设计阶段工作流程见表 2.7-2。

初步设计阶段 BIM 设计工作内容及相关会议　　表 2.7-2

设计阶段	专业	设计内容	BIM 工作
初步设计启动会			
初步设计	建筑	平面布置	墙、门、窗、立面、板
初步设计	结构	竖向及平面布置	梁板柱

续表

设计阶段	专业	设计内容	BIM工作
初步设计协调会			
初步设计	机电	机房布置	三维拉伸模型
初步设计	机电	路由设计	二维线
初步设计	机电	管井布置	拉伸模型
初步设计阶段成果协调会			
初步设计	全专业	净高把控	管线路由评估
初步设计	全专业	管线预综合	管线路由评估
初步设计成果验收会			

初步设计启动会：

继承方案模型，补充必要信息，对分期建设、形象建设、模型划分等前期不确定问题进行明确。

初步设计协调会：

管线预综合、提前预判设计重难点部位，建筑结构明确营造做法，总图标高、地下室顶板标高等信息。机电应复核管井与设备间提资。对各专业有疑问需要协调的位置进行协同。

初步设计阶段成果协调会：

建筑、结构此刻应已对关键内容进行设计，如建筑平面布置、结构主梁、次梁设计，本次会议应对以上设计内容进行多专业协调总结，作为对机电提资依据。机电专业应已完成初步设计，完善系统设计，进行管线预综合，对净高可能存在问题的部位进行路由优化或系统优化，降低未来修改设计的可能。

初步设计成果验收会：

完善初步设计成果，对之前协同设计的模型进行全专业复核与完善，形成初步设计成果，并以此为依据出图。

2.7.3 施工图阶段

施工图设计是根据已批准的初步设计或方案，通过详细的计算和设计，为满足施工的具体需求，分建筑、结构、暖通、给水排水、电气等专业编制出完整的可供进行施工和安装的设计文件，包含完整反映建筑物整体及各细部构造和结构的图样。

施工图阶段工作流程（表2.7-3）详细记录了各专业在BIM正向设计后施工图设计所需要做的工作及执行的会议。

施工图阶段BIM设计工作内容及相关会议　　表2.7-3

序号	专业配合工作	提出专业	接收专业	设计内容	BIM工作
施工图设计启动会					
1	施工图设计启动会	全专业	全专业	明确设计内容及注意事项，明确设计原则和统一技术条件	准备各专业基础中心文件统一原点，轴网确定各专业模型间的链接关系

续表

序号	专业配合工作	提出专业	接收专业	设计内容	BIM 工作
施工图设计启动会					
2	结构建立第一版模型	结构	建筑	确定结构主体	
施工图阶段设计协调会					
3	建筑提第一版提资视图，防火分区	建筑	各专业	作为机电专业设计的参照底图结构专业配合依据	建筑链接结构配合视图建筑视图分三层，建模视图、配合底图视图、出图视图。其中配合底图视图与出图视图为关联视图请注意这是底图，非建筑出图视图
4	设备专业给各专业提机房、管井	机电专业	建筑	管井、机房定位、面积需求	请注意在提资视图
5	结构提资，梁柱资料	结构专业	各专业	明确开洞情况，同时明确梁高，机电专业在设计过程中应规避大梁	及时更新链接
6	管线初步综合设计	建筑	结构、机电	建筑根据初步设计对净高要求复核各专业现有设计成果是否能满足需求。同时对建筑平面设计进行优化	BIM 负责人协助建筑专业解决发现的问题
施工图阶段设计协调会					
7	建筑提第二版提资视图（平、立、剖），材料做法、防火分区	建筑	各专业	根据上一轮设计讨论后设计优化的机电出图配套视图	阶段性 BIM 模型/模型归档
8	水、暖提资给电（用电量）	水、暖	电气		在专用提资视图并显著标注
9	机电专业提资大于 800 的洞口、集水井、排水沟给建筑、结构	机电	建筑、结构		在专用提资视图并显著标注
施工图阶段出图协调会					
10	建筑大样绘制（卫生间详图、电梯详图、楼梯、墙身大样）	建筑	建筑大样	在建筑视图中表达	
11	建筑复核净高，并绘制墙身大样	建筑	建筑大样		
12	结构绘制模板图	结构	各专业	各专业复核横向、竖向管线位置	
13	管线综合	各专业	各专业	建筑再次复核净高是否能满足需求	BIM 负责人统一解决各专业设计过程中遇到的问题 BIM 负责人组织管线综合协调会

续表

序号	专业配合工作	提出专业	接收专业	设计内容	BIM 工作
施工图阶段出图协调会					
14	各专业修改优化施工图	各专业	各专业		机电专业完成管线末端调整、利用施工图模型直接生成图纸、并基于该图纸进行注释标注等图纸细致化工作
15	洞口复核	结构	机电	复核洞口确保留洞准确	
16	校对	各专业	各专业		
17	由三维导出二维满足政府各部门的审图要求的全套图纸	各专业	各专业		完善图纸说明、复核图纸缺漏
完善出图成果					

施工图设计启动会：

结合实际情况，设计人员评估初步设计模型是否可以沿用至施工图出图，若可以沿用，则对部分不符合设计深度的族进行替换或删除。若不能沿用，则设计人员重新根据模板搭建可以出图的设计模型。并与各专业确定原点、链接关系。

全专业根据模型及图纸确定机房位置、净高目标、基坑位置、排水沟深度、楼梯、防火分区、坡道、各专业管井位置等重要信息。并确定完善设计后的下一次会议时间。

施工图阶段设计协调会：

通过协调与会审确定剪力墙布置、设备基础尺寸，建筑、结构做法，机电管线穿剪力墙情况。协调各专业需要相互提资及提资要求。

施工图阶段出图协调会：

讨论出图规划、图纸编号及与建筑嵌套由结构专业绘制的嵌套底图，机电专业嵌套由建筑专业绘制的嵌套底图中可能存在的图面表达问题。

说明出图原因、明确出图深度要求、归档路径、时间要求。

完善出图成果会：

完善图纸说明、复核图纸缺漏、将各专业模型与图纸进行最终整理，出图打印。

2.7.4 质量管理表格样例

正向设计过程中需要在管理过程中对设计质量进行控制，通过问题报告及模型校核表、管线排布成果确认表等表格形式实现对模型问题进行沟通：

（1）问题报告样例（表 2.7-4）。

问题报告表 **表 2.7-4**

编号	01	提出日期	2017.8.14
问题说明	地下室 B2 给水排水中水系统图中存在几处管径与平面图不对应，以哪个为准（系统图 or 平面图?），请确认		
所属建筑	民生互联网大厦地下室		

续表

<table>
<tr><td>基础图纸版本</td><td>2017.8.1</td><td>位置轴号</td><td>17～18/E～D(B2)</td></tr>
<tr><td>图名</td><td>D-S01～D-S03 地下室给水排水系统图；
D-S04～D-S06 地下室给水排水及消防平面图</td><td>问题等级</td><td>C</td></tr>
<tr><td>涉及专业</td><td colspan="3">机电(给水排水中水系统)</td></tr>
<tr><td>截图说明</td><td colspan="3">系统图：
平面图：
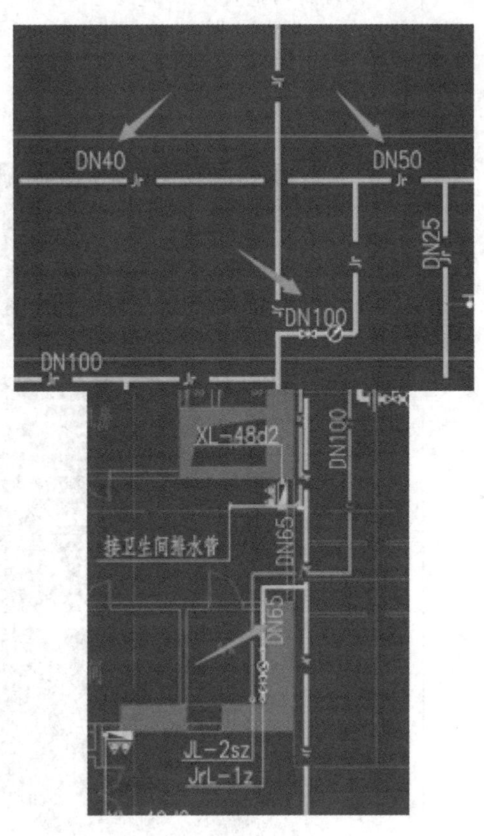
</td></tr>
</table>

<table>
<tr><td>解决碰撞问题的调整建议</td><td>建议以系统图为准</td><td>(BIM)回复人</td><td>××</td></tr>
<tr><td>图纸制作方回复意见</td><td>以系统图为准</td><td>(设计)回复人</td><td>×××</td></tr>
<tr><td>问题是否解决</td><td>是</td><td>(BIM)复核人</td><td>××</td></tr>
</table>

（2）碰撞报告样例（表2.7-5）。

碰撞报告表 **表2.7-5**

编号	01	提出日期	2017.10.22
碰撞说明	如截图所示，此处由于空间过于窄小导致图中标记箭头位置桥架与消火栓主管已无法安装，建议桥架更改路由，经E～D/4～5轴位置的气瓶间过，请审核		
所属建筑	民生互联网大厦		
基础图纸版本	2017.9.29	位置轴号	B2层　4轴交C轴 (B2)ID:5607604
图名	2017.9.29地下室B1-B4 空调施工图	问题等级	B
涉及专业	机电管综(电气、消防)		
截图说明	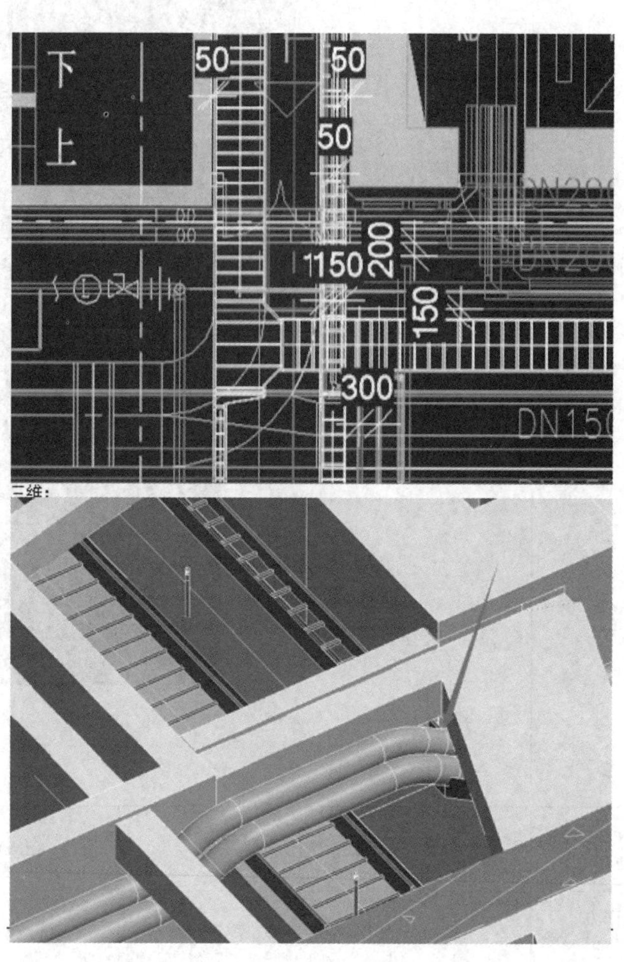		

（3）模型校核表样例（表2.7-6），由BIM负责人及审核审定人编制。

BIM模型校核表

表 2.7-6

序号	构件 ID	建模问题点	问题描述	回复	截图	复核意见
1	620819,620+B2、B19990,623899,623903		墙体与坡道高度不吻合(类型问题)	同意,已按要求修改		已修改
2	726432,734571,734650		请更换人防门族包含单扇-双扇(类型问题)	同意,已按要求修改		已修改
3	699812,700236、814136		请将栏杆更换为扶手(类型问题)	同意,已按要求修改		已修改
4	624898		集水井坑底无需建筑板	同意,已按要求修改		已修改

（4）BIM 管线排布成果确认表样例（表 2.7-7）。

管线排布成果确认表 **表 2.7-7**

模型位置：

基于图纸版本：

专业	签名	问题点
建筑专业	□涉及修改 □同意排布	1. 2.
结构专业	□涉及修改 □同意排布	1. 2.
暖通专业	□涉及修改 □同意排布	1. 2.
给水排水专业	□涉及修改 □同意排布	1. 2.
电气专业	□涉及修改 □同意排布	1. 2.

总结：

基本净高：

第 3 章　BIM 设计模型管理

本章介绍了设计企业 BIM 技术标准中模型管理的相关要求，包括项目样板管理、族库管理、色彩规则、模型内容、设计协同方法、成果管理和模型深度等级等内容，目的是实现 BIM 设计模型的规范化管理，以提升在 BIM 设计模式下的工作效率和工作质量。

3.1　命名规则

工程实施过程中涉及多个专业工种，为提高文件架构名称理解的准确性和高效性，统一实施管理，宜制定清晰、规范的 Revit 模型文件命名架构。

1. Revit 模型文件命名规则

(1) 文件命名描述以简单明了为原则；

(2) 文件命名可采取中文、英文、数字等字符；

(3) 文件名称应准确表达项目的名称、专业类别、涉及阶段、版本等内容；

所有模型文件可依照下列命名标准，并结合工程的实际情况增删不需要的名称信息，见图 3.1-1Revit 文件命名规则。

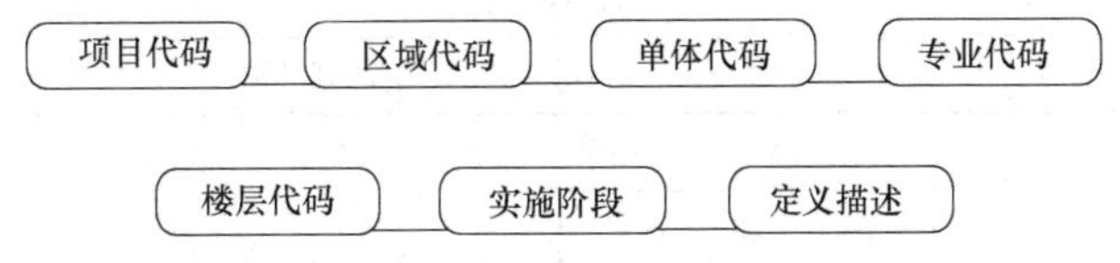

图 3.1-1　Revit 文件命名规则

项目代码 _ 区域代码 _ 单体（子项）代码 _ 系统（专业）代码 _ 实施阶段 _［自定义描述］

项目代码——用于表示工程设计项目名称；

区域代码——用于表示工程设计项目的分区信息；

单体代码——用于表示工程设计项目的单体建筑名称；

楼层代码——用于表示工程设计项目单体建筑的楼层名称；

专业代码——用于表示工程设计项目的专业类型，建筑、结构、给水排水等；见表 3.1-1所示各专业的代码表；

实施阶段——方案设计阶段、初步设计阶段、施工阶段；

定义描述——自定义描述的文本信息。

示例：ZJJC _ HZQ _ HZL _ AR _ 1F _ PD _ V1.0.rvt

表示：湛江机场-航站区-航站楼-建筑-首层-初步设计阶段-V1.0 版 . Revit 模型

专业代码表 **表 3.1-1**

专业(中文)	专业(英文)	专业代码(英文)
建筑	Architecture	ARC
结构	Structure	STR
机电	MEP	MEP
幕墙	Facade	FA
景观	Landscape	LA
室内装修	Interior Design	ID
给水排水	Plumbing	P
暖通	Heating,Ventilation and air-conditionging	HVAC
电气	Electrical	E
消防	Fire Fighting	F

2. Revit 模型构件命名规则

在建筑工程设计项目中，模型构件的名称不影响最终的设计图纸图面的相关内容，构件的命名方式并不唯一，统一 Revit 模型构件名称（如表 3.1-2 所示）主要体现以下原则：

(1) 在工程项目全生命周期，同一构件对象和参数名称应保持前后一致；

(2) 构件名称应具有合理性、简洁性和可拓展性；

(3) 各类构件名称应能够和其他文件进行区分。

模型构件命名表 **表 3.1-2**

构件类型	命名原则		举　例
	族名称	类型名称	
幕墙	幕墙	墙类型名称-墙厚	砖墙-100
内填充墙	内填充墙		
外填充墙	外填充墙		
隔断墙	隔断墙		
楼、地面板	楼板	楼板类型名称楼板厚	混凝土楼板-150
框架柱	混凝土-矩形梁	柱类型名称-尺寸	框架柱-100×100
构架柱	混凝土-矩形梁	柱类型名称-尺寸	
混凝土梁	混凝土-矩形梁	梁类型名称-尺寸	框架梁-100×100
风管	矩形风管	风管类型	镀锌风管
水管	水管	管道材质	无缝钢管
桥架	桥架	桥架类型-系统	CT-强电桥架
设备	设备名称	设备编号	FP01

3.2 项目样板管理

1. 基础要求

BIM 正向设计 Revit 样板不按照实际工程设计项目类型区分，仅作为一个基础的样板文件。Revit 的样板文件可以参照专业的类型进行区分，主要有土建样板、机电样板、装修幕墙样板、小市政样板。各样板内容针对单位、文字样式，尺寸样式等基础设置内容，以及线样式、对象样式、图层颜色、出图设置等内容统一设置，结合其他设计专业的内容在对应的样板文件中单独设置。基础要求如下：

（1）基础 Revit 样板文件按照专业类型区分，即土建样板、机电样板、装修样板、小市政样板等；

（2）各专业样板对文字样式，尺寸样式，线性样式、突出样式、图框类别等内容统一设置；

（3）土建样板包含建筑和结构专业；

（4）机电样板包含给水排水、暖通、电气、智能化等设备专业；

（5）小市政样板包含市政管线、园林绿化；

（6）为降低文件的存储大小，各专业样板中只配置基本的构件族，如文字注释族，尺寸标注族等内容；

（7）各专业样板中配置的构件族名称应符合 Revit 模型构件命名规则，对于新增加的构件族，需进一步审核，明确构件名称等内容，再归入族库文件中；

（8）其他设计阶段需要用到的族构件参照族库管理文件办法，在各阶段文件中直接调用；

（9）每个样板文件中配置两套视图组织管理类型，主要面向读图人员和工程设计人员；

样板中的视图浏览器按照工作视图和出图视图进行处理，出图视图配置对应的过滤器文件，见图 3.2-1。

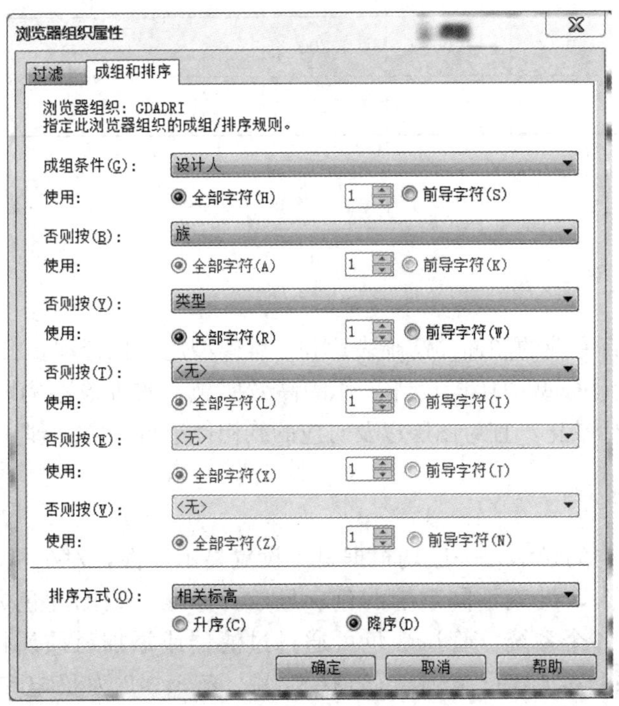

图 3.2-1　浏览器组织

2. 维护更新

为满足实际工程设计项目设计标准文件的规定，及各地方图面表达的需求，在实际运行阶段，要在原有基础样板文件的基础上对个别设置内容调整和更新。调整的范围不限于以下内容：

(1) Revit 族构件的积累和完善；

(2) 地方规范标准要求不同，样板类型的调整；

(3) 结合工程设计项目的类型，增添 Revit 样板类型，可以是住宅类型，商业类型等；

(4) Revit 的样板调整内容主要包括单位、视图类型，文字样式，尺寸样式、线样式、对象样式、图层颜色、出图设置等内容。如表 3.2-1 对线宽设定的示例。

线宽设定 **表 3.2-1**

线号	《房屋建筑制图统一标准》		建议工程样板		主要用途
	名称	线宽组	1∶100	1∶50	
1	细线	0.25*b*	0.100	0.130	填充斜线
2	中线	0.5*b*	0.180	0.200	轮廓线,各类注释线、其他细线
3	中粗线	0.7*b*	0.250	0.300	
4	—	—	0.350	0.450	截面线
5	粗线	*b*	0.400	0.600	主要截面线,钢筋线
6	—	—	0.600	0.900	实心钢筋点
7	—	—	1.000	1.200	
8	—	—	1.500	2.000	红线

3.3 色彩规则

1. 图层和颜色

为满足各个设计专业的图面的清晰表达和三维模型规范化管理要求，便于模型的批量编辑修改及 BIM 设计模型中协同设计工作的高效实施，实现模型的图层、颜色、线型、线宽等图元信息的标准化，宜对图层以及对应的族构件进行分类管理。如表 3.3-1 图层颜色设置示例。

2. 管道色彩

对于建筑、结构的显示，一般均根据材料设置显示属性，对于机电专业的显示，由于机电专业类型较多，设置不同系统的色彩显示，标准一致的配色方案可以让整个项目团队更容易辨别各个系统。管道颜色可通过过滤器或添加材质属性，优先在样板文件中设置，以便项目实际使用过程可直接调用。表 3.3-2 为机电专业管道色彩参数示例。

表 3.3-1

图层颜色设置

分类 \ 图层名称	Revit 表达	图层名称	图层线型	图层含义	图形颜色
总图	Revit 线设置	总图-用地红线	———	用地红线(加粗)	红色 RGB-255-0-0
	Revit 线设置	总图-建筑控制线	—— - ——	建筑控制线(加粗)	蓝色 RGB-0-0-255
	Revit 线设置	总图-地下室轮廓线	- - - - - -	地下室轮廓线(加粗)	灰色 RGB128-128-128
	Revit 线设置	总图-ROAD	———	道路边线	黄色 RGB-255-255-0
	Revit 线设置	总图-ROAD_DOTE	- - - - - -	道路中线	红色 RGB-255-0-0
	Revit 线设置	总图-建筑轮廓线	———	新建建筑轮廓线(加粗)	黑色 RGB-0-0-0
	Revit 线设置	总图-现状建筑	———	现状或周边建筑轮廓线	灰色 RGB-128-128-128
	Revit 线设置	总图-地形图	———	地形图	灰色 RGB-128-128-128
	vv 表达中线设置	总图-绿植	———	绿化植物等	RGB-76-153-95
	vv 表达中线设置	总图-景观小品	———	景观小品、人物、家具等	灰色 RGB-128-128-128
	vv 表达中线设置	总图-水体	———	水体、水池、泳池等	灰色 RGB-128-128-128
	vv 表达中线设置	总图-护坡挡墙	———	护坡挡墙	灰色 RGB-128-128-128
	Revit 线设置	总图-建筑出入口	———	建筑出入口标识文字及符号	洋红 RGB-255-0-255
	Revit 线设置	总图-消防车道	- - - - - -	消防车道路线(加粗)	红色 RGB-255-0-0
	Revit 线设置	总图-消防登高操作场地	- - - - - -	消防车登高操作场地范围线(边界线加粗)	灰色 RGB-128-128-128
	Revit 线设置	总图-消防登高面	—— - ——	消防车登高面(消防扑救面)(加粗)	绿色 RGB-0-255-0
停车位、车流线 停车位-流线	配套族设置	停车位、车流线-CAR	———	停车位	灰色 RGB-128-128-128
	Revit 线设置	停车位、车流线-CAR_流线	———	汽车流线	RGB-76-95-153
	Revit 线设置	停车位、车流线-重型设备运输通道	- - - - - -	重型设备运输通道、路线(一般是提条件时使用)	洋红 RGB-255-0-255

续表

图层名称 / 分类	Revit 表达	图层名称	图层线型	图层含义	图形颜色
轴网、柱子	系统族类型设置	轴网柱子-AXIS	————	轴号、平面图第一、二道尺寸	绿色 RGB-0-255-0
	系统族类型设置	轴网柱子-AXIS_TEXT	————	轴号、尺寸文字	黑色 RGB-0-0-0
	系统族类型设置	轴网柱子-DOTE	——·——	轴线(用于地下室、裙房)	红色 RGB-255-0-0
	系统族类型设置	轴网柱子-DOTE_办公	——·——	轴线(用于办公)	RGB-153-76-76
	系统族类型设置	轴网柱子-DOTE_办公 1	——·——	轴线(用于多栋办公,按数字类推)	RGB-153-76-76
	系统族类型设置	轴网柱子-DOTE_住宅	——·——	轴线(用于住宅)	红色 RGB-255-0-0
	系统族类型设置	轴网柱子-DOTE_住宅 1	——·——	轴线(用于多栋住宅,按数字类推)	红色 RGB-255-0-0
	系统族类型设置	轴网柱子-PUB_DIM	————	除轴网尺寸外的其他尺寸(第三道尺寸)	绿色 RGB-0-255-0
	系统族类型设置	轴网柱子-PUB_HATCH	————	填充图案	灰色 RGB-128-128-128
	结构制作底图	轴网柱子-COLUMN	————	结构柱	洋红 RGB-255-0-255
	结构制作底图	轴网柱子-COLUMN_HATCH	————	结构柱、剪力墙填充	灰色 RGB-128-128-128
	结构制作底图	轴网柱子-CWALL	————	剪力墙	洋红 RGB-255-0-255
	结构制作底图	轴网柱子-GZ	————	构造柱	蓝色 RGB-0-0-255

管道色彩区分 表 3.3-2

给水排水			电气		
缩写	描述	颜色(RGB)	缩写	描述	颜色(RGB)
FS	消防喷淋管	255-000-000	PV MR	动力桥架	000-255-255
FH	消防栓管	255-128-128	LG CT	照明桥架	128-000-255
RJ	热水给水管	128-000-064	MX	母线槽	255-000-000
RH	热水回水管	128-000-128	MR	信息设施桥架	076-076-153
ZJ	中水管	128-128-192	MR	楼控桥架	064-064-255
T	通气管	255-000-191	MR	IBMS 桥架	128-128-255
J	给水管	000-000-255	MR	安防桥架	185-185-128
F	废水管	160-160-080	FS TR	消防桥架	255-128-000
W	污水管	067-067-033	ELVMR	弱电桥架	000-255-000
Y	雨水管	12-128-243	GY MR	高压桥架	000-255-255

3.4 族库管理

1. 族文件的集成

Revit 软件中族的类型分为两种，一种是系统族，另外一种是外载入族。系统族无法通过外部存储的形式保存文件，只能存储在 Revit 项目文件中。因此，对于族文件，主要通过以下两种集成方式管理族文件。

对于内置系统族，可以通过 Revit 项目样板文件进行存储。可以借助第三方 BIM 软件管理。如天正 TR 建筑的族管理工具。

对于外载入族，主要按照专业类型和族类型的文件存储的方式保存族文件。可以借助第三方 BIM 软件管理，如图 3.4-1 所示为天正族库管理。

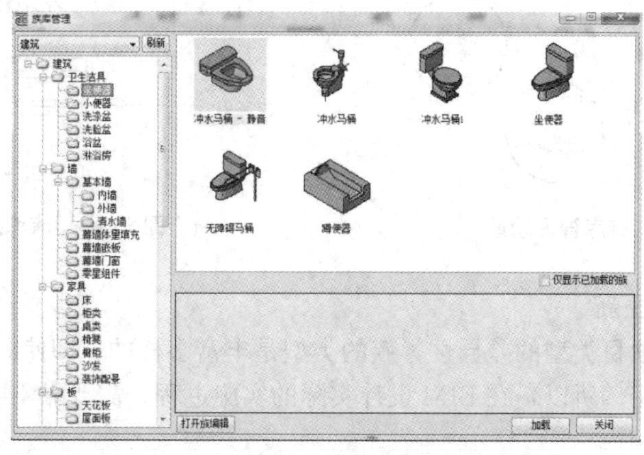

图 3.4-1 天正族库管理

2. 族库管理工具建设需求

正向设计族库建设的主要目的，从族的使用者角度分析，在于实现族构件的共享和高效利用，减少设计人员重复劳作，避免浪费资源。特别是在大的设计院中，工程设计类型多样、专业设计人员配置齐全和人员较多的环境下，族构件的共享显得更加重要。另外，在设备厂家不一，产品类型多样化的环境下，族库的建设作用也不容小觑。族库使用者需要借助合适的平台架构达到这些目的。族库管理功能需求如图 3.4-2 所示。对于正向设计族库运行系统架构的建设，主要从以下几个方面展开分析：

从族构件信息存储的方式分析：在推进正向设计的过程中，以三维模型为主的设计路线，族构件的数量变得越来越多，加上族构件本身需具备反映构件参数的信息，对于族构件的存储空间要求更高。因此，建议考虑利用数据库存储相关数据，简化存储空间。

从族构件调用搭建模型的方法分析：族构件是在 Revit 项目文件中使用，调用非本项目内的族构件，需要通过外部载入，这就要求族库管理工具具有在 Revit 项目中运行的功能。可利用 Revit API 提供的二次开发接口，实现在项目中的族库管理。

从族库管理工具与设备厂商对接的方式方法分析：设计人员对族构件的使用，可以通过企业内部局域网的形式，实现设计人员之间的内部协同，提高族构件的安全性。与设备厂商族库的对接需要有独立于内部族库数据的数据空间，避免与内部的数据空间交叉，实现远程的数据连接。双方设计人员可利用互联网，通过上传发布的形式，实现族构件的共享，并将族下载到本地族库工具中。族库运行架构需求如图 3.4-3 所示。

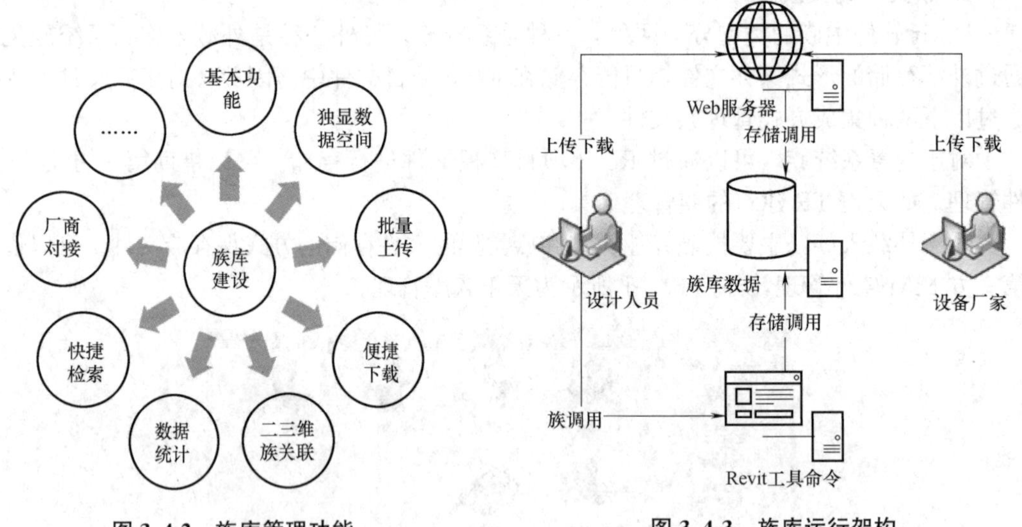

图 3.4-2　族库管理功能

图 3.4-3　族库运行架构

3. 族文件维护更新

由于工程设计项目类型的差异性，族的类型是丰富多样的，即使同种类型的族也难以满足多个项目的调用。所以，在 BIM 设计实际的实施过程，需要靠不断的积累丰富 Revit 的族库。

内置系统族的更新，需要通过 Revit 项目文件操作。内置族的更新，意味着样板文件的不断更新。在工程设计项目的不断实施过程中，更新内置系统族的同时也更新 Revit 的样板类型。外载入族是独立更新和保存的，维护更新相对比较便利。

3.5　BIM 模型拆分

拆分原则：

BIM 模型拆分过程需要综合考虑项目的实际性质、工程大小、设计范围、设计阶段和软硬件的处理能力等内容。拆分模型的根本目的在于提高工作效率，最大限度地提高专业内和专业间的工作效果。模型拆分架构示意如图 3.5-1 所示。当模型拆分后文件大小无法满足设备运行的性能时，在项目实施过程中需要考虑对模型进行二次拆分，可参照以下拆分原则：

（1）按单项工程划分，如商业综合体项目可分为 地下室、裙房、塔楼、住宅。

（2）按单位工程分类，如总图模型、地下室建筑模型、地下室结构模型、地下室机电模型、裙房建筑模型、裙房结构模型、裙房机电模型等。

（3）按专业划分，可分为建筑、结构、给水排水、暖通空调、电气、弱电智能化、室内装饰装修、燃气等专业。

（4）按深度划分，可分为施工图设计模型、深化设计模型、局部钢筋模型、户内深化设计模型等。

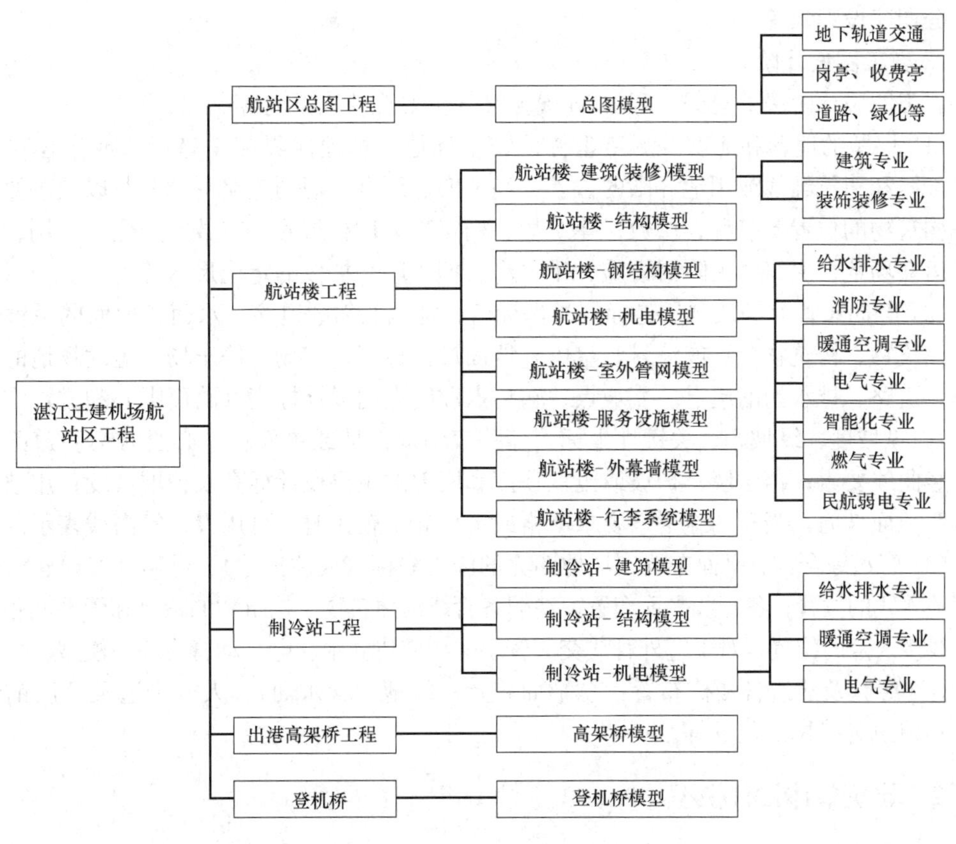

图 3.5-1　模型拆分架构示意

3.6 BIM模型内容

建筑工程BIM设计模型参照工程设计内容，可分为总图BIM模型和建筑单体BIM模型。在总图以及单体工程中宜表达的各专业子项BIM模型内容，需要从两个方面考虑，一是现阶段的BIM技术力量足够支撑BIM模型的运行和CAD图面表达需求；二是模型的内容需要考虑工程项目的实际需求。

3.6.1 总图设计模型

1. 方案和初步设计阶段

方案和初步设计阶段的总图工程BIM模型文件主要反映以下内容：

(1) 场地区域位置；

(2) 场地范围；

(3) 场地内部及周边毗邻环境概貌；

(4) 场地内拟建道路、停车场（广场）、绿地等主要设施及建筑（构筑物）的布置和定位关系；

(5) 可根据需要表达或模拟：功能分区、空间组合、消防分析、日照分析、绿地布置、分期建设形象等。

2. 施工图设计阶段

施工图设计阶段的总图工程BIM模型文件主要反映以下内容：

(1) 保留的地形和地物；测量坐标网、坐标值；场地四界测量坐标（或定位尺寸），道路红线和建筑红线或用地界限的位置；场地四邻原有及规划道路的位置，以及主要建筑物和构筑物的位置、名称、层数；建筑物、构筑物名称或编号、层数、定位、广场、停车场、运动场地、道路、无障碍设施、排水沟、挡土墙、护坡的定位尺寸等。

(2) 竖向布置：场地测量坐标网、坐标值；场地四邻的道路，水面、地面的关键性标高；建筑物、构筑物名称或编号，室内外地面设计标高；广场、停车场、运动场地的设计标高；道路、排水沟的起点、变坡点、转折点和终点的设计标高（路面中心和排水沟顶及沟底）、纵坡度、纵坡距、关键性坐标，道路表明双面坡或单面坡，必要时标明道路平曲线及竖曲线要素；挡土墙、护坡或土坎顶部和底部的主要设计标高及护坡坡度；用坡向箭头表明地面坡向，当对场地平整要求严格或地形起伏较大时，可用设计等高线表示。

(3) 管道综合：总平面布置；场地四界的施工坐标（或注尺寸）、道路红线及建筑红线或用地界线的位置；各管线平面布置，注明各管线与建筑物、构筑物的距离和管线间距；场外管线接入点的位置；对于室外管线交叉较多的，应建立水、电、动管线综合模型。

(4) 绿化及建筑各楼栋布置：总平面布置；绿地（含水面），人行步道及硬质铺地的定位；建筑各楼栋的位置等。

3.6.2 建筑单体设计模型

1. 方案设计阶段

方案设计阶段的建筑单体工程BIM模型文件主要反映以下内容：

（1）建筑物内功能空间布局、房间名称以及特别重要用房内的设备（设施）体量空间布置关系；

（2）建筑物内走道、楼梯、电梯、平台、阳台、庭院、天井等空间位置；

（3）建筑单体外部任意视角的三维模型观察；

（4）重要（或空间关系较为复杂的）部位的空间关系和三维表达。

2. 初步设计阶段

初步设计阶段的建筑单体工程 BIM 模型文件主要反映以下内容：

（1）建筑专业

1）主要结构和建筑构配件，如非承重墙、壁柱、门窗（幕墙）、天窗、楼梯、电梯、自动扶梯、中庭（及其上空）、夹层、平台、阳台、雨篷、台阶、坡道、排水明沟等的位置。

2）主要建筑设备（如水池、卫生器具等）的位置；

3）有特殊要求或标准的厅、室的室内布置（如家具布置）；

4）立面外轮廓及主要结构和建筑部件的可见部分，如门窗（幕墙）、雨篷、檐口（女儿墙）、屋顶、平台、阳台、栏杆、坡道、台阶和主要装饰线脚等；

5）防火分区及其分隔位置；

6）内外空间关系较为复杂的部位；

7）紧邻的原有建筑的局部构件。

（2）结构专业

1）标准层、特殊楼层及结构转换层结构布置；

2）提供桩基础、承台、钢结构等模型；

3）特殊结构部位的构造模型。

（3）暖通空调专业

1）复杂的送、排风机房、空调机房的设备布置体量模型；

2）制冷机房、换热机房设备布置体量模型；

3）空调送风管、回风管、新风管系统模型；

4）消防防排烟风管系统模型；

5）厨房、餐饮等排油烟风管、补风管系统模型；

6）平时通风的送、排风管系统模型；

7）空调冷冻水管、热水管、冷却水管、冷凝水管系统模型；

（4）给水排水专业

1）给水、排水管道及化粪池等位置；其他给水排水构筑物位置；场地内管道与市政管道连接点位置；消防、中水、再生水等系统干线管道位置体量模型；

2）主要给水排水机房设备布置体量模型。

（5）电气专业

1）建立建（构）筑物、高低压及其他电气系统线路基本走向，以及单建的变配电所位置模型；

2）变配电所、发电机房内的高、低压配电屏、变压器、发电机、控制屏、直流电源及信号屏布置体量模型；

3）特殊建筑（如大型体育场馆、大型影剧院）必要时的灯位示意体量模型。

3. 施工图设计阶段

施工图设计阶段的建筑单体工程 BIM 模型文件主要反映以下内容：

（1）建筑专业

1）所有墙、柱的形状、尺寸；

2）所有门、窗的位置以及定位尺寸；

3）所有房间名称或编号；

4）变形缝位置、尺寸；

5）主要建筑设备和固定家具（如卫生器具，雨水管、水池、台、橱、柜，隔断等）的形状、尺寸、位置；

6）电梯、自动扶梯（含自动步道）、楼梯的尺寸、位置；

7）主要结构和建筑构造部件（如中庭、天窗、地沟、地坑、平台、夹层、人孔、阳台、雨篷、台阶、坡道、明沟等）的位置、尺寸；

8）楼地面预留孔洞和通气管道、管线竖井、烟囱、垃圾道及墙体预留洞等位置、尺寸；

9）车库停车位和通行路线；

10）防火分区分隔位置示意；

11）屋面平面应体现女儿墙、檐口、天沟、坡度、坡向、雨水口、屋脊（分水线）变形缝、楼梯间、水箱间、电梯间、天窗及挡风板、屋面上人孔，检修梯、室外消防楼梯及其他构筑物的尺寸、位置；

12）建筑外轮廓及主要结构和建筑构造部件的位置、形状，如女儿墙顶、檐口、柱、变形缝，室外楼梯和垂直爬梯、室外空调机搁板（含空调室外机）、阳台、栏杆、台阶、坡道、花台、雨篷、烟囱、勒脚、门窗、幕墙、洞口、门头、雨水管，以及其他装饰构件、线脚和粉刷分格线，外墙留洞等；

13）对紧邻的原有建筑，可建立其局部三维模型。

建筑模型内容见图 3.6-1。

（2）结构专业

1）基础构件（包括承台，基础梁等）的位置、尺寸；

2）剪力墙、柱的位置与尺寸；

3）地沟，地坑和已定设备基础的平面位置、尺寸、标高（无地下室时±0.000 标高以下的预留孔与埋件的位置、尺寸）；

4）桩位平面位置及定位尺寸；

5）无筋扩展基础应建立三维模型、基础圈梁、防潮层位置；

6）扩展基础应建立三维模型、基础垫层；

7）桩基应绘出承台梁剖面或承台板三维平剖面、垫层；

8）筏基、箱基可参照现浇楼面梁、板详图的方法建立模型，但应标出承重墙、柱位置；

9）梁、柱、承重墙；

10）预制板跨度、位置及规格；预留洞大小及位置；预制梁、洞口过梁的位置；

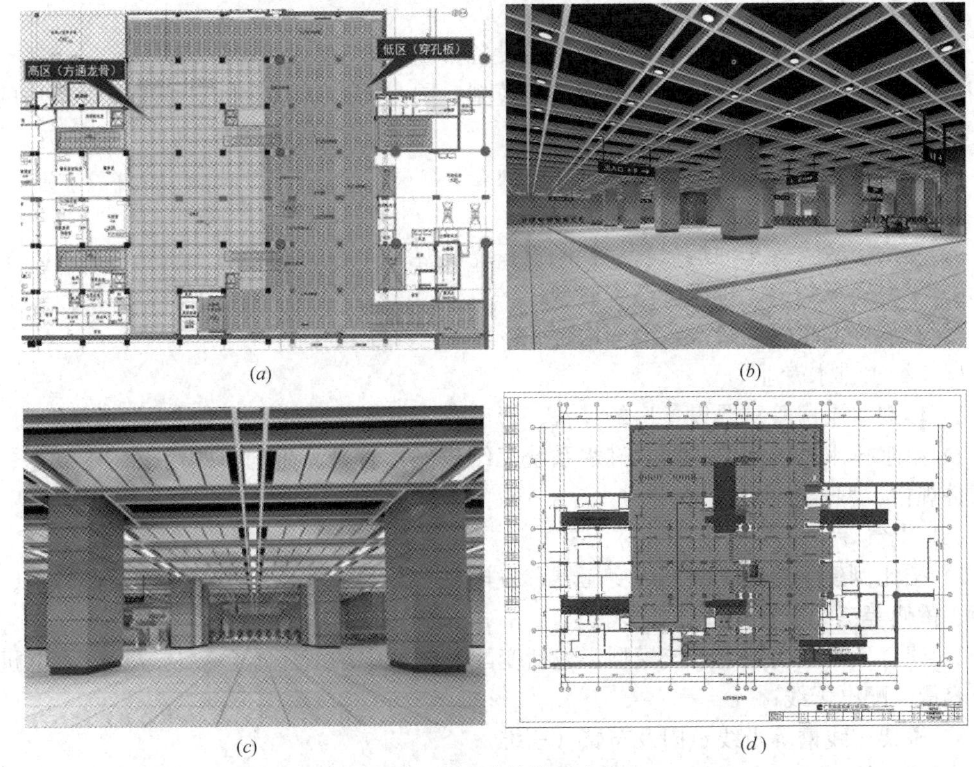

(*a*)　(*b*)　(*c*)　(*d*)

图 3.6-1　建筑模型内容

(*a*) 装饰平面布局；(*b*) 高区方通龙骨；(*c*) 低区穿孔板；(*d*) 平面图

11）现浇板板厚、规格与位置；预留洞大小及位置。

结构模型内容见图 3.6-2。

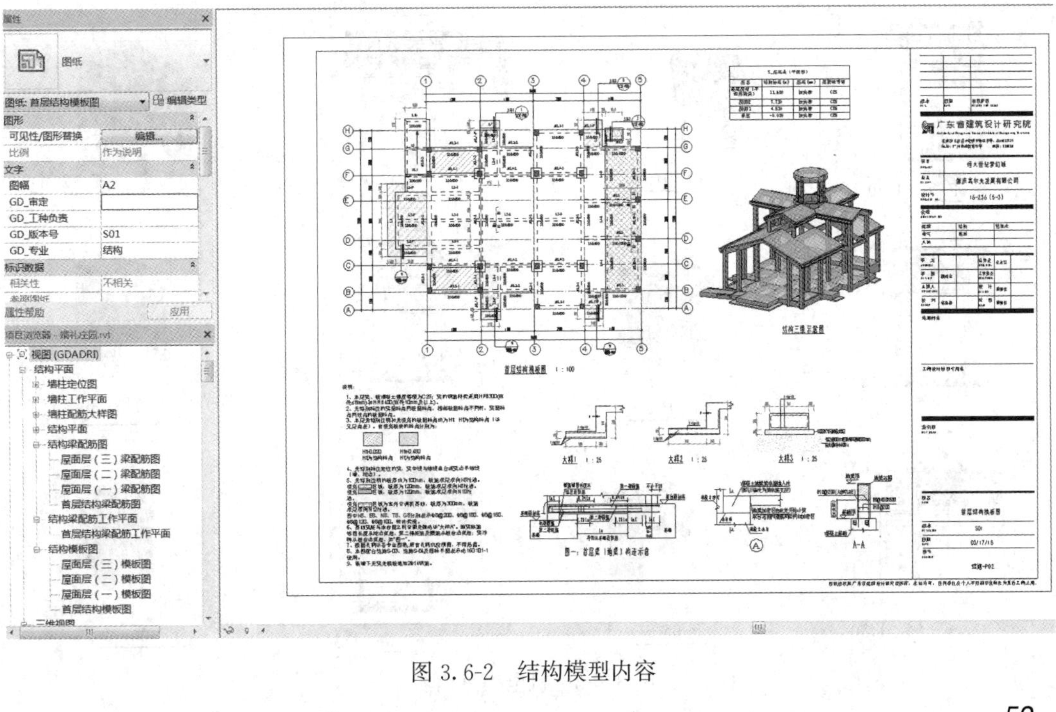

图 3.6-2　结构模型内容

（3）暖通空调专业

1）复杂的送、排风机房、空调机房的设备布置体量模型；

2）制冷机房、换热机房设备布置体量模型，同时需体现制冷机房等重要设备房的设备、管道的空间布置、尺寸、形状及位置；

3）空调送风管、回风管、新风管系统模型；

4）消防防排烟风管系统模型；

5）厨房、餐饮等排油烟风管、补风管系统模型；

6）平时通风的送、排风管系统模型；

7）空调冷冻水管、热水，冷却水管、冷凝水管系统模型。

（4）给水排水专业

1）体现水泵房等重要设备房的设备、管道的空间布置：尺寸、形状及位置；

2）给水排水系统和消防给水排水系统三维模型：管径、走向、阀门仪表等管件、管道附件规格、型号及尺寸。

（5）电气专业

1）按比例建立变配发电站内变压器、发电机、开关柜、控制柜、直流及信号柜、补偿柜、桥架等三维布置模型；

2）建立三维竖向配电系统模型：包括变配发电站中的变压器台数及容量、发电机台数及容量、配电干线；

3）桥架、线槽等干线走向及布置（三维）；

4）消防控制室、主要弱电机房的设备布置示意体量模型；

5）典型房间或特别重要场所的照明设计模型，包括照明配电箱及主要灯位空间布置、总体照明效果等。

机电模型内容见图 3.6-3。

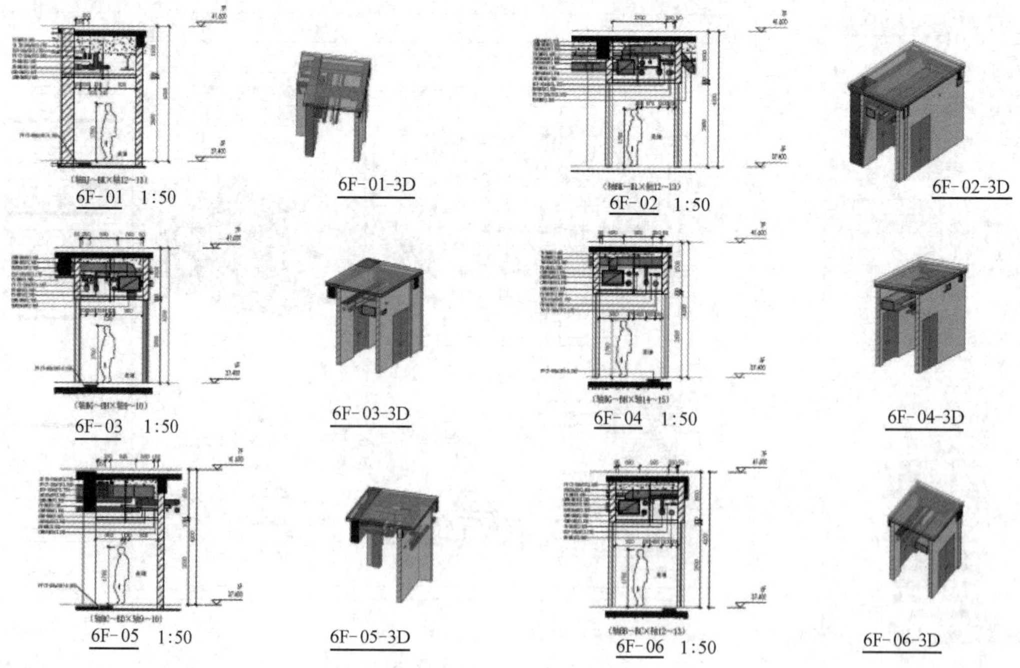

图 3.6-3　机电模型内容

3.7　设计协同方法

通过 BIM 环境下的正向设计，可取代或部分取代传统设计模式下的低效的工作模式，充分利用 BIM 模型数据的可视化、可传递性，实现各专业间信息的多向交流，从而提高设计效率、减少设计错误。在工程设计项目实施过程中，由于各专业的差异性，会有不同的协同方法和协同要求。下面主要就中心文件的协同方法、链接文件的协同方法和协同平台方法进行阐述。

1. 中心文件协同方法

中心文件协同方法主要应用于专业内的协同操作和部分专业间的协同操作，如管线综合的优化调整。通过各专业参与人的工作分工，明确相应的操作权限，并将成果文件同步至中心文件中，便于通过本地文件和中心文件实时查看设计人员的工作进度。通过这种模式（图 3.7-1），满足在不同设计阶段的设计成果表达要求，快速高效的发现并解决专业内或专业间的协调问题。

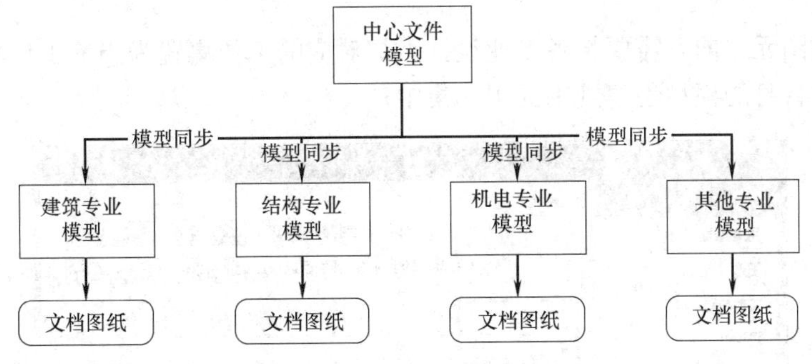

图 3.7-1　中心文件协同方法

2. 链接文件协同方法

链接文件的协同方法与传统的 CAD 协同方式较为接近，将各专业的模型文件作为独立的文件提资，提资的模型文件采取 Revit 文件中链接的方式，作为各专业的参照依据，在这种操作方式下（图 3.7-2），模型的权限仍然由各专业控制，管理比较方便。

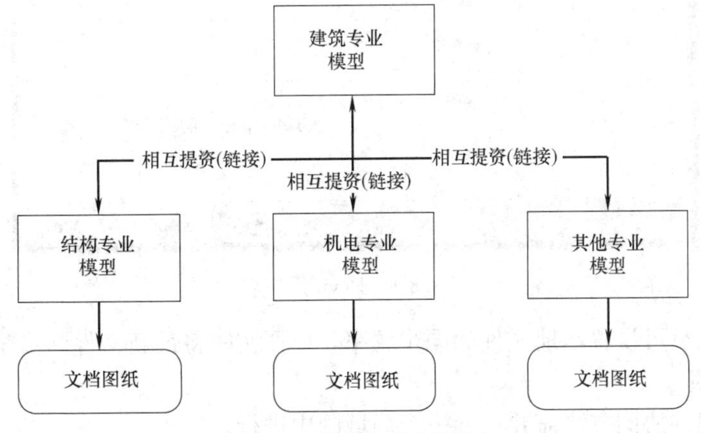

图 3.7-2　链接文件协同方法

3. 协同平台方法

BIM 协同平台方法主要是帮助设计团队在工程设计周期内对设计内容的监管，依照设计的实际操作流程，实现各个设计阶段的 BIM 模型管理、BIM 应用成果管理、图文档管理，设计变更管理等内容，详见本书第 6 章。

3.8 中心文件管理

1. 操作方法

采取中心文件的协同方法，主要操作步骤如下：

（1）参与项目的各专业设计人员在“选项→常规”中设定好各自的 Revit 用户名，便于查找对应的设计人员，如图 3.8-1 所示；

（2）创建本地文件，通过“另存为”的方式创建本地文件，建议以“项目名称（中心文件原有）＋用户名＋日期”命名，如“某别墅＋Peter＋20150511”；

（3）参与项目的各专业设计人员统一分配各自的工作集，不允许占用其他设计人员的工作集；

（4）新建图元之前，需要将各专业设计人员对应的工作集置为当前工作集，再创建模型，以避免将自身的模型创建到别的工作集中；

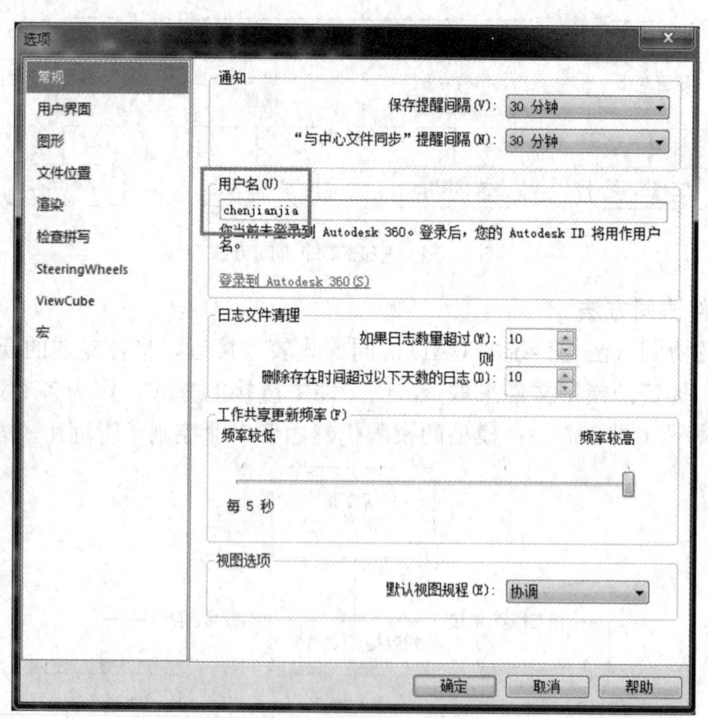

图 3.8-1　Revit 用户名

（5）设计人员可设置本地文件的同步频率，以便实时将最新文件同步至中心文件。

2. 注意事项

（1）工作集的协同方法需要在同一个局域网中进行；

(2) 在项目工作共享启动后，项目的设置需要考虑到多人及多文件交互的需要，项目中成员的软件版本应保持高度一致，否则会导致软件兼容性问题；

(3) 工作集协同的工作模式是建立中心模型（中心文件），中心模型将存储项目中所有工作集和图元的当前所有权信息，并充当该模型所有修改的分发点。所有用户都应保存各自的中心模型本地副本，在该工作空间本地进行编辑，然后与中心模型进行同步，将其所做的修改发布到中心模型中，以便其他用户可以看到他们的工作成果（图 3.8-2）；

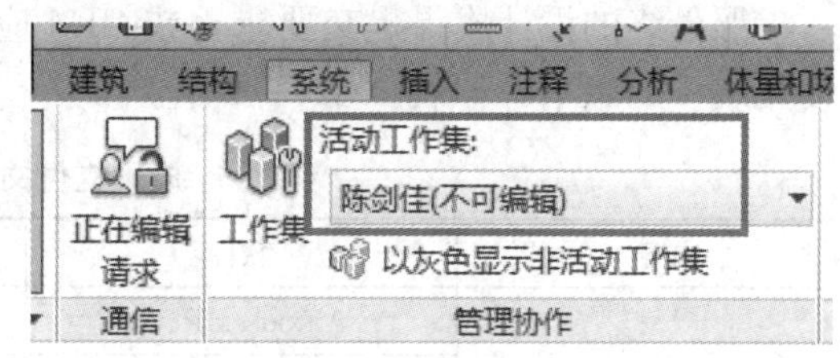

图 3.8-2　活动工作集

(4) 当中心文件出现损坏无法打开时，需从最后的设计人员中分离最新的本地文件，保存所有的工作集，重新设置为中心文件，其他设计人员重新创建本地文件。

3.9　链接文件管理

1. 操作方法

采取链接文件的协同方法，主要操作步骤如下：

(1) 通过 Revit 工具条的插入面板，选择“链接 Revit”的工具，链接文件；

(2) 参与项目的各专业设计人员在专业内的中心文件或独立文件链接其他专业提资的模型文件；

(3) 创建设计模型的各专业已经采用统一的原点坐标系统，采取的定位方式为“原点到原点”；

(4) 通过 Revit 工具条的插入面板，选择“管理链接”的工具，调整链接文件的相关属性。

2. 注意事项

(1) 在本地模型文件中，当不需要显示链接子模型时，参照类型为“覆盖”；

(2) 在本地模型文件中，当需要显示链接子模型时，参照类型为“附着”可避免循环嵌套链接；

(3) 路径类型一般设置为“相对”，确保链接文件不会因更换父链接文件或名称而丢失；

(4) 当需要更新链接文件时，在管理链接窗口，选择“重新载入”。

3.10　成果管理

1. 成果文件要求

BIM 设计最终的成果文件应符合以下要求：

(1) 模型图纸完整性要求，即各个设计过程阶段满足工程应用和通过 Revit 导出的 CAD 图纸，图面表达的模型构件应完整，模型精度达到各阶段需求；

(2) 图纸设计规范性要求，即通过 Revit 导出的 CAD 图纸满足相关国家、地方规范，或建筑工程设计文件深度规定，不需要在 CAD 上进一步处理；

(3) 成果文件的审核审定要求，即各阶段的 BIM 设计成果应经过最终的审核审定程序，完成最终的归档交付工作；

（4）模型图纸归档要求，即各个设计阶段的设计成果满足最终的归档需求。

2. 成果文件格式

参照最终的设计成果提交要求，或 BIM 应用成果的提交要求，对于同类文件的格式应使用统一的版本，如表 3.10-1 所示。

成果交付文件格式 **表 3.10-1**

内容	软件	交付格式	备注
模型文件	Autodesk Revit	rvt	
	Tekla	DBl	
	SketchUp	skp	
	Rhino	3dm	
	YJK	yjk	
	PKPN	Pm/out/t	
	GSRevit	rvt	
二维图纸文件	AutoCAD	dwg	
三维浏览文件	Navisworks	nwd	
媒体文件		AVI	
		wmv	
		MP4	
图片文件		jpeg	
		png	
办公文件	Microsoft office	doc/docx	
		xls/xlsx	
		ppt/pptx	
	Adobe	pdf	

3. 成果文件内容

BIM 正向设计实施过程，各个阶段提交的内容见表 3.10-2。各阶段各专业提交的成果文件需结合实际项目各阶段的设计深度需求和 BIM 技术应用情况。

各个阶段提交的内容 **表 3.10-2**

专业 / 阶段	建筑专业	结构专业	机电专业	备注
方案阶段	方案模型，相关的应用分析报告	—	—	
初步设计阶段	设计模型、相关的应用分析报告、传统设计成果文件	设计模型、相关的应用分析报告、传统设计成果文件	设计模型、相关的应用分析报告、传统设计成果文件	
施工图阶段	设计模型、相关的应用分析报告、传统设计成果文件	设计模型、相关的应用分析报告、传统设计成果文件	设计模型、相关的应用分析报告、传统设计成果文件	

3.11　BIM模型深度等级

1. 模型深度等级建立原则

阶段适用性原则：采用BIM进行正向设计，在设计过程中的各个实施阶段中，满足当前实施阶段的设计深度表达和BIM应用需求即可。

阶段可继承性原则：模型建立过程中，需要考虑到下一个实施阶段的可继承性问题，预防设计工作的重复劳作，提供工作效率。

阶段成果满足工程标准原则：模型建立后的形成的成果文件，需满足现行有关工程文件的表达深度要求。

2. 模型深度等级划分概念

各专业工程对象单元设计深度由几何图形深度等级（LOD）定义如下：

（1）LOD100等级：工程对象概念体量、符号模型建模，包含基本占位轮廓、粗略尺寸、方位、总体高度或线条、面积、体积区域。

（2）LOD200等级：工程对象单元近似形状建模，具有关键轮廓控制尺寸，包含其最大尺寸和最大活动范围。

（3）LOD300等级：工程对象单元基本组成部件形状建模，具有确定的尺寸，可识别的通用类型形状特征，包含专业接口（或连接件）、尺寸、位置和色彩。能反映关键性的设计需求或施工要求。

（4）LOD400等级：工程对象单元安装组成部件特征建模，具有准确的尺寸，可识别的具体选用产品形状特征，包含准确的专业接口（或连接件）、尺寸、位置、色彩和纹理。

3. 模型深度等级深度要求

模型信息内容包括几何信息和非几何信息。

模型信息满足阶段性的需求，即工程设计的表达需求，BIM应用需求和图纸文件所需要表达的工程文件编制深度需求等。

第4章　BIM 正向设计流程

本章从 BIM 正向设计流程和模型内容出发，阐述了方案阶段 BIM 流程，初步设计阶段 BIM 流程，施工图阶段 BIM 流程，分析了各个设计阶段 BIM 应用要点，为各专业提供 BIM 设计参考依据，引导 BIM 正向设计的流程化实施。

4.1　设计前期准备

1. 人员组织架构

开展 BIM 工程设计项目，不再只是专业设计师的任务，需要补充相关的 BIM 专业设计人员，以及明确相应的岗位职责。设计项目岗位配置的人员架构和岗位职责详见第 2 章的相关内容。

2. 软硬件配置需求

在开展 BIM 工程设计项目前，需要了解工程的类型，工程的 BIM 技术应用要求等相关内容，进而选择合适的 BIM 设计软件。针对软件的分析可参照第 7 章相关内容。

4.2　BIM 实施策划编制

1. 编制目的

基于每个工程设计项目的独立性，以及工程 BIM 技术的应用范围和深度，在开展 BIM 工程设计前期需要制定相关的实施标准，使所有专业的工程设计人员明确以下内容：

（1）明确整个工程设计项目的 BIM 设计应用目标；

（2）明确整个工程设计项目的 BIM 实施管理措施；

（3）明确整个工程设计项目总体和各专业 BIM 设计实施计划；

（4）明确整个工程设计项目中各专业的角色和职责；

（5）明确整个工程设计项目的资源配置需求；

（6）明确整个工程设计项目的协同设计方法；

（7）明确整个工程设计项目最终的 BIM 设计成果交付需求。

2. BIM 应用点规划

实现 BIM 的正向设计，在满足各专业协同设计与 DWG 出图需求的同时，根据工程设计项目的 BIM 应用需求，还需要预先规划好相关的应用内容，以应对不同的模型要求和资源配置。

（1）BIM 绿色建筑与节能：综合考虑规划相关 BIM 软件间的模型数据交换，明确使用相关绿色与节能分析的应用软件。

（2）装配式建筑三维设计：装配式项目需要综合考虑装配式构件的拆分方法、建模方法和最终的图面表达方法。

（3）工程量导出：综合考虑工程量的应用目的，明确使用工程算量软件，规划好相关的模型建模标准。

（4）其他应用内容：除以上内容外，还包括全程可视化交流，场地分析、预留预埋定位、交通组织分析、BIM-VR 等内容。

3. DWG 出图方式

综合考虑现阶段的 BIM 技术应用状况，实现 BIM 二维出图的方式主要有两种：

（1）DWG 图纸直接通过相关的 BIM 软件导出，导出的图纸满足各设计阶段的图面应用深度；

（2）DWG 图纸直接通过相关的 BIM 软件导出，需要利用 CAD 软件对图面表达进一步处理。如图 4.2-1 所示。

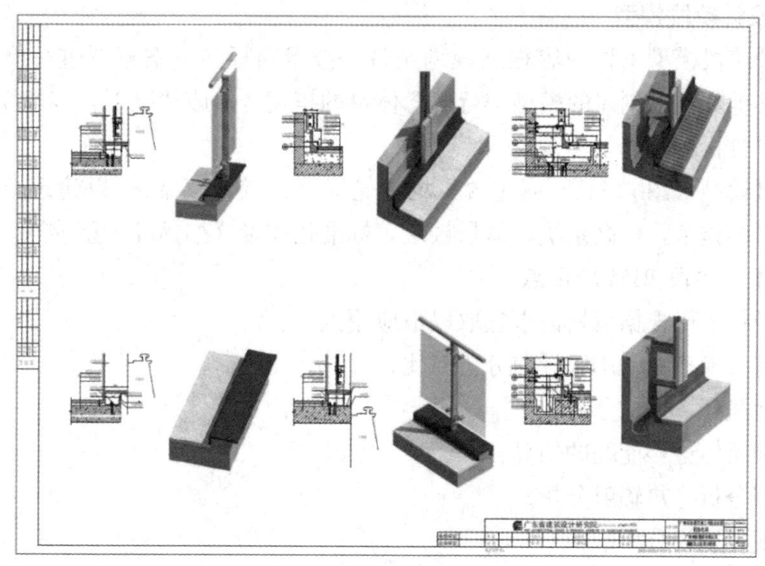

图 4.2-1　踢脚及止灰带大样图

4.3　方案阶段 BIM 流程

方案设计阶段，设计者的构思通常只是比较粗略的几何形体或平面关系，尚未细化到构件级别的深度，同时也需要对模型进行大幅度调整，所以针对在此阶段 BIM 的应用，Revit 软件提供了概念体量建模的功能，设计者可从宏观的角度去考虑整体设计方案的合理性，优先推敲整体的立面造型设计，再利用软件本身提供的体量楼层转换工具，将体量等转换为楼层及构件。方案设计阶段软件工具的选择应根据设计师的使用习惯而决定。方案阶段的工作流程可参考本书第 2 章的相关内容。

4.3.1　机电专业协同需求

方案设计阶段机电专业只为建筑专业提供设计说明，不限以下内容，具体详见住房城乡建设部《建筑工程设计文件编制深度规定》相关章节。

给水排水专业要做到明确设计范围、确定给水排水设计方案、估算给水排水设备用房的面积和层高、所需供热量、估算主要用电设备的用电量等。

暖通专业要做到明确设计范围、确定主要房间的设计参数，选择暖通空调形式、估算各种设备用房的面积和层高，合理选择冷源站房位置，估算暖通空调系统负荷（冷负荷、热负荷、燃气用量等）、估算暖通空调设备总用电安装功率、系统补水量、提出层高要求，确定设备材料标准。

建筑电气要做到明确设计范围、确定负荷级别，估算各级别的负荷、确定应急电源形式，估算变、配电室的面积和层高，选择合理位置等。

4.3.2 总图规划设计

1. 规划设计阶段模型

规划设计阶段模型工作内容根据规划条件，技术指标与方案意图进行概念体量的搭建，或导入其他软件所创建的模型进行概念体量的搭建。一般情况下，应建立多方案概念体量模型以作分析对比。

概念体量模型（图 4.3-1）应包含：场地轮廓（二维或三维），以建筑单体轮廓和高度所创建的封闭体量，标高系统，体量楼层，标准化体量（如标准户型等）。

2. 规划设计阶段 BIM 应用点

概念体量模型可根据策划需求选取以下应用点：

（1）经济技术指标动态统计与分析对比；

（2）场地风环境模拟分析；

（3）建筑整体全年能耗的估算；

（4）日照分析，热辐射分析；

（5）可视度视线分析；

（6）场地坡度，竖向分析；

（7）其他应用。

该阶段可利用多方案的概念模型进行快速性能化分析对比，优选建筑的规划布置，争取被动式绿色节能措施（图 4.3-2）。

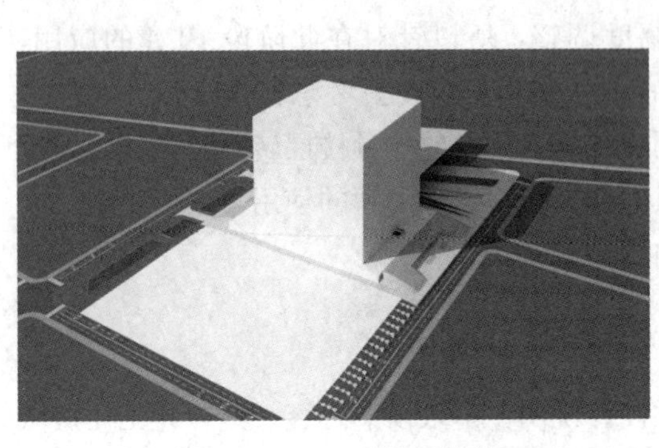

图 4.3-1　Revit 概念模型

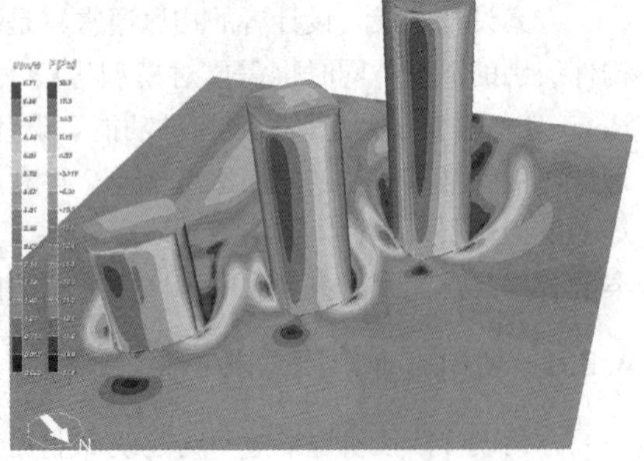

图 4.3-2　绿建分析

4.3.3　单体方案设计

1. 单体设计阶段模型

在规划方案概念模型的基础上，生成体量轮廓外墙，用墙体进行内部空间的划分，放置主要功能空间，按设计要求在外墙开简单窗洞或布置幕墙，及竖向交通模型的二维表达。

立面形体相关模型，除具备标准化设计条件的项目应在 Revit 平台下完成外，其余项目建议使用设计师熟悉的工具（图 4.3-3）完成形体的建模与设计推敲。

图 4.3-3　SketchUp 立面方案设计

2. 单体方案 BIM 应用点

单体方案设计阶段模型主要用于各种性能化分析，并可用该模型实现以下 BIM 应用点：

（1）彩色方案平面（图 4.3-4）制作，计算技术经济指标等；

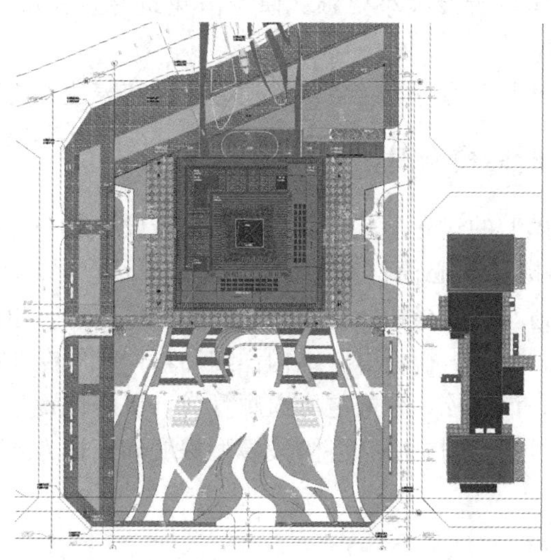

图 4.3-4　彩色方案平面

（2）三维可视化设计交流；

（3）建筑单体的初步全年能耗分析，空调选型分析等；

（4）建筑主要功能空间的热辐射与舒适度分析，自然采光，眩光分析，自然通风分析；

（5）其他应用等。

4.4 初步设计阶段 BIM 流程

BIM 技术应用在初步设计阶段主要目标是在优化建筑布局、完善形体设计的细节，优化机电系统方案，协调专业设备间的空间关系，以及补充完善满足编制施工图设计文件的需要。

BIM 技术应用于初步设计阶段主要流程包括：初步设计第一时段模型的建立、初步设计第二时段模型的建立、初步设计最终版模型的建立。在此时间范围内各专业应根据工程复杂程度按进度计划分批次完成该时段设计的工作。时段模型的划分可参考第 2 章初步设计阶段流程所划分的设计协调会。

4.4.1 初步设计第一时段模型设计

初步设计第一时段模型机电各专业均为配合阶段，无建模要求。可使用相关 BIM 软件，对模型进行查看配合的情况，也可以导出 CAD 图纸，对各专业进行配合，对各专业提资等。

初步设计第一时段模型的建立：此时段是为了提供最基本的专业协调模型，用该模型做为各专业的基础平台进行深化设计，根据方案阶段条件（模型或 CAD），搭建初步设计第一时段模型，如建筑专业的建立项目基准点，按策划要求拆分子项模型，建立或整理完善轴网标高系统，搭建外墙（轮廓），内墙，门窗，核心筒，房间布置等；机电专业的以草图形式提供管井及机房位置及大小要求。模型由建筑专业完成，主要包括机电机房设置，机电主管线的布置等。

该阶段的模型内容可参考附录 A《各阶段模型深度和表达方式参考表》。

4.4.2 初步设计第二时段模型设计

初步设计第二时段模型的建立：此时段是根据初步设计第一时段模型协同结果调整优化设计，如建筑专业的搭建核心筒详细布置，楼梯，门窗（详细分隔，分类等），幕墙（轮廓），人防布置，坡道，建筑楼板，主要外立面造型轮廓族，净高控制天花板等；结构专业的核心筒详细模型，主梁，楼板等，结构详细计算；机电专业根据与建筑专业草图协调结果搭建外立面立管，消防栓，变配电房通廊管线，机房位置与大小的确认等。

该阶段的模型内容可参考附录 A《各阶段模型深度和表达方式参考表》。

4.4.3 机电管线综合

初步设计阶段管线综合控制要点：

（1）管综应根据项目需要确定模型的深度。

（2）需要特别注意特殊的结构形式对管综的影响，如局部楼板沉降、无梁楼盖、结构柱帽、变截面梁等。

管线预综合基本流程如表 4.4-1 所示。

管线预综合流程　　表 4.4-1

序号	节　点	主要内容	参与人	应用软件
1	各专业完成草图	(1)由专业负责人简要介绍层高分布。管线的高度控制要求； (2)各专业负责人组织专业组评审机房设置的合理性； (3)绘制主要管线的草图，确定主要管线标高以及排布，特别是机房周边位置的层高	专业负责人、审定、审核人	CAD 或手绘图
2	建立模型	按照建模深度建立模型，建立大于 DN150 及以上管道的绘制。特别关注机房周边管线标高	设计人	Revit
3	做碰撞检查，由专业负责人检查碰撞结果，对碰撞结果进行梳理	对存在的问题进行各专业间的评审并提出解决方案	专业负责人	Revit
4	模型调整	根据意见调整模型	设计人	Revit
5	完成初设第二阶段模型，输出成果	(1)建立、修改模型，完成初步设计终版模型。 (2)结合建模深度完成模型，提供碰撞检查报告以及根据项目要求输出成果	专业负责人、设计人	Revit

4.4.4　初步设计最终模型的设计

1. 设计模型调整

初步设计终版模型的建立：此时段包含两点，第一是根据初步设计第二时段模型协同结果调整设计，审核审定人参与模型校审，根据初步设计 BIM 交付标准完成模型；第二是初步设计加工出图。

此时段是根据初步设计第二时段模型协同及性能化分析结果调整优化设计，搭建初步设计最终版模型。作为各专业在初步设计阶段最终提资的节点，各专业以终版模型为依据条件，进行各专业系统图纸成图、校审会签等工作，最终完成初步设计。如表 4.4-2～表 4.4-6 样例所示。

建筑专业模型内容　　表 4.4-2

室外建筑	保留的地形、地物
	场地四邻原有及规划道路的位置和主要建筑物及构筑物的位置、层数、建筑间距
	拟建建筑物、构筑物的位置，其中主要建筑物、构筑物应包括位置、尺寸和层数
	道路、广场的位置，停车场及停车位、消防车道及高层建筑消防扑救场地的布置
	绿化、景观及休闲设施的布置示意
	场地四邻的道路、地面、水面及其高度关系
	主要建筑物和构筑物的室内外设计高度
	场地的地面坡度及护坡、挡土、排水沟等

续表

室内建筑	承重结构的形式、定位及尺寸以及主要承重结构构件，如内外承重墙、柱网、剪力墙等
	主要结构和建筑构造的部、配件，如非承重墙、壁柱、地面、楼板、吊顶、梁、柱、内外门窗（幕墙）、天窗、楼梯、电梯、自动扶梯、中庭、夹层、平台、阳台、雨篷、地沟、地坑、台阶、坡道、散水、明沟等
	主要建筑设备，如水池、卫生器具等与设备专业有关的设备及位置
	其他专业需要的竖井，如电梯井、管道井等，以及楼板及承重墙上较大的开洞

结构专业建模内容 **表 4.4-3**

结构专业	基础结构，包括基础结构形式和主要基础构件的尺寸及布置
	上部结构，承重墙、柱、梁、板的布置及主要结构构件尺寸
	结构主要或关键性节点、支座的位置示意
	结构单元划分（结构伸缩缝、沉降缝、防震缝）及后浇带的位置和宽度
	标准层、特殊楼层及结构转换层的结构布置及主要构件尺寸
	楼板、承重墙、梁上预留孔洞的位置及尺寸
	特殊结构部位的构造

给水排水专业建模内容 **表 4.4-4**

室外给水排水	各类水专业泵房及水处理机房、热交换站、水池（箱）等用房的布置
	给水排水管道布置
	给水排水构筑物，如闸门井、消火栓井、水表井、检查井、隔油池、沉沙池、化粪池等的体量模型、位置及尺寸表示
	消防系统、中水系统、冷却循环水系统、重复用水系统、雨水利用系统等的设备体量模型、布置以及主要管道布置
室内给水排水	给水排水底层（首先）、地下室底层、标准层、管道和设备复杂层的管道布置，应表示室内外引入管和排出管的位置、管径等
	各类机房及水设施，如水池、水泵房、热交换站、水箱间、水处理间、游泳池、水景、冷却塔、热泵热水器、太阳能和屋面雨水利用等设备的体量模型及布置，主要管道的布置
	各种水系统，如给水系统、排水系统、各类消防系统、循环水系统、热水系统、中水系统、热泵热水系统、太阳能和屋面雨水利用系统等的设备，干管的体量模型及其布置

暖通专业建模内容 **表 4.4-5**

暖通系统	采暖系统的散热器、采暖干管及主要系统附件的体量模型及布置
	通风、空调及防排烟系统主要设备的体量模型及布置，主要管道、风道所在区域和楼层的布置以及系统主要附件的体量模型及布置
	冷热源机房主要设备、主要管道的体量模型及布置
	各系统机房，包括制冷机房、锅炉房、空调机房及热交换站主要设备的体量模型及布置，主要风道及水管干管布置，以及系统主要附件的体量模型及安装位置
	风道井、水管井及竖向风道、立管干管的布置
通风空调系统	采暖系统的散热器、采暖干管及主要系统附件的体量模型及布置
	通风、空调及防排烟系统主要设备的体量模型及布置，主要管道、风道所在区域和楼层的布置以及系统主要附件的体量模型及布置

续表

通风空调系统	冷热源机房主要设备、主要管道的体量模型及布置
	各系统机房，包括制冷机房、锅炉房、空调机房及热交换站主要设备的体量模型及布置，主要风道及水管干管布置，以及系统主要附件的体量模型及安装位置
	风道井、水管井及竖向风道、立管干管的布置

电气专业建模内容　　　　**表 4.4-6**

供电系统	变、配电系统，包括高低压开关柜、变压器、发电机、控制屏、直流电源及信号屏等设备的体量模型及安装位置
照明系统	照明系统，包括照明灯具、应急照明灯、配电箱（或控制箱）的体量模型及位置，不需连线
消防及安全系统	消防及安全系统控制室，以及设备的体量模型及布置，如火灾自动报警系统、安全技术防范系统等

2. 初步设计加工出图

初步设计加工出图要求主要体现在以下几个方面：

（1）在 BIM 初步设计的模型终版阶段，按照《建筑工程设计文件编制深度规定》，全面进入模型的建立和检查阶段，完善模型，并为出图做好准备。在该阶段设计深度达到初步设计的 100%。

（2）初步设计加工出图依据初步设计深度要求添加二维注释，尺寸标注，各专业设计说明，图例等。

（3）各类详图可根据设计人员软件掌握情况和策划要求选择使用 Revit 平台下直接完成出图。

各专业补充完善不限于表 4.4-7 内容。

各专业补充内容　　　　**表 4.4-7**

建筑专业	按施工图深度要求添加二维注释，尺寸标注，建筑说明，图例等，完成图纸的制作，各类详图可根据设计人员软件掌握情况和策划要求使用选择 Revit 平台下直接完成出图，或导出 CAD 完成后处理出图外，平、立、剖、平面详图宜使用 BIM 平台直接出图，以确保模型信息的延续性。建筑图纸需达到初步设计深度要求
结构专业	通过对视口的整理和模板的套用，可根据策划二维制图要求选择在 Revit 平台下通过插件与二维图形工具完成模板图的制作或导出图形信息作为唯一依据，仅在 CAD 完成二维注释的加工工作。其余图纸以协同模型作为依据使用 CAD 平台完成。结构图纸需达到初步设计深度要求
机电专业	通过对视口的整理和 CAD 导出模版的套用，以 Revit 为平台进行二维加工出图，或以协同模型作为设计依据使用 CAD 平台完成图纸。机电图纸需达到初步设计深度要求。初步设计阶段各专业模型文件出图的标准应满足《建筑工程设计文件编制深度规定》，且结合 BIM 设计的特点，进行一个详细的规定，且应符合 BIM 设计文件初步设计制图标准

4.5　施工图阶段 BIM 流程

承接初步设计 BIM 成果进行施工图的设计，若由于项目简单等原因无初步设计阶段，应补充 BIM 策划和预留部分时间进行初步设计的建模与校对，再应用此初步设计 BIM 模型进行 BIM 施工图设计。由于 BIM 设计方式与传统设计的差异性，很多在施工图阶段设计的内容已提前至初步设计阶段完成，所以施工图的 BIM 设计更多的是深化和修改初步设计模型以及将模型导出 CAD 成图。

BIM 技术应用于施工图设计阶段主要流程包括：施工图设计第一时段模型的建立、施工图设计第二时段模型的建立、施工图设计最终版模型的建立、施工图设计加工出图。在此时间范围内各专业应根据工程复杂程度按进度计划分批次完成本时段设计的工作。时段模型的划分参见第 2 章，施工图设计阶段工作流程所划分的设计协调会。

4.5.1 施工图第一时段模型设计

施工图第一时段模型的建立：此时段主要是根据初步设计审查意见修改，搭建施工图阶段初步模型。如建筑专业的门窗、幕墙模型深化、立面（造型）模型深化、轮廓构造的深化等；结构专业的结构计算调整、降板、板厚的调整；机电专业的大于 DN80 管线的建模，机房布置（设备选型）等。

该阶段的模型内容可参考附录 A《各阶段模型深度和表达方式参考表》。

4.5.2 施工图第二时段模型设计

施工图第二时段模型的建立：此时段主要是根据施工图阶段第一时段模型协同结果调整设计，搭建施工图第二时段的模型。如深化里面模型的材质，雨篷，栏杆，建筑面层楼板的细化，施工图详图要求的土建模型；结构专业的开洞，构造柱，梯梁等；机电专业的开洞位置确认，百叶，密集管线部位的详细管综等。

该阶段的模型内容可参考附录 A《各阶段模型深度和表达方式参考表》。

4.5.3 机电管线综合

施工图设计阶段管线综合控制要点：

（1）管综应根据项目需要确定模型的深度。

（2）需要特别注意特殊的结构形式对管综的影响，如局部楼板沉降、无梁楼盖、结构柱帽、变截面梁等。

（3）管综设计过程中应考虑安装检修空间、支吊架占用空间、不同类型管线间距等因素，管综设计成果应切实可行，BIM 模型可直接指导施工。

（4）制定管线避让原则，不限于以下内容：

1）各专业管线分层布置；各管道重叠时，线槽布置在最上层，空调风管布置在下层，空调水管、给水排水管与线槽或风管平行布置。

2）同向走管各专业管线不超过两层重叠布置，允许两专业平行并排布置；管道没有重叠时，以各专业施工图的设计位置为准。

3）各专业管线交叉时，遵循小管让大管，有压管让无压管；其他专业管线与空调风管相碰时，有压管上翻或下绕通过，无压管应提高或降低标高从风管顶部或底部通过，并满足无压管的坡度方向，风管边与梁边的距离尽量保证 400mm 的距离，以便统一标高的管道交叉时能顺利地往上弯。

4）空调主风管仅允许不超过两次变标高，遇风口位置，其他管线避让风口。

5）各专业管线需预留一定的检修安装空间，线槽顶离板底预留400mm，空调风管顶离板底预留150mm，消防水管、消防喷头在空调风管下方预留100mm。

6）车道最小净高要求2.4m，车位最小净高要求2.2m。对于无梁楼盖，排烟管占500mm，距楼板300mm，电桥架、水管等占用风管空间。喷淋主管位于风管顶部，占300mm，除喷淋主管外的其他水管以及桥架尽量避免与主风管水平位置重合。

7）对于无梁楼盖，排烟管占500mm，距楼板300mm，电桥架、水管等占用风管空间。喷淋主管位于风管顶部，占300mm，除喷淋主管外的其他水管以及桥架尽量避免与主风管水平位置重合。管线综合流程如表4.5-1所示。

管线综合流程　　**表4.5-1**

序号	节　　点	主要内容	参与人	应用软件
1	各专业确认初设成果，根据最新条件提出模型的修改意见	(1)在各专业确认初设成果，根据最新条件提出模型的修改意见； (2)由专业负责人简要介绍最新的条件； (3)各专业确认第二阶段模型成果，根据最新条件提出模型的调整意见； (4)复核机房的调整；复核各区域层高、净高的变化； (5)协调主管线标高	专业负责人	CAD或手绘图
2	修改模型	(1)根据管线综合调整原则深化模型。 (2)根据需求确定模型深度	设计人	Revit
3	生成碰撞报告，由专业负责人检查碰撞报告，对碰撞报告进行梳理	(1)提资土建预留预。 (2)复核前一阶段模型	专业负责人	Revit
4	模型调整	根据意见调整模型	设计人	Revit

由各专业负责人组织各专业人员核查机房设置的合理性，依据建筑条件在主要位置，如设备机房出口走道处、标准层走道处等净空紧张区域将主要管线布置在白纸图上进行描绘草图，主要管线为机电专业DN150以上管线，在草图上确定主要管线的标高，对管线重叠部分进行避让、调整，目的是协助建筑专业掌握重点区域的净空，以满足设计规范以及建设单位的需求，具体深度满足LOD200，确定项目竖向标高关系和有净高要求的区域，如表4.5-2所示。

净高控制需求　　**表4.5-2**

××项目		
××××××××××		
净高要求的区域	最低净高(m)	备注
地下车库车道	2.40	
地下车库车位	2.20	
货车道	3.60	
购物中心	3.60	
办公标准层走廊	2.80	

4.5.4 施工图最终模型的设计

1. 施工图模型调整

施工图最终模型的建立：此时段主要工作有两点，第一点是根据施工图阶段第二时段模型协同结果调整设计，审核审定人参与模型校审，根据施工图 BIM 交付标准完成模型；第二点是依据施工图深度要求添加二维注释，尺寸标注，各专业设计说明，图例等，完成图纸的制作，各类详图可根据设计人员软件掌握情况和策划要求选择使用 Revit 平台下直接完成出图，或导出 CAD 处理完成后出图。

此流程是各专业在施工图阶段最终提资的节点，以此模型作为最终设计依据，各专业以终版模型为依据条件，进行各专业系统图纸成图、校审会签等工作，最终完成施工图设计。施工图设计文件应满足设备材料采购、非标准设备制作和施工的需要。

在 BIM 施工图设计的模型终版时段，按照《建筑工程设计文件编制深度规定》，全面进入模型的建立和检查阶段，完善模型，并为出图做好准备。具体内容见表 4.5-3～表 4.5-7。

建筑专业建模内容 **表 4.5-3**

室外建筑	保留的地形、地物
	场地四邻原有及规划道路的位置和主要建筑物及构筑物的位置、层数、建筑间距
	广场、停车场、运动场地、道路、围墙、无障碍设施、排水沟、挡土墙、护坡等的布置
	拟建建筑物、构筑物的位置，其中主要建筑物、构筑物应包括形状、位置、尺寸和层数
	场地内的综合管线布置
室内建筑	墙(柱)体，包括内、外墙，柱的位置，墙体厚度及壁柱尺寸，墙体(主要为填充墙、承重砌体墙)预留洞的位置及尺寸
	各层楼板、夹层、楼地面预留孔洞和通气管道、管线竖井、烟囱、垃圾道等的位置及尺寸
	楼梯(爬梯)、电梯、自动扶梯及步道等建筑构件的位置
	主要建筑结构和建筑构造部件，如中庭、天窗、地沟、地坑、重要设备或设备机座、各种平台、夹层、阳台、雨篷、台阶、坡道、散水、明沟等的位置、尺寸
	主要建筑设备和固定家具，如卫生器具、雨水管、水池、台、橱、柜、隔断等的位置
	屋面结构，如女儿墙、檐口、天沟、屋顶、雨水口中、变形缝、楼梯间、水箱间、电梯机房、天窗及挡风板、屋面上的人孔、检修梯、室外楼梯和垂直爬梯，及其他构筑物等的位置
	每楼层的防火分区和防火券帘门的位置及安全出口的位置示意

结构专业建模内容 **表 4.5-4**

结构专业	基础，包括基础的形状、位置和尺寸及基础的埋置深度，箱基、筏基或一般地下室的底板厚度，地下室及人防各部分墙体的厚度；基础构件(包括承台、基础梁)的位置、尺寸，地沟、地坑和已定设备基础的位置、尺寸等
	楼面结构，包括：梁、板、柱、剪力墙、抗震构造柱的位置及尺寸，预留孔洞及预埋件的位置、尺寸等
	屋面结构，屋顶、屋面预留洞或其他设施的位置及尺寸，其他屋面结构构件及支撑系统布置，女儿墙或女儿墙构造柱的位置及尺寸
	每层的楼梯结构形式(梁式或板式)、布置及尺寸

续表

结构专业	特种结构和构筑物，如水池、水箱、烟囱、烟道、管架、地沟、挡土墙、筒仓、大型或特殊要求的设备基础、工作平台等
	钢筋（可根据实际情况确定是否需要建模）
	特殊结构部位的构造

给水排水专业建模内容　　**表 4.5-5**

室外给水排水	各类水专业泵房及水处理机房内的设备简略模型及安装位置，相应的管道、阀门、管件、附件、仪表、配电、起吊设备的简略模型及其相关位置、定位尺寸
	给水排水管网及构筑物的简略模型及位置尺寸
	其他给水排水建筑、构筑物，包括检查井、闸门井、消火栓井、集水井、计量设备、转换闸门井等简略模型及定位尺寸
	输水管线及附属设备、闸门等的简略模型及其安装位置、尺寸
	各建筑物、构筑物内工艺设备的简略模型、安装位置、尺寸
	水箱、水池的简略模型及布置，配管布置及管径
	循环水构筑物（包括用水设备）的设备简略模型及布置
室内给水排水	各楼层给水排水、消防给水管道布置、立管位置及各用水点位置、管道穿剪力墙处的位置、预留孔洞尺寸等
	底层（首层）平面应表示引入管、排出管、水泵接合器管道等与建筑物的位置关系、穿建筑外墙管道的管径、位置等
	室内给水排水干管的水平、垂直通道
	所有用于排除地面水的地漏
	各楼层卫生设备和其他用水设备的连接，消防栓箱、喷头布置等

暖通专业建模内容　　**表 4.5-6**

暖通系统	锅炉房设备、设备基础、主要连接管道和管道附件的简略模型及其安装位置和主要安装尺寸
	各层散热器的简略模型及安装位置，采暖干管及立管的位置，管道阀门、放气、泄水、固定支架、伸缩器、入口装置、减压装置、疏水器、管沟及检查孔的简略模型及其安装位置（需表示管道管径及标高）
通风空调系统	通风、空调、制冷设备（如冷水机组、新风机组、空调器、冷热水泵、冷却水泵、通风机、消声器、水箱等）的体量模型及安装位置、尺寸
	连接设备的风道、管道的位置、尺寸及走向，管道附件（各种仪表、阀门、柔性短管、过滤器等）的简略模型和安装位置
	通风、空调、防排烟风道的位置、尺寸，主要风道的准确位置、标高及风口尺寸，各种设备及风口安装的定位尺寸和编号，消声器、调节阀、防火阀等各种部件的简略模型和安装位置
	风道、管道、风口、设备等与建筑梁、板、柱及地面的位置尺寸关系，墙体预埋件及预留洞的位置和尺寸
	大型设备吊装孔及通道等的位置和尺寸

电气专业建模内容　　**表 4.5-7**

供电系统	变、配电站，包括变压器、发电机、开关柜、控制柜、直流及信号柜、补偿柜、支架、地沟、防雷保护及接地装置等的简略模型及安装位置、安装尺寸等
	高低压供配电系统，包括配电箱、控制箱的简略模型及布置，以及高低压输电线路的连接布置等

续表

供电系统	坚向配电系统，以建筑物、构筑物为单位，自电源点开始至终端配电箱止，按所处的相应楼层分别布置所需的供配电设备及装置设备及装置可以简略模型表示
照明系统	配电箱、灯具、开关、插座、线路等的布置。
消防及安全系统	火灾自动报警系统，包括消防控制室设备的简略模型及布置；各层消防装置及器件（探测器、报警器等）的布点、连线等
	保安监控系统、巡更系统、传呼系统及车辆管理系统等控制室设备的简略模型及布置，监控、传感设备及器材的简略模型及布置
	防雷、接地系统，包括避雷针、避雷带、引下线、接地线、接地极、测试点、断接卡等的简略模型及布置

2. 施工图加工出图

施工图加工出图要求主要体现在以下几个方面：

（1）施工图加工出图依据施工图深度要求添加二维注释，尺寸标注，各专业设计说明，图例等；

（2）完成图纸的制作，各类详图可根据设计人员软件掌握情况和策划要求选择使用 Revit 平台下直接完成出图，或导出 CAD 处理完成后出图；

（3）施工图加工出图以施工图最终版模型为基础，添加标注、图框等信息，按照施工图要求进行加工出图。

模型加工出图过程，各专业设计图面应补充的内容可参照表 4.4-7。

第 5 章　BIM 三维设计方法

本章以 Revit 为平台分析建筑、结构、机电专业 BIM 正向设计的方法，对 BIM 正向设计中的 Revit 模型搭建、非几何信息添加、施工图生成均提出了相应的解决方案。内容涵盖各专业 BIM 三维设计和图纸绘制的关键技术要点、操作细则、注意事项及示例，为各类工程提供具体可操作的实施方法。

5.1　建筑专业三维设计

工程设计主要划分为三个阶段，即方案设计阶段、初步设计阶段和施工图设计阶段。目前各个设计阶段均是在二维 CAD 模式下，建筑设计师把三维的建筑用画法几何的知识变成二维的图纸。CAD 制图在一定程度上成了建筑设计的核心工作，占整个项目的设计周期比重较大。

在利用 Revit 软件进行建筑设计时，流程及各设计阶段的时间分配与传统的模式有较大区别。Revit 建筑设计是以三维模型为基础的，图纸只是设计的衍生品。虽然前期建立模型所花费的工作时间占整个设计周期的比例比较大，但是在后期成图、变更等方面有很大的优势。

5.1.1　标高与轴网的建立

标高和轴网是建筑设计时平面视图、剖面视图和立面视图的定位标识依据，二者的关系密切。在使用 Revit 进行设计时，建议先创建标高，再创建轴网。建立文件后，首要事情是按照竖向关系建立标高，必须把最高与最低点的关键标高建立好，以保证之后建立的轴网，参考平面在该标高范围。如后期再添加标高，必须找到相应立面才能使轴网与标高相交。标高建立后，习惯上对其进行锁定。

可通过绘制标高、复制标高和阵列标高三种方法来实现标高的创建。

（1）绘制标高：单击“建筑”选项卡➤“基准”面板➤标高，单击“绘制”面板的“直线按钮”，如图 5.1-1 所示。

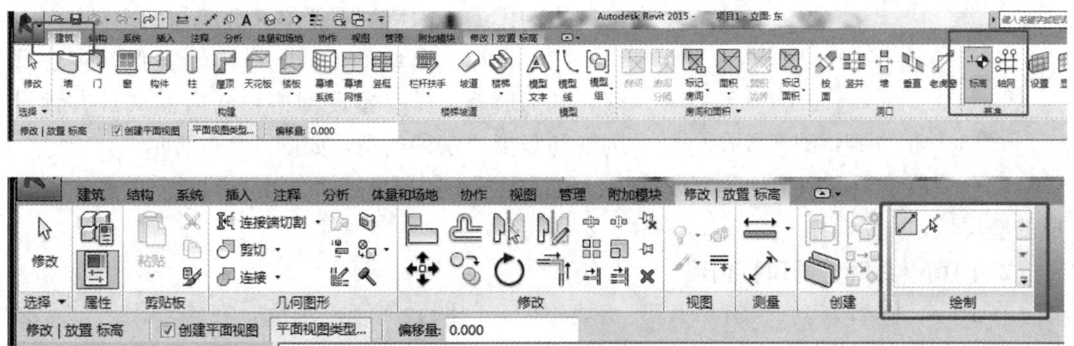

图 5.1-1　标高绘制工具

（2）复制标高：选择要复制的标高，进入“修改｜标高”选项卡，选择复制按钮，接着上下移动光标，并显示零时尺寸标注，即可复制标高。如图 5.1-2 所示。

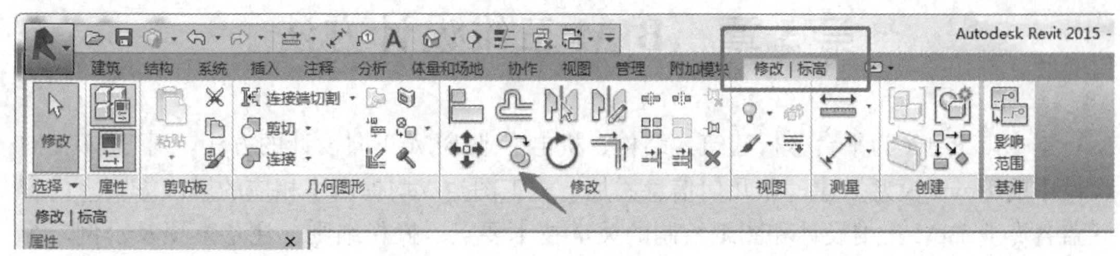

图 5.1-2　标高复制

（3）阵列标高：选择要阵列的标高，进入“修改｜标高”选项卡，选择▦（阵列）按钮，即可阵列标高。

轴网是由定位轴线、标志尺寸和轴号组成。轴网的建立与标高的建立类似。根据设计输入条件绘制轴网，慎用描绘 CAD 底图的方式，避免因为 CAD 碎尺寸造成轴网不平行的风险。轴网建立后，应对其锁定。

5.1.2　几何模型建模

1. 墙体的创建

墙是三维设计的基础，不仅是建筑空间分割的主体，而且也是门窗、饰线等模型构件的承载主体。

Revit 提供了基本墙、幕墙和叠层墙三种墙体创建方法。

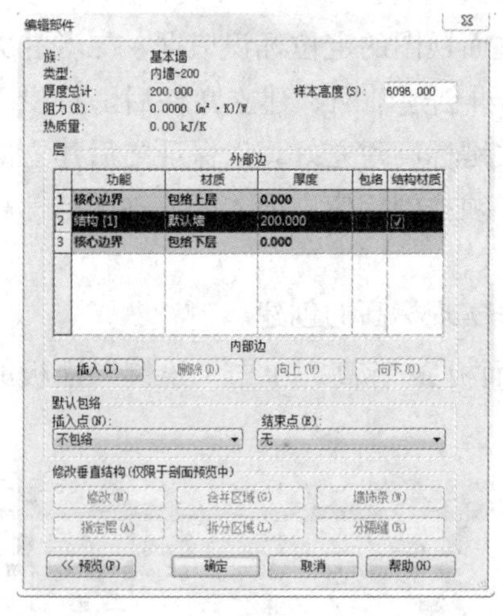

图 5.1-3　“编辑部件”对话框

（1）基本墙：墙体应该分为两个最基本类别——外墙、内墙，以方便管理模型，随着应用需求可按材质或构造，细化墙体类别。

通过“编辑部件”对话框（图 5.1-3），可真实反映墙体做法，定义墙结构中每一层在墙体中起的作用。

建立外墙需要注意墙体的内部和外部，墙体外部必须为对外的方向以便模型深化与改动。内墙为对应外立面不能观察到的墙体。对于只用于施工图编制用的模型，内墙可不严格区分墙体的内外面。

（2）幕墙：幕墙的创建与基本墙类似，包含幕墙、外部玻璃（具有预设网格）和店面（具有预设网格和竖挺）三种类型，如图 5.1-4 所示。

（3）叠层墙：可用于创建复杂墙体，包括上下不同厚度或者使用不同材质的基本墙构成的叠层墙。

2. 门窗（百叶，洞口）创建

在 Revit 中，门构件（图 5.1-5）与墙不同，门图元属于外部族，在添加门之前，必须在项目中载入需要的门族，才能在项目中使用。

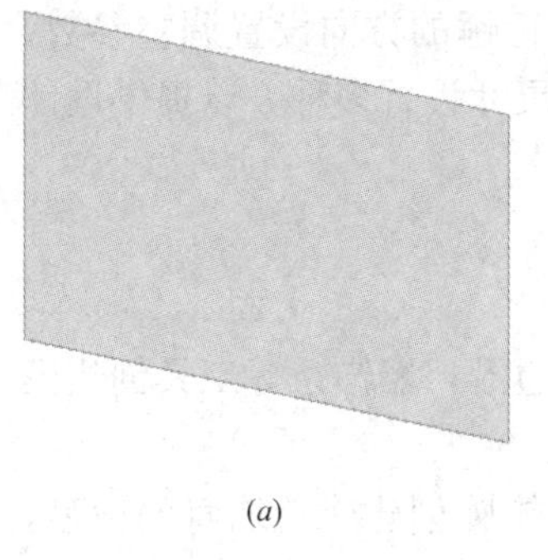

(a)

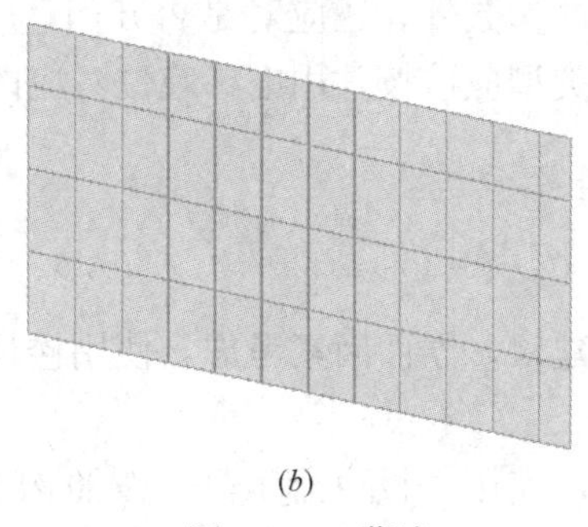

(b)

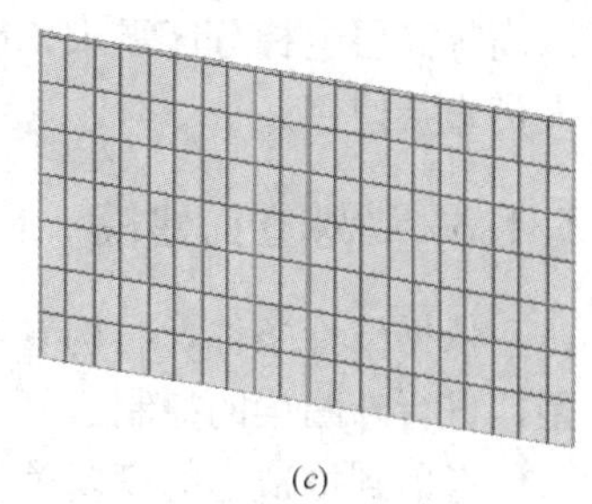

(c)

图 5.1-4　幕墙

(a) 幕墙；(b) 外部玻璃；(c) 店面

图 5.1-5　门窗三维示意

门窗的创建，首要要求具备完善的族库。窗族除了基本几何参数外，至少还应包含设定以下几种设计参数——防火等级、材质、开启面积、护窗、栏杆。门族除了基本几何参数外，至少还应包含设定以下几种设计参数—防火等级、材质、开启扇宽度。

项目中门应至少预设铝合金玻璃门、木门（房门）、防火门、人防门几种主要类型。门建立插入时应注意梁高与门高关系，是否有门槛（抬高门的底标高）等。

项目中窗族采用按开启方式作为分类，如“平开窗”、“推拉窗”、“造型窗”等，再根据开启扇的数量，转角类型再次细分，具体分类命名细则需参照企业标准。窗根据设计要求选取相应类型，根据宽度、梁高、窗台高度等设定洞口尺寸参数，合理划分窗扇，插入项目模型内。

3. 楼板、屋顶创建

创建结构楼板是一个提资过程的构件，最终的结构楼板来源于结构专业模型，所以只需满足降板，及楼板厚度控制即可。另外对楼板的开洞，为使各层楼板尽可能关联，应使用竖井工具整体开洞而不是使用编辑轮廓的方式修改，如图 5.1-6 所示。

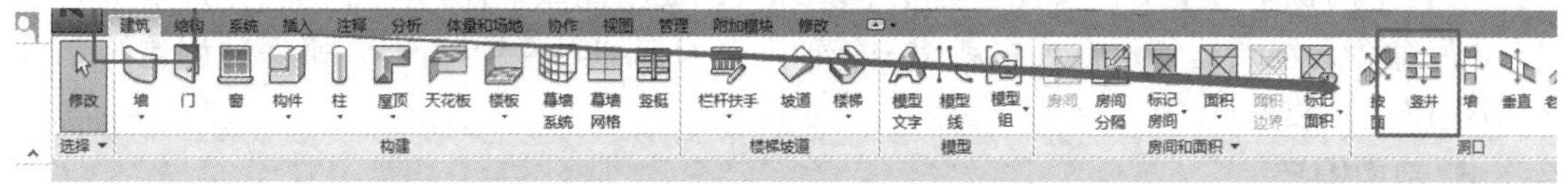

图 5.1-6　竖井开洞示意

对于平屋顶，使用楼板搭建，对于坡屋顶，使用屋顶工具创建。坡屋顶要注意根据固定角度还是固定高度的原则，规定以檐口作为基准点，不同于传统二维作图，坡屋面图简化成只表达结构面，为同时满足平立剖准确的模型，建立坡屋顶结构部分时，需预留瓦，保温层等构造厚度。

4. 楼梯、电梯的创建

因绘图习惯，平面所表达的看线为楼梯结构面，如果追求平面看线对齐，不要添加楼梯面层模型，剖面用二维线进行添加表达。

楼梯建模完毕后，均需要添加剖面进行检查，查看碰头情况，采取双视口进行楼梯的调整能更快速有效完成楼梯的设计。

电梯族的设定，除包含尺寸参数外，还应对是否开门，平行锤的方向设置调整参数，以满足高层电梯分区需求，而类型应该按常用电梯吨位对应的尺寸设置多种，以提供设计人员直接使用。

5.1.3 特殊立面建模

依据设计条件，结构专业建议，立面因素考虑，使用楼板边沿，墙饰条等工具创建模型，进行外圈梁的控制。

考虑到构造上的逻辑关系，使用楼板边沿工具，按照构造轮廓创建建筑墙身的模型，为控制其梁高对建筑专业的影响。这部分大多由立面因素决定的，所以应由建筑专业创建模型进行控制。

通过添加与深化“轮廓族”，对照立面效果进行设计，该部分内容相当于前置了墙身详图的设计工作。

檐口造型，墙线脚等大部分建筑构件都可以通过“轮廓族”经过放样，赋予不同材质来创建，对轮廓族的管理尤其重要，应该根据造型风格，使用范围对该族进行积累及分类管理，提高重复使用率。

5.1.4 施工图绘制

1. 平面图纸

平面视图的创建不同于剖面视图，它在项目开始阶段就必须创建，其视图设置（视图深度、可见性设置、精细程度、比例）等信息可以通过选择正确的项目样板来提高创建视图的效率。随着模型的细化，还可以通过“详图线”、“模型线”、“线处理”、“平面区域”等命令来深化图纸。

平面创建的一般步骤：在立面图中创建对应的标高，生成该平面视图，应用相关视图样板，绘制轴网确定项目位置。结合项目情况及出图需要，可以先布置图框并调试。

2. 立面图纸

打开平面视图，单击“视图”选项卡展开“创建”面板，点击“立面”下拉菜单中的“立面”命令。注意：创建立面可新建一条轴网，勾选“附着到轴网”。确保所创建的立面与对应模型互相垂直。

3. 剖面图纸

在施工图阶段，Revit 中的剖面是根据视图的相关参数设置生成，显示的内容为模型的剖切投影面。Revit 的剖面原理跟立面基本一致。其剖切范围与立面的裁剪与偏移原理也差不多。同样可通过对操作柄的拖拽和视图的精细程度对剖面的显示进行调整。在属性窗口或者单击剖面的名称处可以对剖面进行重命名。

剖面创建的一般步骤：在平面图中创建相应的剖面，生成该剖面视图，应用相关视图样板。结合项目情况及出图需要，可以先布置图框并调试。

4. 墙身详图

在施工图阶段，Revit 可以通过平、立、剖面生成墙身大样，更加直观的表达建筑的细部结构。相比 CAD 的墙身大样更加灵活。

详图视图创建注意事项：可以从平面视图、剖面视图或立面视图创建详图索引，然后使用模型几何图形作为基础，添加详图构件。创建详图索引详图或剖面详图时，可以参照项目中的其他详图视图或绘图视图。

详图视图创建步骤：

(1) 单击“视图”选项卡➤“创建”面板➤“详图索引”。

或者单击“视图”选项卡➤“创建”面板➤（剖面），从“类型选择器”中选择“详图视图：详图”。如图 5.1-7 所示。

(2) 在选项栏中，选择适当的详图比例。

要参照其他的详图视图或绘图视图，请单击选项栏上的“参照其他视图”，并从列表中选择视图。

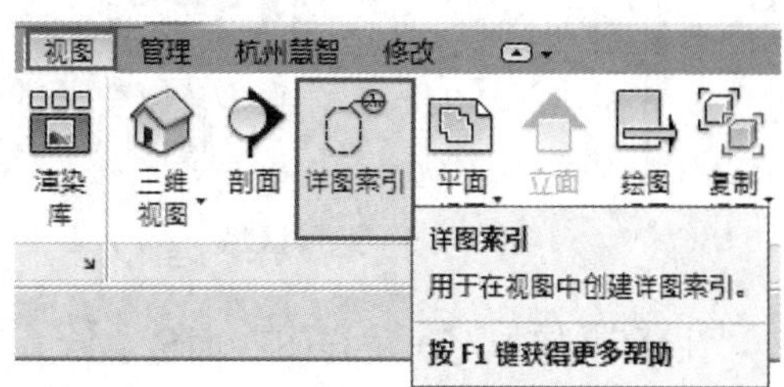

图 5.1-7　详图视图创建

(3) 在平面视图上选择两个点，以确定剪切剖面的位置。

注意如果是详图索引视图，请选择要包含在详图索引视图中的区域。

(4) 在“属性”选项板中，选择“半色调”作为“显示模型”，并单击“确定”。

详图索引视图中的模型图元显示为半色调，方便您目视辨别模型几何图形与添加的详图构件之间的差异。

5. 二维图纸制作常见处理方法

(1) 填充区域，遮罩区域

“填充区域”工具可使用边界线样式和填充样式在闭合边界内创建视图专有的二维图形。填充区域平行于视图的草图平面。此工具可用于在详图视图中定义填充区域或将填充区域添加到注释族中。

填充区域包含填充样式。填充样式有两种类型：绘图或模型。绘图填充样式取决于视图比例。模型填充样式取决于建筑模型中的实际尺寸标注。

单击“注释”选项卡➤“详图”面板➤“区域”下拉列表➤（填充区域）。如图 5.1-8所示。

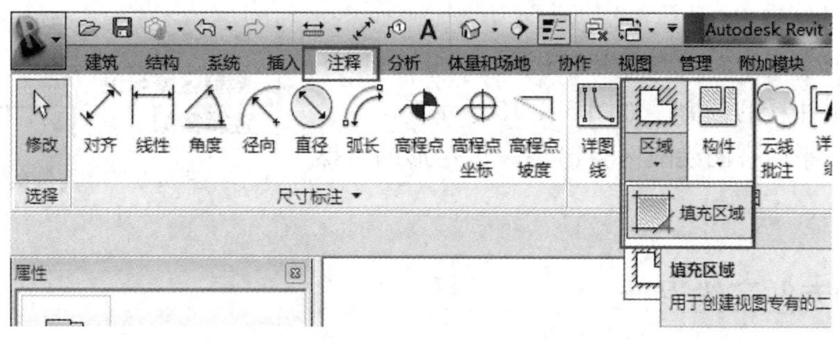

图 5.1-8　填充区域

遮罩区域提供了一种在视图中隐藏图元的方法。主要在以下情况下使用：需要隐藏项目中的图元；正在创建详图族或模型族，而且在将族载入到项目中时需要图元的背景来遮罩模型和其他详图构件；需要（从导入的二维 DWG 文件）创建在放置到视图中时可隐藏其他图元的模型族。

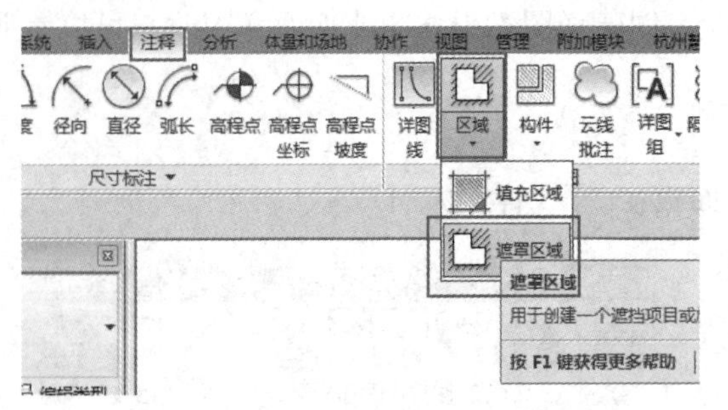

图 5.1-9　遮罩区域

单击“注释”选项卡▶“详图”面板▶“区域”下拉列表▶（遮罩区域）。如图5.1-9所示。

（2）详图构件

单击“注释”选项卡▶“详图”面板▶“构件”下拉列表▶（详图构件）。如图5.1-10所示。

（3）详图线（模型线）

“注释”选项卡▶“详图”面板▶（详图线），如图 5.1-11 所示。

图 5.1-10　详图构件

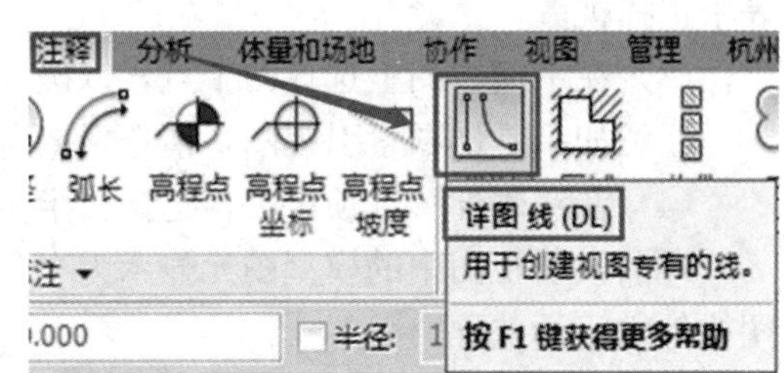

图 5.1-11　详图线

“建筑”选项卡▶“模型”面板▶（模型线），如图 5.1-12 所示。

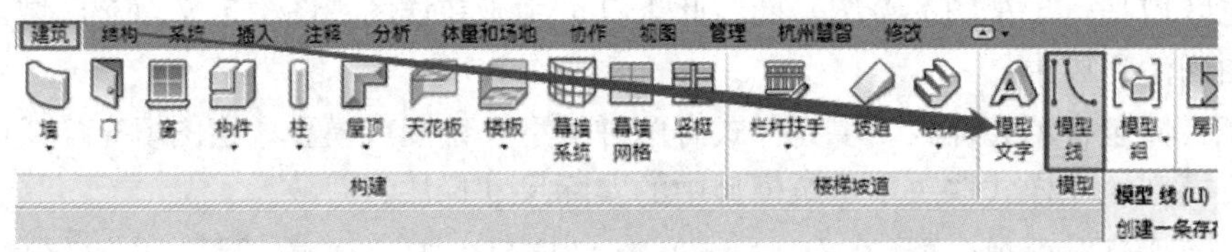

图 5.1-12　模型线

（4）视图裁剪

视图裁剪常用于对视图显示范围的控制，其中还包括了对二维注释的裁剪。如图 5.1-13 所示。

勾选后，平面视图绘图区会出现一个矩形的可操控裁剪框。

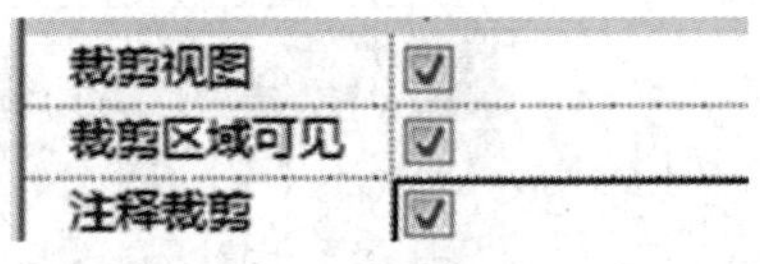

图 5.1-13　注释的裁剪

5.2　结构专业三维设计

5.2.1　结构构件建模

1. 结构梁

结构梁建模采用“结构框架”族，通过共享参数的方式添加文字类型的钢筋参数。结构梁建模时应注意以下内容：

（1）结构梁应有方向，配合 Revit 中标签的显示规则，梁的正方向定义为（-pi/2，pi/2]。若创建没注意梁方向，进行配筋时，有时候标注的左负筋会显示在右边，形成配筋平面图或者梁配筋表时容易出错。

（2）结构梁应分跨建模，梁分跨的方式与按受力分跨的方式相同。但对于折梁或单跨内变截面梁，目前只能在同一跨内分段建模。

（3）结构梁建模时应设置好对齐边。结构梁建模时，工程师应按照设计需要的对齐方式预先设置好结构梁的对齐边，后期进行梁宽修改时，结构梁仅往非对齐方向偏移，避免对梁对齐边的重复调整。

2. 结构板

结构板采用“楼板”系统族进行建模，对于结构专业，楼板建模应注意以下内容：

（1）楼板应分块建模。因为考虑到正向设计时添加荷载以及结构计算的需要，楼板应按照结构板计算时的分割方式进行分块建模。

（2）相邻板块均应进行“连接”处理。楼板之间软件默认不连接，此时楼板之间会产生一条边界线，影响施工图的图面表达。因此，楼板分块建模时，考虑到施工图出图的图面要求，相邻板块均应进行“连接”处理。

（3）楼板标高应按实际标高进行建模，降板处，楼板沿梁墙内侧建模。

（4）应勾选楼板的“结构”属性。

3. 结构柱

结构柱建模采用“结构柱”族，通过共享参数的方式添加文字类型的钢筋参数。结构柱建模时应注意以下内容：

（1）不同楼层的柱分开建模。结构柱应在楼面标高处断开。

（2）截面相同、方向不同的柱按同一类型处理，建模时，可通过空格键进行旋转以调整方向。

4. 剪力墙

剪力墙采用“墙”系统族进行建模，对于结构专业，剪力墙建模应注意以下内容：

（1）剪力墙建模时应设置好对齐边，避免修改墙厚时对剪力墙对齐边的重复调整。

（2）应勾选剪力墙的“结构”属性。

（3）剪力墙开洞建议采用无实体窗的窗族，并在该窗族的平面视图上增加详图线，以满足剪力墙开洞的平面表达。见图 5.2-1～图 5.2-3。

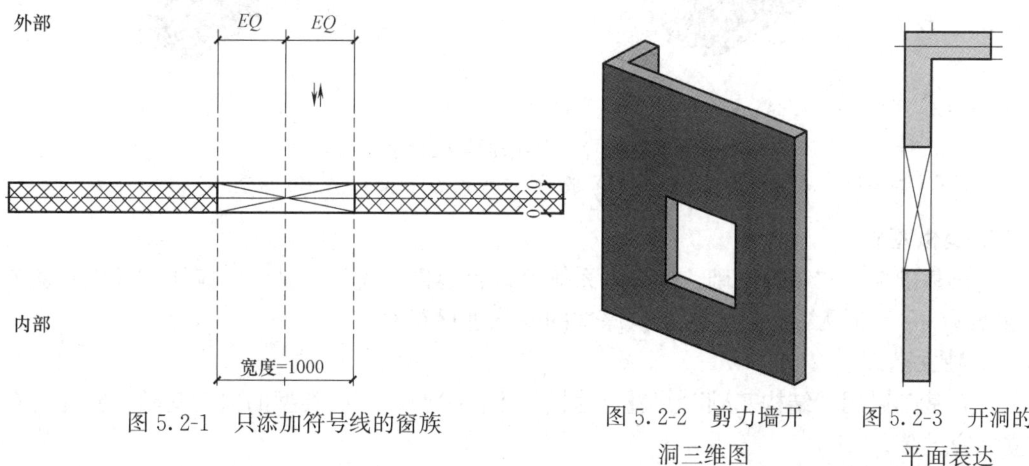

图 5.2-1　只添加符号线的窗族

图 5.2-2　剪力墙开洞三维图

图 5.2-3　开洞的平面表达

5. 桩基础和承台

桩基础和承台采用“常规模型”族进行建模，建模时，桩和承台在同一个族文件中一同建模，不同桩数、不同几何外形的承台应分别建立族文件。桩基础和承台建模应注意以下内容：

（1）“桩和承台族”建模前，应先建立“桩”族，再将“桩”族作为实例参数嵌套到“桩和承台族”中。因为在工程设计中，同一个建筑通常仅使用统一的少数几种类型的桩，并且使用的桩均有确定的编号。采用上述方法建模时，可先在项目中，按实际采用的桩设置好桩类型，载入承台后，再选择承台对应的桩型，使得建模方法与设计方法相统一。

（2）建立承台族时，可先在承台中留下承台方向标记（如“不可见线”），方便后期进行桩边距的微调。

6. 条形基础

Revit 中仅支持创建墙下条形基础，不支持柱下条形基础。同时该族为系统族，无法进行族编辑，大大降低了该族的适用性。考虑到条基的行为属性及配筋与结构梁基本相同，建模时，建议使用“结构框架族”进行条形基础建模，但建族时，应将其“族类别”改为“结构基础”。

由于条形基础的行为属性及配筋与结构梁基本相同，故建模要点可参考结构梁。见图 5.2-4 族示例。

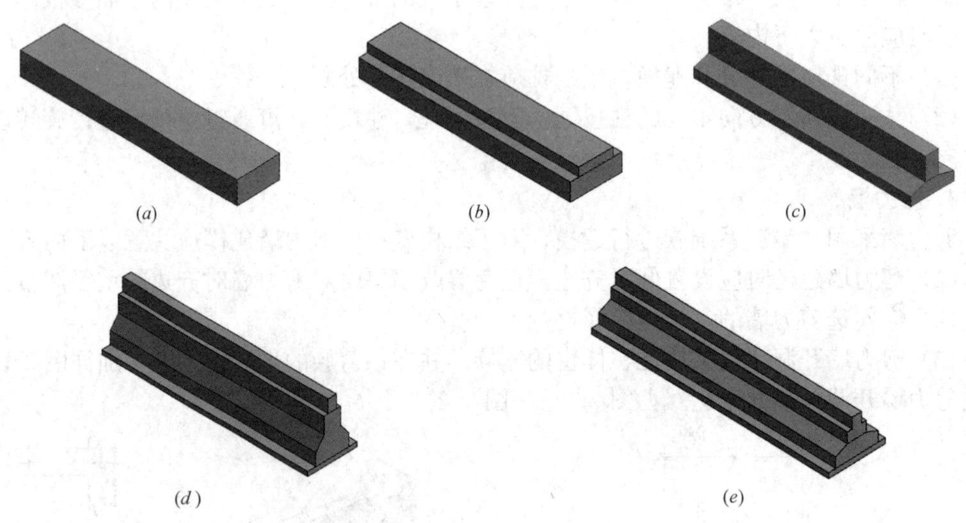

图 5.2-4　各类型条形基础族示例

（*a*）一阶条基；（*b*）双阶或多阶条基；（*c*）带翼缘条基；（*d*）卧梁条基；（*e*）复杂钢筋混凝土条基

7. 筏板基础

筏板基础采用“结构基础：楼板”系统族进行建模。筏板基础建模应注意基础布置方式与楼板一致，但无需分跨，可仅按厚度的变化进行建模。

8. 独立基础

独立基础采用“结构基础”族进行建模。不同阶数、不同类型的独立基础，应先各自建立相应的族。

5.2.2　饰线建模

外立面饰线的结构部分，通常在结构图纸中也需要进行表达。对此部分进行建模时，建议先根据其轮廓建立相应的“轮廓族”，再在项目中通过“内置模型”进行建模，建模方法按照设计逻辑选择“拉伸”、“放样”等对应的方法。

“内置模型”的族类别建议采用“结构框架”，后期通过剖切的方式绘制大样配筋详图时，“内置模型”可与结构框架连接在一起，仅在交界面留下一条细线，可取得较好的图面表达效果。

该方法可使建模逻辑与设计逻辑相一致，且方便后期修改。图 5.2-5 为通过上述方法建立的 L 型天沟，采用“放样”的方式建模，由软件自动处理转角处的几何关系。

(*a*)

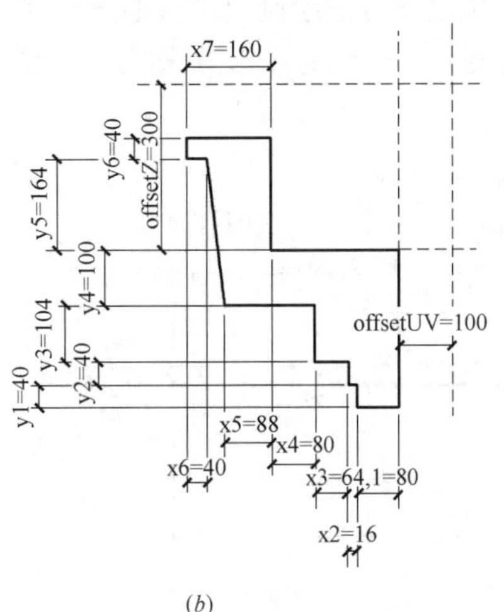

(*b*)

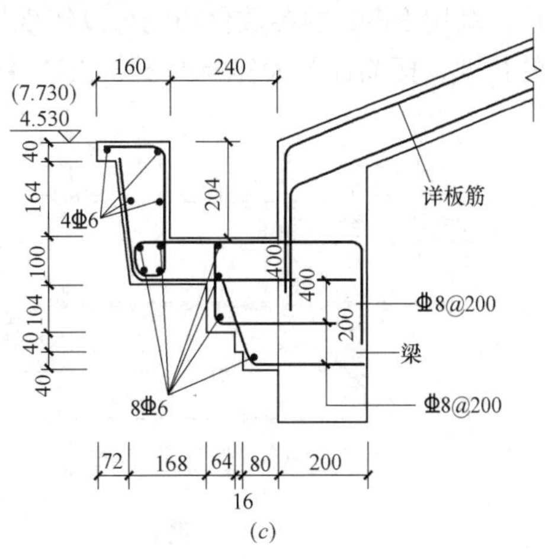

(*c*)

图 5.2-5　结构天沟建模

(*a*) 天沟三维模型；(*b*) 天沟采用的轮廓族；(*c*) 施工图中剖切形成的大样

5.2.3　结构飘板建模

结构飘板建模可采用与饰线类似的方式进行建模，也可采用结构楼板进行建模。

5.2.4 钢筋信息添加

1. 梁钢筋

配筋图中梁钢筋采用标签进行注释，其注释效果如图 5.2-6 所示。

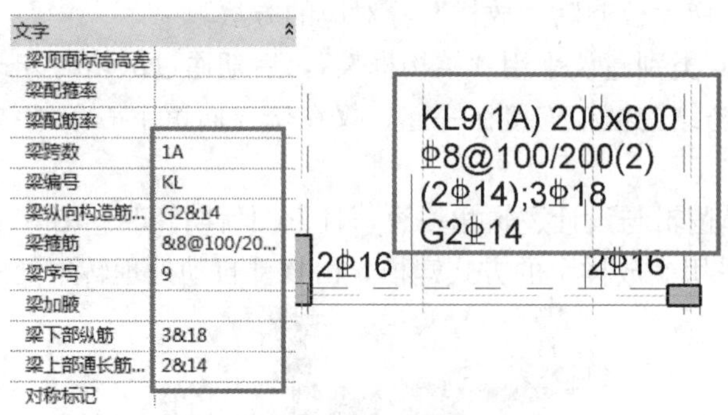

图 5.2-6 配筋图中梁注释效果

使用 Revit 出施工图时，普遍反映工作效率不如传统的 CAD 制图法。梁配筋图的信息量大，且大部分信息都需要用户自己输入，因而效率问题显得尤为突出。为提高工作效率，有以下两种方法：

（1）可以利用标签内容与参数的双向关联性，先在需要标注的地方附上标签，然后通过填写标签来加入参数。

（2）借助 Revit 插件进行配筋。

2. 板钢筋

分离式的板筋标注借助于详图大样族，大样族仿照传统绘图方法绘制出的板筋进行制作，利用 Revit 的参数化功能可以实现板筋长度的参数化表达，可以通过参数来控制板筋的长度。板筋详图大样族如图 5.2-7、图 5.2-8 所示。

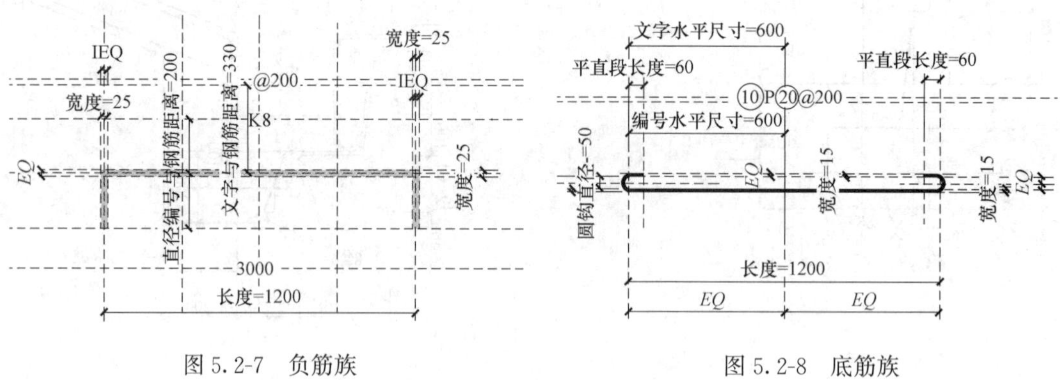

图 5.2-7 负筋族　　　　图 5.2-8 底筋族

详图大样法可以表示常见的配筋情况，如图 5.2-9、图 5.2-10 所示，并且绘制的方法与传统方法相似，绘图速度与传统方法几乎没有差别。但其缺点是详图大样仅仅作为图例存在，与楼板并没有实际的信息关联。

3. 柱钢筋

通常柱施工图中需要标注的内容有：柱编号、柱序号、柱宽、柱高、柱角筋、柱侧边钢筋、柱箍筋、箍筋肢数。柱施工图的注释建议采用族参数法进行，因为需要注释柱截面信息，并且对于不同类型的结构柱，需要注释的内容可能不同。对于矩形混凝土柱，需要的共享参数见表 5.2-1，对于异形柱或钢管柱，可根据实际情况增加相应的参数。注意：Revit 中一般使用“Revit”字体表达结构钢筋符号，其中“&”表示 HRB400 级钢筋，表格中均以“&”表示 HRB400 级钢筋。

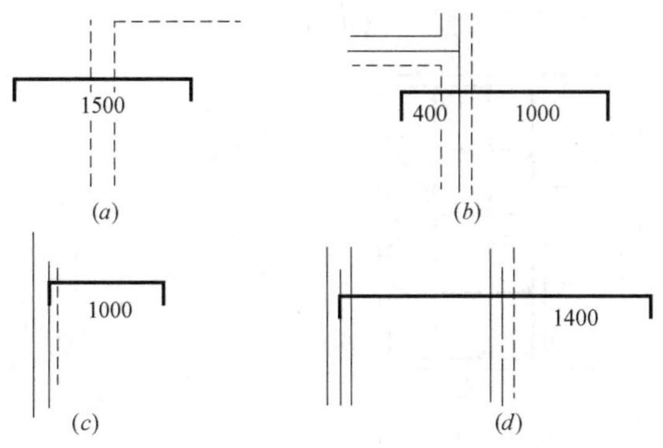

图 5.2-9 板负筋的平面表达

(a) 支座负筋对称伸出；(b) 跨中板带支座负筋非对称伸出；
(c) 边跨板筋；(d) 带延伸段的边跨板筋

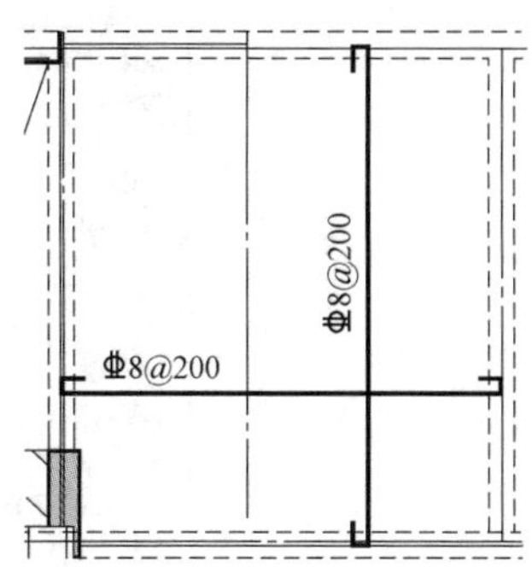

图 5.2-10 板底筋的平面表达

柱共享参数 **表 5.2-1**

参数名	参数类型	示例值
柱角筋	文字	4&25
柱编号	文字	KZ
柱纵筋	文字	12&20
柱箍筋类型	文字	1(5×4)
柱箍筋	文字	&10@100/200
柱序号	文字	1
H 边中部筋	文字	2&20
B 边中部筋	文字	3&20
柱截面高	长度	600
柱截面宽	长度	600

基于目前的软件功能，柱平法施工图的标注方法主要有两种：

(1) 柱表法。先针对柱表中需要表达的信息，制作相应的共享参数文件，再将共享参数载入到柱族中，通过明细表读取柱族中的参数信息，并形成柱配筋表，如图 5.2-11 所示，该方法可以实现信息的双向关联。

柱配筋表										
柱编号	柱序号	柱截面宽	柱截面高	柱纵筋	柱角筋	截面B边中部筋	截面H边中部筋	柱箍筋类型	柱箍筋	注释
KZ	1	400	400		4Φ25	2Φ22	2Φ20	1(4×4)	Φ8@100/200	
KZ	2	400	400		4Φ25	2Φ20	2Φ20	1(4×4)	Φ8@100/200	
KZ	3	400	400	16Φ25				1(5×5)	Φ8@100/200	仅首层布置

图 5.2-11 Revit 明细表创建的柱表

（2）详图大样法。制作参数化的柱配筋大样（图 5.2-12），用柱配筋详图大样来表示柱配筋，但是该方法也有其不足之处，即柱配筋大样的参数信息与结构柱的参数信息没有关联性。

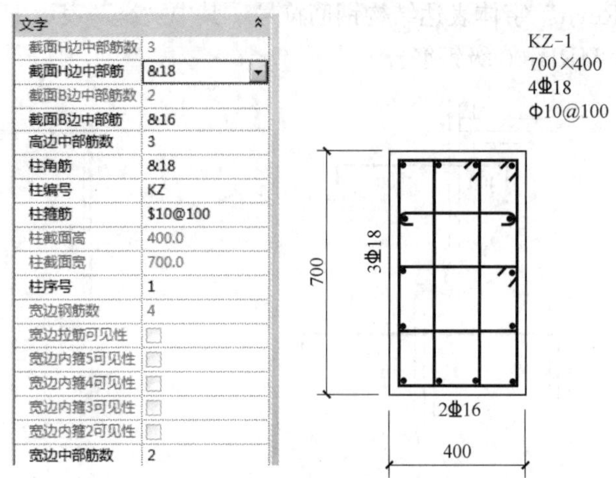

图 5.2-12　柱配筋详图大样族

4. 墙钢筋

剪力墙墙身钢筋采用明细表进行表达。

边缘构件钢筋可使用可以拖的动态块（类似于 CAD 的动态块），分矩形箍筋、拉筋、S 筋 3 种。钢筋的文本信息储存在详图构件族中，标注时用标注族把该族的钢筋参数显示出来。见图 5.2-13。

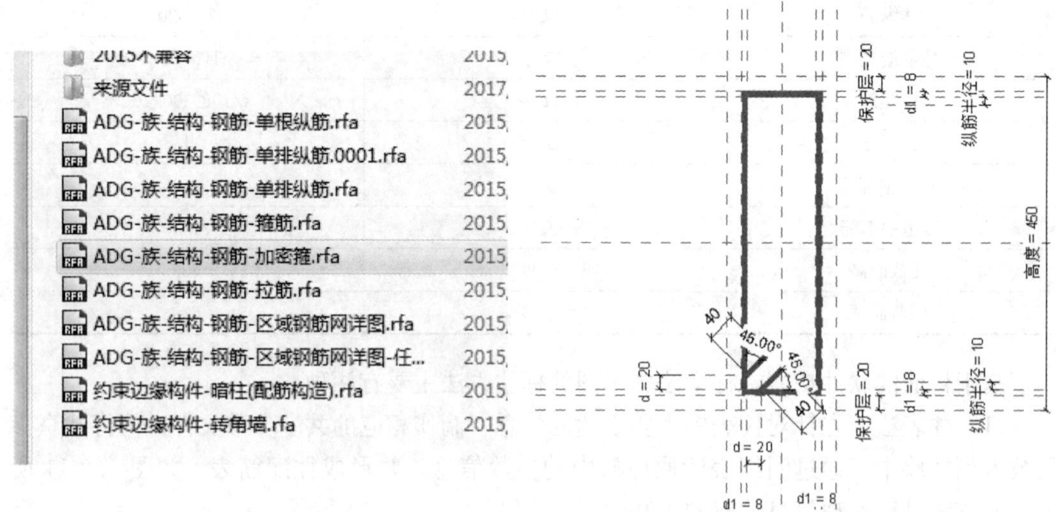

图 5.2-13　边缘构件钢筋大样族

边缘构件钢筋也可将钢筋直接在平面视图中，采用实体钢筋建模，建模后通过“裁剪视图”让视图仅显示边缘构件，再将视图比例调整为 1∶25，每个边缘构件分别建立一个视图，最后通过在“图纸”中插入平面视图的方法进行大样的布图。钢筋通过共享参数加入到墙构件中，用文字注释，最后用明细表表示。见图 5.2-14 和图 5.2-15。

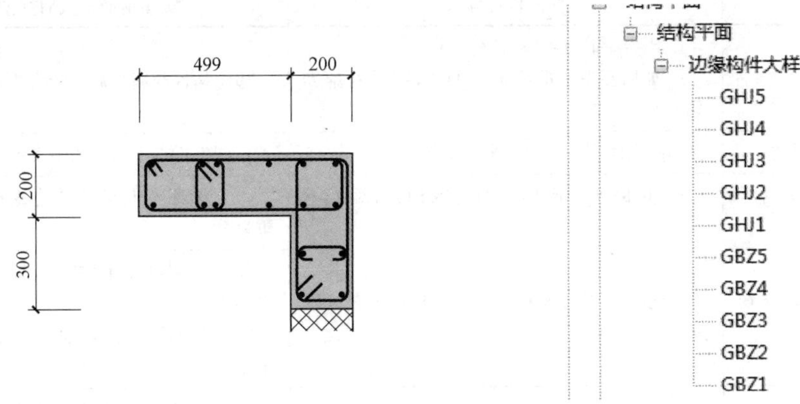

图 5.2-14　通过剖切方式的边缘构件钢筋建模

边缘构件配筋表		
边缘构件编号	纵筋	箍筋
GBZ1	24Φ14	Φ8@100
GBZ2	8Φ12	Φ8@200
GBZ3	6Φ16	Φ8@100
GBZ4	18Φ16	Φ8@200
GBZ5	22Φ16	Φ8@200
GHJ1	12Φ12	Φ8@200
GHJ2	6Φ12	Φ8@100
GHJ3	10Φ12	Φ8@200
GHJ4	16Φ12	Φ8@200
GHJ5	12Φ12	Φ8@200

总计：99

图 5.2-15　边缘构件钢筋明细表

上述两种方式的优缺点对比见表 5.2-2。

两种钢筋表达方式优缺点对比　　　**表 5.2-2**

	详图构件族法	实体钢筋＋裁剪视图法
大样形状与平面形状的关联性	同一个族类型分别放到大样和平面中，大样与平面一致	与平面视图完全一致（从平面视图中裁剪）
大样钢筋与文本钢筋的关联性	详图族表示钢筋，钢筋的文本信息储存在详图族中，标注时用标注族把该族的钢筋参数显示出来	文本表示钢筋，与实体钢筋无关联性
手动操作性能	1. 主要工作在于添加详图构件和人工设置尺寸参数 2. 人工操作时，遇特殊形状的边缘构件，可人工重新制作详图构件族	1. 每个大样都要裁剪视图，工作量大 2. 实体钢筋手动添加，但添加实体钢筋比用详图线要快一点 3. 文本钢筋信息人工填写，人工保证一致性
程序操作性能	1. 程序识别边缘构件类型和几何尺寸，选择对应大样添加到平面视图中 2. 遇特殊形状的边缘构件需人工辅助处理	主要需要的程序： 1. 裁剪视图 2. 图纸中批量添加实体 3. 协调文本钢筋信息与实体钢筋

续表

	详图构件族法	实体钢筋+裁剪视图法
特殊性	1. 需穷举暗柱类型，制作大样 2. 如果要考虑曲线形状的墙，穷举的难度会更大	边缘构件与墙身需打断为两个构件
配筋大样视图	不同大样在一个视图中表示	不同大样在不同视图中表示
边缘构件编号信息	Revit 保证不同形状的边缘构件，编号不重复	人工保证不同形状的边缘构件，编号不重复
与装配式建筑协调性	深化阶段，边缘构件与墙身需根据填充区域拆分	1. 施工图阶段直接拆分，深化阶段无需二次加工 2. 方便对现浇区与预制区分别统计混凝土量
材料用量统计	通过文本信息进行统计	1. 有实体钢筋，方便钢筋材料用量统计 2. 拆分墙身与边缘构件，方便分别统计混凝土量

5. 饰线钢筋

若按照 5.2.2 的方法进行饰线建模，饰线钢筋可通过在剖切视图中建立实体钢筋的方式进行饰线钢筋建模，并在同一视图中进行钢筋直径、数量的标注。目前，建议钢筋直径、数量采用纯文本的方式进行标注。

对于造型复杂的钢筋，可先建立普通造型的钢筋，再通过“编辑草图”（图 5.2-17）的方式修改钢筋形状，一般情况下，通过该方法可将钢筋修改为任意形状，如图 5.2-16 所示。

使用上述方式进行实体钢筋建模时，建议将“钢筋保护层”设置为 0。

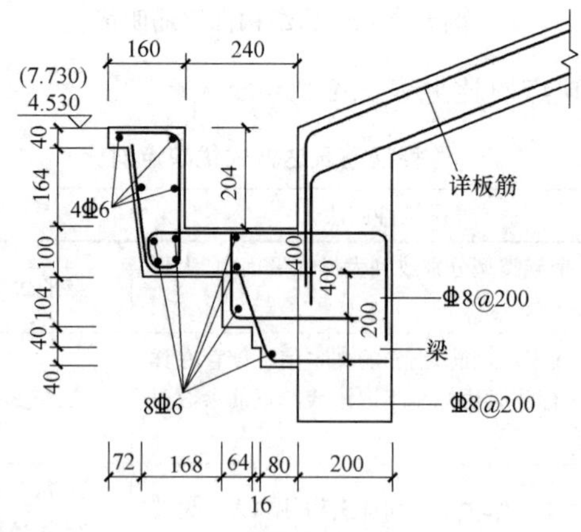

图 5.2-16 饰线钢筋建模及标注

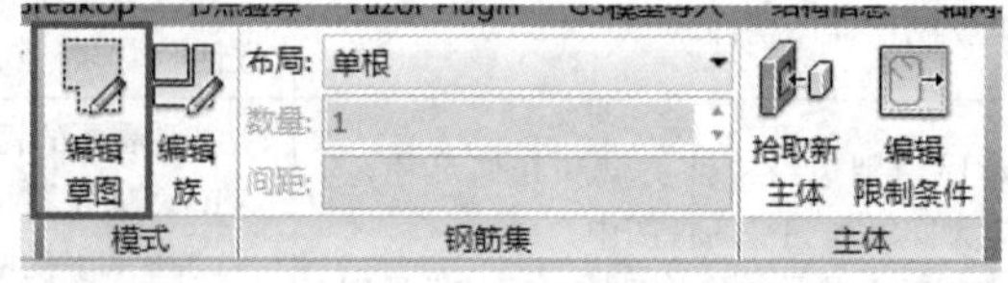

图 5.2-17 编辑草图

5.2.5　图例信息添加

1. 楼板开洞符号

楼板开洞符号线采用“详图线”进行绘制。

2. 后浇带

后浇带可使用基于线的公制常规模型。该方法通过创建一个“拉伸”实体来表示后浇带（图 5.2-18）。遇到有转折的后浇带时，可以通过“连接”命令连接两个后浇带，避免了相交线的出现（图 5.2-19）。通过视图过滤器来设置填充样式，在填充样式的选择上非常自由，当遇到 45°方向的后浇带时，可以通过修改填充方向为 30°的方法避免填充样式由斜交变为正交（图 5.2-20）。用该方法绘制的后浇带表达效果上优于使用方法一绘制的后浇带。

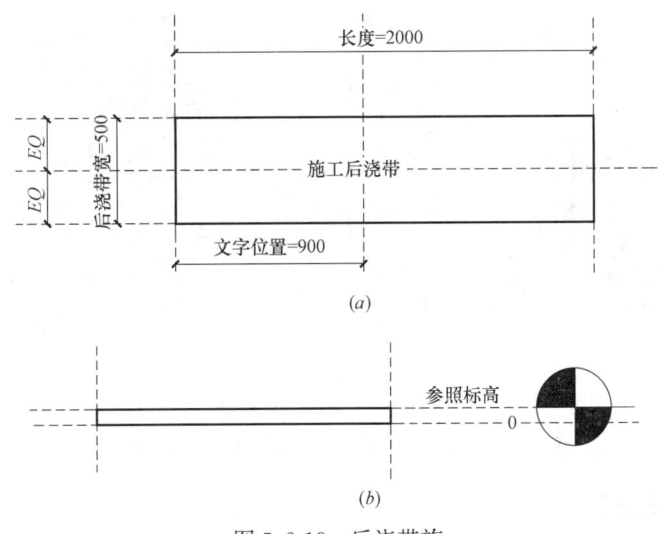

图 5.2-18　后浇带族
（a）参照标高视图；（b）立面视图

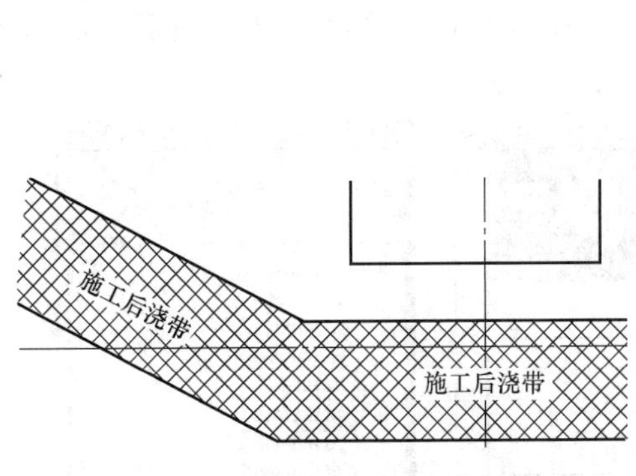

图 5.2-19　公制模型的表达效果

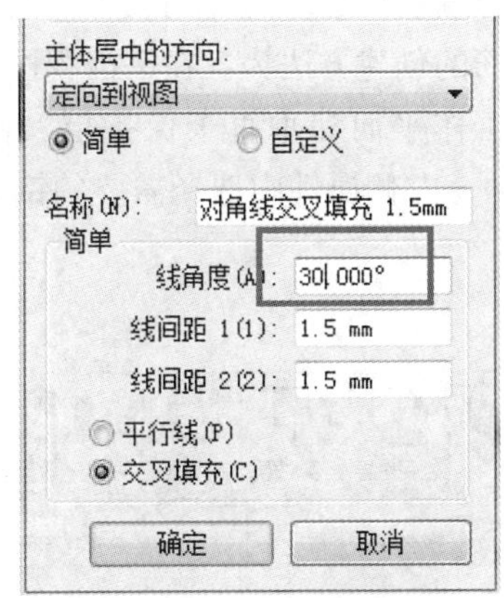

图 5.2-20　填充方向设置

3. 结构小剖面

结构专业通常通过结构小剖面来表达细部的结构设计，然而 Revit 中的“剖面”不能满足结构专业的需求，主要原因如下：

（1）结构专业通常在多个地方使用同一个剖面，并采用同样的配筋方法，Revit 则将不同地方的剖面认为是不同的剖面。

（2）即使对于立面不复杂的建筑，结构施工图中一般也会在多个地方使用结构小剖面，若全部使用 Revit 的剖面，会造成项目中多出大量无用的视图。

因此，考虑到施工图绘制的要求，结构小剖面建议按以下方法绘制：

（1）在工作视图中，选择有代表性的一处位置绘制剖面，剖面规程选为“结构”。

（2）将该剖面添加到需要表达该剖面配筋的图纸中，一般是该层的梁配筋图或者模板图，如图 5.2-21（*a*）所示。

（3）在施工图视图中，通过过滤器，隐去“图纸编号”属性为空值的剖面。

（4）在施工图视图中，通过“常规模型”绘制其他位置的索引符号（图 5.2-21*b*）。

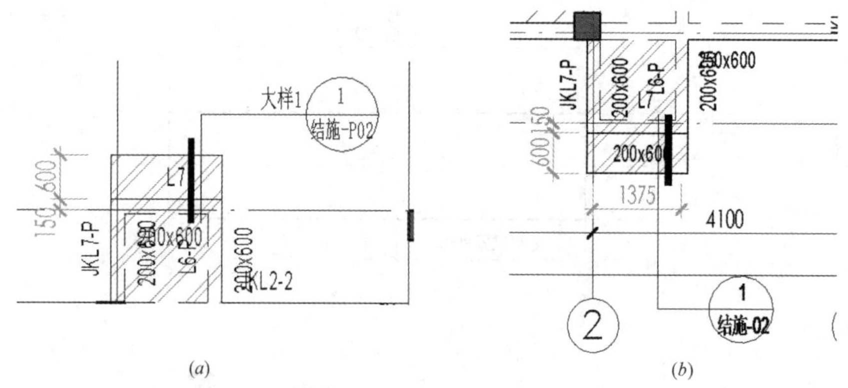

(*a*) (*b*)

图 5.2-21 结构小剖面

（*a*）剖面符号；（*b*）使用常规模型绘制的剖面符号

5.2.6 实体钢筋添加

1. 现浇剪力墙边缘构件钢筋建模

剪力墙约束边缘构件钢筋主要有箍筋、拉结筋，纵筋。

纵筋的创建方法为：在平面视图中，点击功能栏中的“结构”，“钢筋”→放置平面选择当前工作平面和垂直于保护层（图 5.2-22*a*）→右侧钢筋浏览器中选择钢筋形状（图 5.2-22*b*）→左侧属性中选择需要的钢筋直径（图 5.2-22*c*）。

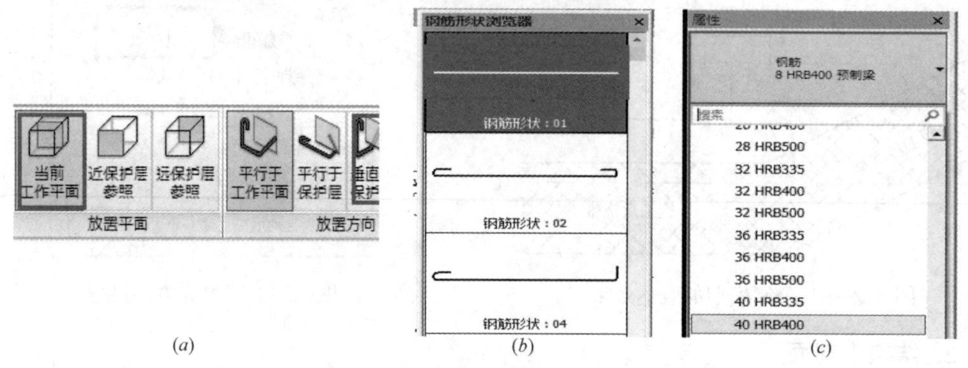

(*a*) (*b*) (*c*)

图 5.2-22 纵筋的创建步骤

箍筋和拉结钢筋的创建办法为：在平面视图，点击功能栏中的“结构”“钢筋”→放置平面选择“当前工作平面”和“平行于保护层”(图5.2-23*a*)→钢筋浏览器选择箍筋或拉结筋(图5.2-23*b*)→属性中选择合适的钢筋直径(图5.2-23*c*)→点击布置钢筋，在平面视图中，在功能栏中的“钢筋集”里面调整钢筋的数量和间距。

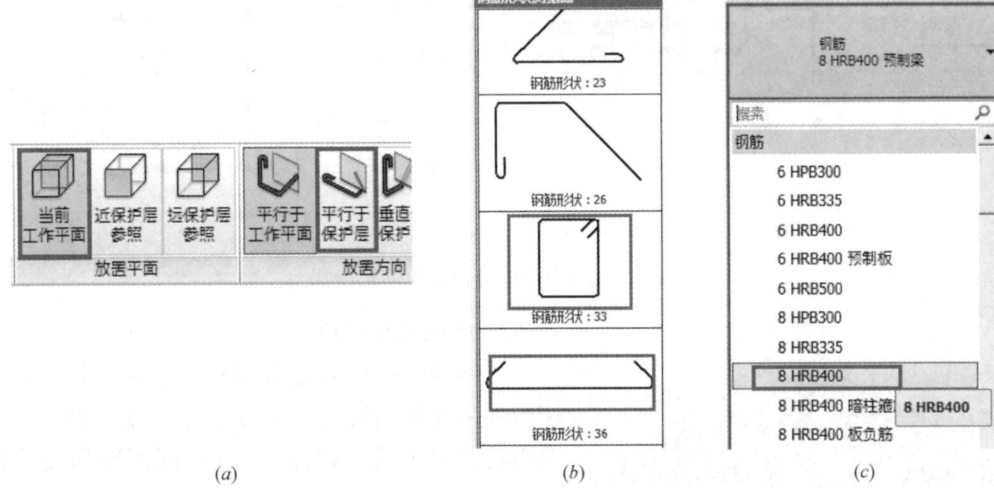

(*a*) (*b*) (*c*)

图5.2-23 箍筋和拉筋的创建步骤

按上述方法创建的剪力墙边缘构件钢筋如图5.2-24所示。

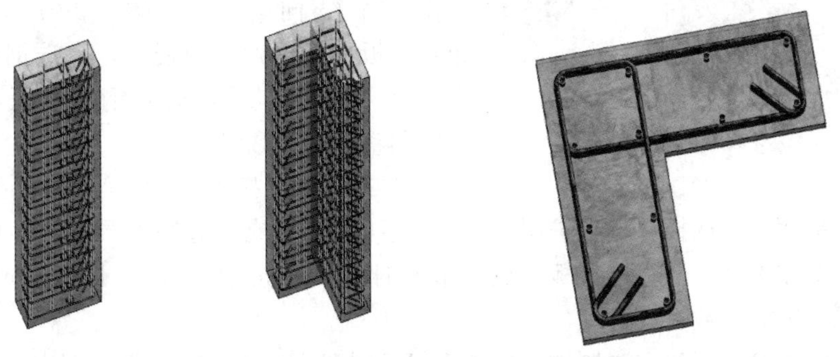

图5.2-24 现浇剪力墙边缘构件效果图

2. 现浇剪力墙墙身钢筋建模

现浇剪力墙墙身钢筋主要钢筋类型有水平筋、竖向筋、拉结筋。

拉结筋的创建方法与剪力墙边缘构件中箍筋的建立方式相同。

水平筋和竖向筋的建模方法为：在平面视图，功能栏中的“结构”“钢筋”→放置平面选择当前工作平面和平行于保护层（x向钢筋）和垂直于保护层（y向钢筋）（图5.2-25*a*）→钢筋浏览器选择水平筋（图5.2-25*b*）→属性中选择合适的钢筋直径(图5.2-25*c*)→点击布置钢筋→转换为立面视图或剖面视图，在功能栏中的钢筋集里面调整钢筋的数量和间距。

按上述方法创建的剪力墙墙身钢筋如图5.2-26所示。

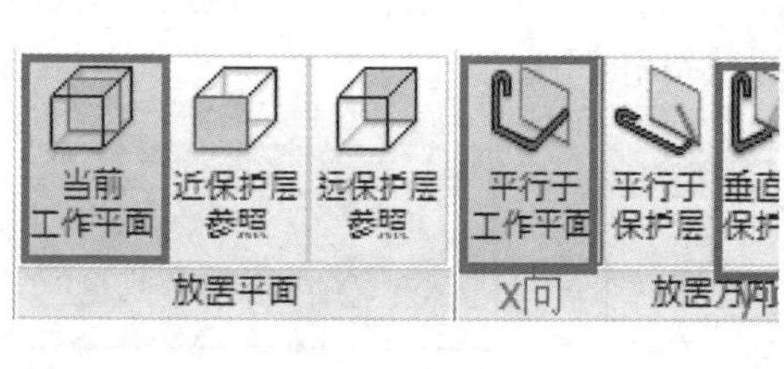

(a)

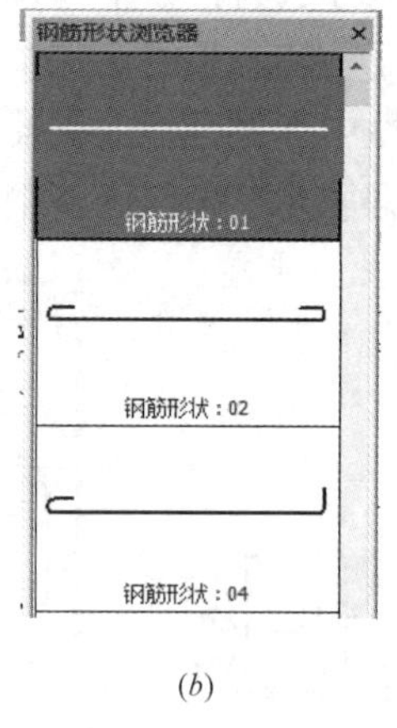

(b)

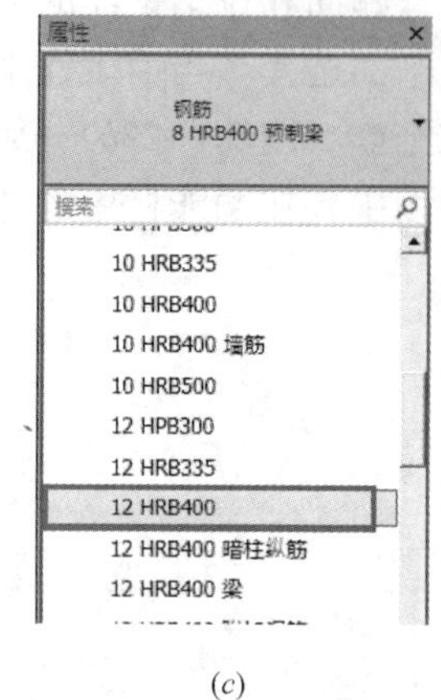

(c)

图 5.2-25　剪力墙墙身钢筋的创建步骤

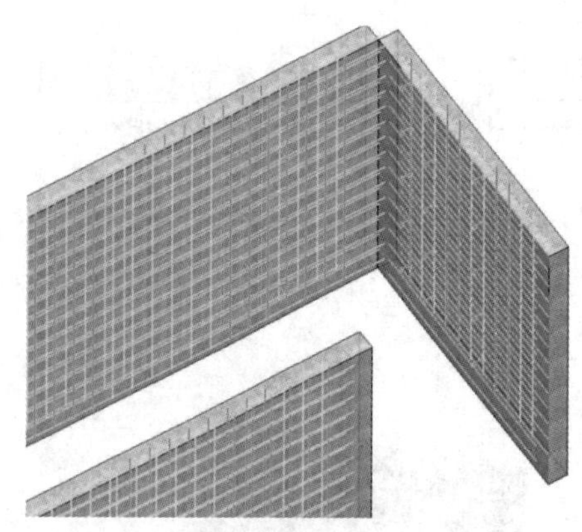

图 5.2-26　现浇剪力墙身效果图

3. 楼板钢筋建模

板钢筋的建模方法有两种，第一种是通过剖切构件来配置钢筋，具体方法为：在平面视图中选择功能栏中的“视图”，点击剖面剖切需要配筋的板，点击创建好的剖断线，右击转到剖面视图→点击“结构”然后“钢筋”，“选择当前工作平面”＋“垂直于保护层（y 向钢筋）”或“平行工作平面（x 向钢筋）”（图 5.2-27）→选择钢筋，布置在板上→转到平面视图，点选钢筋，钢筋集中选择“间距数量”，输入钢筋间距，根据平面跨度调整钢筋的数量。

第二种是直接在板平面上配置钢筋，建模时，直接在平面图上选择“近保护层参照”（板面钢筋）或“远保护层参照”（板底钢筋）＋“平行于工作平面”→直接在板上点击布置钢筋（钢筋长度会默认同板的尺寸）→在钢筋集里面更改钢筋根数、数量。

板面支座负筋的创建方法同楼板通长钢筋，但建模后需要在平面视图中调整支座负筋的长度，如图 5.2-28 所示。

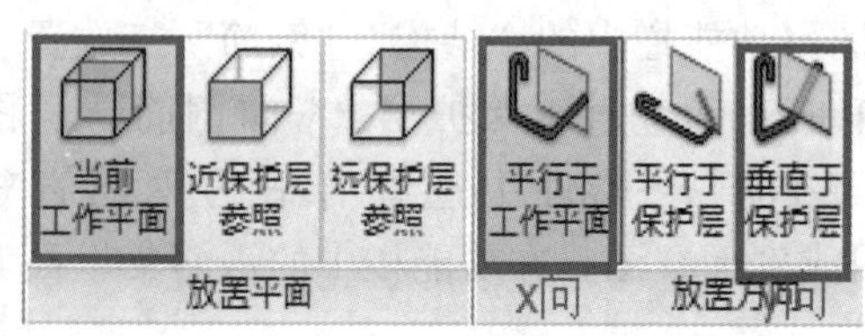

图 5.2-27　剖切楼板时钢筋设置

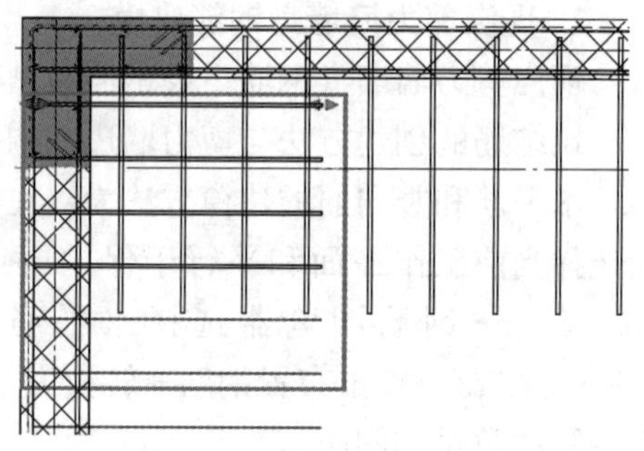

图 5.2-28　板面支座负筋

在布置钢筋的时候，在“放置平面”里面有“当前工作平面”，“近保护层参照”，“远保护层参照”，三个选项，这三者的区别在于：

当前工作平面：用于通过剖断方式来配置钢筋的情况，比如梁板钢筋的配置。

近保护层参照：用于布置的钢筋位置默认在近保护层的地方，比如板面筋的配置。

远保护层参照：用于布置的钢筋位置默认在远保护层的地方，比如板底筋的配置。

4. 现浇梁钢筋建模

现浇梁的钢筋构件主要为纵筋和箍筋，同时，建模后需要对梁墙节点区钢筋进行处理。

纵筋和箍筋的建模方法为：创建剖面视图，并右击转到剖面视图→依次选择功能栏中的“结构”“钢筋”→放置平面选择当前工作平面＋“平行于保护层”（箍筋）或“垂直于保护层”（纵筋）（图 5.2-29*a*）→钢筋浏览器分别选择纵筋和箍筋（图 5.2-29*b*）→属性中选择合适的钢筋直径（图 5.2-29*c*）→点击布置钢筋→转换为立面视图或剖面视图，在功能栏中的钢筋集里面调整箍筋筋的数量和间距。

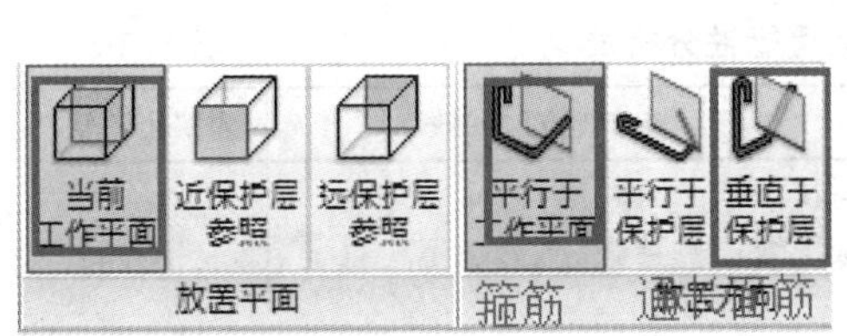

(*a*)

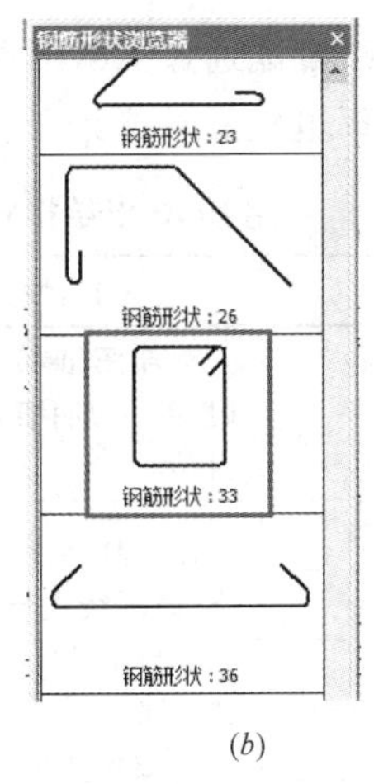

(*b*)

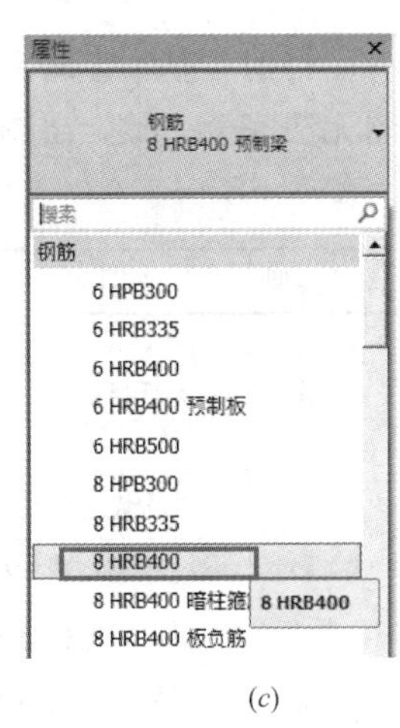

(*c*)

图 5.2-29　梁钢筋建模步骤

梁墙节点区的钢筋处理方法：在建立好现浇墙体的钢筋和梁的钢筋后，在平面视图中调整梁端的钢筋锚固长度（图 5.2-30*a*），并布置梁墙节点的附加钢筋，在剖面视图调整附加钢筋的高度位置（图 5.2-30*b*）。

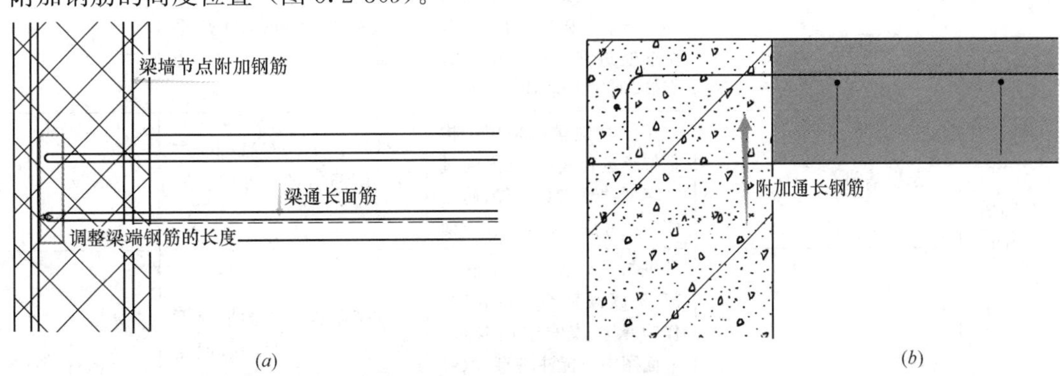

(*a*)　　(*b*)

图 5.2-30　梁墙节点区钢筋处理

(*a*) 平面视图；(*b*) 剖面视图

完成现浇梁钢筋建模的效果图如图 5.2-31 所示。

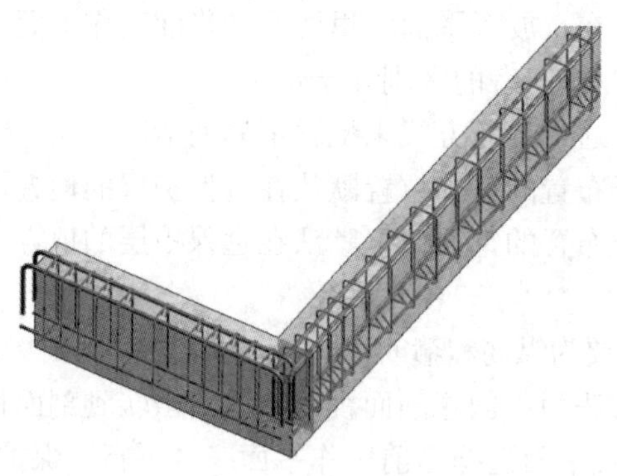

图 5.2-31　现浇梁钢筋效果图

5.2.7　施工图绘制

目前，基本上所有图纸都能通过 Revit 直接出图，但其表达方式与采用 AutoCAD 出图无法完全一致，出图效率也较低，详细分析见表 5.2-3。

采用 Revit 出结构施工图可行性分析表　　　　**表 5.2-3**

图纸类型	具体内容	可行性分析	与传统方法的效率对比	建议出图软件
目录	图纸目录	全部图纸都在 Revit 中时,可通过明细表生成图纸目录	自动生成,效率高	Revit
总说明	结构设计总说明	1. 在详图视图中采用文字、详图线进行绘制,制作方法与在 CAD 中绘制的方法一致。 2. 总说明也可实现参数化,但需要添加大量的共享参数和注释标签,效率低且意义不大,故不建议将总说明参数化	基础性工作的工作量大,但基础工作完成后使用时只需修改个别文字,与 AutoCAD 效率几乎一致	AutoCAD
	柱钢筋构造大样			AutoCAD
	梁身钢筋构造大样			AutoCAD
	梁柱节点构造大样			AutoCAD
	板筋及坡屋面钢筋构造大样			AutoCAD
	钢筋混凝土楼梯平法通用图及说明			AutoCAD
基础平面图	独立基础	不同阶数的独立基础采用不同的基础族进行建模,配筋通过文字型共享参数存储,通过大样图辅助表达	效率与 AutoCAD 几乎一致	Revit
	条形基础	条形基础建议采用结构框架族进行建模,配筋通过文字型共享参数存储,施工图表达方法与梁配筋图类似	效率比 AutoCAD 低,主要是配筋信息添加的效率较低	Revit
	桩基础	桩与承台作为一个嵌套族,桩族嵌套到承台族中,作为承台族的实例参数。平面图中可标注桩型、承台类型,桩配筋、承台配筋通过文字型共享参数存储,通过大样图辅助表达	在基础族完善的情况下效率比 AutoCAD 高,但遇到异形承台需要重新进行族制作	Revit

续表

图纸类型	具体内容	可行性分析	与传统方法的效率对比	建议出图软件
基础大样图	独立基础大样	在详图视图中通过文字和详图线进行绘制，基础配筋表通过明细表生成	参数化生成，效率比 AutoCAD 高且与模型关联	Revit
	桩基础大样			Revit
墙柱平面图	墙柱定位图	消隐无关构件后通过定位尺寸添加定位标注；	定位的效率与 AutoCAD 几乎一致	Revit
	墙柱配筋图	边缘区与墙身之间进行打断，在边缘区中添加实体钢筋	绘制边缘构件区的效率远低于 AutoCAD，主要是钢筋放置的效率低	Revit
结构梁配筋图	现浇梁配筋图	梁编号、配筋通过文字型共享参数存储，通过标签进行读取并成图	效率比 AutoCAD 低，主要是添加配筋信息和标签的效率都较低	Revit
	叠合梁布置图	通过常规构件族建模，族类型名即叠合梁构件名	效率比 AutoCAD 低，但准确性高，可很方便地出叠合梁明细表	Revit
结构板配筋图	现浇板配筋图	通过详图构件族表达配筋	效率比 AutoCAD 低，主要是因为一般采用 AutoCAD 绘图时，板筋长度任意绘制，通过文字标签表达板筋长度，在 Revit 中绘制时，要求板筋长度与实际一致	Revit

1. 图纸目录

图纸目录可通过 Revit 明细表生成，对于不在 Revit 中出图的图纸，可在 Revit 中建立一个空的图纸进行占位。见图 5.2-32 和图 5.2-33。

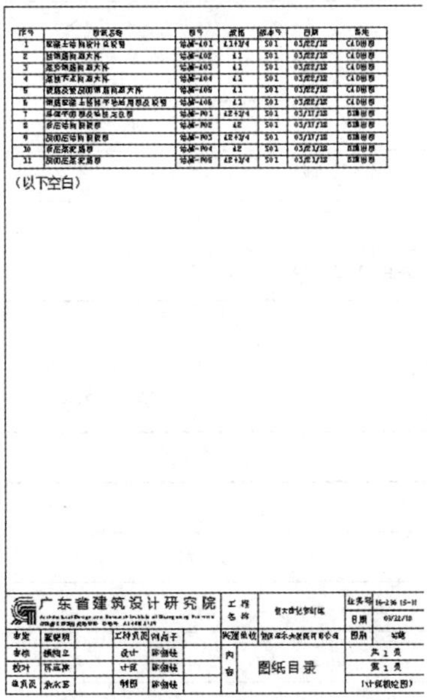

(以下空白)

广东省建筑设计研究院

图纸目录

图 5.2-32　Revit 生成的目录

A	B	C	D	E	F	G
序号	图纸名称	图号	规格	版本号	日期	备注
1	混凝土结构设计总说明	结施-A01	A1+1/4	S01	03/22/18	CAD出图
2	柱钢筋构造大样	结施-A02	A1	S01	03/22/18	CAD出图
3	梁身钢筋构造大样	结施-A03	A1	S01	03/22/18	CAD出图
4	梁柱节点构造大样	结施-A04	A1	S01	03/22/18	CAD出图
5	板筋及坡屋面钢筋构造大样	结施-A05	A1	S01	03/22/18	CAD出图
6	钢筋混凝土楼梯平法通用图及说明	结施-A06	A1	S01	03/22/18	CAD出图
7	基础平面图及墙柱定位图	结施-P01	A2+1/4	S01	03/17/18	BIM出图
8	首层结构模板图	结施-P02	A2	S01	03/17/18	BIM出图
9	屋面层结构模板图	结施-P03	A2+1/4	S01	03/17/18	BIM出图
10	首层梁配筋图	结施-P04	A2	S01	03/21/18	BIM出图
11	屋面层梁配筋图	结施-P05	A2+1/4	S01	03/21/18	BIM出图

图 5.2-33　图纸明细表

2. 通用说明

通用说明类的设计文件通常较为复杂，且基本均为抽象表达或文字说明，没有需要进行参数化的内容，故建议采用 AutoCAD 进行出图。但需要在 Revit 中建立空白的图纸，用于在目录中占位。

3. 模板图

模板图包括的内容主要有：结构构件轮廓、截面标记、定位尺寸、大样索引以及各类注释性符号，目前大部分符号都可以在 Revit 中通过参数化的方式进行表达，个别无法采用参数化表达的，可绘制详图线进行表达。模板图各组成部分以及对应的绘制方法如表 5.2-4 所示。

模板图各组成部分绘制方法 **表 5.2-4**

项　目	推荐做法
结构构件轮廓	三维建模后配合可见性设置进行显示
梁截面标记	采用标签族进行注释
梁编号标记	采用标签族进行注释
板截面标记	采用标签族进行注释
板填充	通过过滤器设置相应的条件后配合可见性设置进行填充
定位标注	采用"尺寸标注"命令进行标注
标高标注	采用"标高"命令进行标注
大样索引	采用"剖面"命令创建一个用于大样配筋和显示的剖面,其余相同的剖面采用"详图项目"族进行注释
后浇带	采用"常规模型"族进行表达
开洞符号	采用"详图线"绘制
洞口填充	采用"填充区域"命令,但建议不进行洞口填充
引出线	在"图纸"中采用"详图线"绘制
示意小剖面	采用"详图项目"族进行注释
饰线配筋大样图	在剖面图中加钢筋和注释
说明文字	新建"图例视图",在"图例视图"中采用"文字"和"区域填充"绘制
层高表	采用明细表,需要的信息通过共享参数加到"标高"上
构造示意图	新建"绘图视图",在"绘图视图"中绘制,或将 CAD 图纸导入到"绘图视图"中

4. 梁配筋图（表 5.2-5）

梁配筋图各组成部分绘制方法 **表 5.2-5**

项　目	推荐做法
结构构件轮廓	同模板图
定位标注	同模板图
标高标注	同模板图
开洞符号	同模板图
洞口填充	同模板图
引出线	同模板图

续表

项　　目	推 荐 做 法
说明文字	同模板图
层高表	同模板图
梁集中标注	采用标签族进行注释
梁原位标注	采用标签族进行注释
集中标注索引线	采用“详图线”绘制
局部梁配筋构造图	新建“绘图视图”，在“绘图视图”中绘制，或将 CAD 图纸导入到“绘图视图”中
梁表	明细表
吊筋符号	采用“详图项目”族进行注释

5. 板配筋图（表 5.2-6）

板配筋图各组成部分绘制方法　　表 5.2-6

项　　目	推 荐 做 法
结构构件轮廓	同模板图
板截面标记	同模板图
板填充	同模板图
定位标注	同模板图
标高标注	同模板图
开洞符号	同模板图
洞口填充	同模板图
引出线	同模板图
说明文字	同模板图
层高表	同模板图
板面筋	采用“详图项目”族绘制
板底筋	采用“详图项目”族绘制
角部加强筋符号	采用“详图项目”族绘制
附加筋排列示意图	新建“绘图视图”，在“绘图视图”中绘制
洞边加强筋	采用“详图线”绘制

6. 墙柱配筋图（表 5.2-7）

墙柱配筋图各组成部分绘制方法　　表 5.2-7

项　　目	推 荐 做 法
墙柱构件轮廓	三维建模后配合可见性设置进行显示
定位标注	采用“尺寸标注”命令进行标注
引出线	在“图纸”中采用“详图线”绘制
说明文字	同模板图
层高表	同模板图

续表

项　目	推荐做法
墙柱编号	(1)若边缘构件与墙身断开:采用标签族注释墙体 (2)若边缘构件与墙身不断开:采用标签族注释“填充区域”
暗柱填充	(1)若边缘构件与墙身断开:通过过滤器过滤编号信息,之后配合可见性设置进行填充 (2)若边缘构件与墙身不断开:采用“填充区域”绘制
暗柱阴影区	采用“填充区域”绘制
墙身编号	采用标签族进行注释
墙柱钢筋大样	钢筋采用实体钢筋表示或采用“详图项目”表示
墙柱钢筋注释	(1)钢筋采用实体钢筋表示:采用标签族注释墙体 (2)钢筋采用“详图项目”表示:采用标签族注释“详图项目”
剪力墙墙身表	信息加到剪力墙中,通过明细表表达
沉降观测点	采用“详图项目”族进行注释
阴影区图例	新建“绘图视图”,在“绘图视图”中绘制

7. 独立基础图（表 5.2-8）

独基基础图各组成部分绘制方法　　**表 5.2-8**

项　目	推荐做法
基础构件轮廓	三维建模后配合可见性设置进行显示
定位标注	采用“尺寸标注”命令进行标注
标高标注	采用“标高”命令
说明文字	同模板图
基础编号	采用标签族注释基础构件
基础钢筋表	在构件中添加共享参数后采用明细表
基础钢筋大样	新建“绘图视图”,在“绘图视图”中绘制

8. 条形基础图（表 5.2-9）

条形基础图各组成部分绘制方法　　**表 5.2-9**

项　目	推荐做法
条形基础轮廓	采用“公制结构框架”族模板创建条形基础(不使用 Revit 自带的“条形基础族”)
定位标注	采用“尺寸标注”命令进行标注
标高标注	采用“标高”命令
说明文字	同模板图
基础编号	同梁编号标注
基础钢筋	共享参数及标准方法参考梁配筋,但由于与常规梁的钢筋配置上下相反,需重新制作标签族
翼缘钢筋	在构件中添加共享参数后采用明细表
翼缘钢筋大样	新建“绘图视图”,在“绘图视图”中绘制

9. 桩基础图（表 5.2-10）

桩基础图各组成部分绘制方法　　表 5.2-10

项　目	推荐做法
承台轮廓	采用"公制常规模型"族模板创建，不同类型、桩数的承台需要单独建族，桩作为其嵌套族
桩轮廓	采用"公制常规模型"族模板创建
定位标注	采用"尺寸标注"命令进行标注
标高标注	采用"标高"命令
说明文字	同模板图
桩编号	桩族的类型名设为桩编号
承台编号	承台族的类型名设为承台编号
承台钢筋表	在构件中添加共享参数后采用明细表
承台钢筋大样	新建"绘图视图"，在"绘图视图"中绘制
桩配筋及大样表	在 AutoCAD 中绘制

10. 筏板基础（表 5.2-11）

筏板基础图各组成部分绘制方法　　表 5.2-11

项　目	推荐做法
结构构件轮廓	使用"基础底板"系统族进行创建
板截面标记	采用标签族进行注释
板填充	通过过滤器设置相应的条件后配合可见性设置进行填充
定位标注	采用"尺寸标注"命令进行标注
标高标注	采用"标高"命令进行标注
开洞符号	采用"详图线"绘制
洞口填充	采用"填充区域"命令，但建议不进行洞口填充
引出线	在"图纸"中采用"详图线"绘制
说明文字	同模板图
板面筋	采用"详图项目"族绘制
板底筋	采用"详图项目"族绘制
附加筋排列示意图	新建"绘图视图"，在"绘图视图"中绘制
洞边加强筋	采用"详图线"绘制

5.3　给水排水专业三维设计

5.3.1　模型搭建

1. 管道（含连接件）

管道采用"管道"系统族进行建模，管道建模分为无坡度管道建模、有坡度管道建模、立管建模，建模时应注意以下内容：

（1）管道建模时要包含管道信息，如管道系统、管道尺寸、管道偏移量、坡度等。命名规则可由模板统一，也可以不统一。如图 5.3-1 和图 5.3-2 所示。

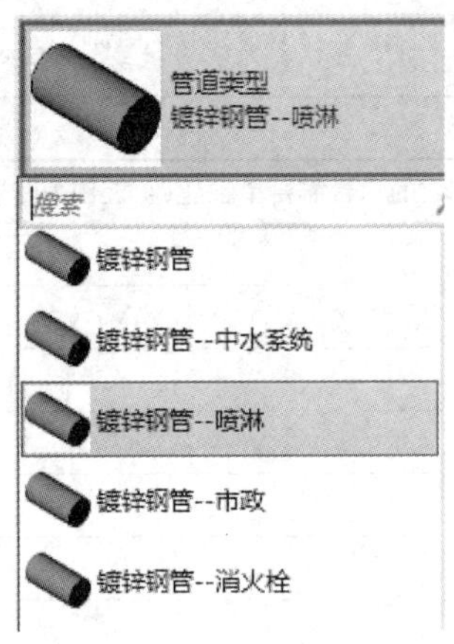

图 5.3-1　类型示例

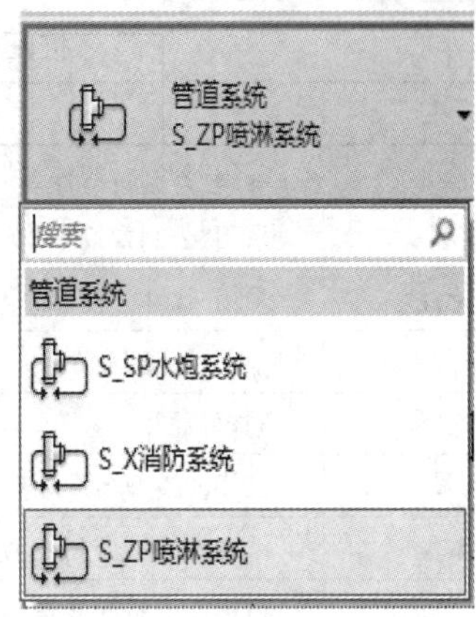

图 5.3-2　系统示例

（2）管道的绘制

需要两次点击，首次点击确认管道的起点，第二次单击确认管道的终点，若第二次点击时，对偏移量进行修改，则会生成带坡度的管道（如 4m 坡至 3.5m）及立管；继续进行点击可绘制连续管道。拖曳管道端点可降管道长度改变，拖曳管道与同标高管道交叉，则可生成连接件进行管道连接。

（3）注意一些管道工具的应用，比如“自动连接”、“继承高程”、“继承大小”等。如图 5.3-3 所示。

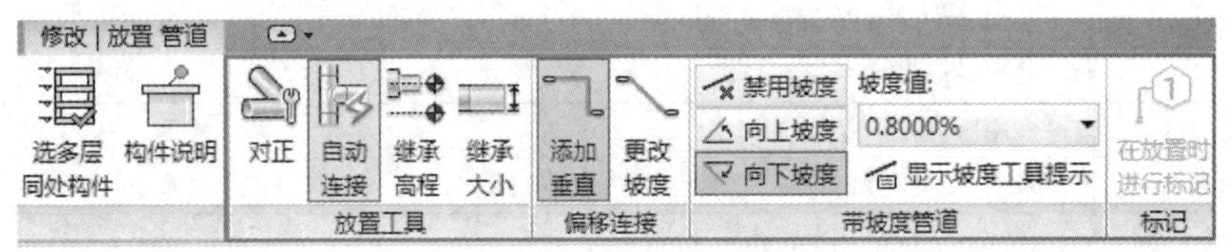

图 5.3-3　管道工具应用

（4）适当应用一些 Revit 的相关插件，比如“鸿业”、“天正”的立管绘制、沿墙布管等命令，可以节省一些建模时间。如图 5.3-4 所示。

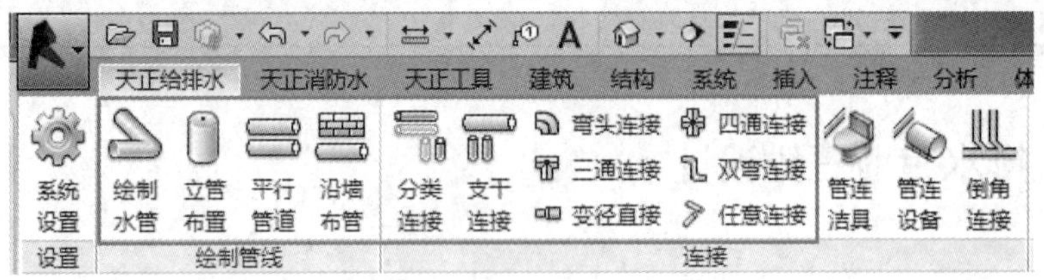

图 5.3-4　Revit 插件应用

2. 根据管径选用不同管材和连接方式

在管道设计中，某个管路可能会采用多于一种管材和连接方式，$DN \leqslant 50$mm 采用丝扣连接，DN≥50mm 采用法兰或卡箍连接，设计者可以使用“布管系统配置”功能，为一种管道类型配置多种直管段和管件，并且为每种直管段和每种类型的管件设置其适用范围。

点击功能栏中的"系统","管道"→在属性栏点击"编辑类型"→布管系统配置→编辑，之后就可以对管道尺寸和连接方式进行编辑，如图 5.3-5 所示。

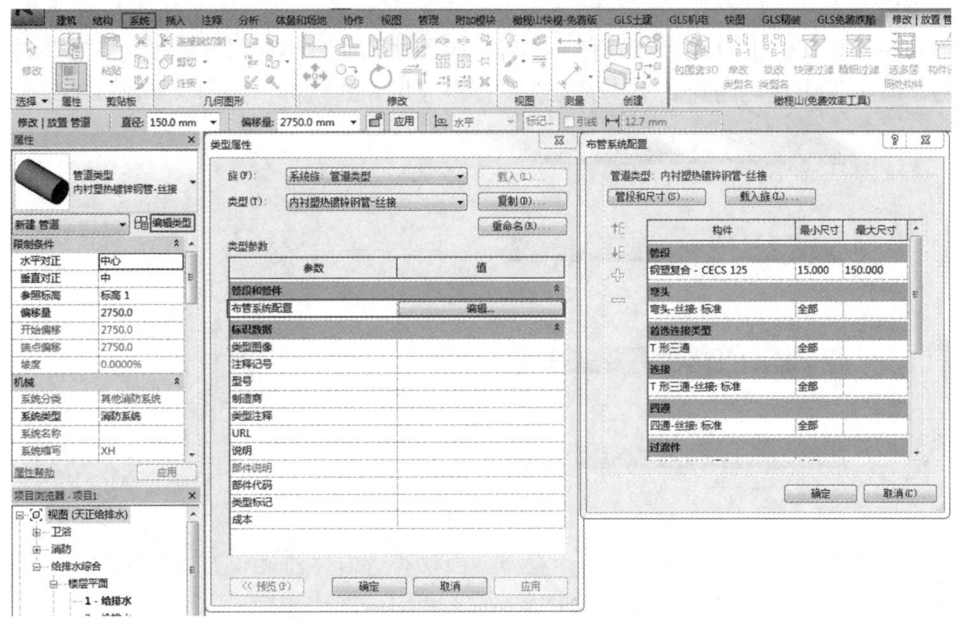

图 5.3-5　管径选用不同管材和连接方式

3. 制作容易连接的卫浴装置

对于软件自带的部分卫浴装置（图 5.3-6），其管道连接件一般放置在水露头和水槽排水口位置，这就要求设计师在绘制给水排水管道时，需要将管道直接连接到器具，而在实际施工中，冷水管一般连接在进水角阀，而排水管往往连接到器具上连接的存水弯，这种不一致不仅增加了建模的复杂度，同时会额外增加模型中管道和管件的用量，而忽略了角阀和存水弯等配件的用量，为了提高管道建模的效率和准确性，用户可以编辑卫浴装置的族以包含进水角阀和存水弯。具体操作命令：编辑族-拉伸（放样）。

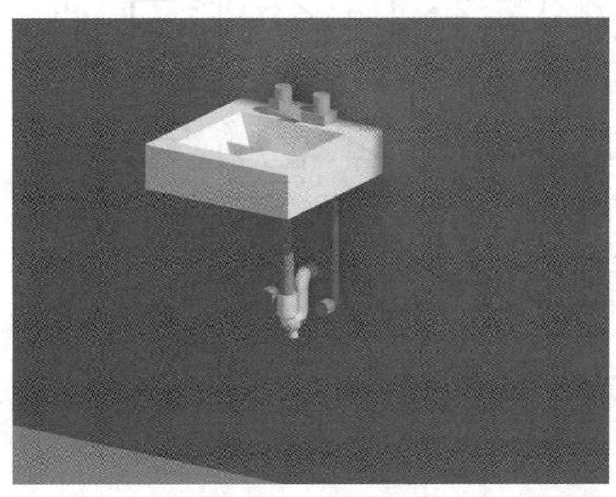

图 5.3-6　卫浴装置

4. 管道附件、阀门

管道附件、阀门采用可载入族进行建模，具体命令为“系统-管路附件”，其建模时应注意以下内容：

（1）在样板文件中附件、阀门有一些自适应尺寸和非自适应尺寸的阀门，在具体建模时，为了减少工作量，提升效率，优先选用自适应尺寸的附件、阀门。如图 5.3-7 所示。

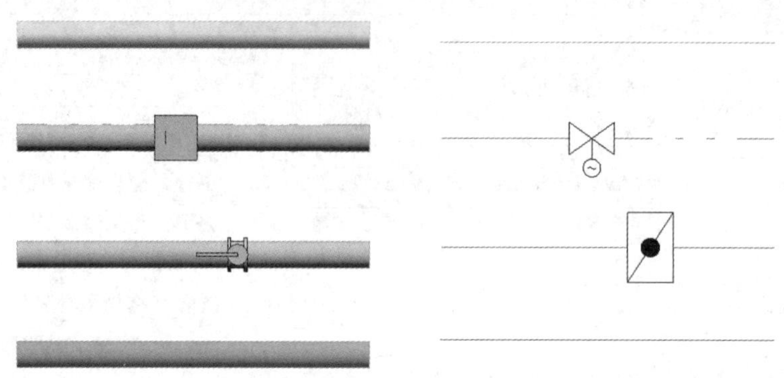

图 5.3-7　阀门

（2）要注意取用族库内模型，需注意模型内是否含有二维图例，选用阀门的二维图例是否和国标相同，若不相同，需要做调整，使之与国标图例相同。

（3）当绘制组合阀门时，可以用 Revit 的相关插件，“组合阀门”命令进行绘制。通过选项卡“给水排水”下的控制面板“附件与阀件”，点击“组合阀件”功能，弹出布置组合阀件设置窗口。如图 5.3-8 所示。

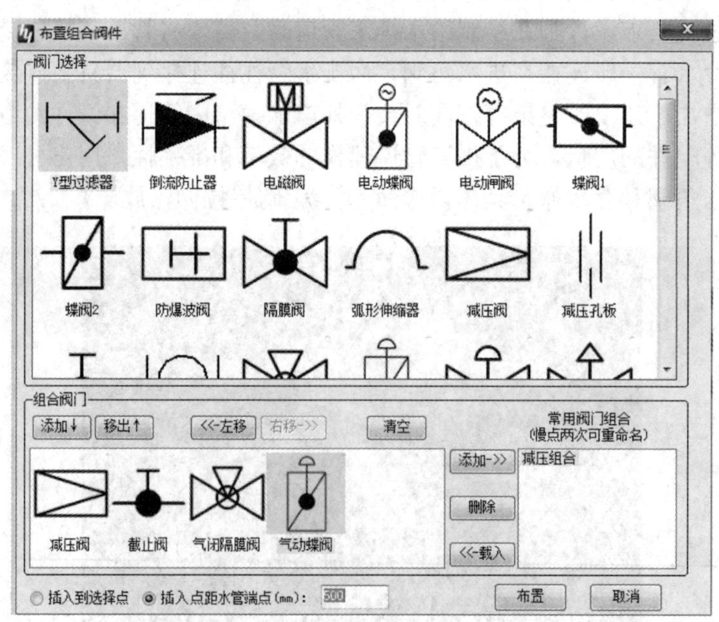

图 5.3-8　管道组合窗口

在“布置组合阀件”窗口中，通过阀门类型选择预览窗口调用需要组合的管道附件，调整各管道附件的先后顺序，定义新的组合类型，如图 5.3-9 所示。

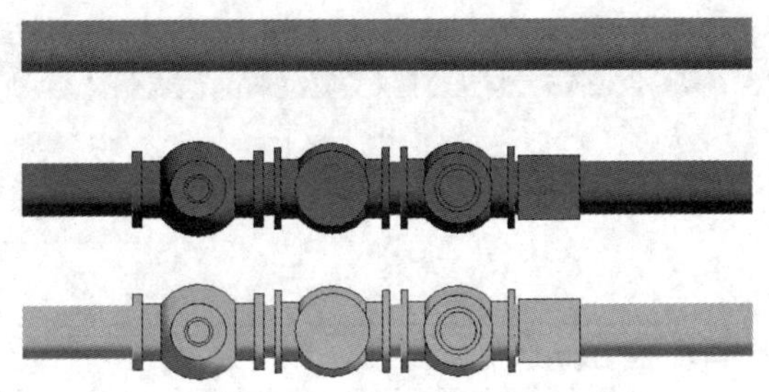

图 5.3-9　定义组合阀件

在模型平面视图中点击需要标注的立管或水平管，按“ESC”键，结束并退出命令。

（4）选中阀门可对阀门类型进行修改，管道附件及阀门族的修改会造成管段连接断开现象出现，需注意测试选用的模型是否满足当前项目使用。

（5）管道附件、阀门的绘制

点击“系统”选项卡下“管道附件”命令，取用族库内模型，需注意模型内是否含有二维图例。在类型选择器中选择“闸阀”，在绘图区域中需要添加闸阀的水管合适的位置的中心线上单击鼠标左键，即可将闸阀添加到水管上。在类型参数内对应项目添加设备相关参数信息，便于统一修改，为后期标注引用数据、制作明细表、模型导入平台后引用数据带来便利。

5. 末端设备（喷头、洁具、地漏等）

末端采用可载入族进行建模，具体命令为“系统-喷头”、“系统-卫浴装置”、“系统-管路附件”，其建模时应注意以下内容：

（1）布置喷头时，注意不同类型喷头的选取，在 Revit 中只能以点选的方式布置，这样效率较低，可以结合 Revit 相关插件进行喷头的自动布置。如图 5.3-10 和图 5.3-11 所示。

图 5.3-10　Revit 喷头布置

（2）布置洁具时，注意要按照规范要求的高度和间距布置。

（3）布置管道附件时，如地漏、清扫口、检查口等，要区分这些附件是否需要依附于楼板等建筑构件，若附件需要依附于楼板，则在布置这些附件时，需先链接土建模型，或者选择参照面，之后才能布置。如图 5.3-12 所示。

6. 主要设备（消火栓箱、水泵、水箱、隔油设备等）

主要设备采用可载入族进行建模，具体命令为“系统-机械设备”，其建模时应注意以下内容：

图 5.3-11　Revit 插件喷头布置

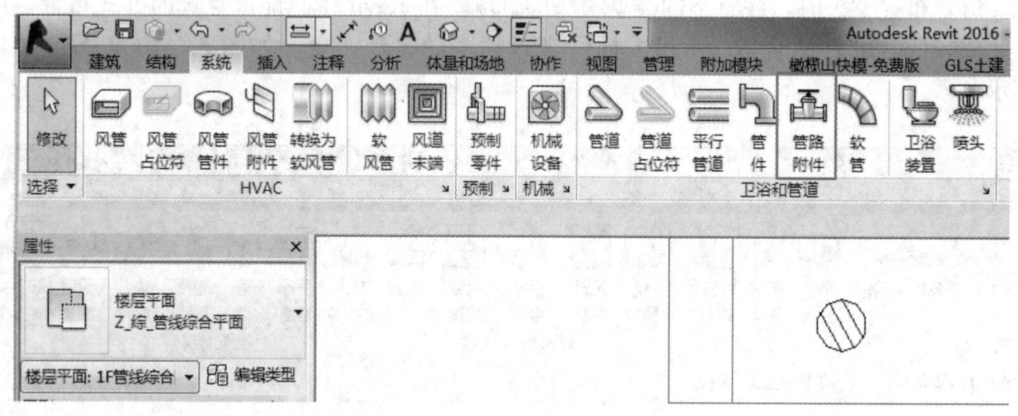

图 5.3-12　管道附件布置

(1) 消火栓箱布置，注意根据实际情况选用接管方式，后接管还是侧接管。如图 5.3-13 所示。

(2) 给水设备的布置，要注意在建模时要使用不同阶段模型建模，因为各个设计阶段的精度和所包含的信息是不同的。如图 5.3-14 所示。

(3) 水泵的布置，要注意在建模时使用不同阶段模型建模。如图 5.3-15 所示。

(4) 建模操作，点击“系统”选项卡下“机械设备”命令，设定相应偏移量，单击左键可放置。取用族库内模型，需在对应项目添加设备相关参数信息，在类型参数内添加，直接制作成设备表。

图 5.3-13　消火栓布置

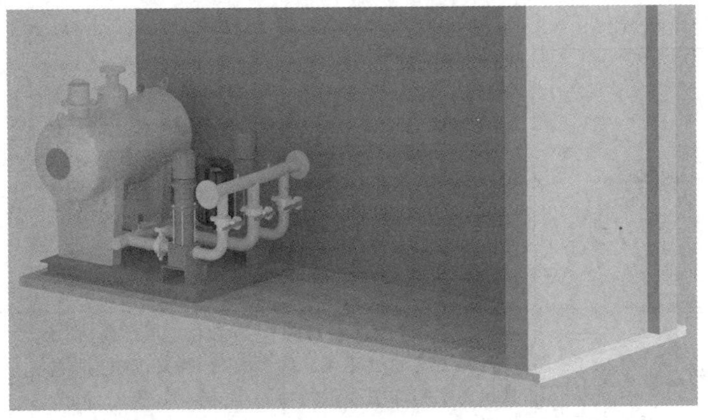

图 5.3-14　给水设备布置

图 5.3-15　水泵布置

点击设备模型，可替换设备模型，也可显示设备模型接口位置，由接口位置开始绘制相应管道。

5.3.2 施工图绘制

目前，基本上所有图纸都能通过 Revit 直接出图，但其表达方式与采用 AutoCAD 出图无法完全一致，出图效率也较低。目前没有正式版的三维出图标准，如依旧按照二维出图标准来做，无形中会增加三维出图工作量，所以建议在二维向三维这个过渡阶段，依旧使用 Autocad 和 Revit 结合的方式，进行施工图设计。给水排水专业施工图可行性分析见表 5.3-1。

采用 Revit 出给水排水施工图可行性分析表 **表 5.3-1**

图纸类型	具体内容	可行性分析	与传统方法的效率对比	建议出图软件
说明、图例	图纸目录	全部图纸都在 Revit 中时,可通过明细表生成图纸目录	自动生成,效率高	Revit
	设备及主要器材表	全部设备都在 Revit 中时,可通过明细表生成相关设备表	自动生成,效率高	Revit
	设计总说明	(1)在详图视图中采用文字、详图线进行绘制,制作方法与在 CAD 中绘制的方法一致。 (2)总说明也可实现参数化,但需要添加大量的共享参数和注释标签,效率低且意义不大,故不建议将总说明参数化	基础性工作的工作量大,但基础工作完成后使用时只需修改个别文字,与 AutoCAD 效率几乎一致	AutoCAD
	图例			AutoCAD
				AutoCAD
				AutoCAD
总图	室外给水排水及消防平面图	在视图中通过建模工具和文字和详图线进行绘制	参数化生成标高、管径标注等,需要按照实际尺寸建模,效率比 AutoCAD 低,但准确性的更高	Revit
系统图	给水系统原理图	原则上用 Revit 做系统原理图是可行的,但工作量巨大,不建议在 Revit 中直接成图	参数化生成,但需要增加大量工作,以及由于软件的原因,直接做系统图效率比 AutoCAD 低	CAD
	排水系统原理图			
	消火栓及自动喷水管道系统原理图			
平面图	给水排水平面图	在视图中通过建模工具和文字和详图线进行绘制	参数化生成,管线、阀门等需要按照实际尺寸建模,效率比 AutoCAD 低,但准确性更高,可以预制化	Revit
大样图	生活水泵房大样图	在视图中通过建模工具和文字和详图线进行绘制	参数化生成,管线、阀门等需要按照实际尺寸建模,效率比 AutoCAD 低,但准确性更高,可以预制化	Revit
	消防水泵房大样图			
	卫生间大样图			

1. 给水排水专业制图基本要求

（1）图幅

在 Revit 样板制定中，图纸采用 A0、A1、A2、A3、A4 规格，以 A1 为宜，方便在工地携带与翻阅，一套图纸不宜多于两种图幅（封面、目录用 A4 图幅除外）。特殊需要可采用按长边 1/8 模数加长尺寸的图纸，加长图纸仅限于 A0、A1 规格。如表 5.3-2 所示。

图幅（mm）　　**表 5.3-2**

幅面代号	A0	A1	A2	A3	A4
$B \times L$	841×1189	591×841	420×594	297×420	210×297
图框边距 c	10				5
图框装订边距 a	25				

（2）图框、图签等基本信息

在 Revit 中图框、图签的绘制，可采用详图线进行绘制，文字要满足企业制图标准中相关要求。

（3）图纸单位、精度与比例

原则上按表 5.3-3 规定，可根据项目具体情况增加比例。其余如各专业说明、系统图等按专业习惯表达。所有作图输入和尺寸定位要明确，精确到毫米。曲线、弧线定位也要准确，不能随手而定。需定位的线条严禁凭目测徒手作图。为保证作图精确，应将作图精度设为小数后两位。

图纸单位、精度与比例　　**表 5.3-3**

类型	总平面图	平立剖面	大样详图
绘图单位	m(米)	mm(毫米)	mm(毫米)
精度	0.00	0	0
绘图比例	1∶300,1∶500, 1∶1000,1∶1500, 1∶2000	1∶100,1∶150, 1∶200	1∶1,1∶2,1∶5, 1∶10,1∶20, 1∶30,1∶50

（4）字体

图面字高应严格采用 2.5mm、3.5mm、5mm、7mm、10mm、14mm、20mm 等七类字高；汉字字高应不小于 3.5 mm，英文字符与数字高度应不小于 2.5mm；一般情况下 A0、A1 号图纸的图签中图名采用 10mm 字高，A2、A3 号图纸的图签中图名采用 7mm 字高；图纸中图面表达部分的图名宜采用 7mm 及以上字高，设计说明部分采用 5mm 字高，图中文字标注或引注采用 3.5mm 字高，尺寸标注采用 2.5mm 字高。

字间距宜使用标准字间距，行距宜采用 1.5 倍行距。

字体选用微软雅黑或长仿宋体。高宽比设定为 0.7，符合字体间距要求。图签中图名等标题可选用其他字体。考虑到特殊符号的调用，允许使用 WORD 编写各专业统一说明，字体选用仿宋 _ GB2312。

2. 图纸目录

图纸目录可通过 Revit 明细表生成，对于不在 Revit 中出图的图纸，可在 Revit 中建立一个空的图纸进行占位。如图 5.3-16～图 5.3-18 所示。

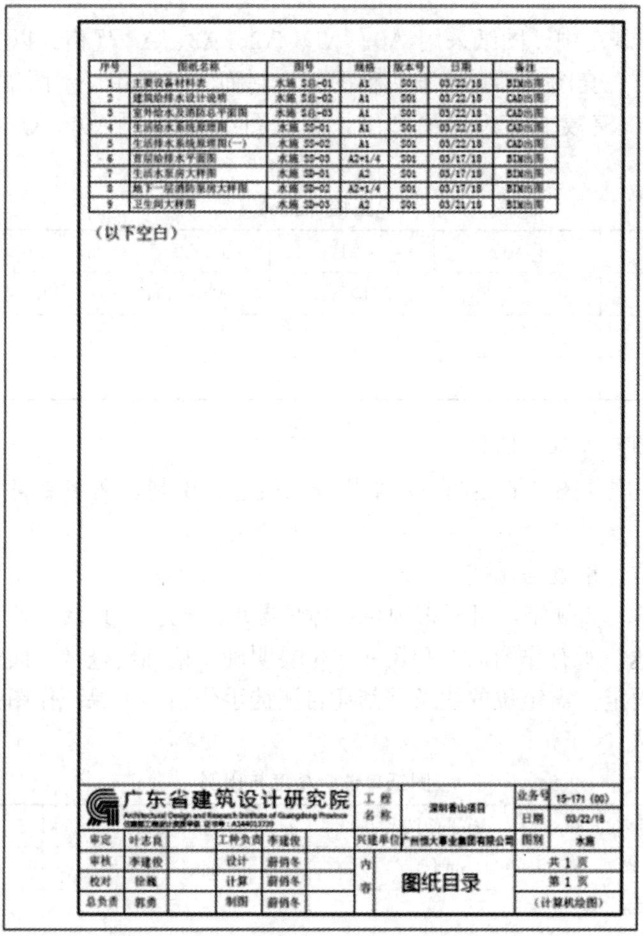

序号	图纸名称	图号	规格	版本号	日期	备注
1	主要设备材料表	水施 S总-01	A1	S01	03/22/18	BIM出图
2	建筑给排水设计说明	水施 S总-02	A1	S01	03/22/18	CAD出图
3	室外给水及消防总平面图	水施 S总-03	A1	S01	03/22/18	CAD出图
4	生活给水系统原理图	水施 SS-01	A1	S01	03/22/18	CAD出图
5	生活排水系统原理图(一)	水施 SS-02	A1	S01	03/22/18	CAD出图
6	首层给排水平面图	水施 SS-03	A2+1/4	S01	03/17/18	BIM出图
7	生活水泵房大样图	水施 SD-01	A2	S01	03/17/18	BIM出图
8	地下一层消防泵房大样图	水施 SD-02	A2+1/4	S01	03/17/18	BIM出图
9	卫生间大样图	水施 SD-03	A2	S01	03/21/18	BIM出图

（以下空白）

广东省建筑设计研究院

图纸目录

共 1 页

第 1 页

（计算机绘图）

图 5.3-16　Revit 生成的目录

A	B	C	D	E	F	G
序号	图纸名称	图号	规格	版本号	日期	备注
1	主要设备材料表	水施 S总-01	A1	S01	03/22/18	BIM出图
2	建筑给排水设计说明	水施 S总-02	A1	S01	03/22/18	CAD出图
3	室外给水及消防总平面图	水施 S总-03	A1	S01	03/22/18	CAD出图
4	生活给水系统原理图	水施 SS-01	A1	S01	03/22/18	CAD出图
5	生活排水系统原理图(一)	水施 SS-02	A1	S01	03/22/18	CAD出图
6	首层给排水平面图	水施 SS-03	A2+1/4	S01	03/17/18	BIM出图
7	生活水泵房大样图	水施 SD-01	A2	S01	03/17/18	BIM出图
8	地下一层消防泵房大样图	水施 SD-02	A2+1/4	S01	03/17/18	BIM出图
9	卫生间大样图	水施 SD-03	A2	S01	03/21/18	BIM出图

图 5.3-17　图纸明细表

3. 主要设备材料表

主要设备材料表可通过 Revit 明细表生成。

4. 通用说明、图例

通用说明类的设计文件较为复杂，且基本均为抽象表达或文字说明，没有需要进行

设备和主要器材表

序号	设备器材名称	规格型号	单位	数量	备注
一	生活给水系统				
1	住宅给水变频调速泵组	50DFL18-15x7 型	台	3	二用一备,配套隔振板
	(全自动供水设备)	Q=18.0m³/h,H=85m			及隔振器JG2-2
		N=11.0kw,n=2900r/min			
		φ1200隔膜气压罐	台	1	包括配套仪表
		变频调速柜	套	1	
2	可调先导式减压阀	DN100, PN=1.0MPa	套	2	给水系统
		阀后压力 0.15MPa			
		每个减压阀配阀组蝶阀 2个,过滤			
		器和橡胶接头各1个,压力表2个,			
		DN25 泄水阀 1个.			
3	消声止回阀	DN100, PN=1.6MPa	个	2	消火栓水泵出水管
		DN50, PN=1.0MPa	个	2	自动喷水泵出水管
4	普通水表	旋翼式			
		湿式 DN40 PN=1.0MPa	只	3	单元水表
		湿式 DN32 PN=1.0MPa	只	3	设于1,2号卫生间
		湿式 DN25 PN=1.0MPa	只	2	设于14号卫生间及锅炉房
5	远传水表	湿式 DN20,PN1.0MPa	只	82	配套接采集及数据处理装置
6	紫外线消毒器(饮用水)	Q>36m³/h	台	1	住宅给水系统用
		PN=0.6MPa			
		N=0.36kw			
7	液压水位控制阀	活塞式 DN80,PN1.0MPa	组	2	
二	消防给水系统				
1	消火栓给水加压水泵	XBD40-100-TB 型	组	2	一用一备
		Q=40l/s, H=100m			
		N=75kw			
		n=2900r/min			
2	自动喷水加压水泵	XBD30-70-TB 型	组	2	一用一备
		Q=30l/s, H=70m			
		N=37kw, n=2900r/min			
10	40	40	10	20	40

设备和主要器材表

续表

序号	设备器材名称	规格型号	单位	数量	备注
3	热浸镀锌钢板水箱	有效容积 V=18m³	座	1	消防水箱
		5.0x3.5x1.5m			
4	湿式报警阀组	DN150, PN=1.2MPa	套	1	配套压力开关,延时器等
5	水流指示器	DN100	套	6	
6	信号阀	DN100	套	6	
		DN150	套	1	
7	闭式玻璃球喷头	温级 68°C 装饰型	个	按设计图计	备用喷头数为10个.
		温级 68°C 直立型	个	按设计图计	备用喷头数为10个.
8	易熔合金喷头	温级 72°C 直立型	个	按设计图计	备用喷头数为10个.
9	室内消火栓	消火栓箱 700x1000x240	套	32	
		箱内配 DN65mm 消火栓一个,			
		DN65mm,L25m 衬胶水带一条,			
		DN19mm 水枪一支,消防卷盘一			
		套.消火栓水泵启泵按钮和报警按			
		钮,警铃,指示灯各一个.			
10	室内减压稳压消火栓	消火栓箱 700x1000x240	套	46	
		箱内配 DN65mm 减压稳压消火			
		栓一个, DN65mm, L25m 衬胶			
		水带一条, DN19mm 水枪一支消			
		防卷盘一套,消火栓水泵启泵按钮			
		和报警按钮,警铃,指示灯各一个.			
11	地下消防水泵接合器				
1)	消火栓系统	DN100, PN=1.6MPa	套	3	包括闸阀,止回阀,安全阀
2)	自动喷水灭火系统	DN100, PN=1.0MPa	套	2	包括闸阀,止回阀,安全阀
12	手提式灭火器	2kg装干粉(磷酸铵盐)	瓶	按设计图计	
13	推车式灭火器	25kg装干粉(磷酸铵盐)	车	2	
14	可调先导式减压阀	DN150, PN1.6MPa	套	2	消火栓系统
		阀后压力0.25MPa			
15	液压水位控制阀	活塞式 DN100,PN1.0MPa	组	2	
		活塞式 DN50,PN1.0MPa	组	1	

图 5.3-18　图纸目录表格尺寸

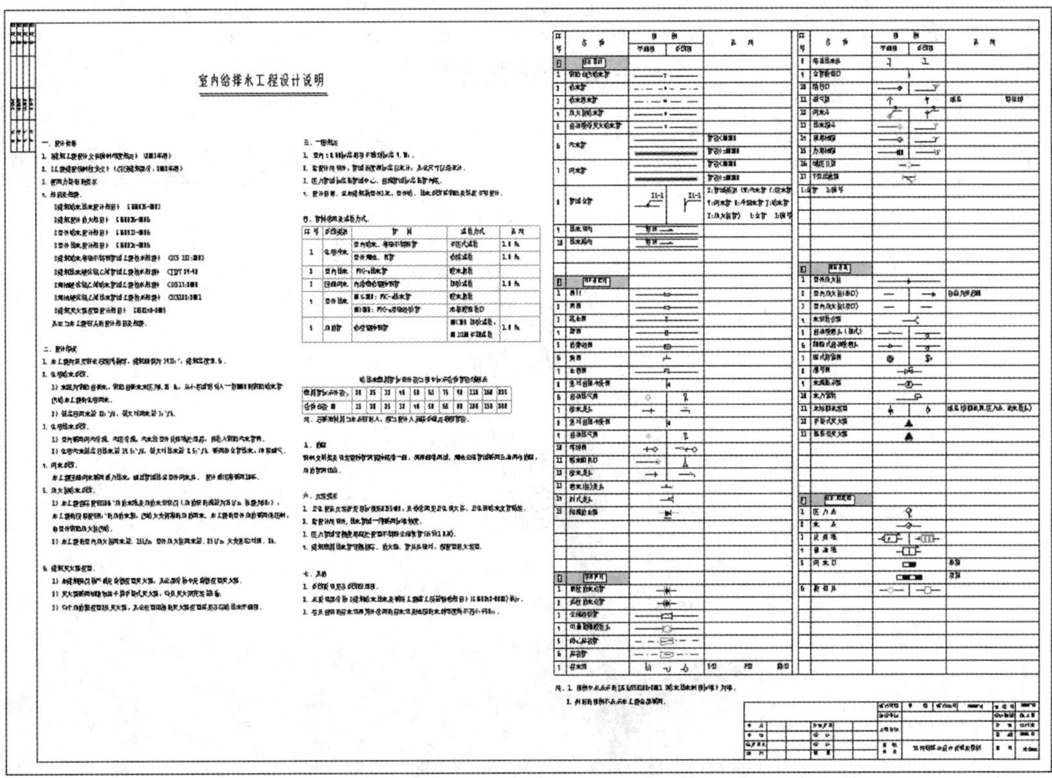

图 5.3-19　Revit 生成的图纸说明

参数化的内容，故建议采用 AutoCAD 进行出图。但需要在 Revit 中建立空白的图纸，用于在目录中占位。如图 5.3-19 所示。

5. 总图

（1）建模操作：总图的管线绘制，可使用管道建模以及标高标注和字体来进行设计。如图 5.3-20 所示。

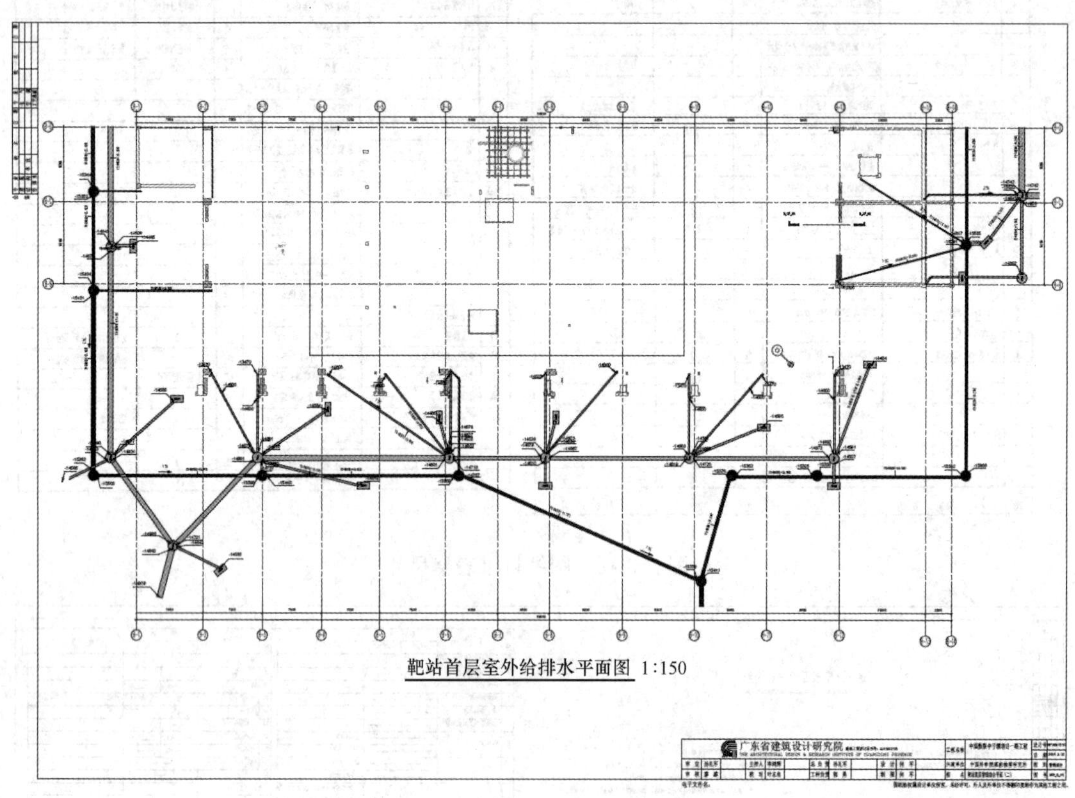

图 5.3-20　总图绘制

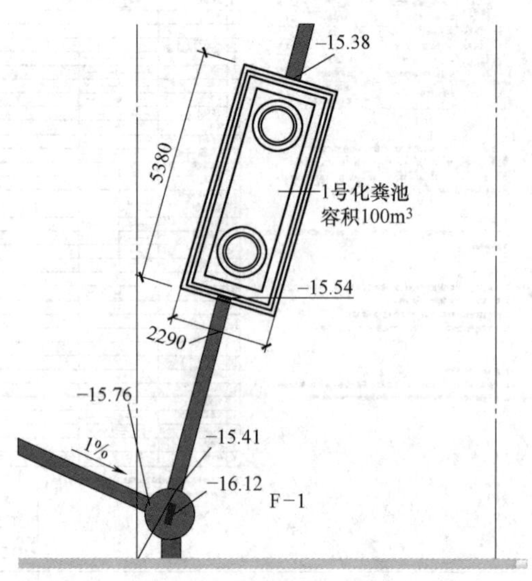

图 5.3-21　室外排水构筑物绘制及标注

（2）在总图设计中，需要在建筑模型的基础上，绘制全部给水排水管网及构筑物的位置（或坐标）、距离、检查井、化粪池型号等。如图 5.3-21 所示。

（3）给水管应注明管径、埋设深度或敷设的标高，宜标注管道长度。当建筑物的给水引入管或排水排出管的数量超过 1 根时，宜进行编号，编号宜按图 5.3-22 所示方法表示。

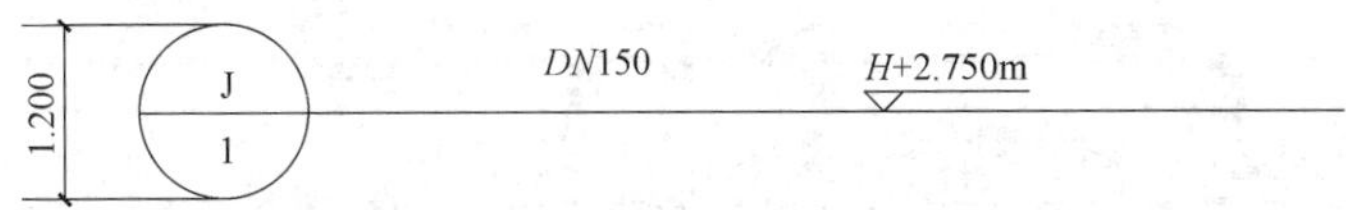

图 5.3-22　室外给水管绘制及标注

（4）排水管标注检查井编号和水流坡向，标注管道接口处市政管网的位置、标高、管径、水流坡向。如图 5.3-23 所示。

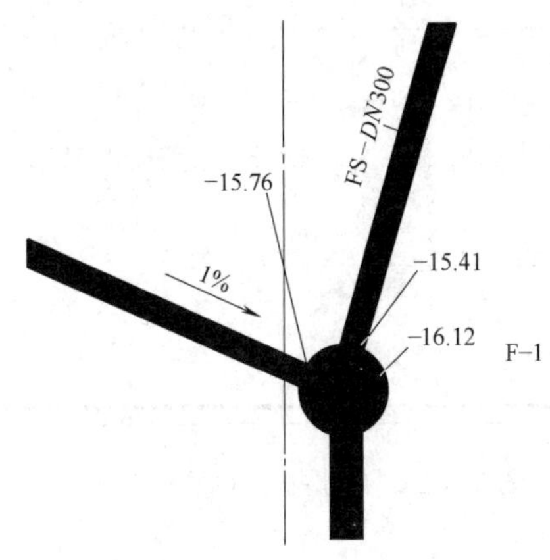

图 5.3-23　室外排水管绘制及标注

6. 系统图

依据《民用建筑工程给水排水施工图设计深度图样》中规定系统图可以使用系统轴测图或展开系统原理图。其中系统轴测图，是按照比例绘制的，这样会造成不同层次的管线互相重叠，图面显得凌乱，读图者不易理清各管线之间的相互关系，从而使其表达整体系统关系难以看懂，而展开系统图是对系统轴测图的图线进行了简化，而对系统的原理和功能的表示做了加强，能完整地表达出一个建筑或一个建筑群的各个立管、各层横管、设备、器材等管道连接关系的全貌，使人一目了然。由于 Revit 导出的系统图也按照比例导出，导成系统轴测图，对于复杂项目并不适用，所以建议系统图在 AutoCAD 中进行出图。

7. 平面图

（1）绘出给水排水、消防给水管道平面布置、立管位置及编号。如图 5.3-24～图 5.3-27 所示。

（2）当采用展开系统原理图时，应标注管道管径、标高，管道密集处应在该平面图中画横断面将管道布置定位表示清楚。

（3）底层平面应注明引入管、排出管、水泵接合器等于建筑物的定位尺寸、穿建筑外墙管道的标高、防水套管的形式等。

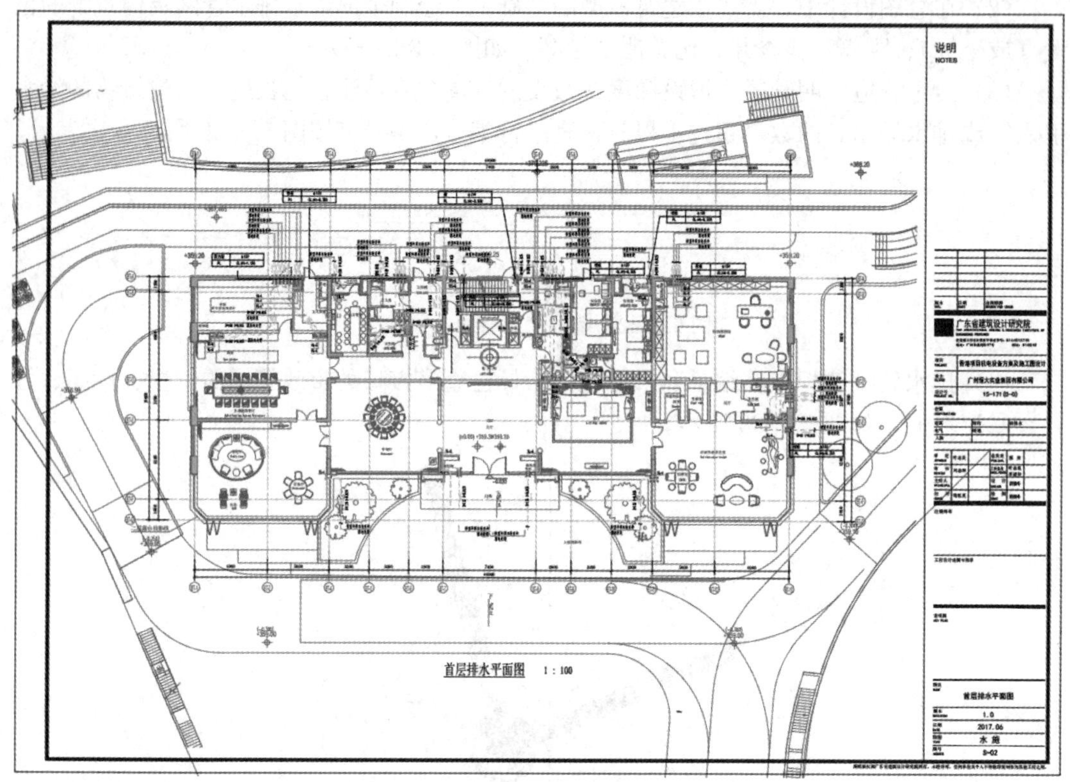

图 5.3-24　给水排水平面图（一）

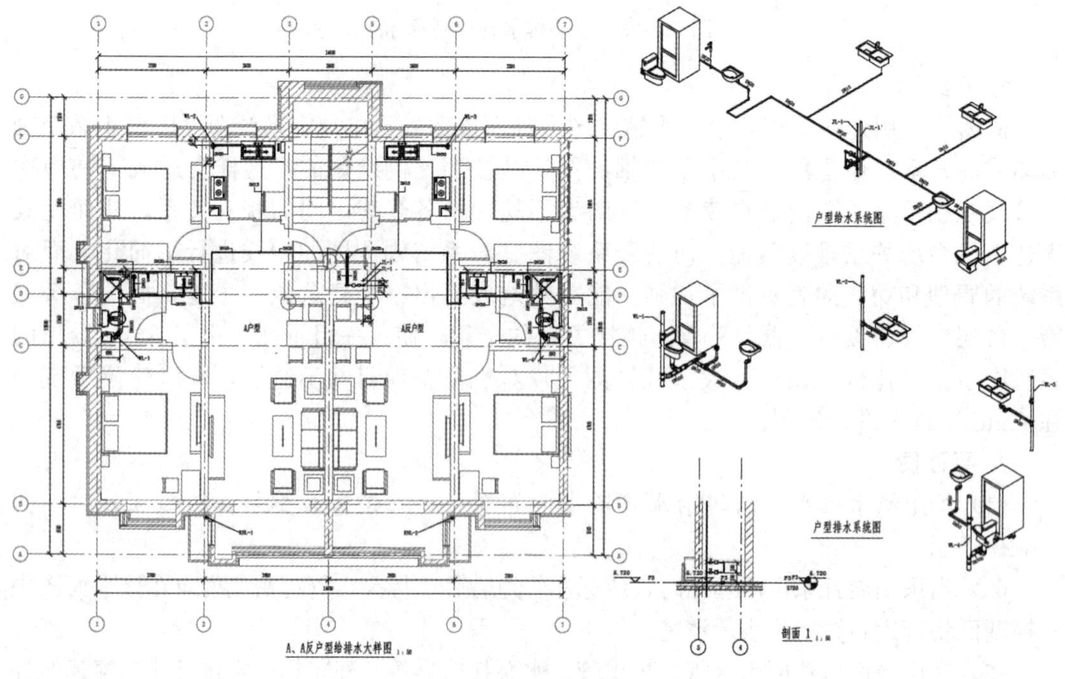

图 5.3-25　给水排水平面图（二）

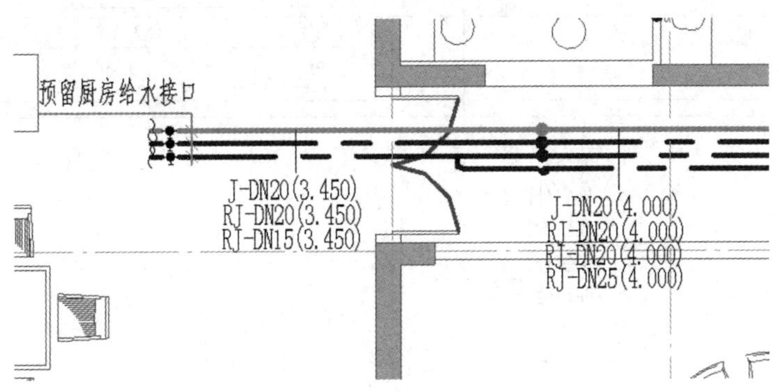

图 5.3-26　水平管绘制及标注

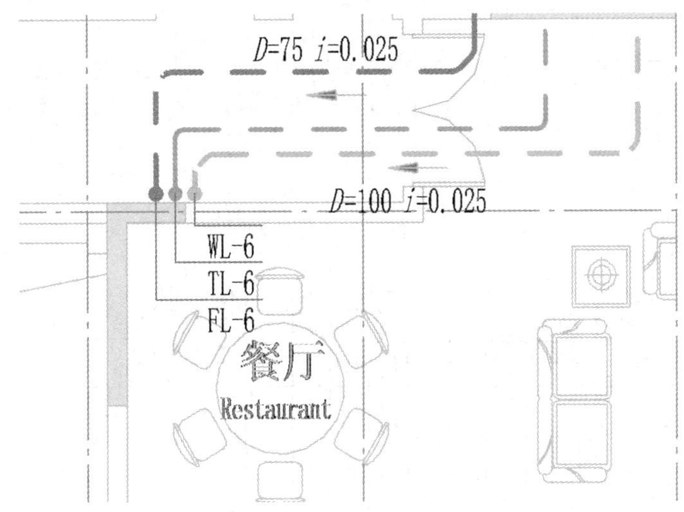

图 5.3-27　立管绘制及标注

(4) 若管道种类较多，在一张图纸上表示不清楚时，可分别绘制给水平面图、排水平面图、消防给水平面图。

(5) 对于给水排水设备及管道较多处，如泵房、卫生间等，当上述平面不能交代清楚时，应绘出局部放大平面图，详见图 5.3-28、图 5.3-29 所示。

8. 大样图

对于给水排水设备及管道较多处，如卫生间、泵房、水池、水箱间等，当平面不能交代清楚时，应绘出局部放大平面图。

(1) 卫生间大样图

1) 平面放大图

在绘制平面放大图时需按一定的规则绘制（图 5.3-30、图 5.3-31）：

① 管道类型较多时，正常比例表示不清楚时，可绘制放大图。

② 比例等于和大于 1∶30 时，设备和器具按原形绘制，且用双线绘制。

③ 比例小于 1∶30 时，可按图例绘制。

④ 应注明管径和设备、器具附件。

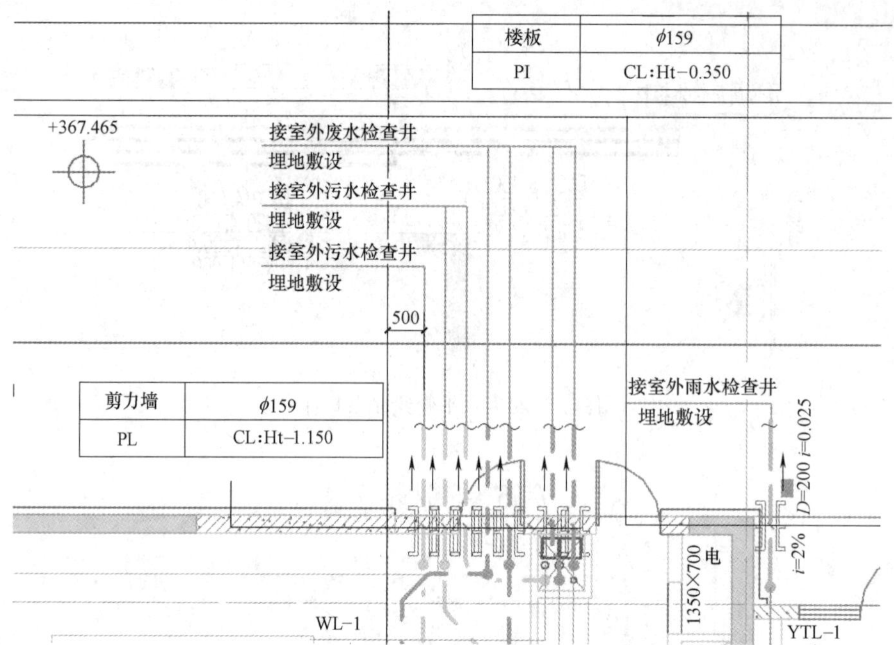

图 5.3-28　首层排出管绘制及标注

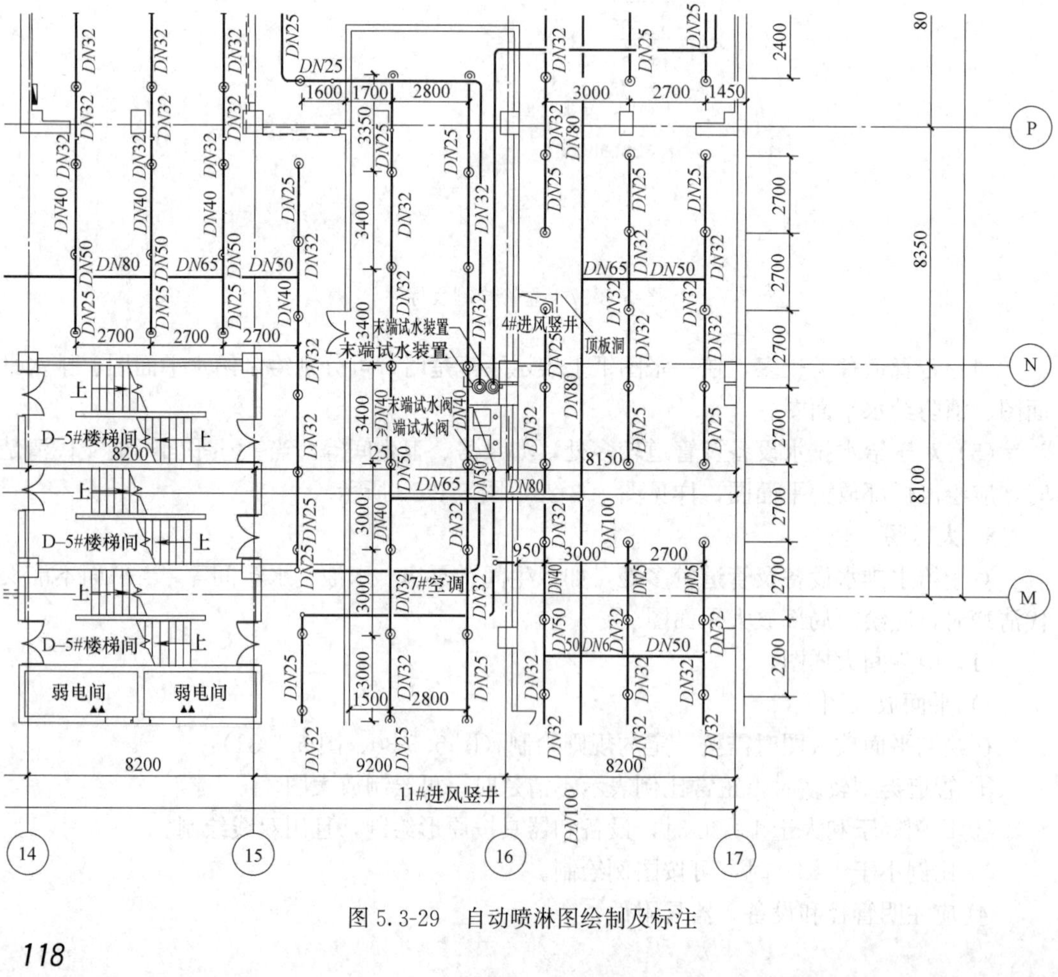

图 5.3-29　自动喷淋图绘制及标注

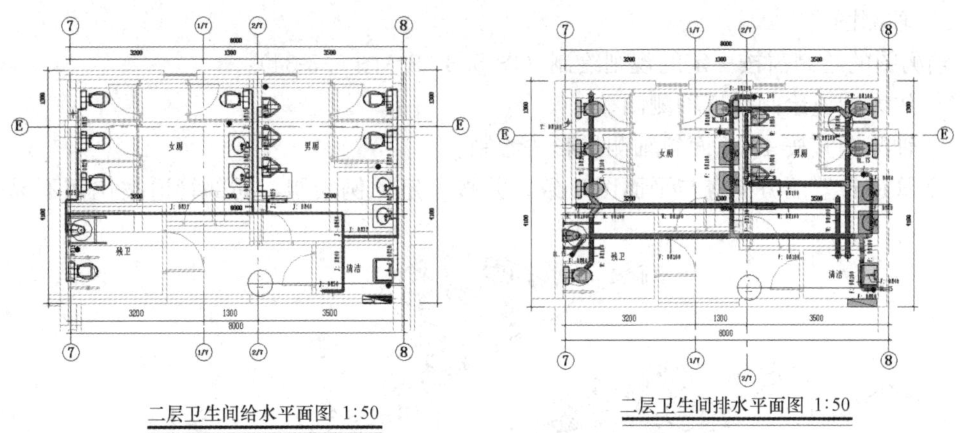

二层卫生间给水平面图 1:50
二层卫生间排水平面图 1:50

图 5.3-30　卫生间平面放大图绘制及标注（一）

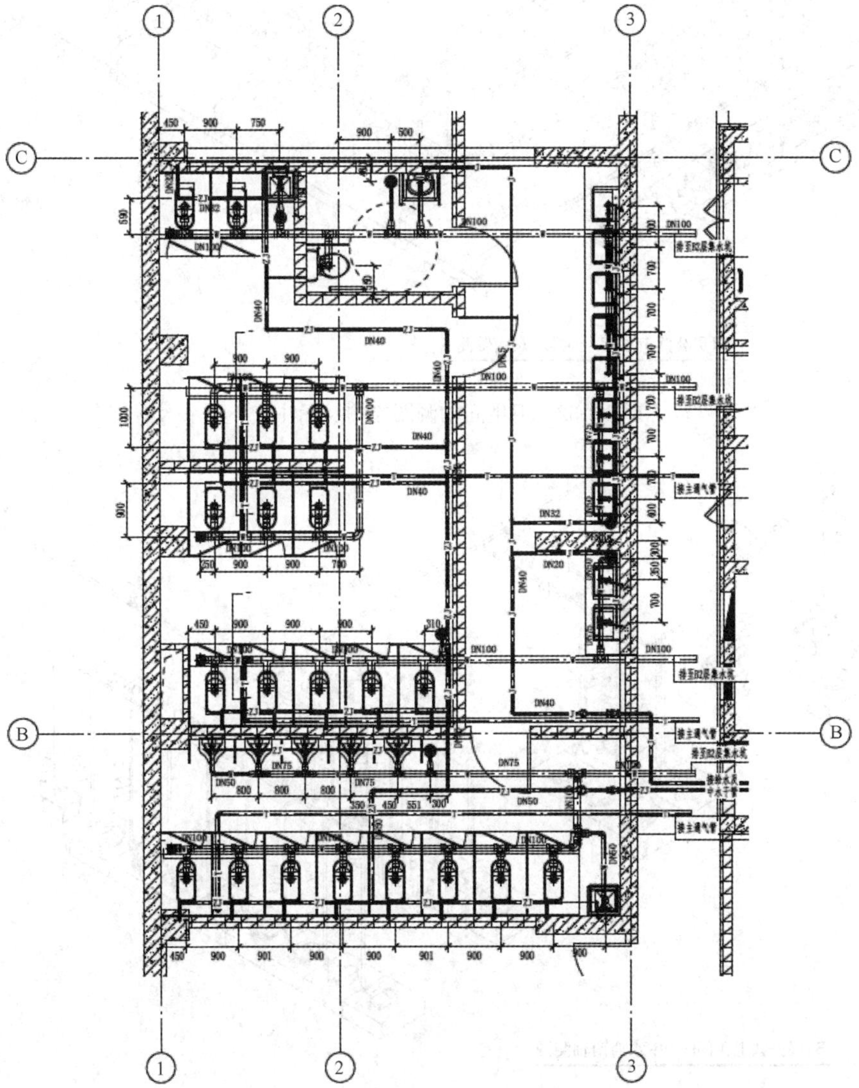

图 5.3-31　卫生间平面放大图绘制及标注（二）

2）轴测图

轴测图的绘制需按一定的规则绘制（图 5.3-32～图 5.3-34）：

① 放大图应绘制管道轴测图。

② 轴测图宜按 45°正面斜轴测投影法绘制。

③ 管道布置图方向应与平面图一致，并按一定比例绘制，局部管道按比例不易表示

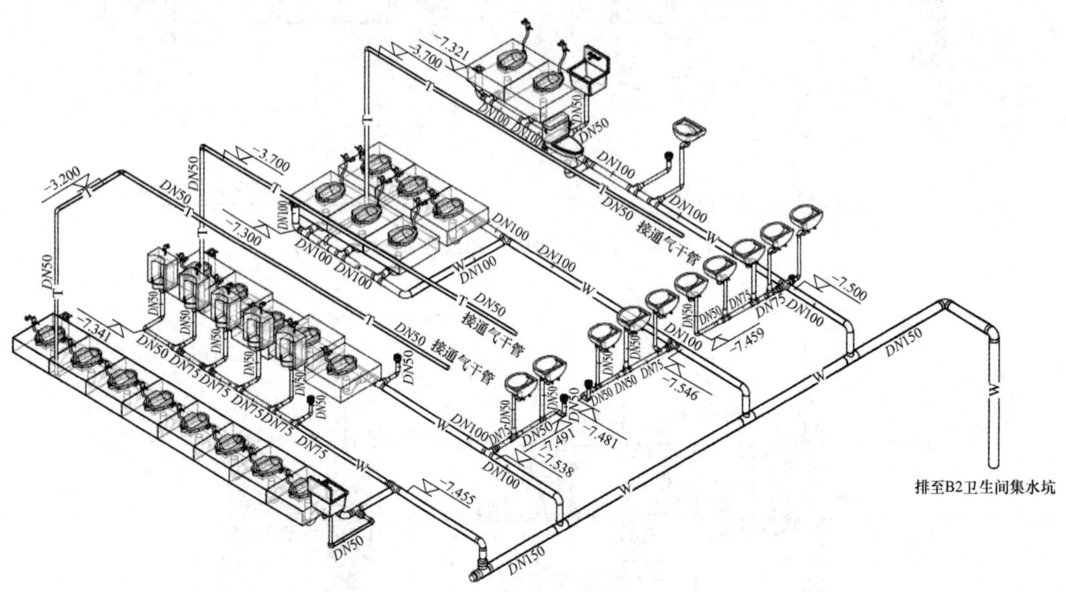

图 5.3-32　卫生间轴测图绘制及标注（一）

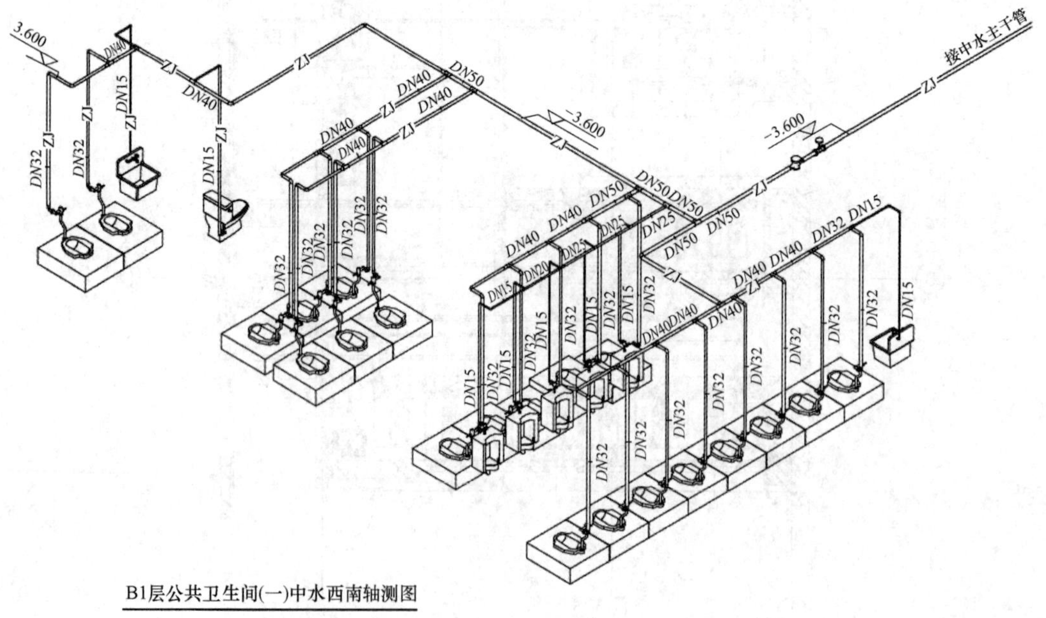

图 5.3-33　卫生间轴测图绘制及标注（二）

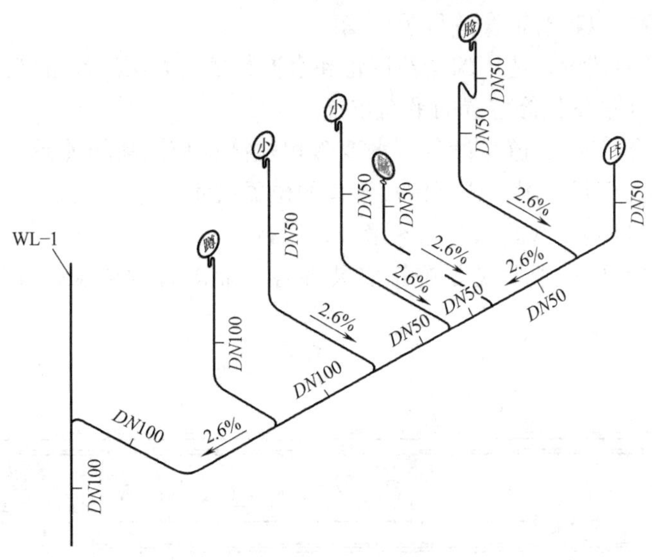

图 5.3-34　卫生间轴测图绘制及标注（三）

清楚时，该处可不按比例绘制。

④ 管道应注明管径，标高等。

⑤ 重力流管道宜按坡度方向绘制。

（2）泵房大样图

水池、水泵房的平、剖面图是向建筑、结构、暖通空调和电气等专业提供设计配合资料的依据，故绘制时要求准确、简明。

1）平面放大图（图 5.3-35）

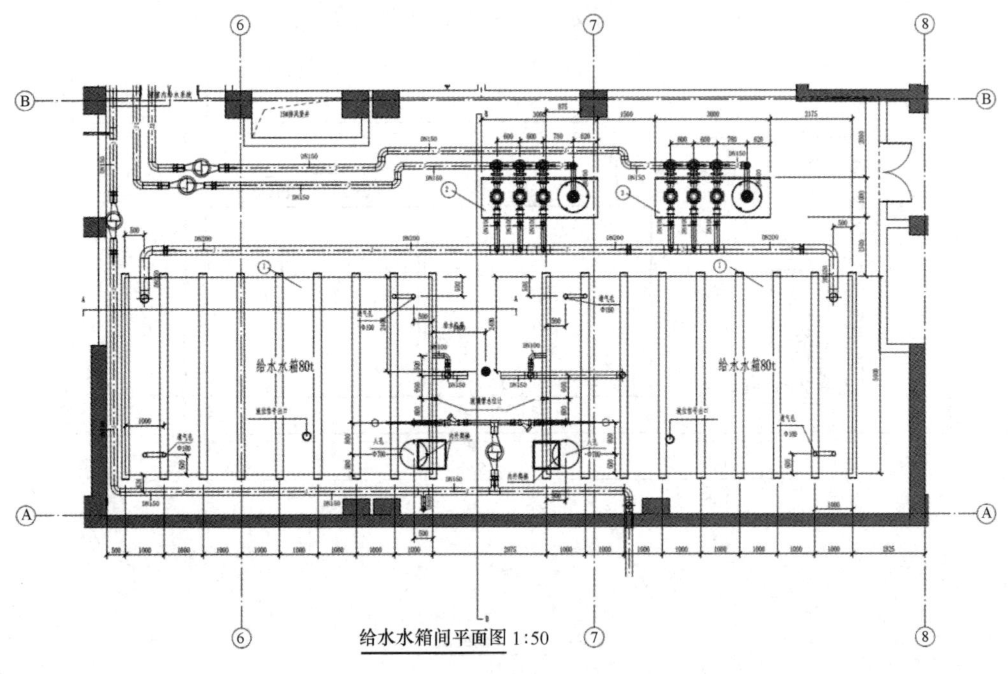

图 5.3-35　生活水泵房平面图绘制及标注

① 平面位置要以建筑轴线编号予以确定。

② 平面布置要按设计选用的全部设备和水池数量，表示出设备基础、水池、排水沟、潜水泵坑、配电及设备检修位置的平面布置。

③ 按图例绘出各种管道与设备、水池等相互接管和标高的关系、定位尺寸，并对设备进行标号、标注管径、附件或预留接管口的位置尺寸。

2）剖面图、轴测图（图 5.3-36～ 图 5.3-38）

① 剖面图的剖切位置要满足施工安装和各专业配合的要求，并尽量减少剖面图的数量。

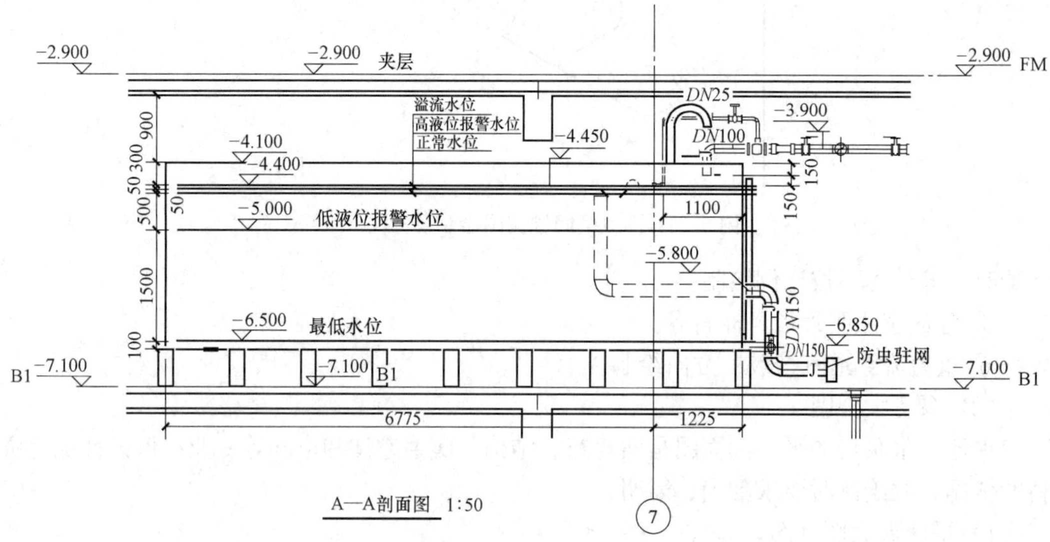

图 5.3-36 生活水泵房剖面图绘制及标注（一）

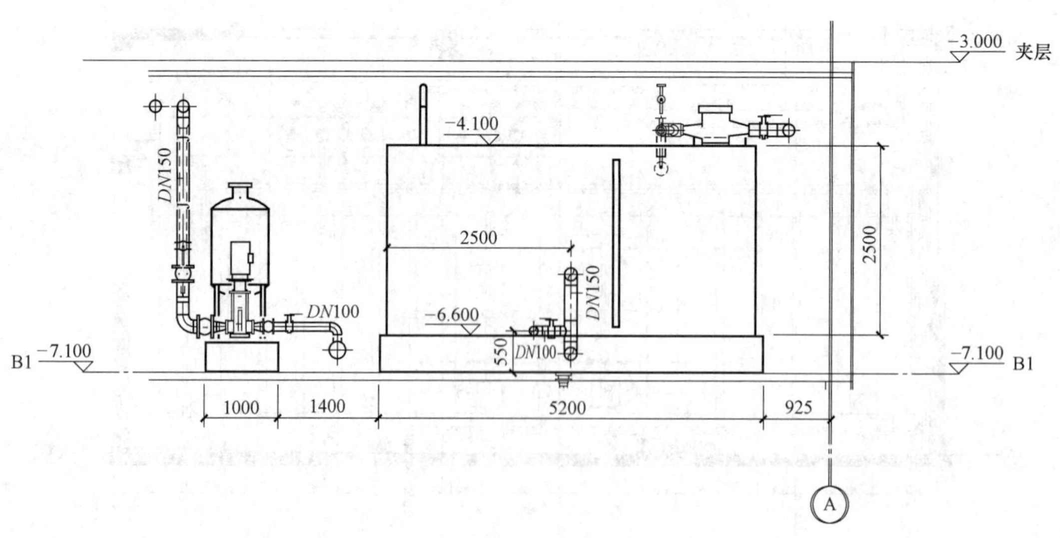

图 5.3-37 生活水泵房剖面图绘制及标注（二）

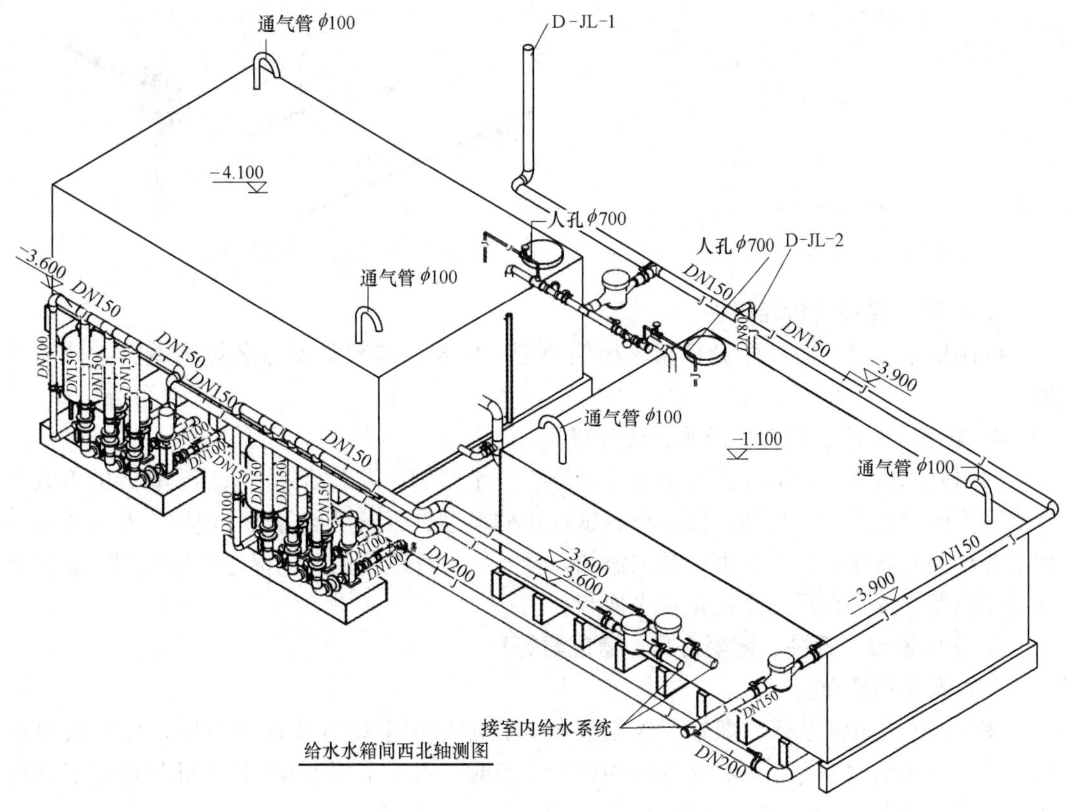

图 5.3-38　生活水泵房轴侧图绘制及标注

② 剖面图要表示出水池的高度、形状、池壁厚度、最低水位、不同启泵水位、溢流水位、进出水池各种管道的标高，以及爬梯和水位计等形状要求，同时还应示出设备、水池外形和建筑、结构的空间关系等。

5.4　电气专业三维设计

5.4.1　模型搭建

电气回路信息标注需通过共享参数进行解决，或加注说明取用默认类型参数进行替代。

1. 导线

绘制导线时需区分导线类型，导线类型命名规则遵循设计命名规则。

2. 线管

绘制线管时需区分线管类型，线管类型命名规则遵循设计命名规则。

设备和管线连接，使用 BIMspace 的“设备连管”命令，选择线管主管，再框选需要连接的两个照明设备，点击“完成按钮”，即可自动连接，连接效果如图 5.4-1 和图 5.4-2 所示。

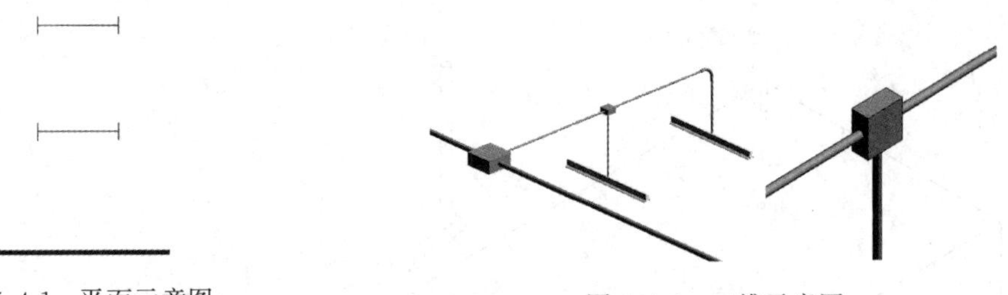

图 5.4-1　平面示意图　　　　图 5.4-2　三维示意图

3. 桥架、梯架（含连接件）

绘制桥架、梯架时需区分桥架、梯架类型，桥架、梯架类型命名规则遵循设计命名规则。

4. 电箱（配电、控制、照明、应急等）

取用族库内模型，需注意模型内是否含有二维图例。因电箱族、末端设备族的修改会造成管段连接断开现象出现，需注意测试选用的模型是否满足当前项目使用。对应项目添加设备相关参数信息，于类型参数内添加，便于统一修改。为后期标注引用数据、制作明细表、模型导入平台后引用数据带来便利。

5. 末端设备（开关、照明灯具、感应器等）

（1）温感烟感布置

在 Revit 中布置温感、烟感等末端设备，只能采用手动方式逐个布置，导致效率很低。针对上述低效率问题，在布置这些末端设备时，可以采用 Revit 相关插件进行辅助设计，如鸿业 BIMSpace（图 5.4-3～图 5.4-6）。

图 5.4-3　烟感、温感布置

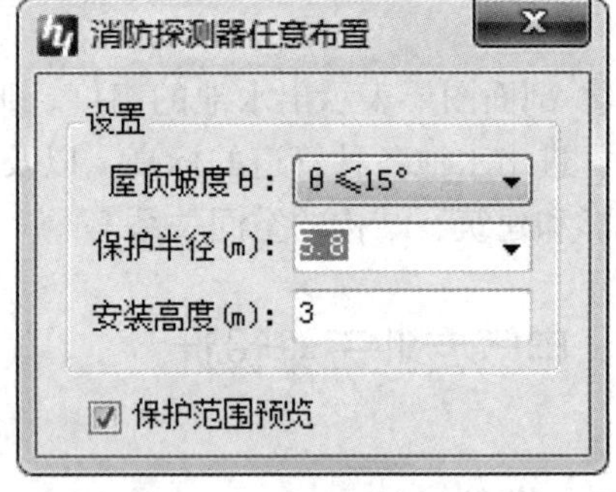

图 5.4-4　任意布置方式

（2）灯具布置

大多数照明设备是必须放置在主体构件（天花板或墙）上的基于主体的构件。要将照明设备放置在视图中，具体操作如下：

在项目浏览器中，展开“视图（全部）”▶“楼板平面”，然后双击要放置照明设备的视图。单击“系统”选项卡，“电气”面板，“照明设备”。在类型选择器中，选择设备类型。在功能区上，确认选择了“在放置时进行标记”，以自动标记设备。将光标移至绘图区域上。当您将光标移至绘图区域中的某一有效主体或位置上时，可以预览照明设备，单击以放置照明设备。

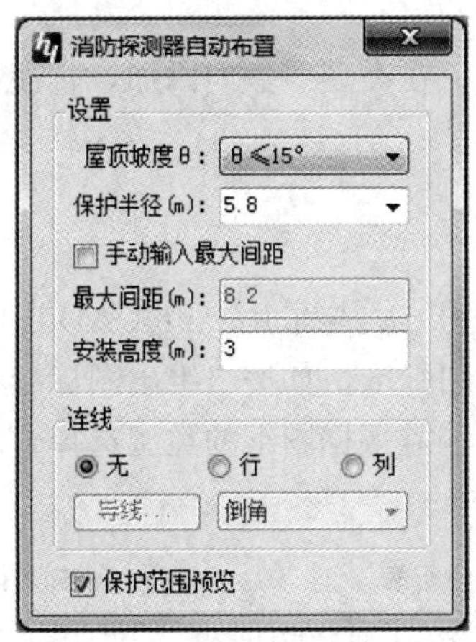

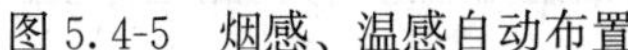
图 5.4-5 烟感、温感自动布置

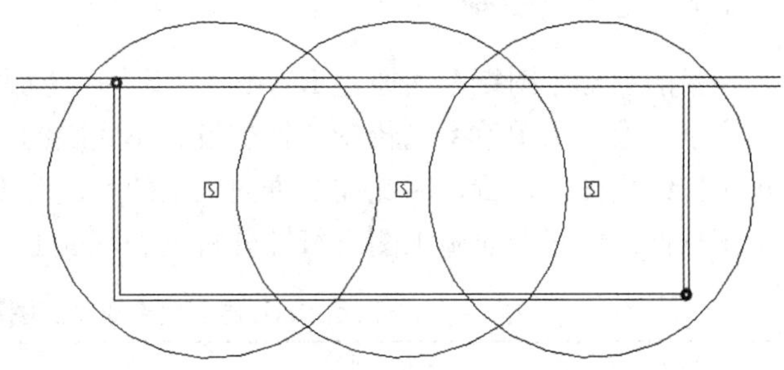

图 5.4-6 自动布置完成图

在 Revit 中布置灯具时，只能采用手动方式逐个布置，导致效率很低。针对上述低效率问题，在布置这些末端设备时，可以采用 Revit 相关插件进行辅助设计，如鸿业 BIMSpace（图 5.4-7～图 5.4-9）。

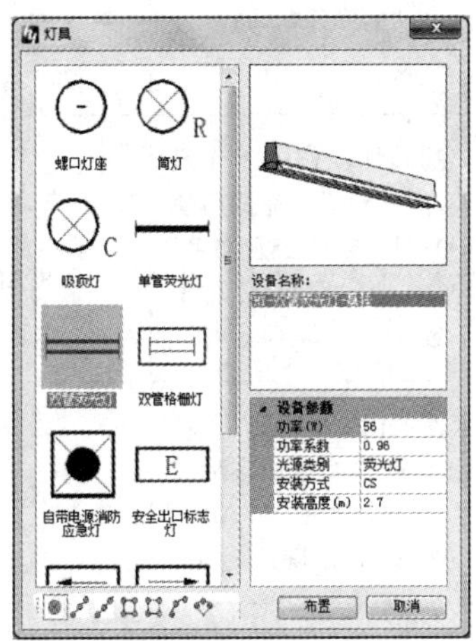

图 5.4-7 灯具布置

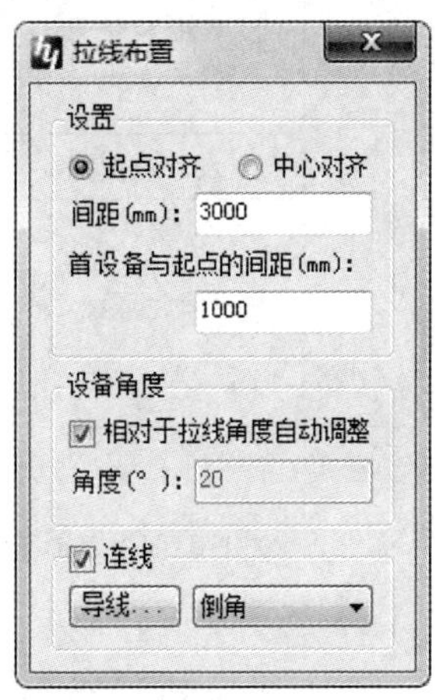

图 5.4-8 灯具拉线布置

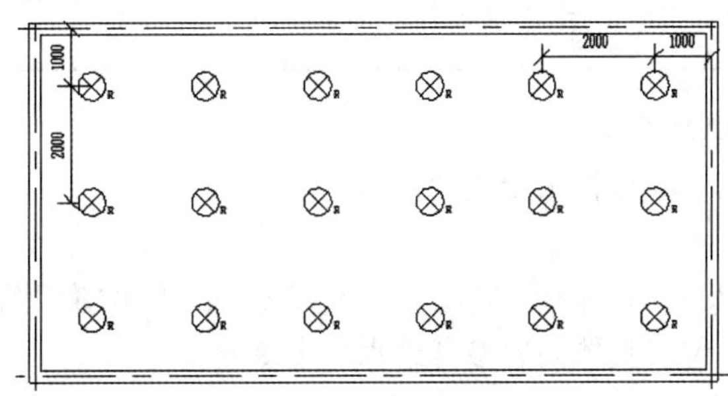

图 5.4-9 灯具布置实例

6. 主要设备（配电柜、控制柜等）

取用族库内模型，需对应项目添加设备相关参数信息，在类型参数内添加，直接制作成设备表。

5.4.2 施工图绘制

目前大部分图纸都能通过 Revit 直接出图，但由于表达方式与采用 AutoCAD 出图无法完全一致，出图效率也较低。目前没有正式版的三维出图标准，如按二维出图标准将加重了三维出图工作量，因此在二维向三维的过渡转换阶段，需根据图纸的类型选择合理的出图软件。电气专业施工图可行性分析见表 5.4-1。

采用 Revit 出电气专业施工图可行性分析表　　表 5.4-1

<table>
<tr><th>图纸类型</th><th>具体内容</th><th>可行性分析</th><th>与传统方法的效率对比</th><th>建议出图软件</th></tr>
<tr><td rowspan="4">说明、图例</td><td>图纸目录</td><td>全部图纸都在 Revit 中时，可通过明细表生成图纸目录</td><td>自动生成，效率高</td><td>Revit</td></tr>
<tr><td>主要设备表</td><td>全部设备都在 Revit 中时，可通过明细表生成相关设备表</td><td>自动生成，效率高</td><td>Revit</td></tr>
<tr><td>设计总说明</td><td rowspan="2">在详图视图中采用文字、详图线进行绘制，制作方法与在 CAD 中绘制的方法一致</td><td rowspan="2">基础性工作的工作量大，但基础工作完成后使用时只需修改个别文字，与 AutoCAD 效率几乎一致</td><td>CAD</td></tr>
<tr><td>图例符号</td><td>CAD</td></tr>
<tr><td>总图</td><td>室外强、弱电平面图</td><td>在视图中通过建模工具和文字和详图线进行绘制</td><td>参数化生成标高、管径标注等，需要按照实际尺寸建模，效率比 AutoCAD 低，但准确性更高</td><td>Revit</td></tr>
<tr><td rowspan="5">系统图</td><td>高、低压配电系统图</td><td rowspan="5">原则上用 Revit 做系统原理图是可行的，但工作量过大，不建议在 Revit 中直接成图</td><td rowspan="5">参数化生成，但需要增加大量工作，以及由于软件功能的限制，直接做系统图效率比 AutoCAD 低</td><td rowspan="5">CAD</td></tr>
<tr><td>配电干线系统图</td></tr>
<tr><td>动力配电系统图</td></tr>
<tr><td>照明配电系统图</td></tr>
<tr><td>电气消防系统图</td></tr>
</table>

1. 电气专业制图基本要求

具体内容参考 5.3.2 给水排水专业要求。

2. 图纸目录

图纸目录可通过 Revit 明细表生成，对于不在 Revit 中出图的图纸，可在 Revit 中建立一个空的图纸进行占位。具体内容参考给水排水专业。

3. 主要设备材料表

主要设备材料表可通过 Revit 明细表生成。具体内容参考给水排水专业。

4. 通用说明、图例

通用说明类的设计文件通常较为复杂，且基本均为抽象表达或文字说明，没有需要进行参数化的内容，故建议采用 AutoCAD 进行出图。但需要在 Revit 中建立空白的图纸，用于在目录中占位。具体内容参考给水排水专业。

5. 总图

建模操作：总图的管线、电井绘制用电缆桥架、线管、放置族等操作以及标高标注和字体来进行设计。

6. 系统图

现在习惯的 AutoCAD 施工图中，强、弱电系统图表示方法是一种示意性的表达方式，目前的 Revit 软件中不具备绘制此种示意性图纸的方法，因此沿用 AutoCAD 来进行电气系统图的绘制。

7. 平面图

电气平面图需绘制出安装在本层的电气设备、敷设在本层和连接本层电气设备的线缆、路由等信息，需标注电气设备、线缆敷设路由的安装位置、参考代号等。主要包含配电平面图、照明平面图，火灾自动报警平面图、防雷接地平面图、智能化各系统平面图。

（1）配电平面图：应包括布置配电箱、控制箱，并注明编号；绘制线路始、终位置（包括控制线路），标注回路编号、敷设方式等、如图 5.4-10～图 5.4-12 所示。

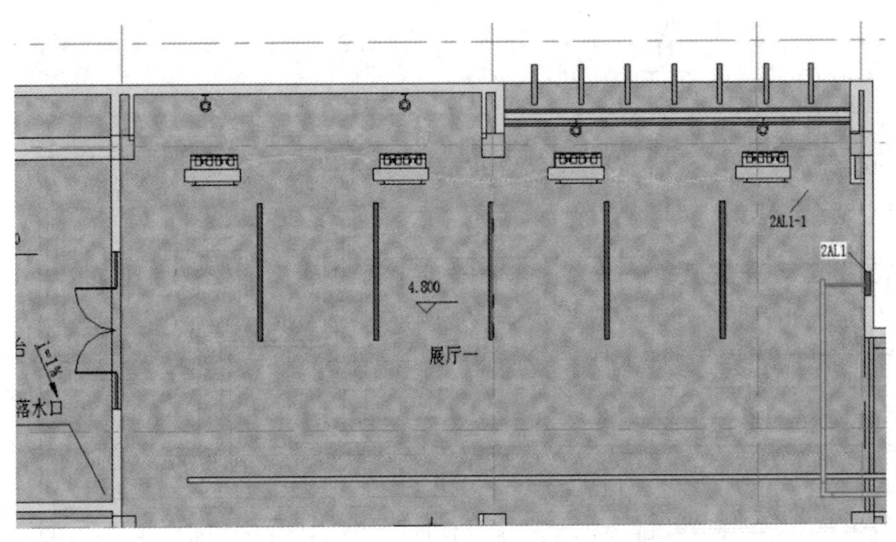

图 5.4-10　配电平面图（一）

（2）照明平面图：应绘制配电箱、灯具、开关、插座、线路等平面布置，标明配电箱编号，干线、分支线回路编号等，如图 5.4-13～图 5.4-15 所示。

（3）火灾自动报警平面图：应包括设备及器件布点、连线，线路型号、规格及敷设要求，如图 5.4-16、图 5.4-17 所示。

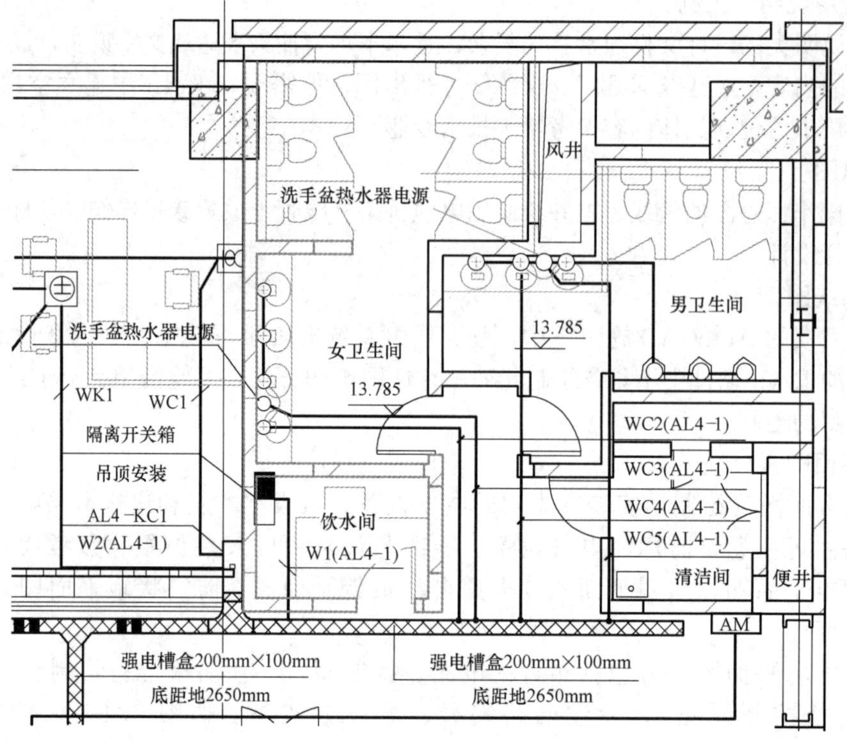

图 5.4-11　配电平面图（二）

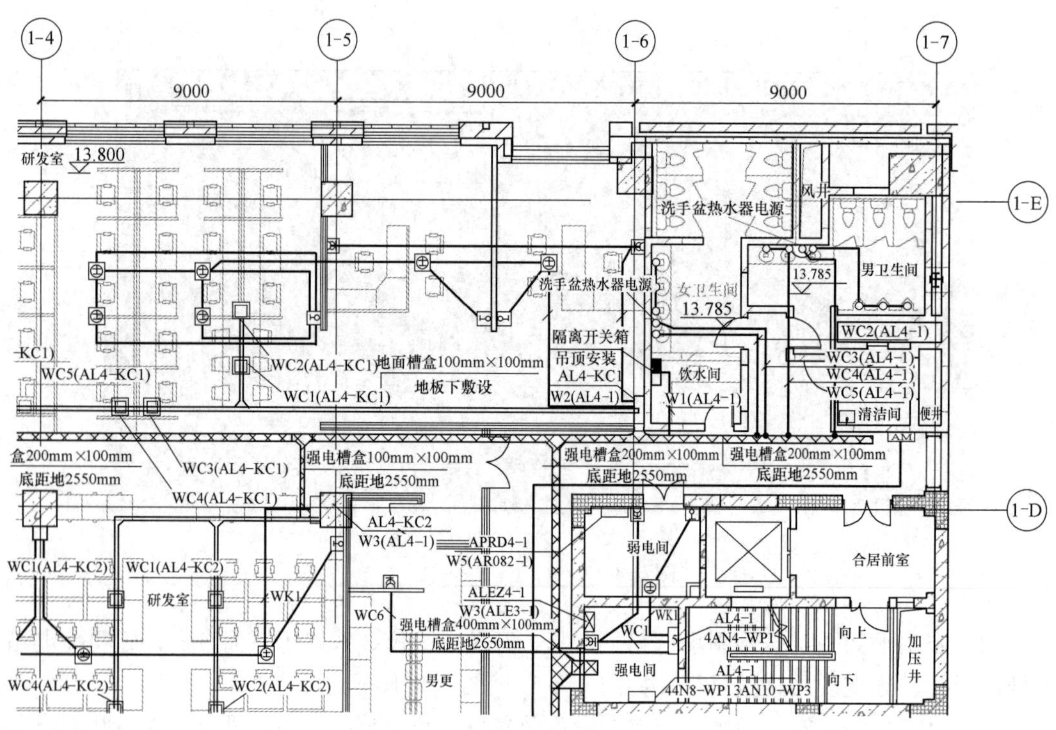

图 5.4-12　配电平面图（三）

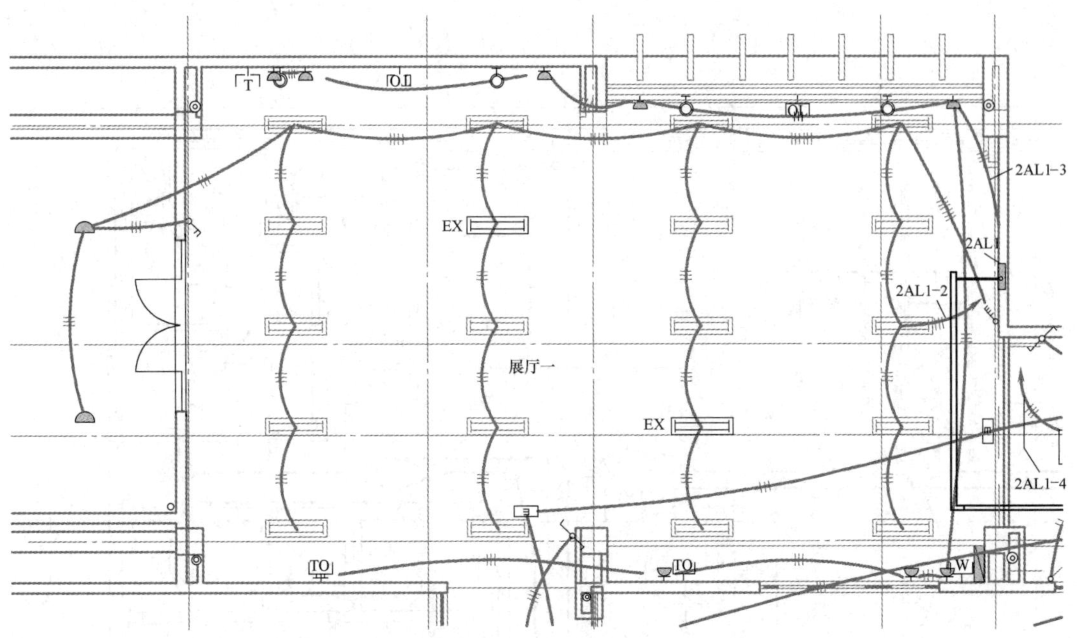

图 5.4-13　照明平面图（一）

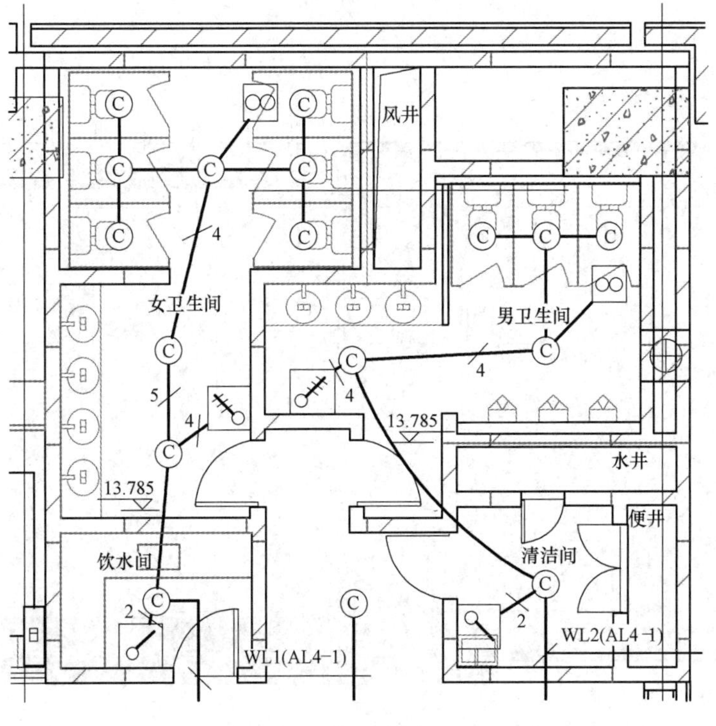

图 5.4-14　照明平面图（二）

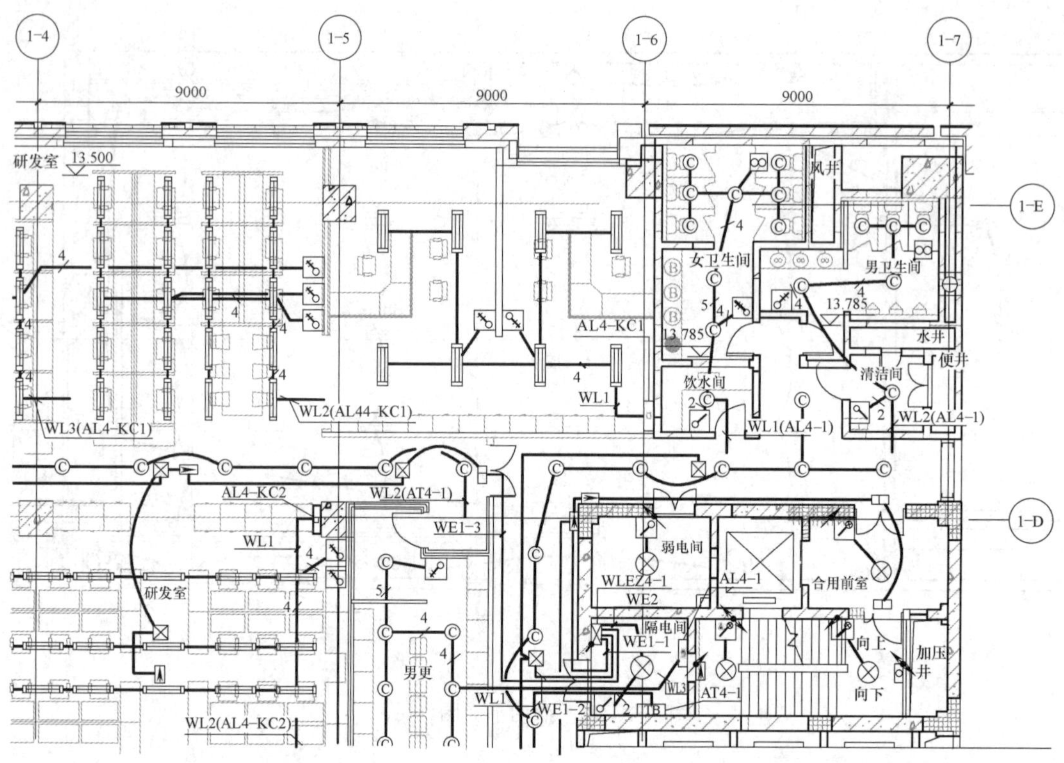

图 5.4-15 照明平面图（三）

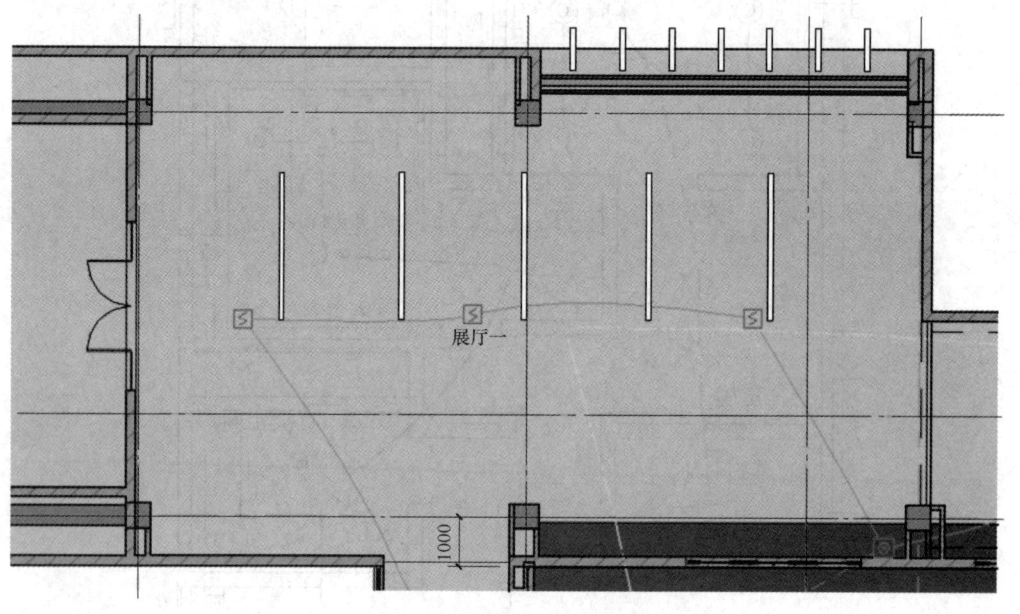

图 5.4-16 火灾自动报警平面图（一）

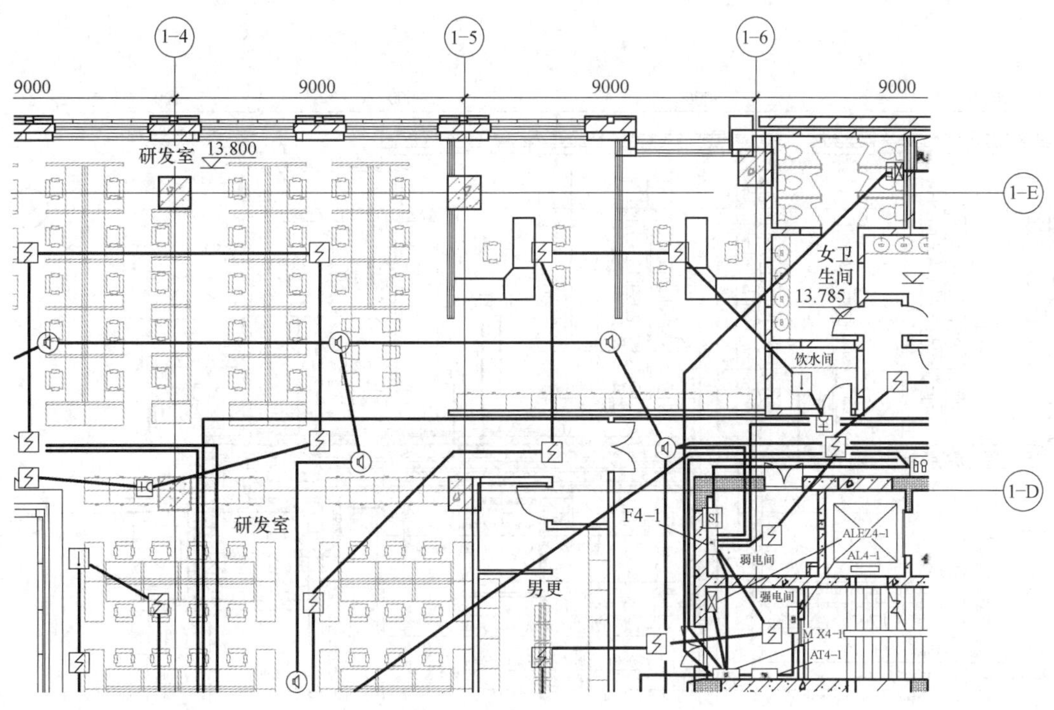

图 5.4-17　火灾自动报警平面图（二）

（4）防雷接地平面图：应标注接闪杆、接闪器、引下线位置；绘制接地线、接地极、测试点、断接卡等的平面位置。

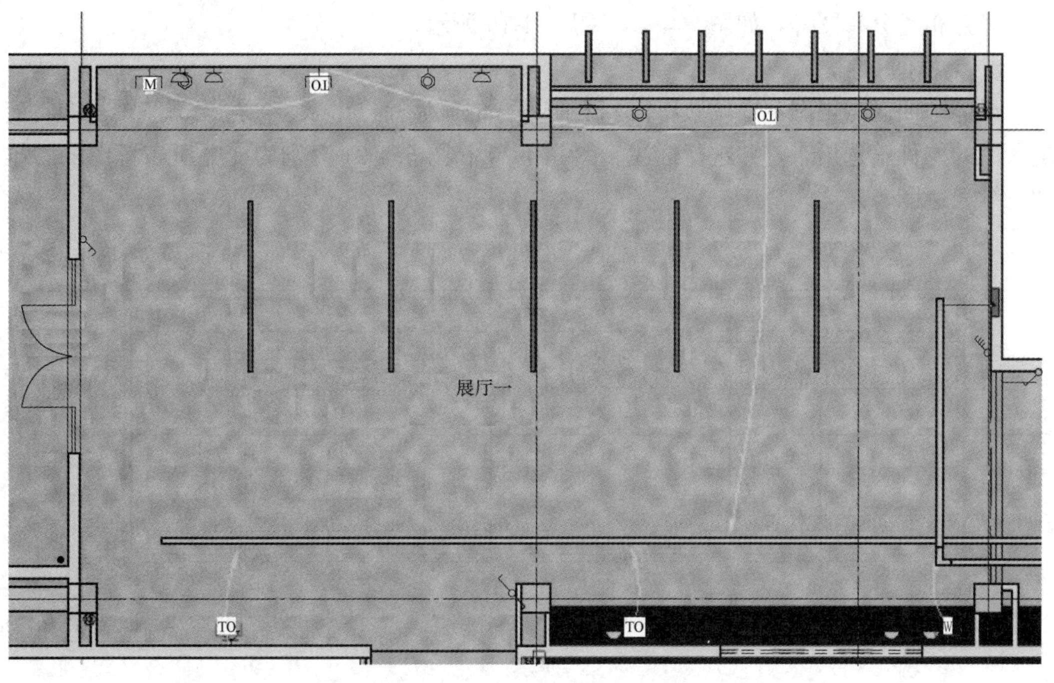

图 5.4-18　智能化平面图（一）

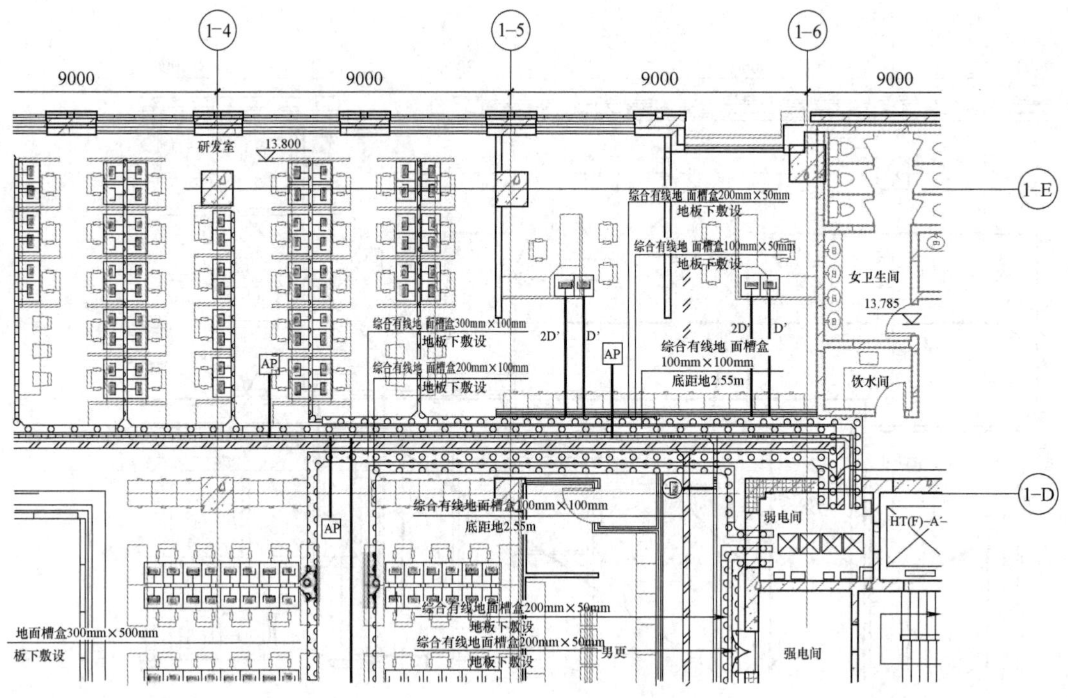

图 5.4-19　智能化平面图（二）

（5）智能化各系统平面图：智能化各系统及其子系统的设备布置、干线桥架走向平面图、竖井布置分布图等，如图 5.4-18、图 5.4-19 所示。

8. 大样图

局部平面通过视图范围调整将需要绘制大样的区域筛选出来，通过局部三维视图将变电所内的构件筛选出来，并进行标注。图 5.4-20 和图 5.4-21 分别为变电所布置图的二维和三维表达图。

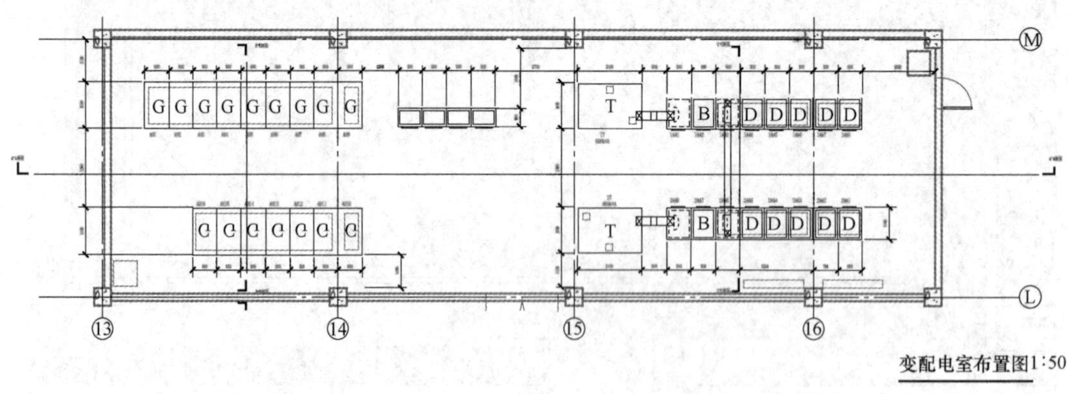

图 5.4-20　变电所平面大样图

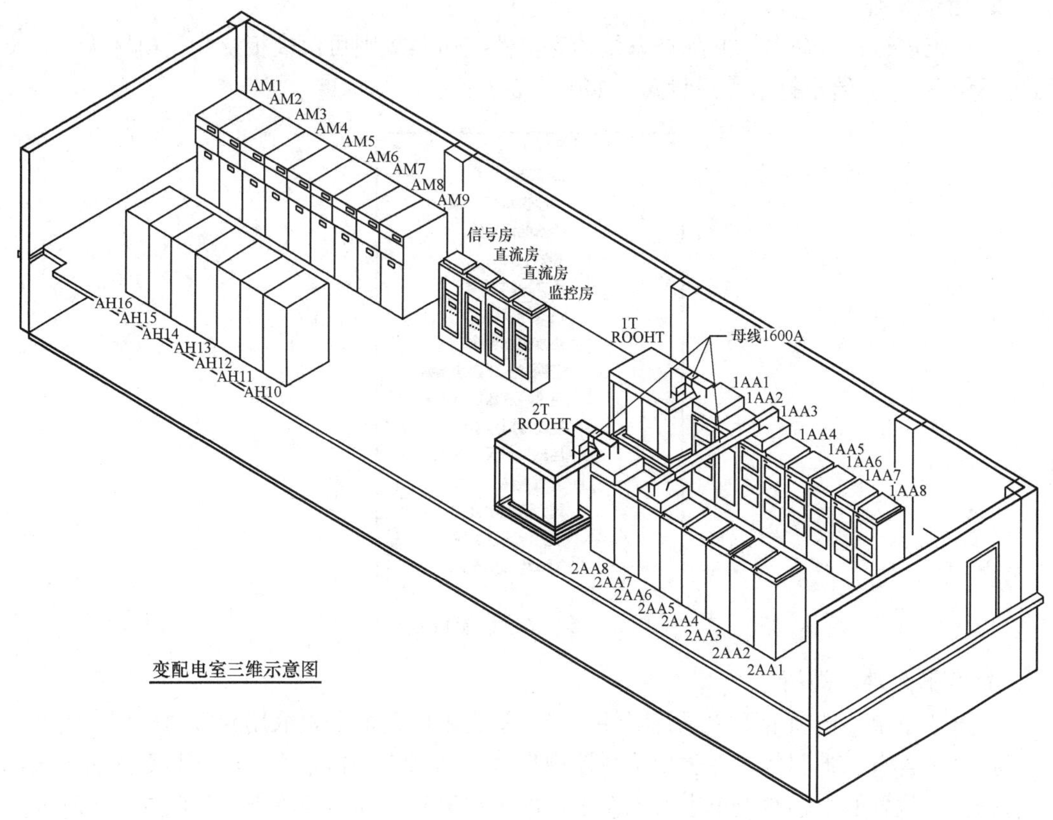

图 5.4-21　变电所大样图

5.5　暖通专业三维设计

5.5.1　模型搭建

1. 管道（空调风管及空调水管，含连接件）

设定管道尺寸（风管长宽、水管直径）、偏移量（管道中心线距离相对标高的高度偏移量）。管道的绘制需要两次点击，首次点击确认管道的起点，第二次单击确认管道的终点，若第二次点击时，对偏移量进行修改，则会生成带坡度的管道（如 4m 坡至 3.5m）及立管；继续进行点击可绘制连续管道。拖曳管道端点可降管道长度改变，拖曳管道与同标高管道交叉，则可生成连接件进行管道连接。如图 5.5-1 所示。

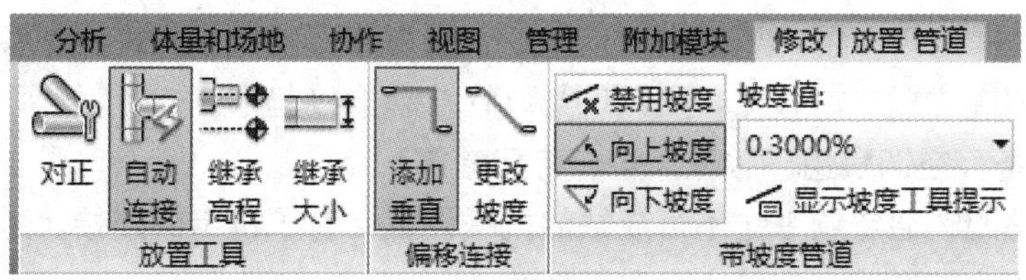

图 5.5-1　带坡度管道布置

2. 管道系统

为系统进行相应命名，并保证系统的完整性（命名规则可由模板统一，项目统一，也可以不统一），同给水排水管道设置。如图 5.5-2 所示。

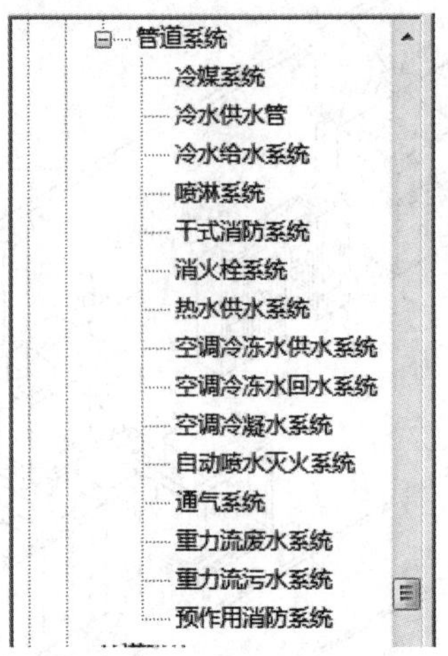

图 5.5-2　管道系统设置

3. 管道附件、阀门

点击“系统”选项卡下“风管附件”或“管道附件”命令，取用族库内模型，需注意模型内是否含有二维图例。在类型选择器中选择“风阀”，在绘图区域中需要添加风阀的风管合适的位置的中心线上单击鼠标左键，即可将风阀添加到风管上。如图 5.5-3 所示。

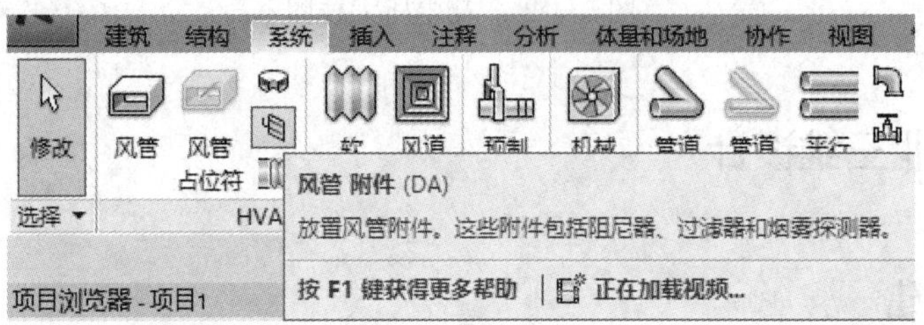

图 5.5-3　附件阀门布置

选中阀门可对阀门类型进行修改，阀门族、末端设备族的修改会造成管段连接断开现象出现，需注意测试选用的模型是否满足当前项目使用。在类型参数内添加对应项目设备相关参数信息，便于统一修改，为后期标注引用数据、制作明细表、模型导入平台后引用数据带来便利。

4. 末端设备（风口）

点击“系统”选项卡下“风道末端”命令，取用族库内模型，需注意模型内是否含有二维图例。在相应位置左击添加，则风口与风管自动连接起来。

5. 主要设备（空调机组、轴流风机、静压箱等）

机组是完整的暖通空调系统不可或缺的机械设备，有了机组的连接，送风系统、回风系统和新风系统才能形成完整的中央空调系统。

点击“系统”选项卡下“机械设备”命令，设定相应偏移量，单击左键可放置。取用族库内模型，需对应项目添加设备相关参数信息，在类型参数内添加，直接制作成设备表。

点击设备模型，可替换设备模型，也可显示设备模型接口位置，由接口位置开始绘制相应管道。

6. 管道连接

（1）风管连接

风管绘制完成后，需要将风管进行连接，在鸿业插件的辅助下，可以提高工作效率，点击【风系统】→“风管连接”，进行风管的连接。

1）弯头连接

双击图5.5-4中“弯头连接”，可对弯头类型进行选择，之后根据提示依次选择风系统会自动进行风管连接，如果风管尺寸不同，系统会自动加上变径，如图5.5-5所示。

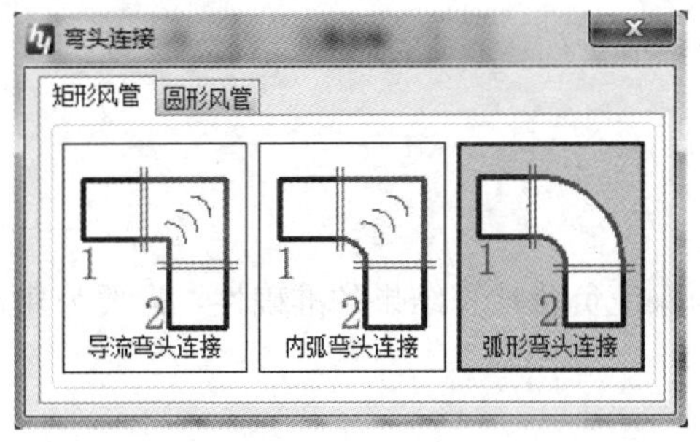

图5.5-4　风管弯头连接（一）

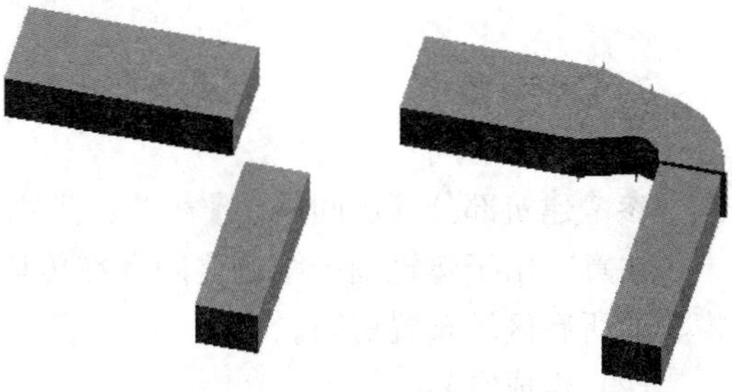

图5.5-5　风管弯头连接（二）

2）三通连接

双击图5.5-6中“三通连接”，可选择三通的类型，按照如左图提示依次选择风管，即可完成三通连接，如图5.5-7所示。

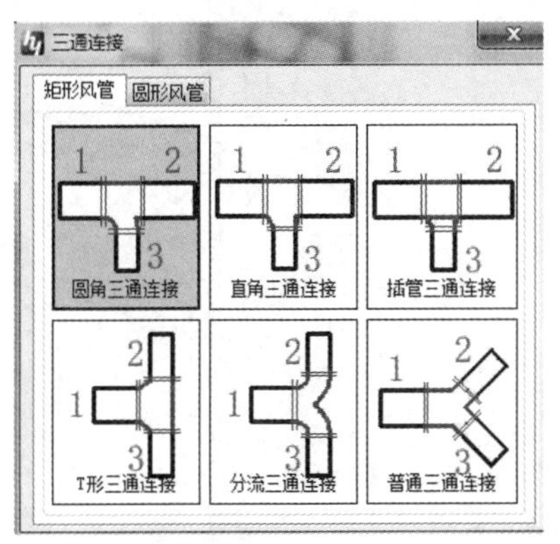

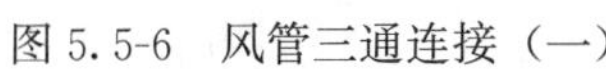

图5.5-6　风管三通连接（一）

图5.5-7　风管三通连接（二）

（2）水管连接

水管绘制完成后，需要将管道进行连接，点击【水系统】→“连接”，以及【给水排水】→“管线设计”，根据需求选择相应的功能后，参照软件界面左下角的提示，可以进行水管的不同连接，如图5.5-8和图5.5-9所示。

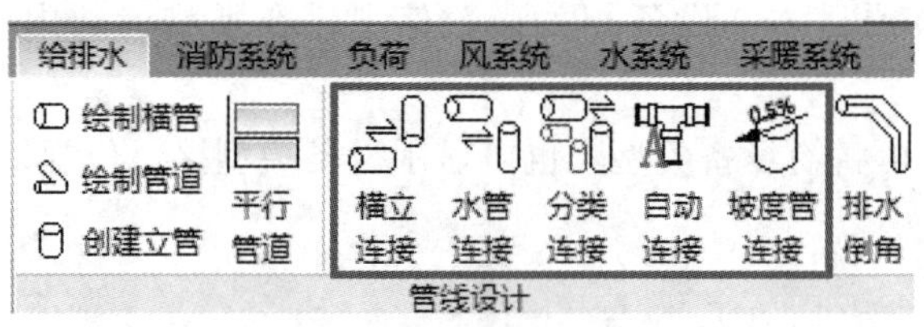

图 5.5-8　水管连接（一）

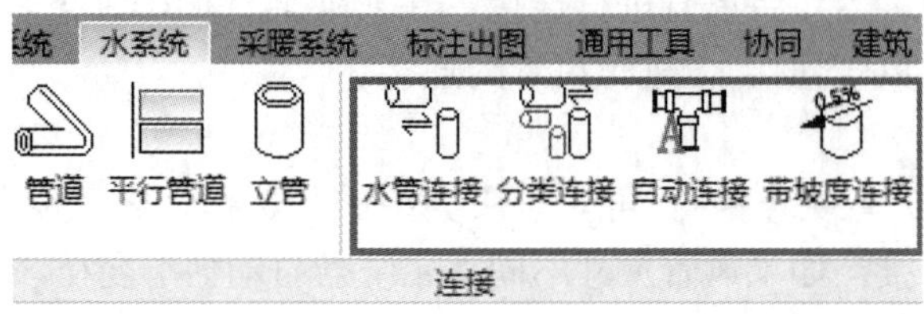

图 5.5-9　水管连接（二）

7. 负荷计算

（1）生成房间

参考建筑部分【房间屋顶】→“生成房间”。

注意：由于建筑围护结构之间存在传热，为保证负荷计算结果的准确性，需要为建筑模型的所有区域布置房间。

（2）生成空间

点击功能区【负荷】→“空间类型管理”，如图 5.5-10 所示。

图 5.5-10　生成空间界面

点击按钮，可以在列表中选择空间用途类型，文本框内输入要添加的空间用途名称，点击“确定”添加空间用途 名称，操作完成后，点击“确定”按钮，完成空间类型添加，如图 5.5-11 所示。

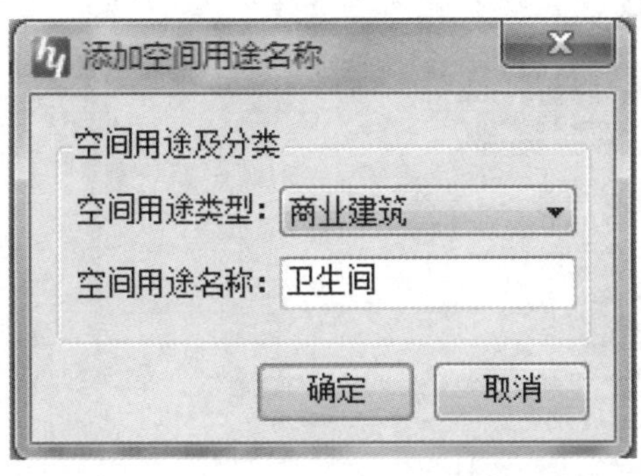

图 5.5-11　完成空间类型

点击功能区中【负荷】→“创建空间”，如图 5.5-12 所示，将鼠标移动到建筑模型上，将自动捕捉房间边界，点击相应房间布置空间。

根据房间创建空间

房间名称与空间类型对应关系设置：

空间类型	房间名称关键词
居住建筑-旅馆客房	标准间
办公建筑-办公室	办公室
办公建筑-会议室、接待室	会议室
公共饮食建筑-餐厅、饮食厅、小吃部	餐厅
商业建筑-商业用房	专卖店
居住建筑-一般卧室	主卧室
居住建筑-高级起居室	商务套间
医疗建筑-病房、疗养室	诊断室
广播、电视楼建筑-演播室	直播室
学校-教室、实验室	实验室

创建空间　取消

图 5.5-12　负荷计算中创建空间

点击按钮，系统自动在界面下方添加一条新的对应关系，同时房间名称关键词 处于编辑状态；用户根据需要修改或者添加完成后，点击“保存”→“创建空间”，就可以创建当前文档全部空间。选中某一空间时，可以在属性栏查看该空间所有信息。

空间放置完毕后，需要对各个空间的能量分析参数进行设置，有两种方法可以实现：

1）点击功能区中【负荷】→“空间编辑”，在打开的“鸿业负荷-空间编辑”界面中对参 数进行重新设置，如图 5.5-13 所示。

2）选中需要编辑的空间，在属性栏中对空间参数进行设置，如图 5.5-14 所示。

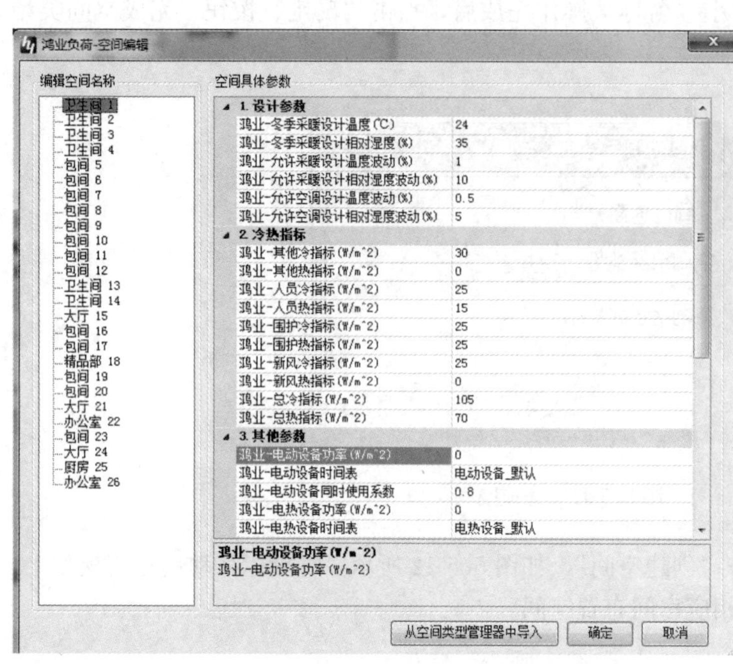

图 5.5-13　空间编辑（一）

图 5.5-14　空间编辑（二）

（3）空间分区

点击【负荷】→“分区管理”，选中分区，点击按钮，可将具有相同设计需求的空间逐个添加到分区，或从分区中删除，如图 5.5-15 所示。

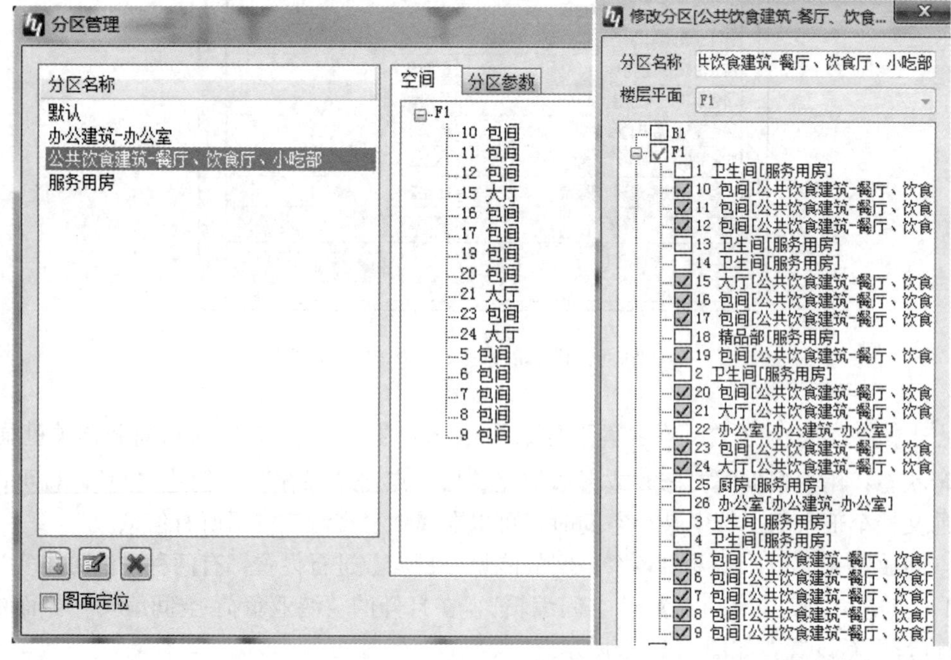

图 5.5-15　空间分区

（4）导入《鸿业　暖通负荷计算》的计算结果

点击【负荷】→“导入结果”，如图所示，选择 hclx 计算结果文件，设定标注选项后，点击空间更新(U)按钮，将会更新对应空间的所有负荷计算结果数据，可以在空间的属性对话框中进行查看。如图 5.5-16 所示。

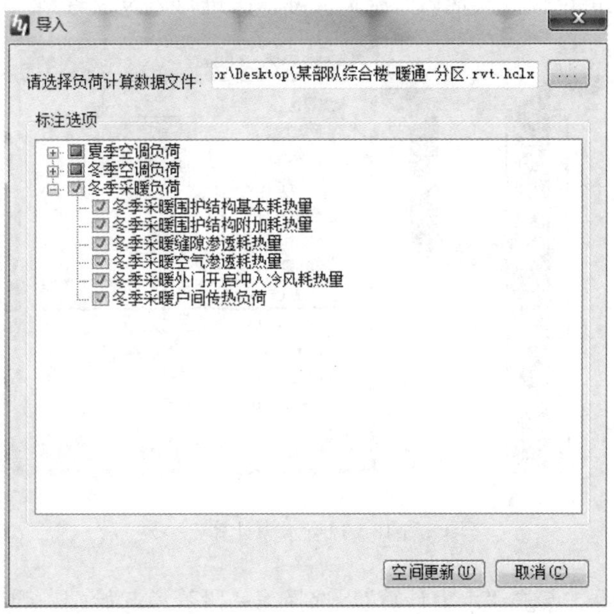

图 5.5-16　负荷计算导入结果

空间更新后，系统将会根据标注选项的选择进行标注或者更新空间负荷计算。用户也可以通过点击【负荷】→“标注结果”，更新空间的标注文本，如图 5.5-17 所示。

图 5.5-17　负荷计算标注结果

8. 风管水管水力计算

在 Revit 中进行水力计算难度较大，可以用鸿业插件进行辅助计算，计算步骤如下：选取送风系统为例进行水力计算，点击【风系统】→“风管编辑”，选择两根纵向风管，打开风管编辑选项卡，勾选“附加风量”，将其设置为 7000，如图 5.5-18 所示，点击“修改”，即完成风管风量设置，其他风管根据实际情况进行风量设置。

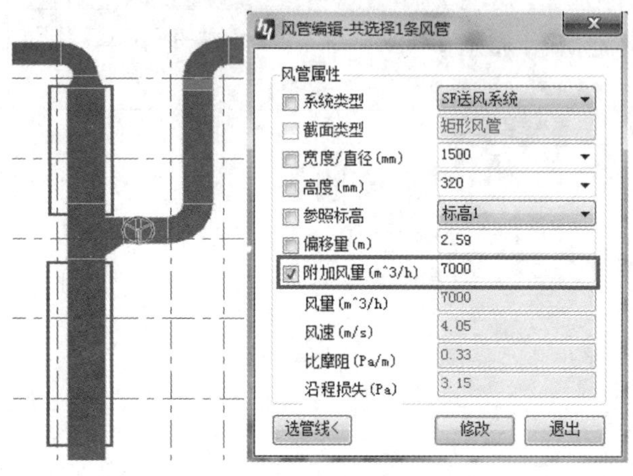

图 5.5-18　风管水力计算（一）

上述过程完成后，点击“水力计算”，选择第一段管道起始端，弹出“风管水力计算”界面，可点击查看每根风管的风速、阻力等数据。点击按钮，即可自动生成鸿业风系统水力计算书，如图 5.5-19、图 5.5-20 所示。

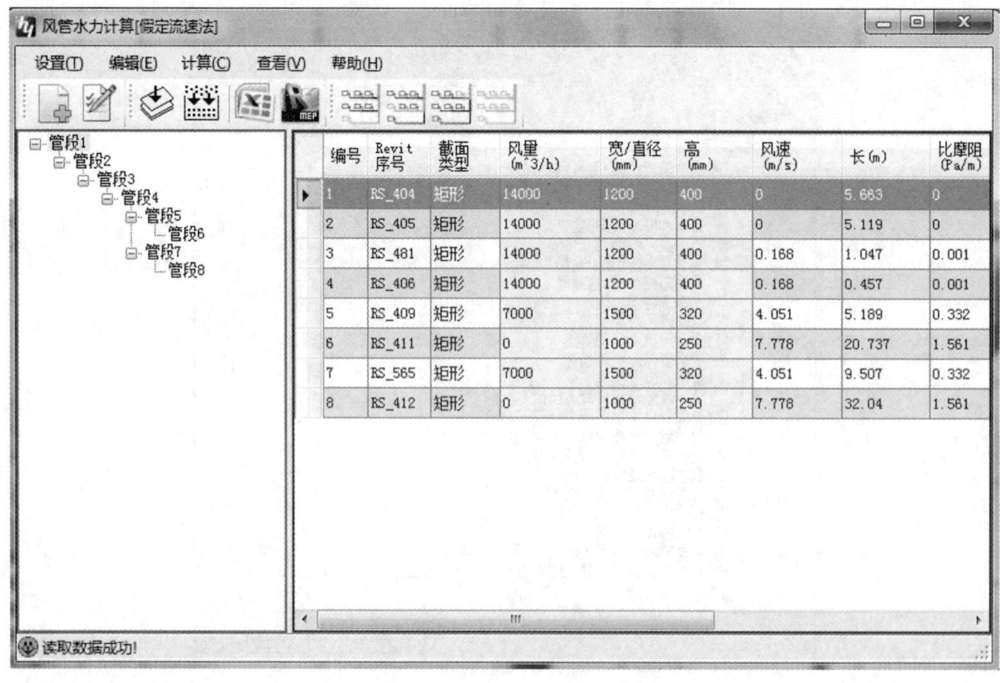

编号	Revit 序号	截面类型	风量 (m^3/h)	宽/直径 (mm)	高 (mm)	风速 (m/s)	长(m)	比摩阻 (Pa/m)
1	RS_404	矩形	14000	1200	400	0	5.663	0
2	RS_405	矩形	14000	1200	400	0	5.119	0
3	RS_481	矩形	14000	1200	400	0.168	1.047	0.001
4	RS_406	矩形	14000	1200	400	0.168	0.457	0.001
5	RS_409	矩形	7000	1500	320	4.051	5.189	0.332
6	RS_411	矩形	0	1000	250	7.778	20.737	1.561
7	RS_565	矩形	7000	1500	320	4.051	9.507	0.332
8	RS_412	矩形	0	1000	250	7.778	32.04	1.561

图 5.5-19　风管水力计算（二）

A1	鸿业风系统水力计算书								
鸿业风系统水力计算书									
一、计算依据									
假定流速法：假定流速法是以风道内空气流速作为控制指标，计算出风道的断面尺寸和压力损失，再按各分支间的压									
二、计算公式									
a.管段压力损失 = 沿程阻力损失 + 局部阻力损失 即：ΔP = ΔPm + ΔPj。									
b.沿程阻力损失 ΔPm = Δpm×L。									
c.局部阻力损失 ΔPj =0.5×ζ×ρ×V^2。									
d.摩擦阻力系数采用柯列勃洛克-怀特公式计算。									
三、计算结果									
1. SF 7(假定流速法)									
a.SF 7水力计算表									
						SF 7			
编号	Revit序号	截面类型	风量(m^3/h)	宽/直径(mm)	高(mm)	风速(m/s)	长(m)	比摩阻(Pa/m)	沿程阻力(Pa)
1	RS_404	矩形	14000.00	1200	400	0.00	5.66	0.00	0.00
2	RS_405	矩形	14000.00	1200	400	0.00	5.12	0.00	0.00
3	RS_481	矩形	14000.00	1200	400	0.17	1.05	0.00	0.00
4	RS_406	矩形	14000.00	1200	400	0.17	0.46	0.00	0.00
5	RS_565	矩形	7000.00	1500	320	4.05	9.51	0.33	3.15
6	RS_412	矩形	0.00	1000	250	7.78	32.04	1.56	50.00
7	RS_409	矩形	7000.00	1500	320	4.05	5.19	0.33	1.72
8	RS_411	矩形	0.00	1000	250	7.78	20.74	1.56	32.36
b.SF 7最不利分支									
SF 7最不利分支为【1-2-3-4-5】,最不利阻力损失为： 3.156 Pa									

图 5.5-20　风管水力计算（三）

5.5.2　施工图绘制

目前大部分图纸都能通过 Revit 直接出图，但由于表达方式与采用 AutoCAD 出图无法完全一致，出图效率也较低。目前没有正式版的三维出图标准，如按二维出图标准将加重了三维出图工作量，因此在二维向三维的过渡转换阶段，需根据图纸的类型选择合适的出图软件。暖通专业施工图可行性分析见表 5.5-1 所示。

采用 Revit 出暖通专业施工图可行性分析表　　表 5.5-1

图纸类型	具体内容	可行性分析	与传统方法的效率对比	建议出图软件
说明、图例	图纸目录	全部图纸都在 Revit 中时，可通过明细表生成图纸目录	自动生成，效率高	Revit
	设备及主要器材表	全部设备都在 Revit 中时，可通过明细表生成相关设备表	自动生成，效率高	Revit
	设计总说明	（1）在详图视图中采用文字、详图线进行绘制，制作方法与在 CAD 中绘制的方法一致。 （2）总说明也可实现参数化，但需要添加大量的共享参数和注释标签，效率低且意义不大，故不建议将总说明参数化	基础性工作的工作量大，但基础工作完成后使用时只需修改个别文字，与 AutoCAD 效率几乎一致	AutoCAD
	图例			AutoCAD
				AutoCAD
				AutoCAD

续表

图纸类型	具体内容	可行性分析	与传统方法的效率对比	建议出图软件
系统图	空调冷热源系统原理图	原则上用 Revit 做系统原理图是可行的，但工作量巨大，不建议在 Revit 中直接成图	参数化生成，但需要增加大量工作，以及由于软件的原因，直接做系统图效率比 AutoCAD 低	AutoCAD
	空调水系统原理图			
	空调风系统原理图			
平面图	空调平面图	在视图中通过建模工具和文字和详图线进行绘制	参数化生成，管线、阀门等需要按照实际尺寸建模，效率比 AutoCAD 低，但准确性的更高，可以预制化	Revit
大样图	冷热源机房大样图	在视图中通过建模工具和文字和详图线进行绘制	参数化生成，管线、阀门等需要按照实际尺寸建模，效率比 AutoCAD 低，但准确性更高，可以预制化	Revit
	空调机房、风机房大样图			
	屋面设备大样图（如冷却塔布置大样图）			

1. 暖通专业制图基本要求

具体内容可参考给水排水专业。

2. 图纸目录

图纸目录可通过 Revit 明细表生成，对于不在 Revit 中出图的图纸，可在 Revit 中建立一个空的图纸进行占位。具体内容可参考给水排水专业。

3. 主要设备材料表

主要设备材料表可通过 Revit 明细表生成。具体内容可参考给水排水专业。

4. 通用说明、图例

具体内容可参考给水排水专业。通用说明类的设计文件通常较为复杂，且基本均为抽象表达或文字说明，没有需要进行参数化的内容，故建议采用 AutoCAD 进行出图。图例类的设计文件通常较为直观，也没有需要进行参数化的内容，故建议采用 AutoCAD 进行出图。但需要在 Revit 中建立空白的图纸，用于在目录中占位。图例以《暖通空调制图标准》GB/T 50114—2001（附表 1～5）为准，图中没有的图例可以参考《民用建筑工程暖通空调及动力施工图 设计深度图样》04K601。

5. 系统图

AutoCAD 施工图中空调系统图表示方法是一种示意性的表达方式，目前在 Revit 软件中不具备绘制此种示意性图纸的方法，因此沿用 AutoCAD 来进行空调系统图的绘制。

6. 平面图

可在视图中通过建模工具、文字和详图线进行绘制，参数化生成，管线、阀门等需要按照实际尺寸建模，准确性更高，可以预制化，故建议采用 Revit 进行出图。见图5. 5-21 和图 5. 5-22。

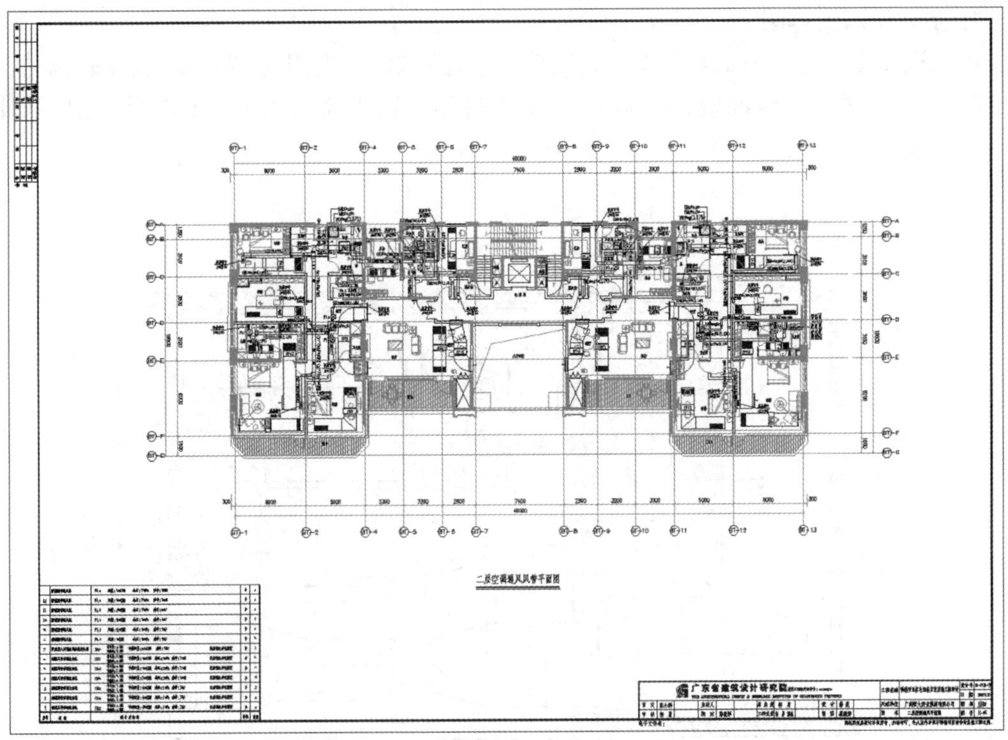

图 5.5-21　空调平面图（一）

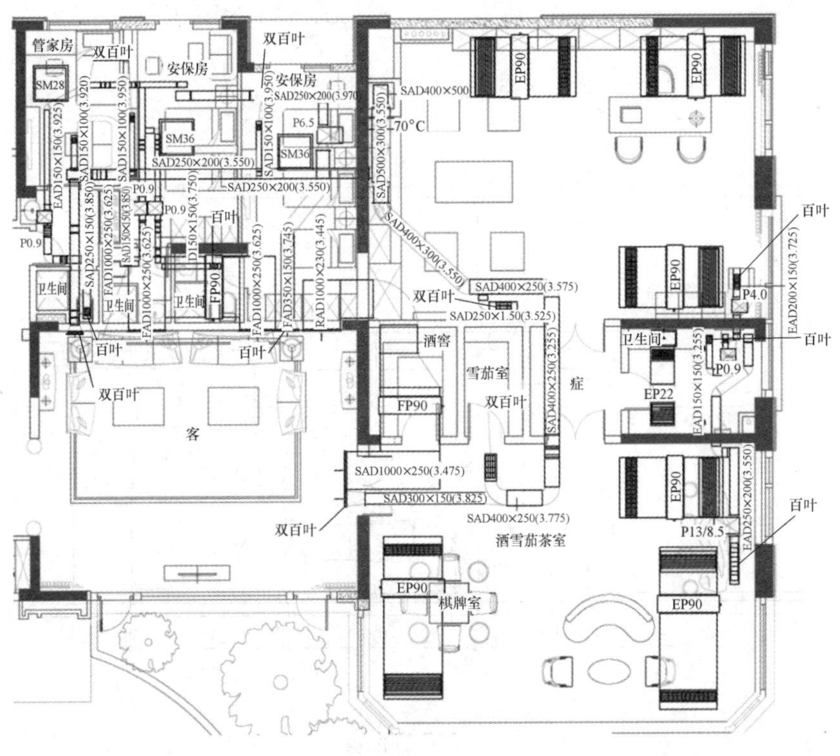

图 5.5-22　空调平面图（二）

7. 空调机房大样图

可在视图中通过建模工具、文字和详图线进行绘制，参数化生成，管线、阀门等需要按照实际尺寸建模，但准确性要高，可以预制化，故建议采用 Revit 进行出图。如图 5.5-23～图 5.5-25 所示。

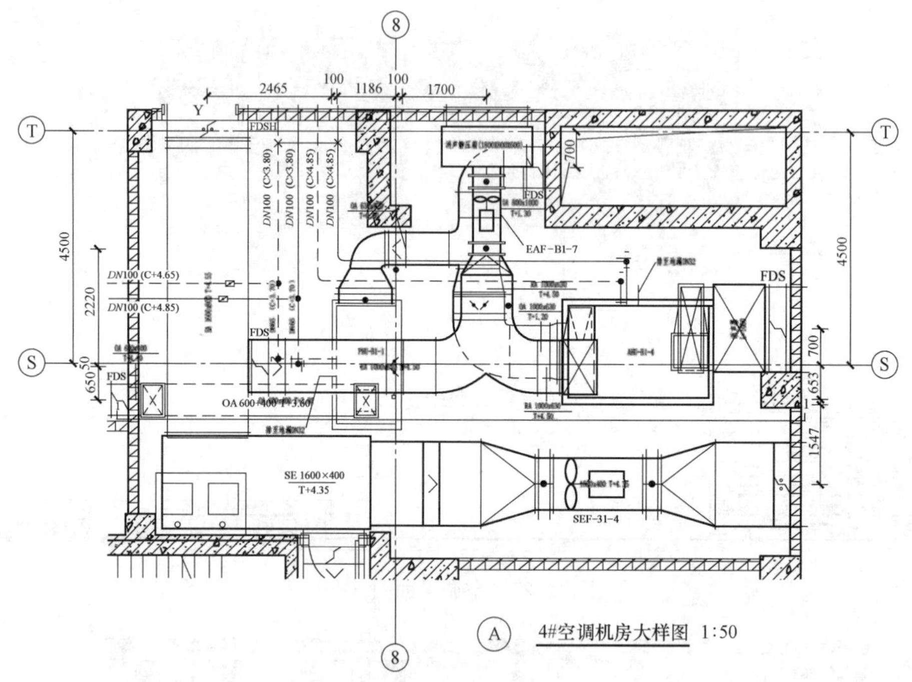

图 5.5-23　空调机房大样图（一）

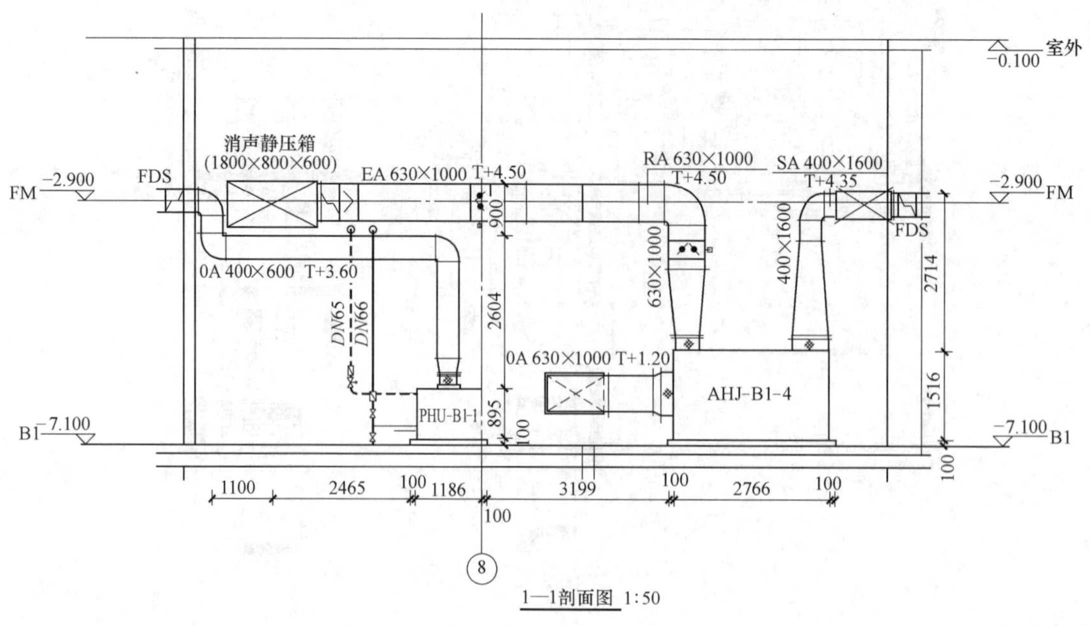

图 5.5-24　空调机房大样图（二）

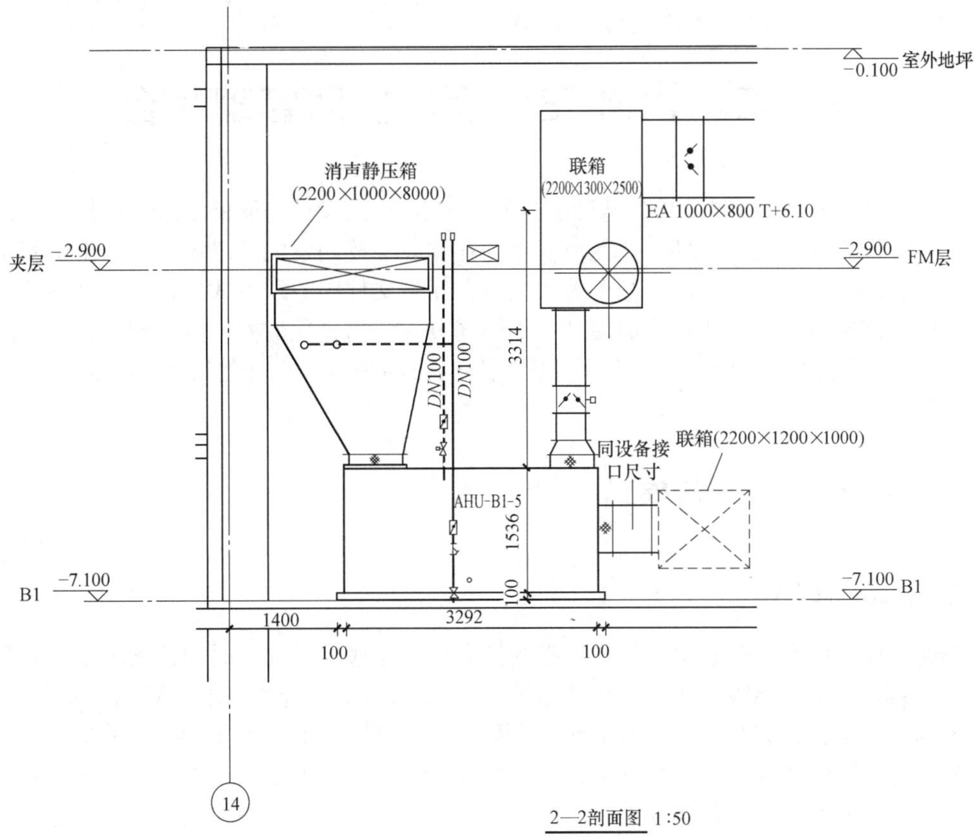

图 5.5-25　空调机房大样图（三）

第 6 章 BIM 正向设计协同管理平台

本章在传统 CAD 协同设计的基础上分析了 BIM 正向设计协同的需求，包括基于模型的协同、文件管理、权限管理、非几何信息的存储、一校两审的需求等，并给出了基于现有管理系统的实现方法。提出了基于关系型数据库+文件服务器方式进行数模分离的正向设计协同管理平台架构，使现有的模型文件协同方式与信息化的协同方式相结合，通过唯一 ID 值保证了数据的一致性，避免了建模软件、协同平台、企业管理系统、通信软件之间的重复工作。

6.1 BIM 正向设计协同模式

6.1.1 CAD 协同模式

在建设项目设计全过程中，工作成果的信息化、沟通协同的实时性、离散成果的合理归类与检索，决定了 BIM 正向设计应用的效率与成果质量。传统基于 CAD 的协同设计流程（图 6.1-1），无论采用纯 CAD 协同或采用基于 CAD 协同平台的协同，其核心均为对工程文件夹内图纸文件、文本文件进行一定程度的管理，其中可采用规定统一文件名、图层名称、图纸外参等一系列辅助方式更进一步提高文件协同过程中的规范性与便捷性。

但采用该方式时，建筑设计过程中的各类信息仍旧分存在不同 CAD 文件内对应的图层中，并以离散化的线段、单行文字进行描述，尽管经过数十年的发展，各类功能的二次开发难度依然很大。

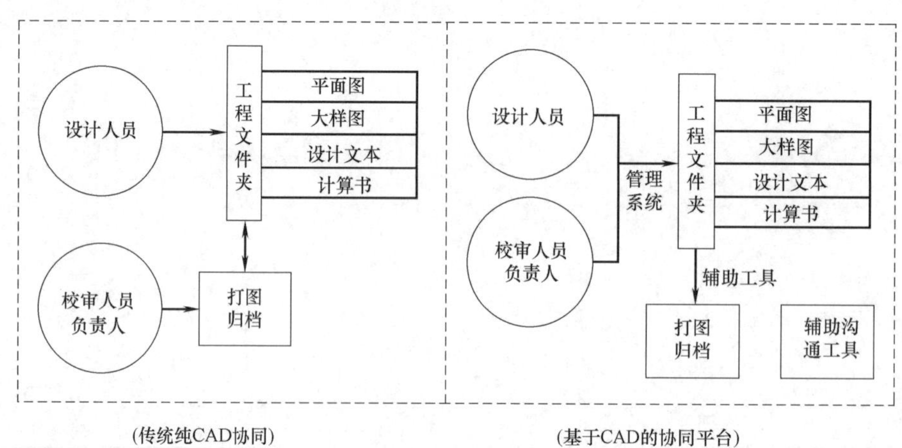

图 6.1-1 基于 CAD 的两种设计核心流程

6.1.2 BIM 协同模式

随着 BIM 的逐步发展，以带参数构件为基本单元作为一个存储整体、模型切图及标注进行图纸表达逐步成为信息化设计的主流。在该方式下，不同的设计人员、校审人、负责人面对的，不是离散为点线字符的平面图纸，而是带设计参数的整体模型，整体流程见图 6.1-2。在这种设计模式下，协同设计平台需要解决的问题，由基于文件架构协同转向了基于构件协同。

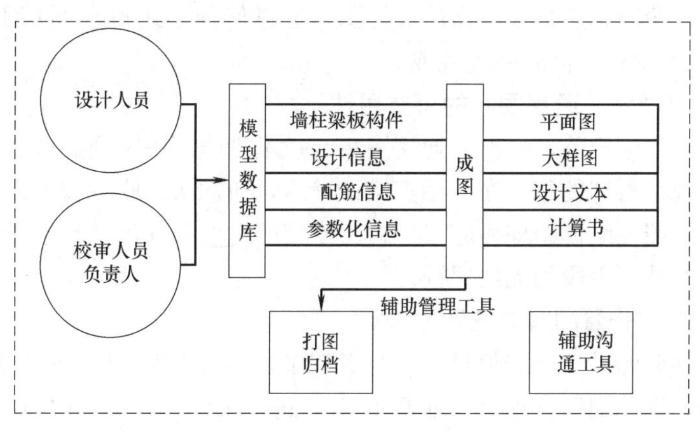

图 6.1-2　基于 BIM 的正向设计核心流程

在传统 CAD 协同过程中，由于人员、过程、成果均为扁平化，因此，尽管市面上涌现了大量协同设计平台，但在具体应用过程中，基本也可脱离协同平台进行 CAD 图纸的设计工作。然而，在基于 BIM 模型协同核心下，如果仍采用传统的扁平化方式进行设计协同管理，一方面，对于增加的建模工作并没有带来实质的质量效率提升，另一方面，模型信息层级的复杂性导致管理难度的成倍增加，这是目前 BIM 正向设计推广的困难点，也是开发正向设计平台的必要性。

6.2　管理平台建设的挑战

目前，设计院推行三维信息化设计过程中，结构专业由于其计算需要，对于整体抗震计算过程中涉及的计算模型信息已按三维存储及调用。对于设备专业，也能对设备系统进行 BIM 的模型设计、交底、管线综合等工作。对于建筑专业，能较好地完成本专业的建模与后续的部分辅助分析工作。然而，在对建设项目的整体推进过程中，基本仍无法做到全流程的多专业协同设计，仍以单专业的三维设计为主，以传统的二三维互提资料进行协同，主要原因及挑战如下：

1. 全三维设计增加设计管理工作量

基于三维设计后，除了二维平面信息外，需要人为指定三维信息、空间裁剪关系、构件优先级关系、非几何信息的表达方式等内容。该部分内容通常是由现场施工人员根据实际情况确定，如前置至设计阶段并反映到模型内，并在施工阶段进行实践，则对施工过程也提出了更严格的要求。

2. 反复修改下的协同流程

传统 CAD 设计中，主要依赖设计人员自身的经验，在反复修改过程中，通过 CAD 图纸进行问题的标注。该方式的优点是沟通更为直接有效，当互相参照二维图纸时，可直接查阅对应位置的批注。而当采用三维协同时，如何处理模型中的批注，并能在平面视图中直接体现。

3. 二维与三维成果的无缝对接

在二维设计过程中，大量具有较强规律性内容，都采用通用大样进行设计说明及描述。在二三维过渡阶段，这类成熟做法大样图，通过何种形式整合到基于 BIM 的设计模型中也是推广 BIM 设计平台的一大挑战。

4. 设计知识（图集、通用图）的可重用性

目前我国现存大量规范、标准、通用图集、技术措施等一系列要求性的设计内容，需要施工技术人员现场再作处理。在采用三维设计后，通常认为施工技术人员可以不依赖上述的这些内容，依照三维模型即可施工。这对模型的精度和准确性有了非常高的要求，然而目前相关软件的技术手段均无法保证。

5. 工作拆分及工作量的有效统计方法

对于中心化存储的设计模型信息，参与者较难以传统 CAD 图纸的方式对工作面及工作内容进行分割，因此如何合理有效地基于 BIM 进行工作面、工作内容的拆分尤为重要。

6. 技术与管理的一体化协同

在传统行业推行信息化过程中，以信息化技术改进既有生产方式、提高生产效率、降低错误与返工率等方面均有广泛的研究。而对于建筑行业而言，广泛的参与者、多样化的数据形式、密集的资金投入等，都是其特点，也是推行信息技术的主要挑战。

7. 建筑工业化的可扩展性

目前在上海、深圳已开展总承包企业编制施工图设计文件的试点。因此，从工程总承包的角度出发，在实际运用 BIM 正向设计的过程中，需要具有类似制造业工业化的相关做法，比如，能与加工系统相匹配、与物料系统相结合的概念及功能。

6.3 现有管理系统的开发应用

6.3.1 功能需求

对于通用数据协同平台的架设，既需要满足数据来源广泛而准确，满足基于 BIM 平台的基本数据要求，且需要在协同迭代过程中，保证各来源数据的一致性，其需求主要分为四大类：过程协同、成果管理、质量管理、外部扩展应用。

对于不同类型的设计院，在工作过程中应用 BIM 进行协同设计的侧重点也有所不同，见表 6.3-1，在平台开发时，应能弹性适应不同设计类型的工作模式，对功能进行强化或简化。不同类型设计单位的特点见本书第 2 章。

具体在设计各阶段对应有如下的应用点：

（1）项目立项阶段：在项目立项阶段，现有的企业内部自建的信息管理系统可录入合同、人员等信息，能满足基本需要。但该信息无法直接反馈到后续基于 BIM 的正向设计工作过程中，例如，无法确认人员任职资格是否符合规定、无法根据模型信息统计参与人员的工作量、提交模型审批表等。

不同类型设计院的需求　　表 6.3-1

模块	创作型事务所	生产型设计院	产业链型设计院
过程协同	√	√	√
成果管理		√	√
质量管理		√	√
外部扩展			√
侧重点	方案协同比选 族库管理 简化流程	统一样板及技术规定 过程可控 批量管理	全周期参与 标准化信息流 专项拆分及咨询

（2）设计阶段：设计项目的模型文件需采用文件服务器进行模型协同，Revit 自身也相应提供了链接、工作集、中心模型等基础协同功能，可较为成熟的完成模型协同、碰撞等工作。但在该过程中，如设计人员不在同一局域网办公，则无法直接使用此类协同功能，需将成果模型进行拆分，采用绑定模型、邮件发送的方式进行提资协同。

（3）交付阶段：该阶段目前主要仍以 CAD 图纸＋PDF 图纸进行交付，因此，通过常规的文件服务器，设定合理的文件目录，也可进行项目交付文件的管理。采用纬衡等协同工具，可对 CAD 图纸进行电子校审和签章的功能，但无法对模型文件及存储于模型内的图纸进行各类审核审定的操作。

（4）成果归档阶段：目前没有直接基于 BIM 模型进行归档管理工具，无法便捷查询归档模型的内容，但模型文件和图纸文件均可采用传统方式，设定合理的项目目录结构进行文件归档。通过 word 文档等格式编制 ISO 项目基本信息登记表，可对模型的版本信息、日期等内容进行部分信息的归档记录，可在一定程度便于后期的查阅。

6.3.2　应用方法

当前在 BIM 正向设计协同管理过程中，部分功能需求可通过现有的软件实现，应用解决方案有如下几类：

1. 基于模型的设计信息协同

由于建筑工程的复杂性，目前较为成熟的 BIM 建模平台均由专业软件公司开发，如 Autodesk 的 Revit 等。而对于设计单位而言，大多数基于现有 Revit 平台进行协同设计。在此过程中，通常只需要适度定制部分功能，系统过程大体与 CAD 的外部参照类似，Revit 中通常采用链接模型、工作集这两种方式进行设计模型的协同。这两种方式均依托文件服务器，对模型文件进行合理拆分后，互相参照进行三维协同，见图 6.3-1。而对于同一个专业内的不同设计人员，也可同时直接编辑同一个模型。

2. 设计文件管理及阶段化归档管理

基于 CAD 平台的协同设计较为成熟，主要有慧智、纬衡等。该功能核心为弥补各类 CAD 制图、建模软件对于文件权限、文件版本、文件归档等相关功能的不完善，因此提供定制化的文件管理器。基于 Revit 平台进行协同时，由于模型拆分的不确定性，目前仍未有成熟的项目模型架构管理平台，仅依赖统一命名方式进行模型、族的管理。在提资、不同版本的初步设计或施工图出图阶段，均较难对模型局部进行内容拆分归档，仅能将整体模型文件进行绑定或模型文件夹整体归档，并由模型导出 PDF 格式的图纸。设计完毕

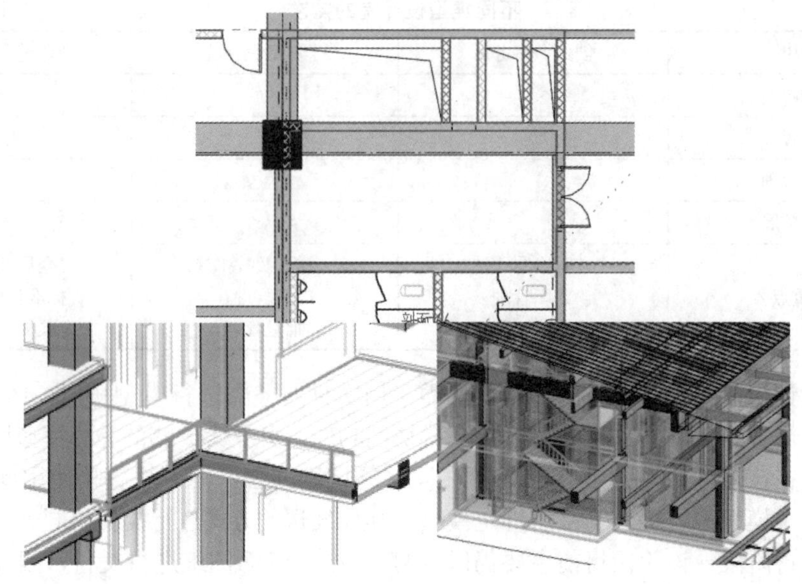

图 6.3-1　采用链接方式进行二三维协同

后，在日后翻查归档文件时，主要仍以查阅 PDF 图纸的方式进行，较难实现搜寻查阅模型内信息。

如探索者采用的解决方案，以模型导出的图纸为基本单位，进行二维图纸的设计文件管理，其模式见图 6.3-2。

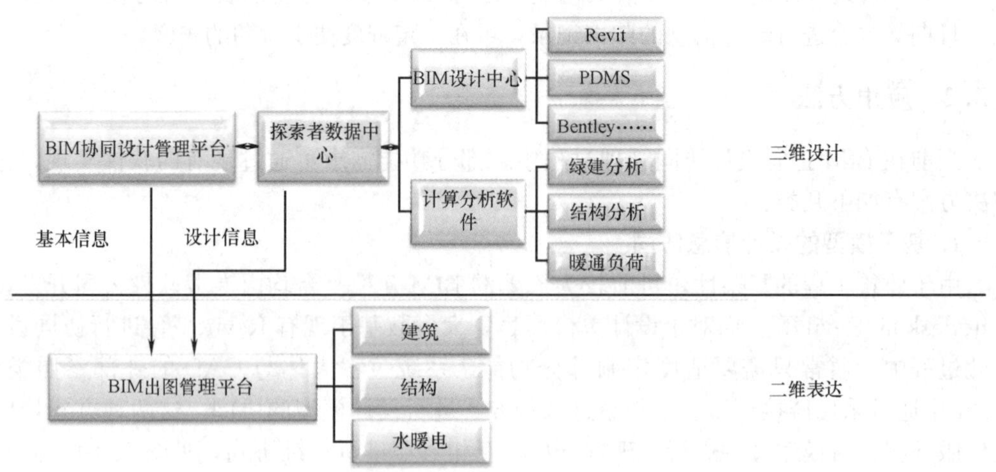

图 6.3-2　探索者采用的 BIM 设计成果二维管理方式

3. 项目拆分及精细化权限管理

在较大型项目中，参与专业众多，以往 CAD 平台可规定 CAD 成图文件的存储路径，对各专业的工作内容进行基于文件夹的权限设置。而当采用基于 BIM 平台进行协同设计时，如何处理好不同角色在模型中可编辑区域则较为困难。目前做法是采用 Revit 提供的模型拆分与链接功能，对模型按专业拆分，形成建筑、结构、设备、景观等不同专业的中心模型文件，对相应文件设置读写权限后采用链接模型的方式进行协同，示意见图6.3-3。

在该方式下，能满足以专业为单位的权限分离，但对于更为复杂的项目，无法对设计权限进行更为精细化的控制，且拆分的优劣对项目设计效率起主导作用，如拆分不当，将增加较多工作量。

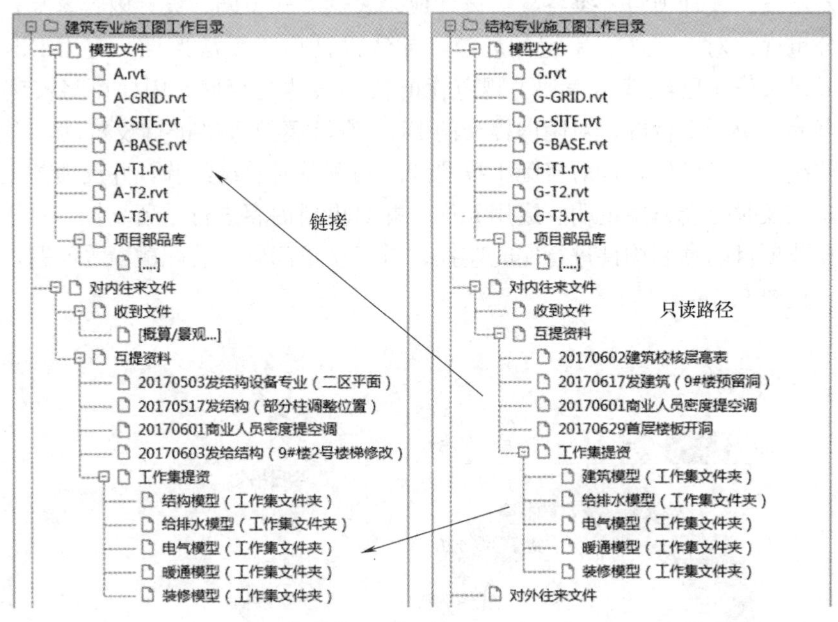

图 6.3-3　基于文件夹权限的模型拆分及控制权限

4. 一校两审、项目 ISO 管理

在设计过程中，每个设计成果均需要经过校对、审核、审定后，方可正式归档及下发。在以往 CAD 协同平台中，通过不同的 DWG 文件能对设计成果进行批注处理，完成校审意见单，可较为直观地对批注内容进行查阅、修改、复查，并生成符合出图归档要求的打图文件。而在 ISO 项目管理等环节，由于 CAD 信息的离散性，导致在协同设计过程中，大量的设计过程信息与项目管理相脱节，应用 BIM 进行设计后能解决该问题。

目前应用 BIM 模型进行设计后，相关校审过程也依赖模型中相应的出图视图进行，与 CAD 平台相一致。在实际应用过程中，可只进行部分二次开发，按照传统的校审逻辑，对图纸进行校审。如需进一步发挥 BIM 模型的优势，可对构件信息等内容进行参数化描述后，进行进一步的自动化校审，并吸纳院内统一技术措施的相关规则，如 GSRevit、探索者提供的梁配筋规范校核工具。

5. 设计与管理一体化协同

随着建筑产业化的逐步深入，设计、施工一体化也展开试点，在推行过程中，BIM 正向设计平台需与企业管理平台进行一体化整合，设计信息、设计过程信息、统一技术标准、经营管理等各类信息需要在设计过程中实时与构件加工、现场情况同步。例如在应用 BIM 进行装配式建筑设计、生产加工、安装等环节，均需进一步扩展 BIM 信息应用的广度，在面向不同工业化生产单位时也需进行相关构件列表、信息的对接，以进一步提高建筑行业的工业化水平与层次，充分发挥并挖掘 BIM 模型中的信息。

6. 基于模型信息的多项目统筹监控

应用 BIM 进行建筑工程设计后，应能对相应的信息进行充分的挖掘，以弥补现有设计过程中的缺失。如在校审阶段，从设计院层面而言，由于设计项目数量较多、设计人员水平的参差不齐、设计项目种类各异、设计成果表达方式不同、设计内容繁复，相关人员并未能充分重视校对、审核、审定的环节，导致设计质量无法保证。应用 BIM 模型后，由于设计成果及信息已经基本得到了规范化的模型表达与存储，因此可将校审阶段的规则，直接存储在协同平台内，对院内提交的 BIM 项目模型直接进行校核后，得到反馈意见。对于院统一技术措施，针对实际工程遇到的问题及时总结经验，并反馈到正在设计中的项目中，如及时更新通用说明、通用大样，并对更新内容进行重新复核。对于装配式建筑，可对在建项目的预制构件进行实时监控，对于质量问题、装配碰撞等问题，及时进行现场处理，见图 6.3-4。

图 6.3-4　基于模型信息的实时质量监控

7. 装配式项目协同设计管理

在传统的建筑协同模式中，各专业单独绘制 CAD 平面图，通过邮件及电话对图纸问题进行沟通和提资，并由现场施工单位分别查阅各专业图纸，对木模板进行切割留洞和预埋管等处理，钢筋等也依靠现场放样、下料、绑扎、掰弯微调进行处理。上述问题，基本靠现场多工种汇总，遇到问题也是现场解决，造成大量人力物力财力的浪费，也使得施工进度计划无法准确控制。

而装配式建筑需要把设计、工种配合、施工措施、施工模拟等都安排在前期，通过计算机技术和协同管理平台进行信息的汇总，部件生产也都安排在工厂车间中一体化完成。体现装配式建筑优势的地方正是建设项目信息的高度集成化，这就意味着不同工种间、企业间信息的高度集成。在设计前期，就要充分考虑和整合不同工种的成果。在施工过程中，现场需提前合理安排各层各类型构件的加工、运输、装配、后浇及检测等环节。

广州市某保障房项目为装配式高层住宅项目，在设计阶段采用 Revit 及相关插件进行建模、构件拆分及加工图设计，见图 6.3-5，模型深度达到施工图深度，部品模型达到加工图深度，在 BIM 模型中均存储有构件的各项设计属性。

该项目采用作者基于数模分离、模型轻量化、Web 云协同等架构开发完成的 GDAD-PCMIS 系统，导入 Revit 模型并进行轻量化处理后，存储于网络数据库中，供各终端进行查阅。在深化设计阶段，通过协同管理系统可对每类部品进行扫码查阅及管理。项目部品数据库中的内容也一直贯穿后续的构件加工、运输、现场堆放、吊装、后浇及验收等各阶段，见图 6.3-6。此外，在项目推进过程中，业主及各参建方也可通过本系统进行进度管理，有效准确地把控了项目进程和工程质量。

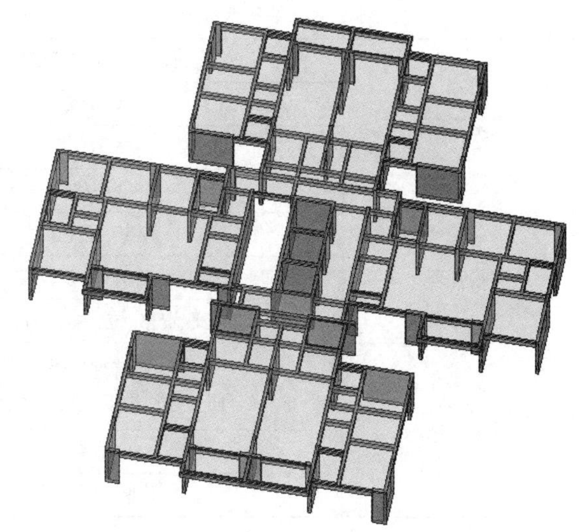

图 6.3-5　某保障房项目 BIM 设计模型

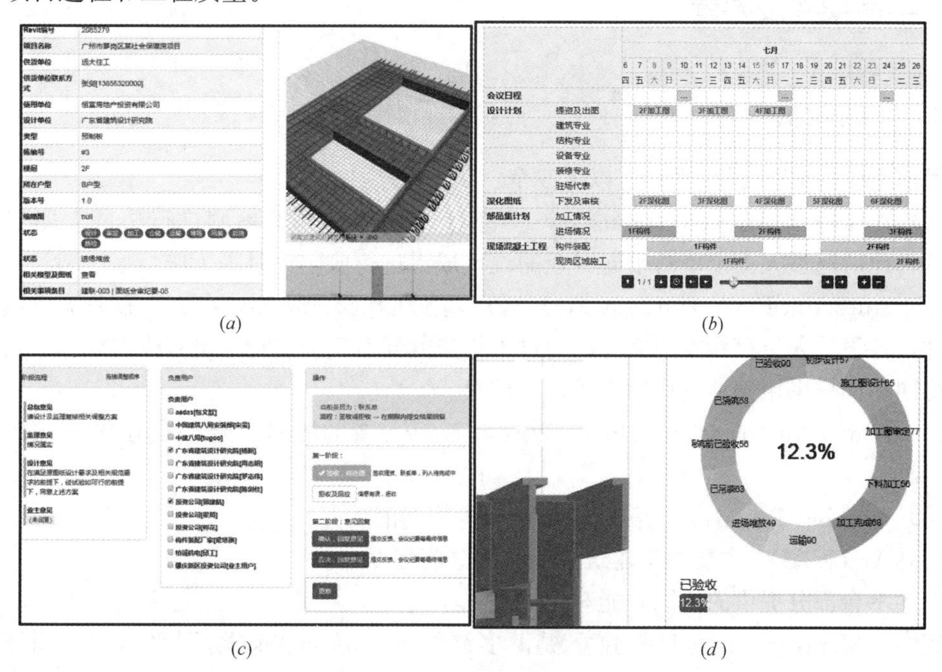

(*a*)　(*b*)

(*c*)　(*d*)

图 6.3-6　协同平台部分功能界面

(*a*) 轻量化构件信息查询；(*b*) 项目协同进度管理；(*c*) 设计协同信息处理；(*d*) 项目信息概览

当前在 BIM 正向设计协同管理过程中，应用解决方案汇总见表 6.3-2。由于缺乏较为统一的协同管理平台，各类管理数据无法互通，无法充分发挥 BIM 数据的优势。

协同平台基本模块 **表 6.3-2**

基本模块	需　求	现状解决方案
过程协同	模型信息协同	Revit 协同功能
	提资、会审	纬衡(基于 CAD)
	族库管理	天正、探索者
	工具箱(如自动导荷等)	
成果管理	文件管理、版本管理	慧智、纬衡(基于 CAD) 探索者
	过程归档	
	成图	
	ISO 表格	Word
质量管理	校审、批注	天正、探索者
	自动辅助计算及校核	
	任职资格、统一技术标准	企业级图集、手册
外部扩展	企业管理系统 (合同、人员、进度、财务、报优等)	企业自建
	ISO 体系	Word
	工业化制造	GDAD-PCMIS

6.4 平台架构及要素

6.4.1 基础 BIM 平台

目前主流的 BIM 设计平台有以下 5 个：

(1) Autodesk AutoCAD (buzzsaw)，基于平面图的外部参照进行协同，即俗称的“叠图”，此后通过人工校审对不同专业的设计成果进行协同校对等工作。

(2) Autodesk Revit (buzzsaw)，可采用基于工作集的协同，在文件服务器中设置中心文件，各设计人员存储本地文件，通过工作集共同对模型进行编辑修改等操作。对于多专业协同，同样采用模型链接的方式进行校对。

(3) Bently Microstation (ProjectWise)，有较完善的协同功能，采用 Web 端浏览与批注。

(4) Trimble Tekla，用于深化设计，较少协同的功能。

(5) ArchiCAD，主要用于建筑单专业的全流程设计。

上述平台部分提供的协同功能对比见表 6.4-1。

其中，Microstation 本身就独立提供多终端的 ProjectWise 协同平台，且由于 Microstation 平台底层数据架构的效率优势，在基础设施行业，得到深入的开发，如华东院利用 Microstation 进行二次开发后进行三维协同设计已十分成熟。而 Revit 平台凭借完善

主流 BIM 设计平台　　**表 6.4-1**

功能		AutoCAD	Revit	Microstation	Tekla	ArchiCAD
功能侧重		二维图纸设计	民用建筑	基础设施	钢结构深化	建筑方案
二次开发	难度	容易	容易，限制较多	难，较为开放	较难	较难
	数量	多，较为成熟	多，较为成熟	少，内部应用	少	少
数据中心		无	基于模型速度慢	速度快	基于模型	基于模型
协同功能		无	有	有	无	有

的建模、族、界面友好、操作便捷等优势，在民用建筑领域应用广泛，各类二次开发小工具完善，但协同主要依赖模型拆分、工作集，缺乏成体系的协同设计平台，基于 RVT 模型文件进行数据存储的效率也较低。

目前常用的协同设计软件主要有广厦、盈建科、P-BIMS、探索者、理正、橄榄山、向日葵、广联达、鲁班等，提供功能侧重于建模工具、数据中心、数据接口、协同管理、图档管理、权限控制或多终端等相关功能，具体见第 7 章相关内容。

6.4.2　平台技术架构

从技术层面而言，受制于 BIM 相关平台开发规模较大、构件类型与数据关系复杂，目前建模及操作软件均基于上述 5 套软件，并在其基础上进行二次开发实现各类扩展功能。然而，设计过程中的关键流程，如图纸管理、校对批注、自动出图及归档、详细的权限控制等功能，均无法直接在 BIM 平台进行。因此，如何高效契合现有 BIM 核心软件、通过内外部数据交互使得 BIM 管理与企业生产经营管理有机结合，是推行协同平台的关键。

主流数据存储方式分为文件存储与关系型数据库存储，其中，文件服务器为传统的设计协同方式，即对工作中的模型文件、图纸文件、文本文件存储于共享的文件服务器中，并根据特定的权限需求，给予不同设计人员调用、查看、编辑、出图等操作；而基于关系型数据库存储时，则是将所有参数化数据以关系型数据存储于不同分类的“表”中，通过程序预处理后直接对表中的字段进行增删、修改、排序、统计等数据库操作，架构形式见图 6.4-1 BIM 正向协同平台体系架构。

该协同模式的核心是“数模分离”，即在如 Revit 等 BIM 建模平台中，进行几何模型及加工模型的建模、调整、出图等操作，并记录其构件对应的 ID 值。而在正向设计平台中，可对该 ID 值进行跟踪，并在独立的数据库中，对版本、状态等信息进行单独存储，以实现校对、审核审定、工作量统计等功能。通过 ID 值关联，当仅对构件的非几何属性（如批注、状态参数、强度属性）进行编辑时，只修改 MySQL 数据库中相应键值，而不对具体 Revit 模型中的参数进行修改，能极大降低 Revit 运算复杂度，提高 BIM 模型设计效率，同时也能满足项目设计深度、设计成果一致性、批量校核等要求。

一般设计单位的设计管理工作主要分为以下 5 个部分：

（1）数据终端：基于 BIM 的正向设计过程，包含 Revit 模型文件、CAD 大样图、文本及计算书。

（2）设计端：包含设计信息协同、提资的收发、模型构件信息的协同。

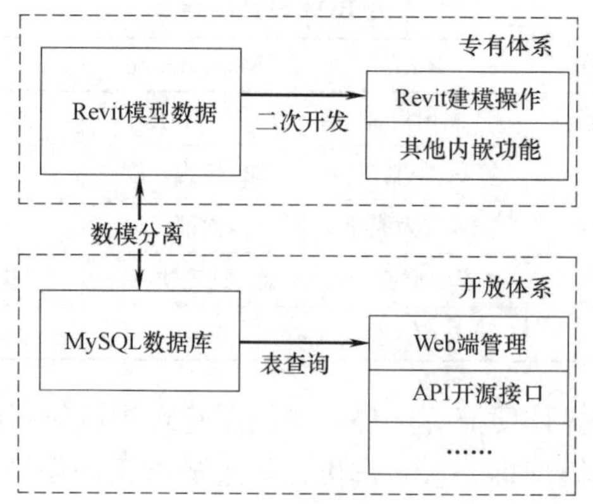

图 6.4-1 BIM 正向协同平台体系架构

（3）经营管理端：用于确定项目定位、人员分配、进度计划、财务管理等内容。

（4）质量管理端：用于各项目一校两审的批注处理、各项目常见问题总结、质量相关的数据统计。

（5）图档管理端：用于图纸归档，查询，打图等操作，可跟晒图公司对接。

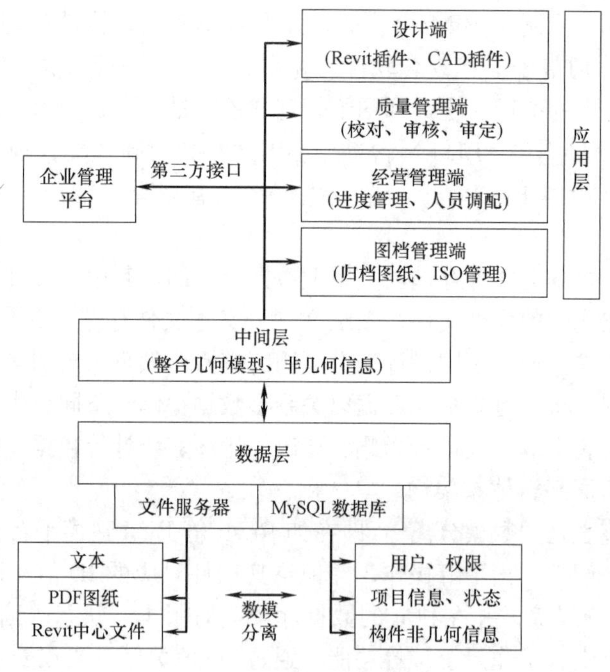

图 6.4-2 BIM 平台架构

结合上述工作架构，基于 BIM 架设的正向设计平台的典型结构见图 6.4-2 BIM 平台架构，该架构中，数据层分别存储二三维模型文件、构件非几何数据，通过中间层完成整合后，在应用层提供统一的功能，避免工作过程中反复调用不同的软件、平台，造成数据的不一致。

该模式的典型优势主要有：充分发挥 BIM 信息在全周期的一体化应用、实现构件层次的精细化信息管理与数据共享互通。基于该模式，广东省建筑设计研究院已完成的装配式建筑的轻量化协同管理平台，提供基于模型构件层级的信息协同与提资校审，能高效完成各项定制化的数据处理查询功能，平台界面见图 6.4-3，在广州市白云区某保障性住房的装配式设计过程中，对构件的设计阶段、版本进度进行控制，能有效保证设计成果与加工图纸的一致性。

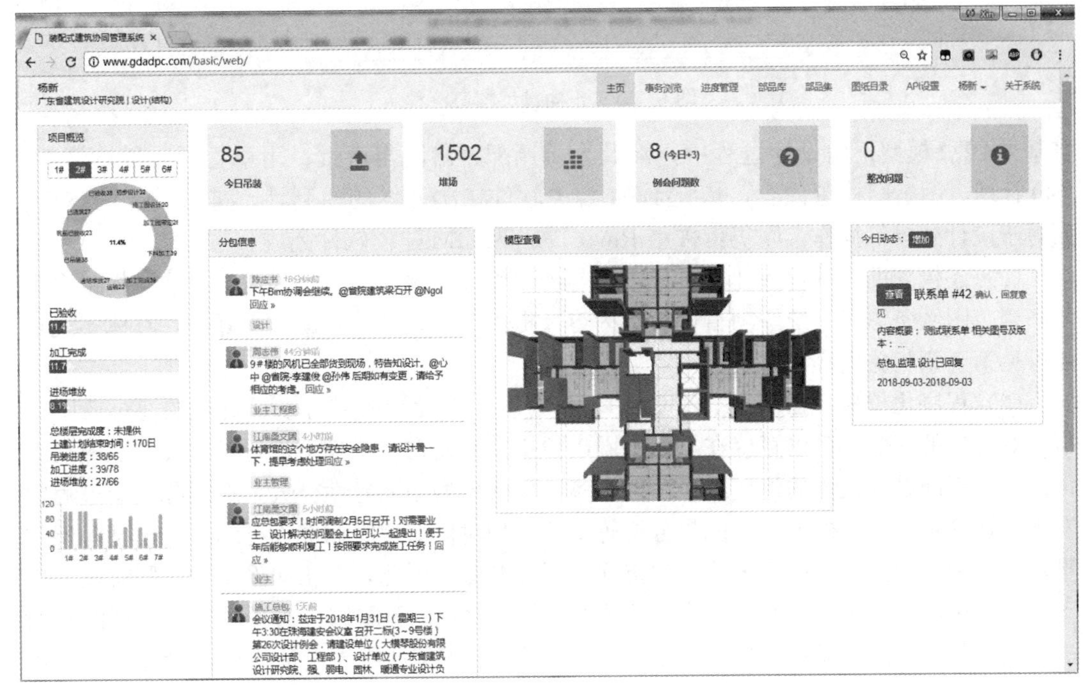

图 6.4-3　基于数模分离平台的工程案例

6.4.3　主要功能

1. 数据架构

(1) 对于正向设计平台的数据，模型数据存储在 BIM 软件（如 Revit）中，以文件管理器的形式进行模型数据的管理。对于项目辅助信息，采用独立的数据库进行存储。对两者之间需要进行关联的数据，基于 Revit 模型中相应构件的 RevitID 进行链接，并基于二次开发，对相应构件自动链接，同步相关的信息。

(2) 对设计过程中的中间数据，基于版本号及提交日期进行存储，保证资料的可回溯。

(3) 数据权限控制中，对于模型文件，可采用对中心文件的文件权限进行管理，对非本专业用户采用只读方式进行。对于协同平台数据，采用前端界面根据用户登录的权限进行管理。

2. 应用功能

基于 BIM 正向设计的主要核心功能，即“设计-提资及会审-校审-成图”，以及贯穿其全过程的项目管理流程，见图 6.4-4。

在该过程中，具体应用功能有：

(1) 项目信息管理：该系统可基于设计院自身的信息管理系统进行一定程度的整合，

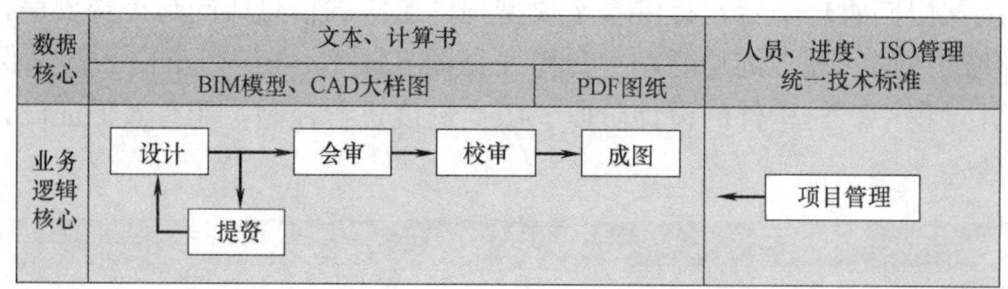

图 6.4-4　正向设计核心流程

将基于BIM模型正向设计过程中，涉及人员调配、出图与审批、用章管理、科技管理、ISO管理、图纸归档等内容，依托BIM相关软件二次开发的便利性，进行功能的整合。而对于设计建模等操作，则仍可采用Revit等成熟BIM建模软件完成。

（2）建模辅助工具：在建模过程中，与项目管理相关的信息，如校对批注、批量出图及归档、图纸条形码、统一项目模板等内容，提供一定程度的辅助二次开发，具体实现功能可见第7章相关内容。

（3）程序化校核：在传统基于CAD设计过程中，设计成果可以很直观的通过蓝图校审，对发现的问题也可以直接在图纸中圈出更正。然而在基于模型进行正向设计及模型交付阶段，不同设计人员的建模水平参差不齐，导致模型的差异性极大，在实际应用过程中发现，在算量、施工模拟、性能化分析等阶段，如对模型建模标准没有统一，模型建模质量较差，则会导致模型信息无法有效传递到下游专业。因此，在正向设计的不同阶段，自动对模型精细度、ISO相关信息的完整程度进行程序化的预校审，对不同阶段模型的异同进行判别与构件高亮显示，如图6.4-5所示，通过技术手段提高设计质量与设计的标准化程度。

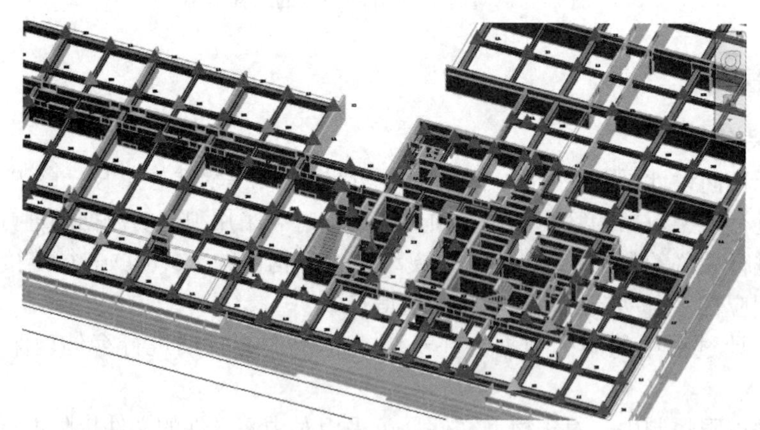

图 6.4-5　模型可视化校核示意

（4）基于BIM的设计信息提资：除了建模标准以外，在设计过程中的非模型信息，如建筑面层厚度、设备荷载、水箱体积、设备预留孔洞等提资内容，也应对其进行标准化模型信息提资的处理，提供建筑设备的一体化自动导荷与荷载复核等功能，如图6.4-6所示，以充分利用BIM模型进行正向设计的优势。

3. 管理与统计

（1）设计项目ISO管理：在设计过程的各类操作中，对需要进行ISO管理归档的信

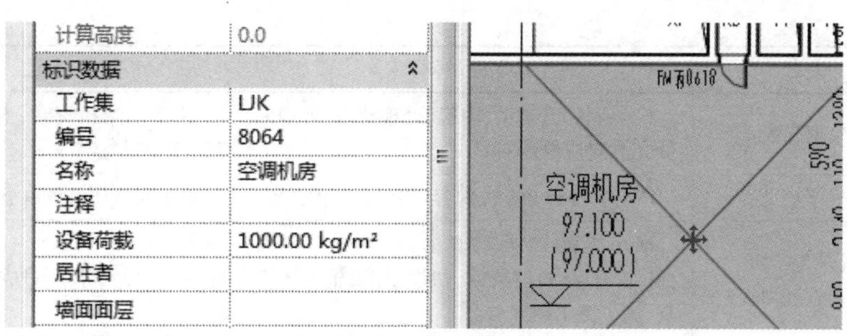

图 6.4-6　基于模型提资范例（对应实例参数）

息进行存储，实时追踪，并在设计全过程保证信息的一致性。

（2）业务逻辑的灵活调度：对于复杂程度不尽相同的各类型项目，在协同过程中，也有一定的差异。如简单项目，应能对相应的业务流程、人员设置进行合适的简化，避免对项目效率造成影响，也不利于在院内推广应用。对于复杂项目，也应能根据其侧重点，对相应的校审、质量控制等环节进行一定程度的适应性调节。

（3）指标统计：在人员调配、设计进度控制、设计质量监控、重点项目抽查等环节，可直接在协同平台内，调取审批单、进度计划、构件深度等相关的关键数据参数，进行相应的统计分析。

6.5　平台开发关键技术

6.5.1　项目数据结构

与既有企业信息管理平台的数据需求相似，BIM 正向设计协同平台的数据结构形式也基本分为项目列表、人员列表、统一技术规定、项目文件列表、单据列表、校审列表、图档管理、质量控制数据等这几大环节。而在应用 BIM 后，在文件数据中，则需分为二维图纸数据、三维图纸数据，具体示例见表 6.5-1。其中，三维图纸数据可通过 Revit 模型中的构件属性参数进行提取。通过云数据库，上述数据可以满足精确权限控制、可重用、可拓展等特性。

项目数据结构示例　　表 6.5-1

序号	表名	字段举例	备注
1	项目列表	Pid、名称、类型、日期、参与人员、路径、合同	用于存储项目列表
2	合同列表	Hid、项目 id、内容、签订日期	用于存储合同列表
3	人员列表	Uid、姓名、岗位、任职资格、起止日期、部门	用于存储单位人员列表
4	院配置文件统一规定	Sid、配置项、配置值	用于存储设计单位内部统一规定的参数值
5	项目文件列表	Fid、项目 id、文件路径、文件属性 sid	用于项目 BIM 文件管理系统

续表

序号	表名	字段举例	备注
6	单据列表	Jid、项目 id、类型、内容、处理状态、处理人员、fid、对应构件 eid	用于存储提资单、校审意见单等 ISO 表格内容
7	校审意见	Pid、项目 id、阶段、内容、构件 eid、批注人	用于存储项目校审意见
8	成果与归档（图档管理列表）	Mid、类别（图纸、计算书、方案文本）、fid、pid、状态值（初设校审、初设出图、施工图审查、施工图出图）	用于存储具体项目成果及归档图
9	质量控制规则库	id、生效准则、规则定义、依据来源、规则等级、处理原则	用于定义通用的质量管理规则，对 BIM 模型进行质量监控
10	标准图集、样板	id、文件路径、版本、批准日期、当前状态	院统一技术规定对应的文件列表清单

6.5.2 业务流程

在企业进行管理平台研发过程中，不同企业都会根据自身实际情况进行业务流程的定制。并在日常使用过程中，根据员工反馈意见，进行反复迭代更新。下面结合设计单位在开展工程设计过程中的主要业务流程，梳理基本架构、模型及文档数据的流转方式。

1. 项目基本业务流程

在应用正向协同平台进行项目的 BIM 全流程协同设计时，其基本业务流程见图 6.5-1。其中，在启动阶段，项目基本信息、人员安排、进度计划信息将根据实际情况存储于协同平台中，并结合企业管理平台，对后续的设计、审核、出图、用章管理等阶段进行一体化管理。在设计阶段，设计过程文件、模型文件、图纸等文件，则可通过协同平台中的文件管理器进行文件版本管理等处理，而设计过程中具体模型拆分、参照等均与以往设计流程相一致，并可通过少量二次开发以提高软件操作效率。在出图阶段，结合成图文件、BIM 模型，对项目 ISO 相关资料进行复核后，完成出图及相应的盖章，并对模型等资料进行归档处理。

2. 设计迭代、成果输出业务流程

在设计开始阶段，以院统一技术规定为基础，采用统一项目样本进行起步，在协同平台建立相应的文件层级目录，并结合人员信息，新建工作集。此后，在设计不断迭代的阶段，在系统中存储有提资单、校审意见等相应的文件，且该文件与 BIM 模型中构件 id 值一一对应，在校审单中可直接查阅对应构件的局部三维视图、二维图纸及查阅构件参数等功能。具体业务流程见图 6.5-2 所示。

3. 质量控制业务逻辑

在项目质量全流程控制环节，基于协同平台后，在传统的一校两审、施工监测等环节，可采用模型校审、模型批注及修改跟踪。在对质量控制上，也可根据 BIM 应用深度，对相关强条、院统一技术措施，通过技术手段直接写入到 BIM 模型参数中，对出图成果进行强制要求。由于结构的相关规范要求均已定量化进行要求，因此在技术上较容易实现，如对跨度大于 12m 的框架梁，强制验算裂缝挠度，对未验算的工程，系统直接进行判定，并对后续出图校对进行相应的提醒。又如在院生产安全专篇中，直接对 BIM 模型

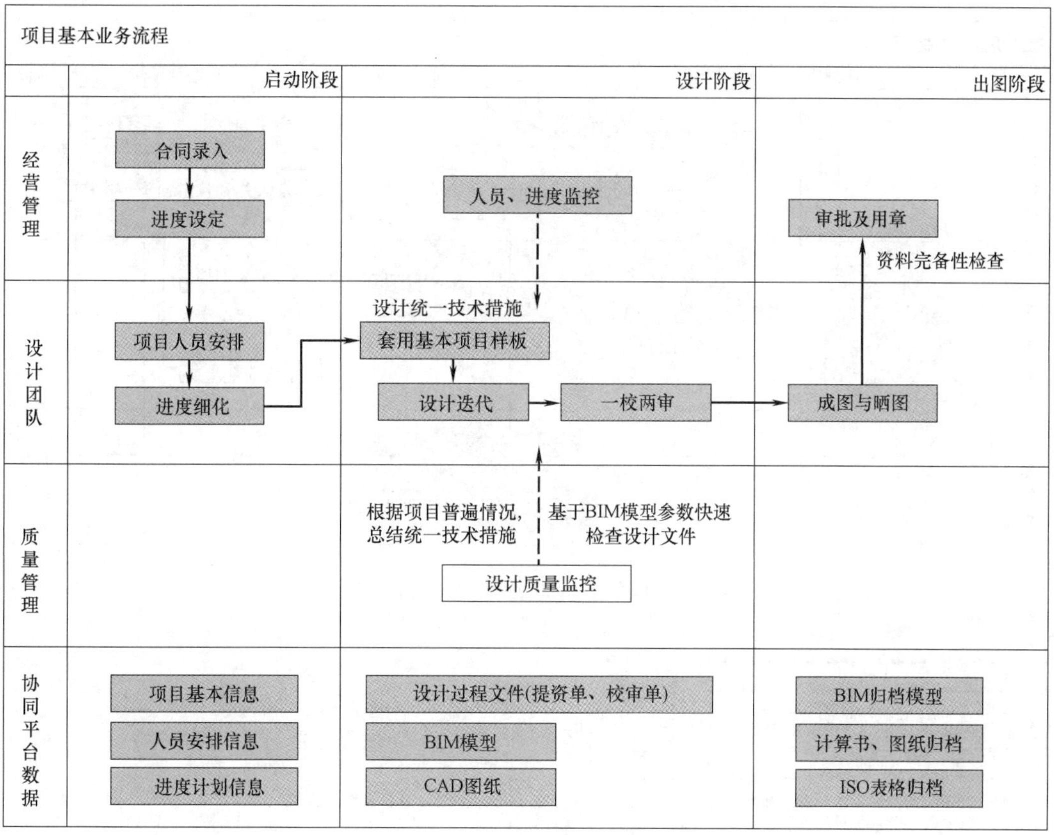

项目基本业务流程
启动阶段
设计阶段
出图阶段
经营管理
设计团队
质量管理
协同平台数据
合同录入
进度设定
项目人员安排
进度细化
人员、进度监控
设计统一技术措施
套用基本项目样板
设计迭代
一校两审
审批及用章
资料完备性检查
成图与晒图
根据项目普遍情况，
总结统一技术措施
基于BIM模型参数快速
检查设计文件
设计质量监控
项目基本信息
人员安排信息
进度计划信息
设计过程文件(提资单、校审单)
BIM模型
CAD图纸
BIM归档模型
计算书、图纸归档
ISO表格归档

图 6.5-1　项目基本业务流程

BIM正向设计迭代业务流程
启动阶段
设计阶段
出图阶段
设计团队
平台数据
质量管理
套用基本项目样板
人员安排
设计迭代
一校两审
成图与晒图
Revit
校板文件
协同平台提交、处理
技术统一规定
人员信息
进度计划信息
设计过程文件(提资单、校审单)
ISO表格归档
基于BIM模型信息的规
范化提资、信息交互
项目文件管理
BIM模型
CAD图纸
BIM归档模型
计算书、图纸归档
根据项目普遍情况，
总结统一技术措施
设计质量监控

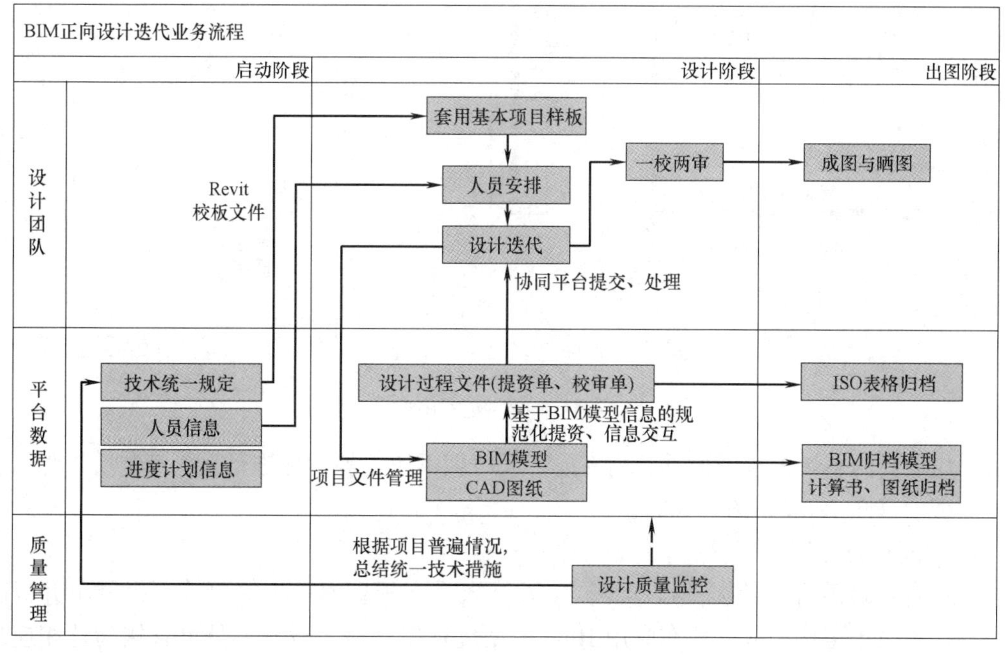

图 6.5-2　BIM 正向设计迭代业务流程

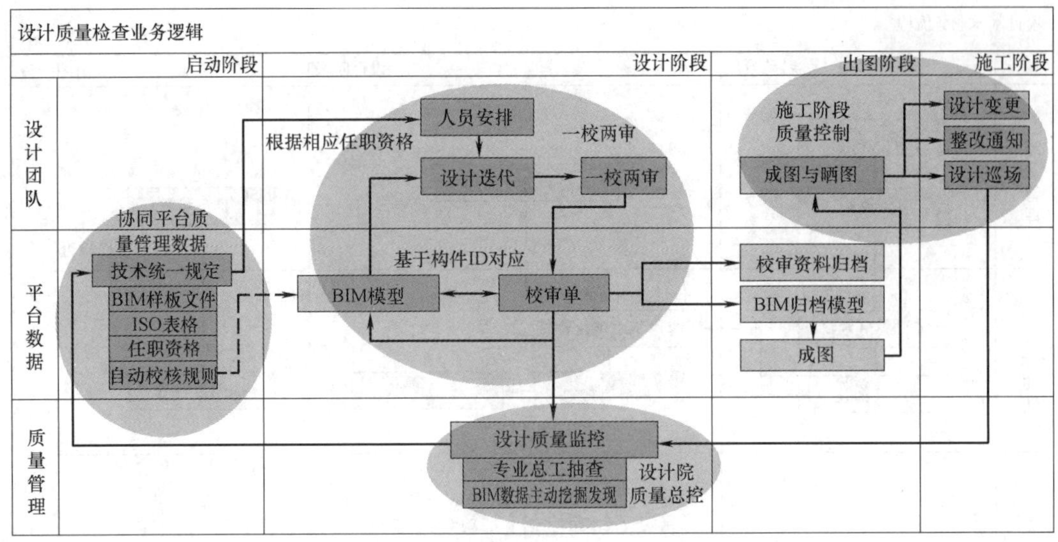

图 6.5-3　质量控制业务逻辑

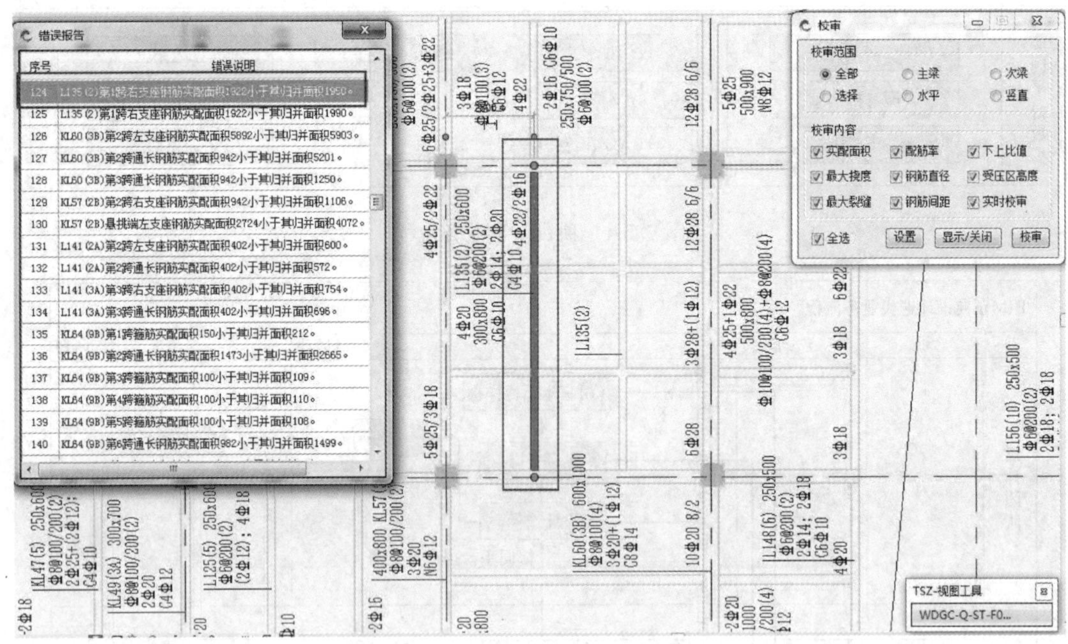

图 6.5-4　梁自动校审示例

中的相应设计内容，如预应力梁、高支模、大跨度钢屋盖等情况进行系统判定后，写入相应的图纸中（图 6.5-3、图 6.5-4）。

4. 协同提资流程

与现有 ISO 管理中的提资过程相同，设计人员在提资时，也需要填写提资单并提交相应的提资成果至接受人。而在应用 BIM 模型进行提资后，设计人员可直接勾选相应构件、模型视图、模型视图内对应的云线对象后，直接生成电子版的提资单，并通过对模型信息的存储以满足提资资料留痕的要求（图 6.5-5）。当接收人接收提资单后，可直接定位到对应的模型视图中进行查阅，具体流程见图 6.5-6。在该方式下，提资内容的一致性、可溯性、规范性都能得到保证，避免部分项目由于过程提资不规范，后期写“回忆录”的情况。

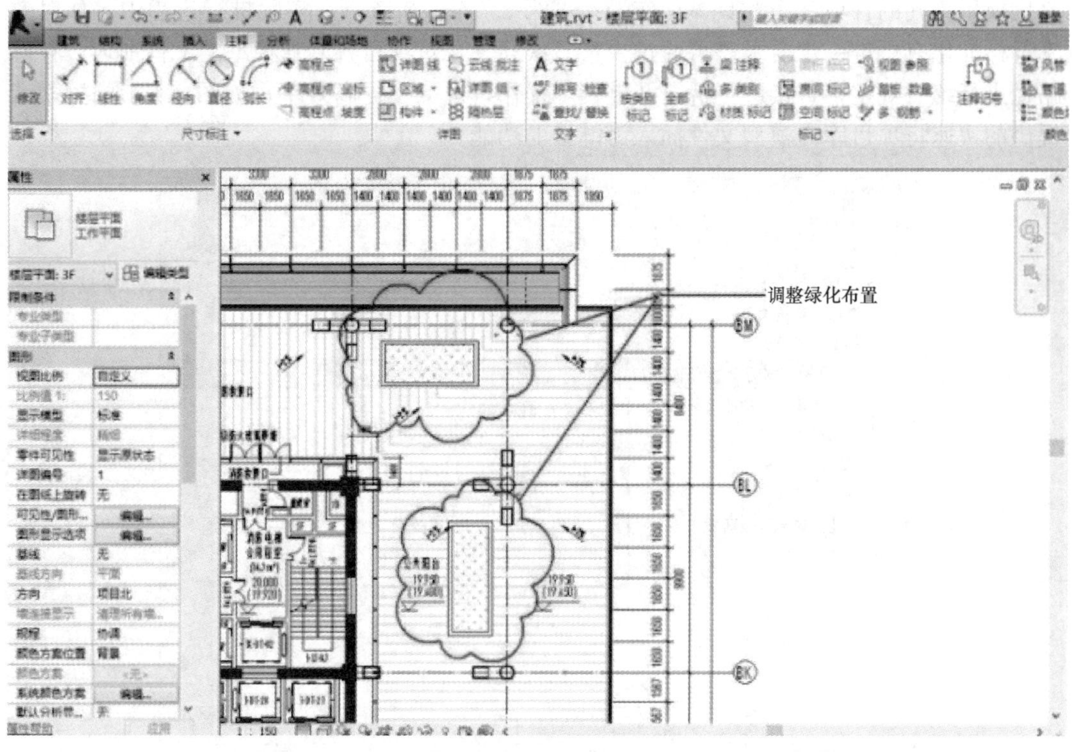

图 6.5-5　模型批注与提资示例

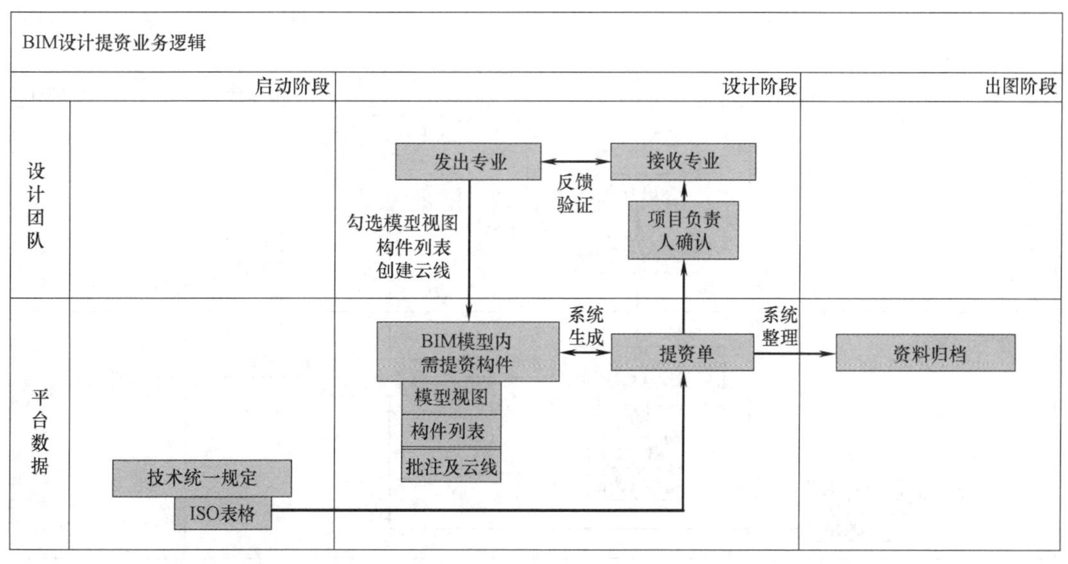

图 6.5-6　基于协同平台的设计提资业务流程

5. 中心文件/工作集、链接管理

由于大部分 BIM 设计平台均提供相应的基于模型的多专业协同功能，如 Revit 中的工作集与模型链接，采用该方式时，可方便地对项目模型进行拆分、互相参照，并通过复制监视等功能，完成墙柱、轴网标高的信息同步工作，因此在该环节，基本可通过该功能完成模型协同的各项工作，具体操作详本书第 3.7～3.9 节。在实际推行过程中，如对效率及标准化有更进一步要求，可通过少量二次开发，对项目各专业模型的文件命名、存储路径进行统一规定，直接进行拆分及链接等操作，进一步提高效率，如图 6.5-7 中探索者提供的快速将项目库内模型文件插入为链接的功能。

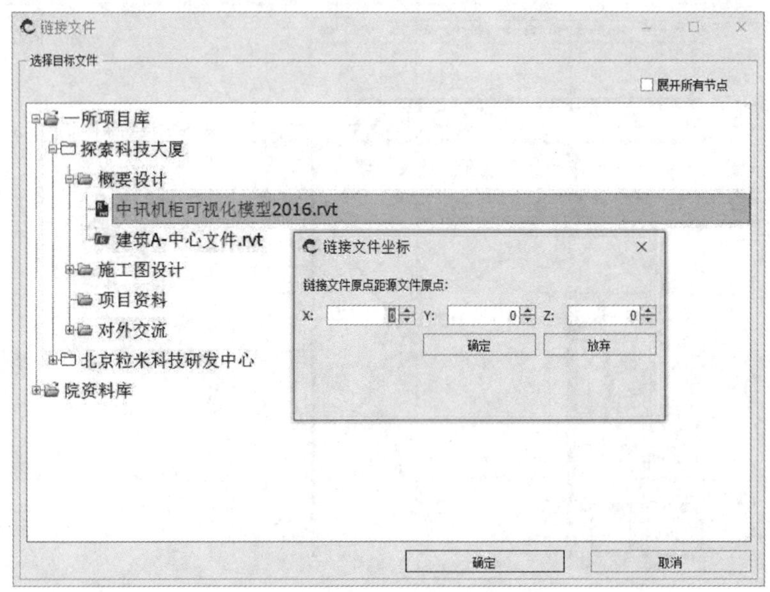

图 6.5-7　探索者提供的辅助插入链接工具示例

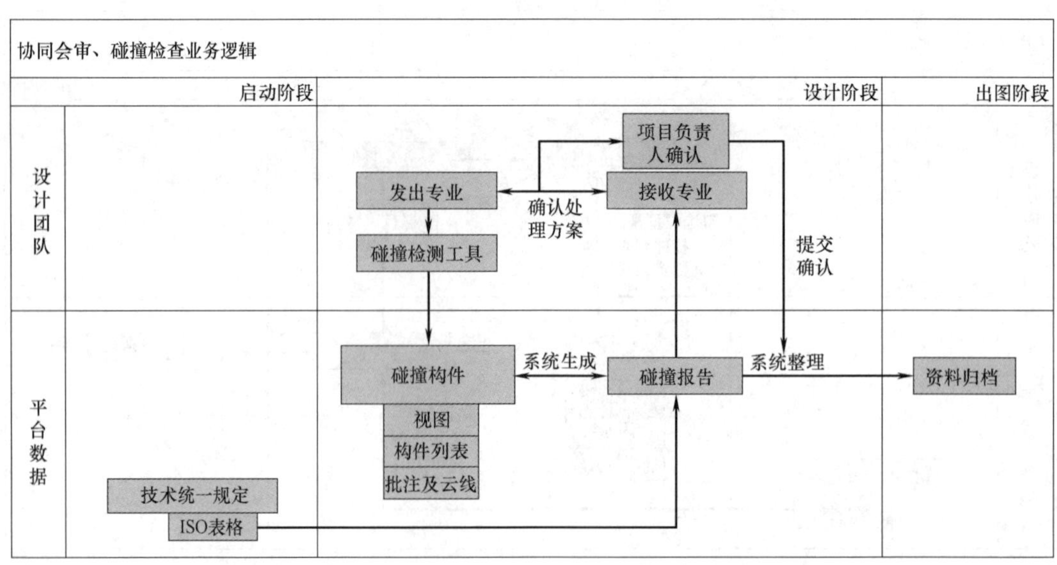

图 6.5-8　BIM 协同会审、碰撞检查业务逻辑

6. 协同、会审、多专业碰撞检测

在应用 BIM 进行正向设计过程中，与传统 CAD 设计的主要区别是增加了 BIM 模型专项评审、模型验证、BIM 专项交付等内容。相应阶段的协同平台信息业务逻辑见图 6.5-8 所示。在该过程中，通过碰撞检测工具进行检测后，对相应构件勾选，生成碰撞报告，并在系统中存储内容后，交付至接受专业，互相处理完毕后，提交项目负责人确认并提交资料归档。

第 7 章　BIM 正向设计常用软件

本章介绍了设计过程中可能需要用到的 BIM 软件，并对各个软件的使用性能进行分析，给出了筛选合适 BIM 设计软件的分析和评估建议。从建筑、结构和机电三个专业的主流软件的使用功能着手，研究了各软件在设计过程中应用方案。介绍了基于 Revit 二次开发的软件，包括向日葵结构 BIM 设计插件和可视化检查软件的使用功能。对使用 BIM 软件的不同协同设计方式，给出了基本的个人计算机和中心服务器硬件配置建议。

7.1　BIM 设计软件分类及评价

7.1.1　基础建模软件

正向设计的应用思路在于，先有设计模型，后有设计图纸。构件 BIM 模型作为实现这一技术的基础，应考虑基础建模平台软件的选用。纵观 BIM 技术的应用领域，既有民用建筑工程领域，也有市政路桥基础设施、航空航天机械设计等领域。目前市场上使用较为普遍的 BIM 软件，按照使用领域的不同，主要分为以下几种类型：

（1）Autodesk 公司的 Revit 系列软件，包括建筑、结构和机电专业，主要应用在民用建筑领域；

（2）Graphisoft 公司的 ArchiCAD 系列软件，包括建筑、结构和机电专业，主要应用在民用建筑领域；

（3）Bentley 公司的 Bentley 系列软件，包括建筑、结构和设备专业，主要应用在工厂设计和基础实施领域；

（4）Dassault System 公司的 CATIA 系列软件，主要应用在航空、航天、汽车等机械设计领域；

7.1.2　BIM 设计软件分类

基础建模软件的选用，是对行业发展领域的定向选择，也是专业应用和功能考虑的结果。同一平台的 BIM 设计软件将在继承基础模型后开展 BIM 技术应用。即使在同一软件平台，只是选用一款软件产品来实现一个项目所有专业的 BIM 正向设计也是比较困难的，需要考虑其他软件的辅助作用。例如对于复杂造型的设计方案，可以运用 Rhino 或其他辅助软件进行表达，视频的动画效果可以使用 Lumion 进行表达。实现 BIM 的三维正向设计需要考虑多类 BIM 设计软件的结合使用。部分软件如表 7.1-1 所示。

7.1.3　BIM 设计软件评价

目前市面上存在的 BIM 设计软件的种类较多，如 Autodesk、广厦、天正、鸿业等，每款软件都有优点和不足。在选择合适软件进行各阶段设计时，需要综合考虑项目的实际情况和工程不同阶段的使用需求，当软件的使用功能无法完整的表达设计所要涵盖的内容或无法涵盖设计的各个设计阶段时，在工程设计项目实施前期，需要考虑多种软件的配合使用和模型数据接口转换功能。

BIM 设计软件类型　　表 7.1-1

公司	软件	适用专业	基础功能
Trimble	SketchUp	建筑	方案表达
Robert McNeel	Rhino	建筑	方案表达
Autodesk	Revit	建筑/结构/机电	工程设计
	Navisworks	建筑/结构/机电	可视化
	Civil 3D	建筑	总图设计
	Ecotect Analysis	建筑	生态与环境模拟分析
	GBS	建筑	能耗、水资源和碳排放
Graphisoft	ArchiCAD	建筑	建筑设计
Progman Oy	MagiCAD	机电	机电设计
Trimble	Tekla Structure	钢结构	钢结构设计
建研科技	PKPM	结构	结构设计
广厦科技	GSRevit	结构	结构设计
盈建科	YJK	结构	结构设计
IES	IES＜VE＞	建筑	生态与环境模拟分析
斯维尔	斯维尔节能	建筑	生态与环境模拟分析
天正	天正节能	建筑	节能设计与分析
探索者	TSR	建筑/结构/机电	工程设计
鸿业	HYBIMSPACE	建筑/机电	工程设计
天正	天正 TR	建筑/结构/机电	工程设计
理正	理正 for Revit	建筑/结构/机电	工程设计

1. 软件功能

综合考虑 BIM 设计软件的使用需求后，主要从以下几个方面去分析各类软件的使用性能，如多专业协调性、软件兼容性、参数化功能、可出图性、渲染能力等。各专业软件功能如表 7.1-2～表 7.1-5 所示。

(1) 专业的协调性主要强调的是工程设计过程中，专业与专业之间在使用同一个平台上的协同配合能力；

(2) 软件兼容性主要强调的是使用不同平台设计软件时，设计模型在不同阶段、不同软件之间的可继承性和交互实用性；

(3) 参数化功能主要强调的是 BIM 设计软件在建模过程中，模型构件的参数化调整和设计能力；

(4) 可出图性主要强调的是 BIM 设计软件在建模后，生成二维 CAD 图纸的自动出图能力；

(5) 渲染能力主要强调的是 BIM 设计软件生成渲染图的能力。

总图设计软件分析　　表 7.1-2

软件	多专业协调性	软件兼容性	参数化功能	可出图性	渲染能力	适用阶段
Civil 3D	场地、道路、市政管道多专业配合	满足多种三维模型格式实现参数化建模	实现参数化建模	总图设计图面表达	满足模型的渲染和图片输出	初步/施工图设计阶段
Revit	场地、道路、市政管道多专业配合	满足多种三维模型格式	实现参数化建模	各专业设计图面表达	满足模型的渲染和图片输出	方案/初步/施工图设计阶段

建筑与装修专业设计软件分析　　表 7.1-3

软件	多专业协调性	软件兼容性	参数化功能	可出图性	渲染能力	适用阶段
SketchUp	对建筑方案的完美体现	一般	—	—	以最终表达设计方案为主	方案设计阶段
Rhino	以曲面为主的建筑方案表达	一般	实现参数化建模	—	以最终表达设计方案为主	方案设计阶段
Revit	建筑、结构、机电多专业协同	满足多种三维模型格式	实现参数化建模	设计图面表达	常规的图片效果	方案/初步/施工图设计阶段
Navisworks	建筑、结构、机电多专业可视化表达	满足多种三维模型格式	—	—	满足模型的渲染和图片输出	方案/初步/施工图设计阶段
ArchiCAD	建筑、结构、机电多专业协同	满足多种三维模型格式	实现参数化建模	各专业设计图面表达	满足模型的渲染和图片输出	初步/施工图设计阶段
天正 TR	基于 Revit 平台的二次开发，以 Revit 的软件功能为主					
鸿业建筑	基于 Revit 平台的二次开发，以 Revit 的软件功能为主					
理正	基于 Revit 平台的二次开发，以 Revit 的软件功能为主					

结构专业设计软件分析　　表 7.1-4

软件	多专业协调性	软件兼容性	参数化功能	可出图性	渲染能力	适用阶段
PKPM	以结构计算为主	多种结构软件接口	实现参数化建模	结构设计图面表达	—	初步/施工图设计阶段
Revit	建筑、结构、机电多专业协同	满足多种三维模型格式	实现参数化建模	各专业设计图面表达	—	方案/初步/施工图设计阶段
YJK	以结构计算为主	多种结构软件接口	实现参数化建模	结构设计图面表达	—	初步/施工图设计阶段
GSRevit	基于 Revit 平台的二次开发，以 Revit 的软件功能为主					
TSRS	基于 Revit 平台的二次开发，以 Revit 的软件功能为主					

机电专业设计软件分析　　　　**表 7.1-5**

软件	多专业协调性	软件兼容性	参数化功能	可出图性	渲染能力	适用阶段
MagiCAD	暖通、电气、给水排水多专业协同满足多种三维模型格式	满足多种三维模型格式	实现参数化建模	基本满足设计图面表达	—	初步/施工图设计阶段
Revit	建筑、结构、机电多专业协同	满足多种三维模型格式	实现参数化建模	基本满足设计图面表达	常规的图片效果	方案/初步/施工图设计阶段
天正 TR	基于 Revit 平台的二次开发，性能参照 Revit					
鸿业机电	基于 Revit 平台的二次开发，性能参照 Revit					
理正机电	基于 Revit 平台的二次开发，性能参照 Revit					

2. 分析和评估

软件的配套使用，在使用之前需要进行分析和评估，选择合适的应用软件。BIM 设计软件的选用建议从以下几个方面考虑：

（1）从契合的建筑类型进行分析和评估：利用 BIM 软件进行模拟建造时，建筑的使用功能、结构承重体系和外部装饰效果等因素，直接影响到模型的设计和表达效果，反映了不同建筑类型对不同软件的使用需求。

（2）从专业角度进行分析和评估：BIM 设计软件需要满足各设计专业的设计功能，三维模型表达、图面表达等内容。

（3）从工作效率进行分析和评估：BIM 软件的开发除了满足基本的设计使用功能外，是否还包括配套的使用工具，配套工具是否能够高效的提高工作效率。

（4）从软件的市场使用情况进行分析和评估：BIM 软件的开发速度比较快，市场的占有率也有所差异，市场需求的不同，反映了 BIM 软件本地化的使用要求和数据交换需求。

（5）从软件的可开发性进行分析和评估：BIM 软件提供的功能有时候并不能完全满足设计师的使用要求，需要二次开发人员不断完善软件的使用功能。

7.2　建筑辅助软件

天正建筑主要分天正建筑、建筑防火和天正工具三大模块，天正建筑模块中按照专业的设计流程分为楼层轴网、墙体门窗、房间楼梯、标注工具、协同开洞等子功能模块；建筑防火模块仅分建筑防火子功能模块。软件命令控制面板如图 7.2-1 所示。

图 7.2-1　天正建筑模块

天正建筑是基于 Revit 进行二次开发的插件，满足建筑专业所需基本构件要求和图面设计表达要求，提供了 Revit 自带功能难以实现或工作效率低的建模、设计、图面表达等工作辅助功能。同时提供了天正 CAD 和天正 BIM 的数据交换接口，互导模型优化 Revit

功能模块，提高工作效率。如图 7.2-2 所示。

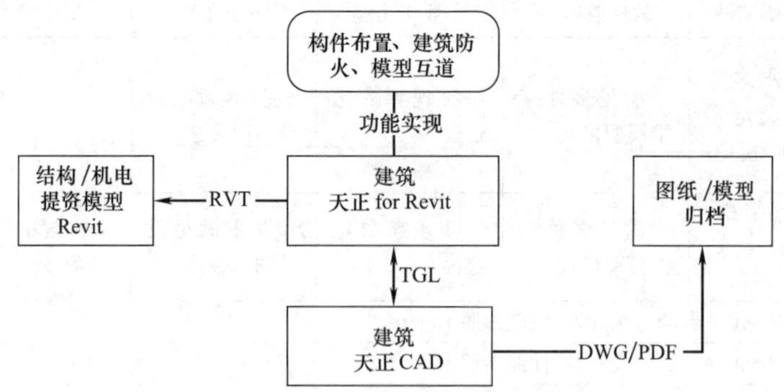

图 7.2-2　天正机电软件应用方案

与天正 CAD 建筑软件设计理念一致，天正 TR 建筑提供族库的管理工具。通过读取后台特定文件目录，并映射到管理工具上，直接在打开的项目文件上调用所需的族文件，如图 7.2-3 所示。在对应文件夹中点击相应的族构件，可预览到构件的三维效果。当需要查看族文件的参数设置时，可直接通过打开编辑器进入。也可以查看 Revit 项目文件已加载的族文件。所以，对于 Revit 的族管理可建立自身的族文件管理架构，如按照专业类型、设计阶段等条件精细拆分。

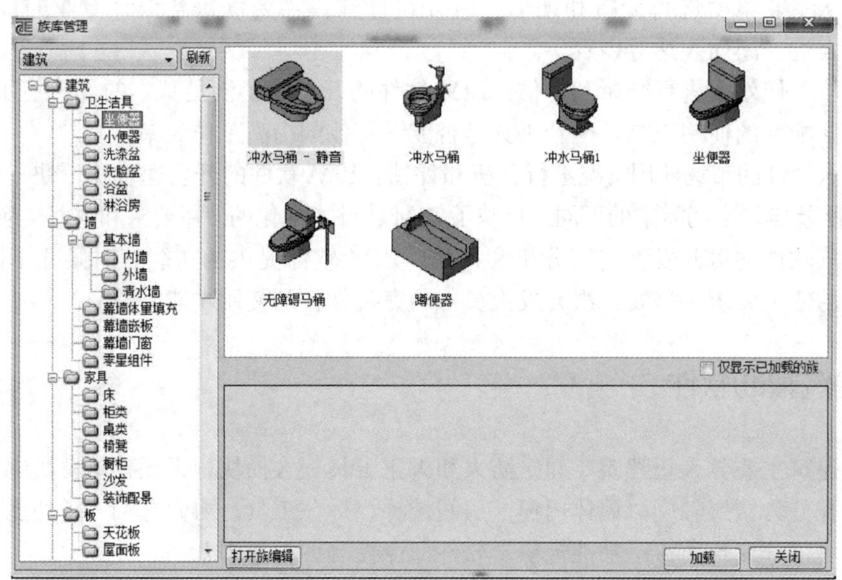

图 7.2-3　天正 TR 族库管理

7.3　机电辅助软件

7.3.1　天正机电软件

与传统的基于 CAD 平台的天正机电软件类似，基于 Revit 平台的天正机电主要分为 3

项辅助软件，即“TR 天正给水排水”、“TR 天正暖通”和“TR 天正电气”。各软件模块中主要按照专业的子系统进行区分，满足机电专业设计建模，标注统计、计算分析等功能。

天正给水排水软件分给水排水系统（图 7.3-1）、消防水系统和天正工具三大模块，模块中按照专业的设计流程分为设置、绘制管线、布置、连接、编辑、标注、计算工具等子功能模块。

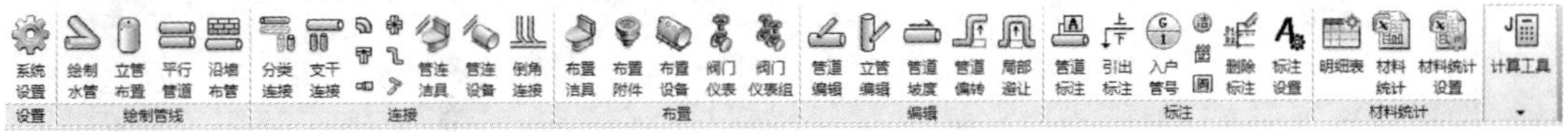

图 7.3-1　天正给水排水模块

天正给水排水、暖通、电气软件是基于 Revit 进行二次开发的插件，主要是参照现有的设计流程，开发各专业对应模块功能，并借助这些功能模块，满足从管线设计到水力、风力、电力计算校核，完成 Revit 自带功能难以实现或工作效率低的建模、设计、图面表达等工作，辅助机电各专业设计。同时提供天正 CAD 和天正 BIM 的数据交换接口，互导模型优化 Revit 功能模块，提高工作效率。软件应用方案如图 7.3-2 所示。

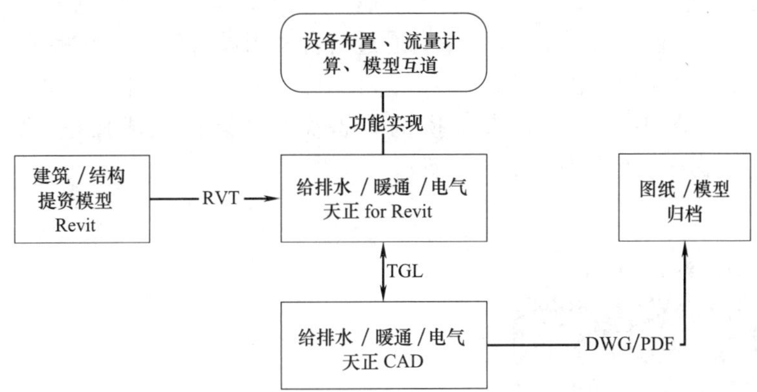

图 7.3-2　天正机电软件应用方案

天正机电辅助功能：

1. 管道标注

通过选项卡“天正给水排水”下的控制面板“标注”，点击“管道标注”功能，弹出的窗口为非模态对话框，可与 Revit 主窗口同时运行。主要实现水平管和立管标注两个功能。

在“管道标注”窗口中（图 7.3-3），单击立管或水平管面板，设置标注信息，即定义标注内容、标注方式、标注样式、编号和标注位置。

在模型平面视图中点击需要标注的立管或水平管，按“ESC”键，结束并退出命令。标注效果图 7.3-4 所示。

2. 设备替换

通过选项卡“天正电气设备线缆”下的控制面板“平面设备”，点击“设备替换”功能，弹出的窗口为非模态对话框，可与 Revit 主窗口同时运行。主要实现电气设备的快速替换功能。

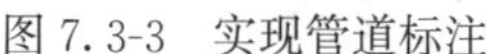
图 7.3-3　实现管道标注

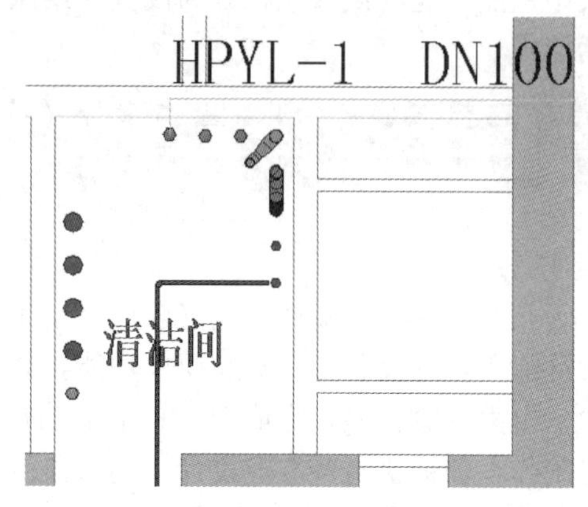

图 7.3-4　管道标注窗口

在“设备替换”窗口（图 7.3-5）中，通过后台调用设备族库，并将常用设备显示在窗口中，框选需要替换的设备类型。

在模型平面视图中点击需要被替换的设备类型，点击完成按钮，结束命令，按“ESC”键，退出命令。效果如图 7.3-6 所示。

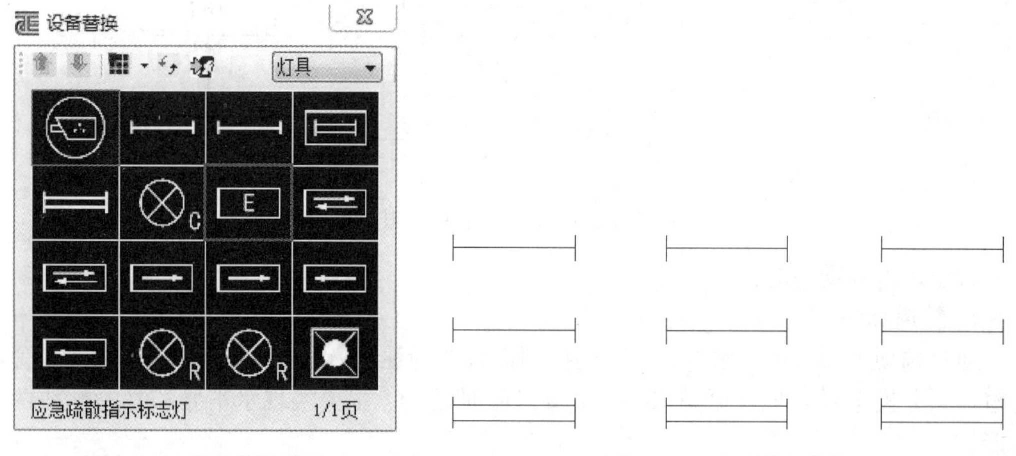

图 7.3-5　设备替换窗口

图 7.3-6　实现设备替换

3. 回路编号

通过选项卡“天正电气设备线缆”下的控制面板“标注统计”，点击“回路编号”（图 7.3-8）功能，弹出的窗口为非模态对话框，可与 Revit 主窗口同时运行。提供三种编号方式实现自动编号。

实现回路编号功能，需要定义导线构件属性（图 7.3-7），明确导线的类型、截面大小、线管类型等属性。

在模型平面视图中点击需要标注编号的导线，按“ESC”键，结束并退出命令。效果如图 7.3-9 所示。

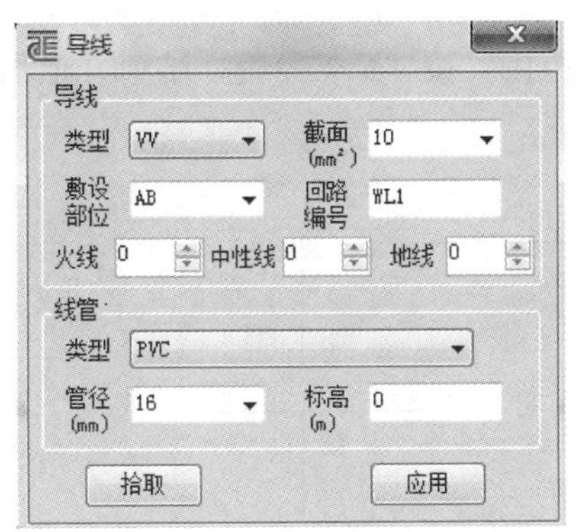

图 7.3-7　导线属性窗口

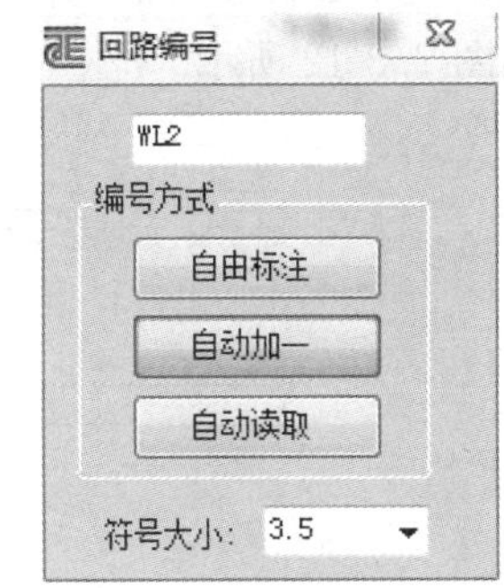

图 7.3-8　导线回路编号窗口

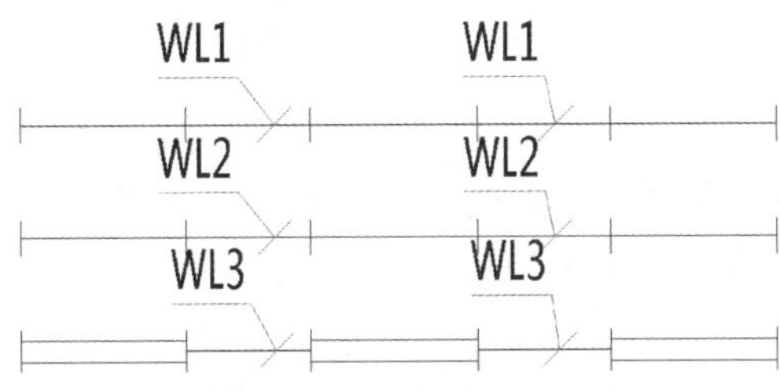

图 7.3-9　实现导线回路编号

4. 布置灯具

选项卡“天正电气设备线缆”下的控制面板“标注统计”下提供多种灯具的布置方式，即“任意布置”、“矩形布置”、“沿线布置”等功能。点击“矩形布置”功能，弹出的窗口为非模态对话框，可与 Revit 主窗口同时运行。弹出的窗口包括灯具属性设置窗口（图 7.3-10）和灯具选型控制窗口（图 7.3-11）。

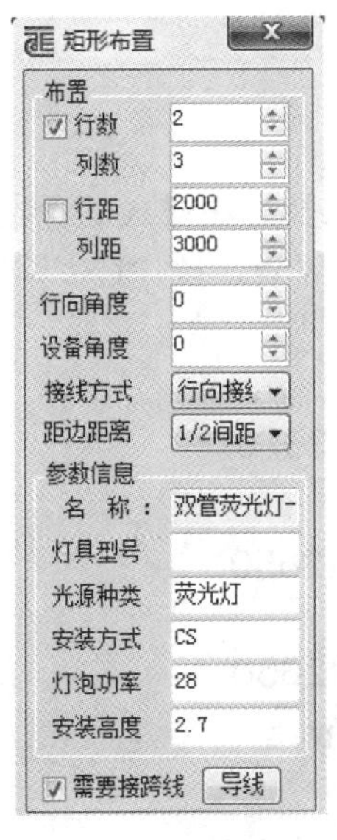

图 7.3-10　灯具属性窗口

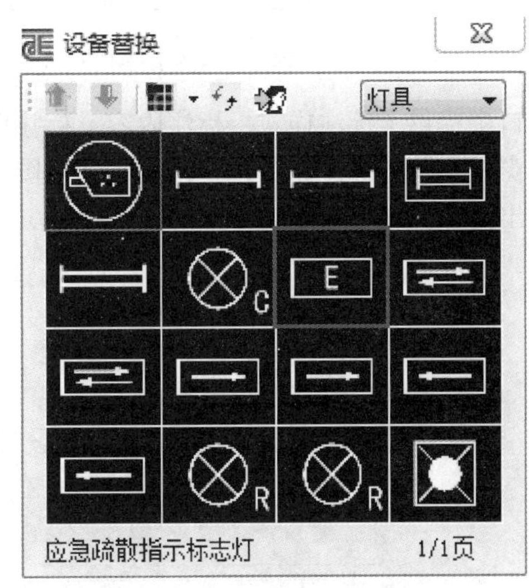

图 7.3-11　灯具选型窗口

在灯具属性窗口确定灯具的布置方式、位置和接线方式等内容，在灯具选型窗口选择灯具类型。

在模型平面视图中框选需要布置灯具的矩形范围，按“ESC”键，结束并退出命令。效果如图 7.3-12 所示。

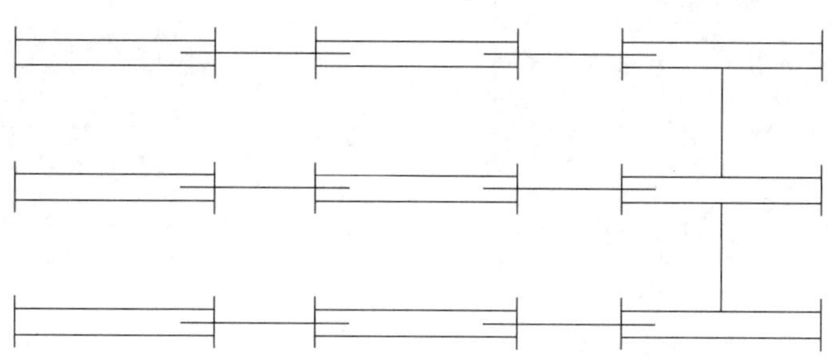

图 7.3-12　矩形布置灯具

5. 风管标注

通过选项卡“天正暖通风系统”下的控制面板“风系统标注”，点击“风管标注”功能，弹出风管标注属性窗口（图 7.3-13）。

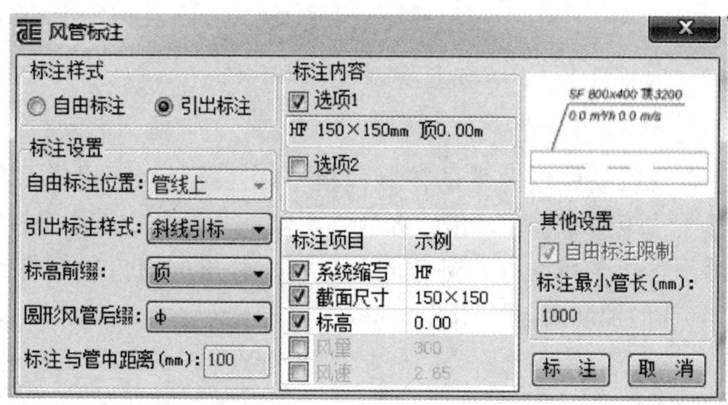

图 7.3-13　风管标准属性窗口

窗口中提供了标注样式、标注内容、标注距离的设置方式以及标注样式的预览方式。在属性窗口中单击标注命令，在模型平面视图中点选需要标注的风管，按“ESC”键，结束并退出命令。效果如图 7.3-14 所示。

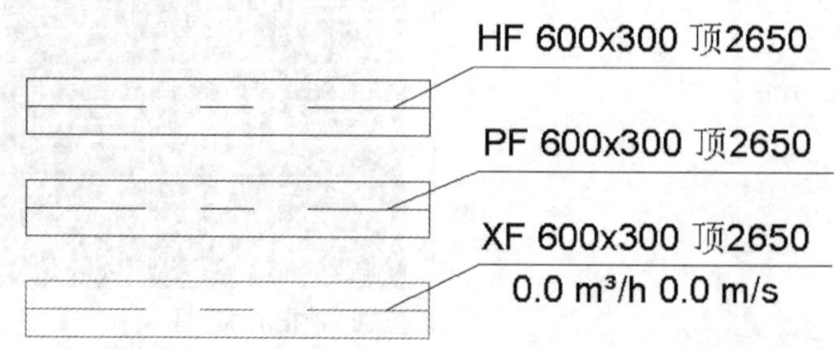

图 7.3-14　实现风管标注

7.3.2　鸿业机电软件

鸿业的 BIM 软件主要集成在 BIMSpace 中，其中在机电专业主要分为 4 个模块，即“鸿业给水排水”、“鸿业暖通”、“鸿业电气”和“鸿业管线综合”模块。各软件模块中主要按照专业的子系统进行区分，满足机电专业设计建模，标注统计、计算分析等功能需求。

鸿业给水排水软件分为设置定义、给水排水、消防系统、计算选型、规范/模型检查、标注/出图、通用工具等功能模块，如图 7.3-15 所示。

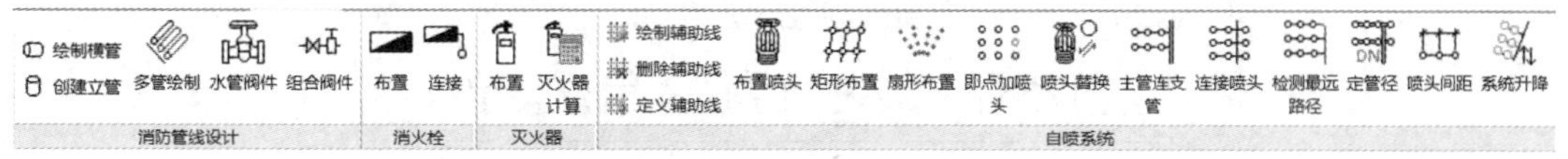

图 7.3-15　鸿业给水排水模块

鸿业给水排水、暖通、电气软件是基于 Revit 进行二次开发的插件，主要是参照现有的设计流程，开发各专业对应模块功能，满足从管线设计到水力、风力、电力计算校核，并借助这些功能模块，完成 Revit 自带功能难以实现或工作效率低的建模、设计、图面表达等工作，辅助机电各专业设计提高工作效率。软件应用方案如图 7.3-16 所示。

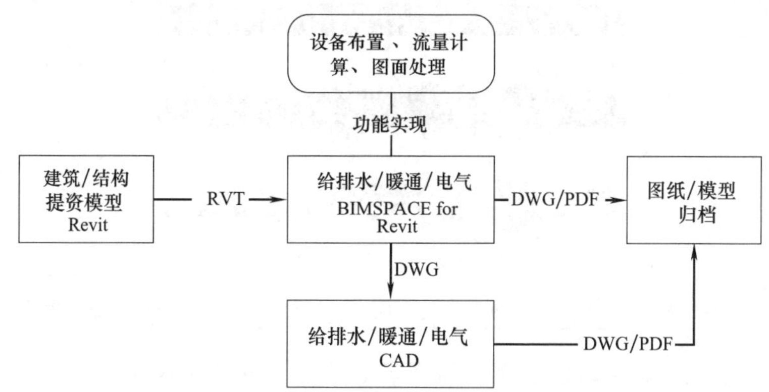

图 7.3-16　鸿业 BIMSPACE 机电软件应用方案

鸿业机电辅助功能：

1. 组合阀件

通过选项卡“给水排水”下的控制面板“附件与阀件”，点击“组合阀件”功能，弹出布置组合阀件设置窗口（图 7.3-17）。

在“布置组合阀件”窗口中，通过阀门类型选择预览窗口调用需要组合的管道附件，调整各管道附件的先后顺序，定义新的组合类型。

在模型平面视图中点击需要标注的立管或水平管，按“ESC”键，结束并退出命令。效果如图 7.3-18 所示。

2. 表格工具

通过选项卡“标注/出图”下的控制面板“文字表格”，点击“表格工具”（图 7.3-19）功能，弹出表格编辑窗口。

在“表格编辑”窗口中，编辑表格的内容，点击绘制表格，可以通过新建视图或当前视图布置表格内容。效果如图 7.3-20 所示。

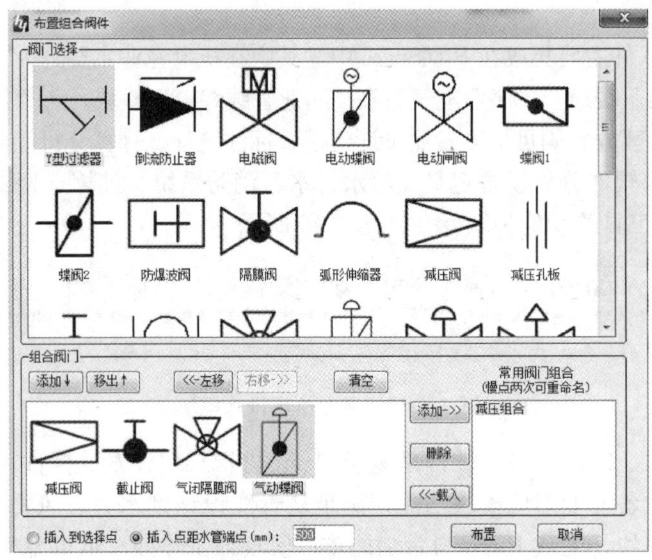

图 7.3-17 管道标注窗口

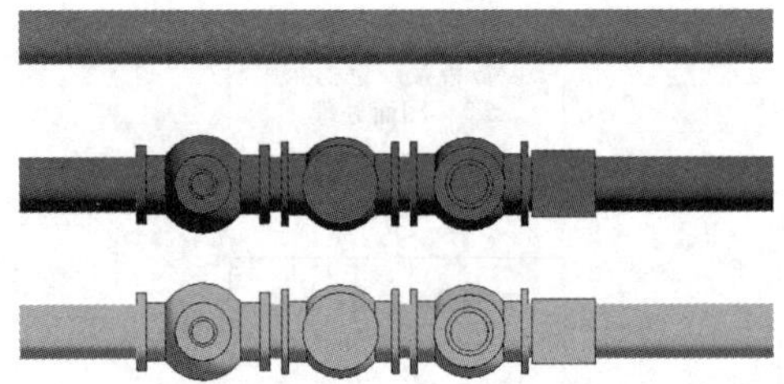

图 7.3-18 定义组合阀件

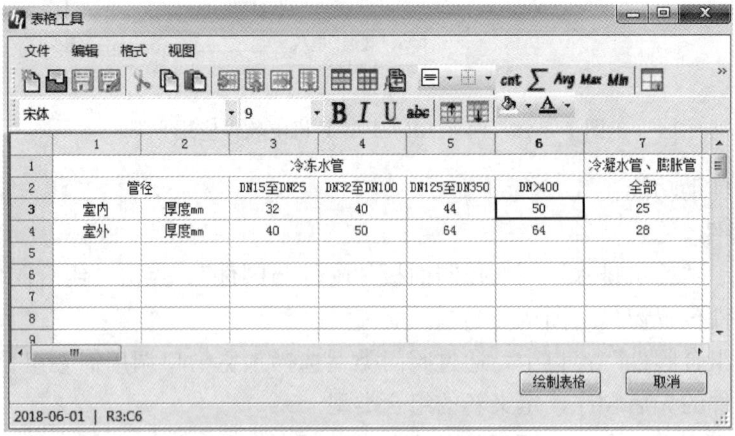

图 7.3-19 管道标注窗口

冷冻水管						冷凝水管、膨胀管
管径		DN15至DN25	DN32至DN100	DN125至DN350	DN>400	全部
室内	厚度mm	32	40	44	50	25
室外	厚度mm	40	50	64	64	28

图 7.3-20 表格布置

3. 照明标记

通过选项卡“强电”下的控制面板“照明”，点击“照明标记”功能，弹出创建房间照明标记窗口（图 7.3-21）。

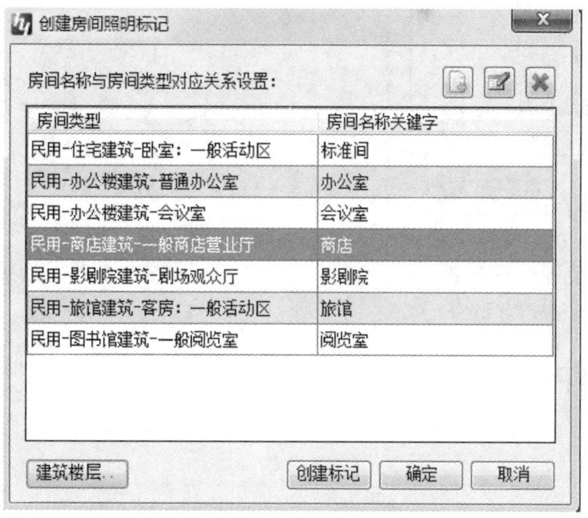

图 7.3-21　管道标注窗口

在“创建房间照明标记”窗口中，点击新建功能，弹出“照度计算房间、场所类型管理”窗口（图 7.3-22），提供了多种建筑用途类型对应的场所的照明控制条件标准值，包含民用建筑和工业建筑。

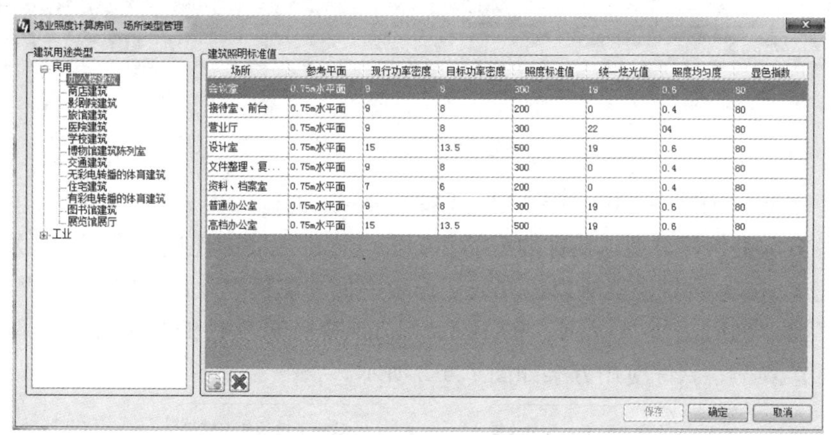

图 7.3-22　建筑照明标注值窗口

在布置完成房间功能和定义房间名称的前提下，选择对应的房间类型，通过创建标记按钮可自动布置房间照明标记。

4. 烟感范围检查

通过选项卡“弱电”下的控制面板“检查”，点击“范围检查”功能，弹出保护范围窗口（图 7.3-23）。

在布置好房间烟感器的前提下，选择对应的烟感器，在模型视图平面标示烟感的检测范围（图 7.3-24）。

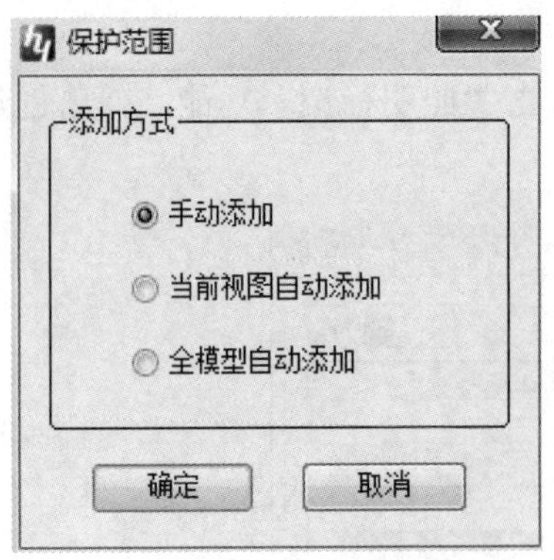

图 7.3-23　范围检查布置

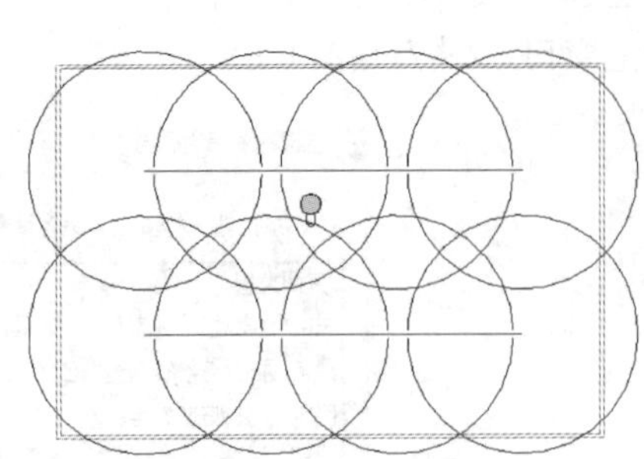

图 7.3-24　烟感范围检测

7.4　结构辅助软件

7.4.1　探索者软件

探索者 TSRevitFor2016-TSRSALL 主要包含 3 大模块，即三维结构（图 7.4-1）、数据导出和出图设计，模块中按照专业的设计流程分为楼层/轴网、柱墙、梁楼板、挡土墙基础、协同设计、数据中心、总参数模板、梁配筋设计、柱配筋设计、板配筋设计、文字符号、尺寸标注等子功能模块。

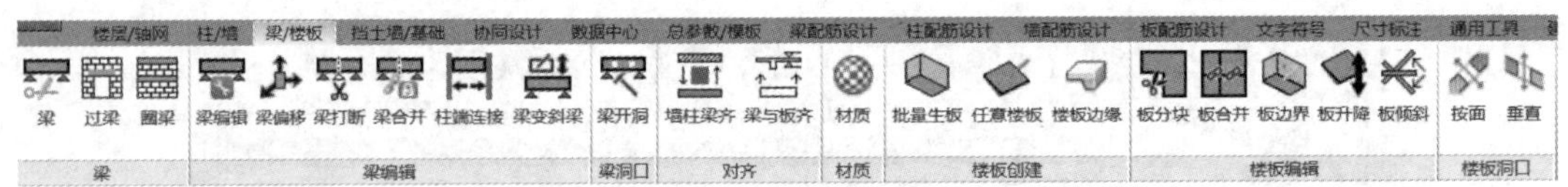

图 7.4-1　探索者模块

探索者 TSRevitFor2016-TSRSALL 是基于 Revit 进行二次开发的插件，主要是参照结构专业各类承重构件类型，构件的配筋和拆分，构件之间的连接等应用，开发相应的模块功能。完成 Revit 自带功能难以实现或工作效率低的建模、设计、图面表达等辅助结构专业设计工作。同时提供与 YJK、PKPM、Midas 等计算软件的数据交换接口，互导模型，提高工作效率。软件应用方案如图 7.4-2 所示。

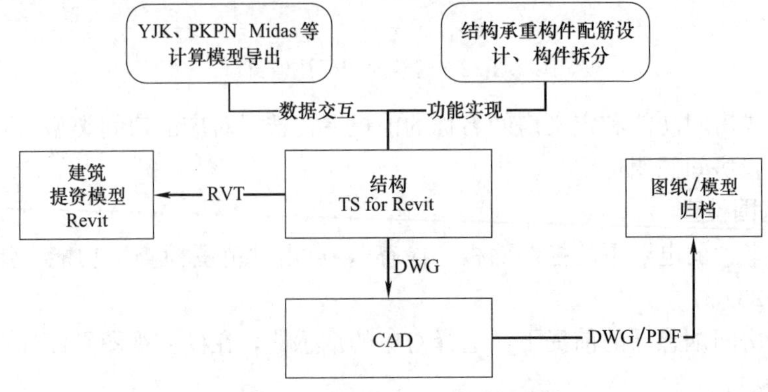

图 7.4-2　探索者软件应用方案

探索者辅助功能：

1. 生成梁配筋

选项卡“梁配筋设计”下的控制面板“生成配筋”下提供两种配筋方式，即“生成配筋”和“无数据配筋”。“生成配筋”功能通过导入第三方计算软件的计算模型以及配筋数据之后，才能调用功能命令。“无数据配筋”需要通过“梁参数”（图 7.4-3）功能设置配筋信息。

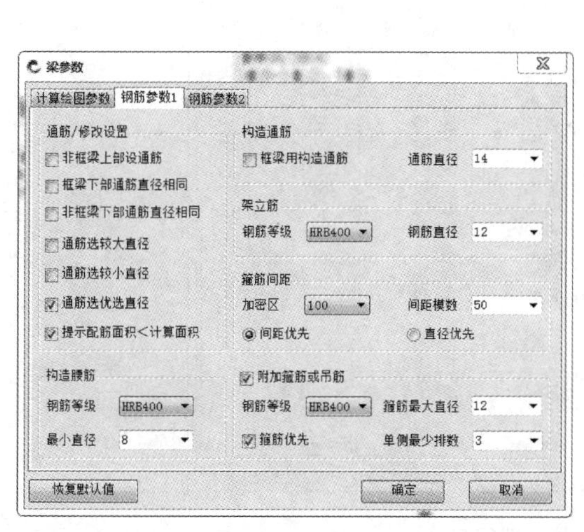

图 7.4-3　梁参数设置窗口

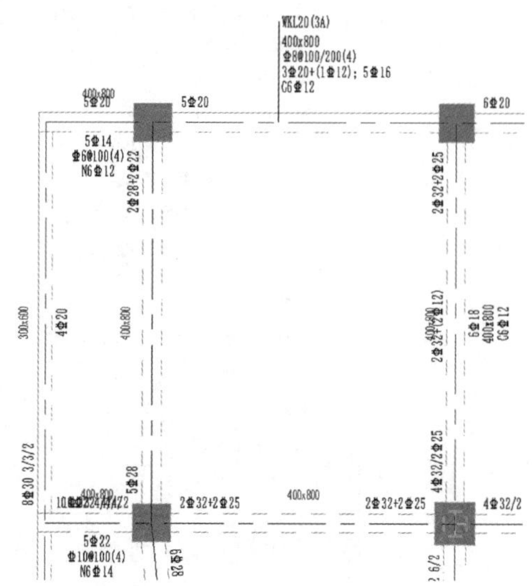

图 7.4-4　平面布置效果

在平面视图上，点击“生成配筋”功能，弹出窗口勾选需要生成配筋数据的楼层，生成钢筋布置信息。软件自动结合楼层信息新建结构梁配筋平面，平面布置效果如图 7.4-4 所示。按“ESC”键，结束并退出命令。

2. 生成墙配筋

墙配筋功能主要通过选项卡“墙配筋设计”下的“设置”控制面板下的“墙参数”命令和“生成配筋”控制面板下的“生成配筋”命令实现墙钢筋生成功能。“生成配筋”功能通过导入第三方计算软件的计算模型以及配筋数据之后，才能调用功能命令。墙参数设置窗口如图 7.4-5 所示。

在平面视图上，点击墙“生成配筋”功能，弹出窗口勾选需要生成配筋数据的楼层，生成钢筋布置信息。软件自动结合楼层信息新建墙配筋平面。按“ESC”键，结束并退出命令。

点击选项卡“墙配筋设计”下的“设置”控制面板下的“墙柱图表”命令，软件自动创建新的绘制视图，根据已完成的墙柱配筋信息，完成墙柱图表。

3. 生成板配筋

板配筋功能主要通过选项卡“板配筋设计”下的“生成配筋”控制面板下的“板参数”和“钢筋绘制”控制面板下提供的命令，实现板钢筋生成功能。“生成配筋”功能通过导入第三方计算软件的计算模型以及配筋数据之后，才能调用功能命令。板参数设置窗口如图 7.4-6 所示。

在平面视图上，点击板“生成配筋”功能，弹出窗口勾选需要生成配筋数据的楼层，生成钢筋布置信息。软件自动结合楼层信息新建板配筋平面。按“ESC”键，结束并退出命令。

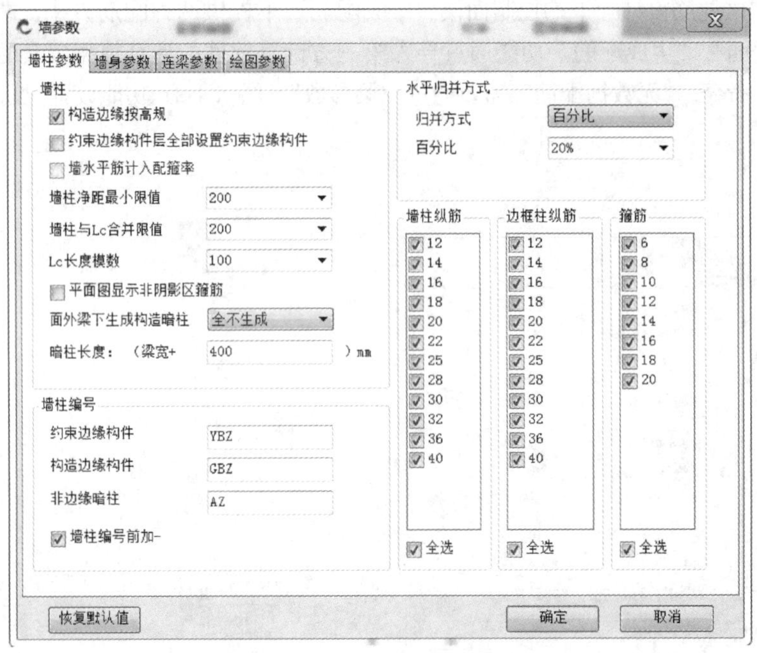

图 7.4-5　墙参数设置窗口

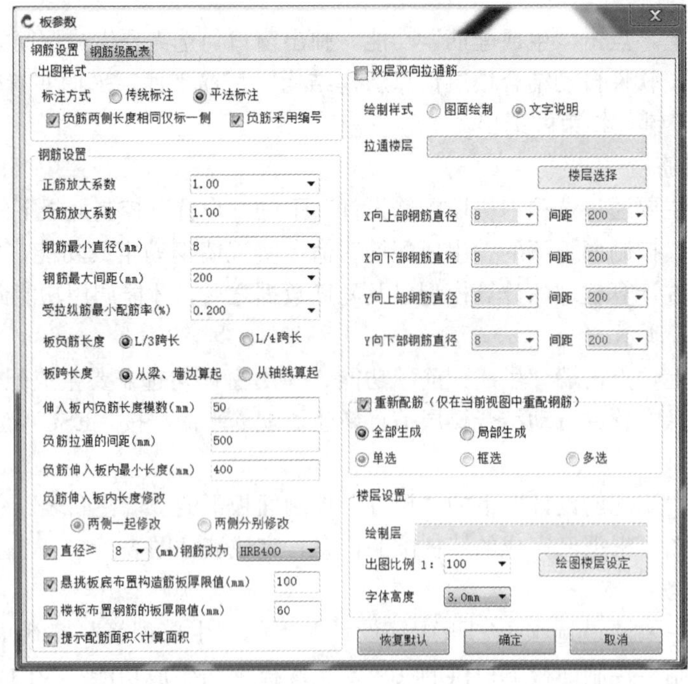

图 7.4-6　板参数设置窗口

4. 生成柱配筋

选项卡“柱配筋设计”下的控制面板“生成配筋”下的“生成配筋”（图 7.4-7）命令。

“生成配筋”功能通过导入第三方计算软件的计算模型以及配筋数据之后，才能调用功能命令。弹出的命令控制窗口，提供多种更新钢筋数据的方式，包括单独更新计算数据、重新生成配筋数据和局部更新配筋数据等。

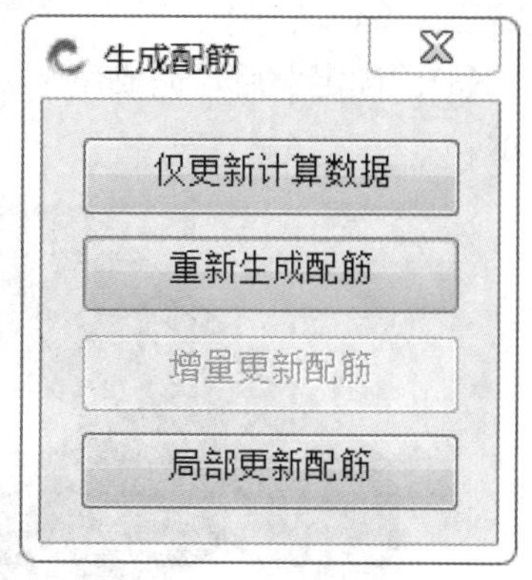

图7.4-7　生成配筋

在平面视图上，点击“柱配筋图”功能，弹出的窗口勾选需要生成配筋数据的楼层，生成钢筋布置信息。软件自动结合楼层信息新建结构柱子配筋平面。按“ESC”键，结束并退出命令。

点击选项卡“柱配筋设计”下的“设置”控制面板下的“墙柱图表”命令，软件自动创建新的绘制视图，根据已完成的墙柱配筋信息，完成墙柱图表。

7.4.2　向日葵软件

1. 总体介绍

向日葵结构BIM设计插件主要分为4大模块。即“结构族管理”、“结构编辑”、“可视化”和“大样及标注”。这套插件是基于Autodesk Revit平台二次开发的产品，安装完毕后会在Revit的Ribbon界面里添加一个“向日葵结构BIM设计插件”Ribbon，如图7.4-8所示。所有命令均可分别设置快捷键或通过右击添加到顶部的快速访问栏，以便快速调用。

图7.4-8　向日葵结构BIM设计插件

2. 批量连接

建完模型后，常常需要处理墙、梁、柱、板之间的剪切问题，以便满足出图的需要。Revit自带的剪切、连接功能无法批量处理，需要一个个点选，十分麻烦，且连接过程中时常容易弄错物体剪切关系。此命令把墙、梁、柱、板之间的剪切问题进行细分，对所选的物体进行批量的剪切处理，大大提高了工作效率。

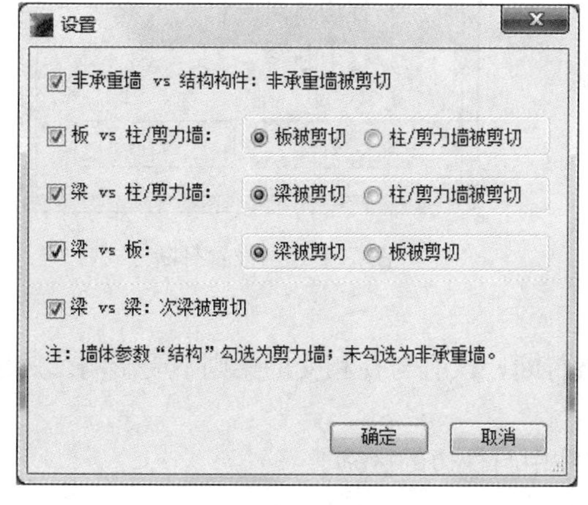

图7.4-9　连接信息输入框

注意事项：

可在平面或3D视图执行命令，需先选择需要连接的对象再执行命令。可批量选择。

操作步骤：

(1) 选择需要连接的对象，点击命令图标，弹出信息输入框（图7.4-9）。

(2) 勾选需要进行连接的构件，并设

置需要被剪切的对象。

(3)“确定”后，完成命令，并显示完成命令所用时间。效果如图 7.4-10 和图 7.4-11 所示。

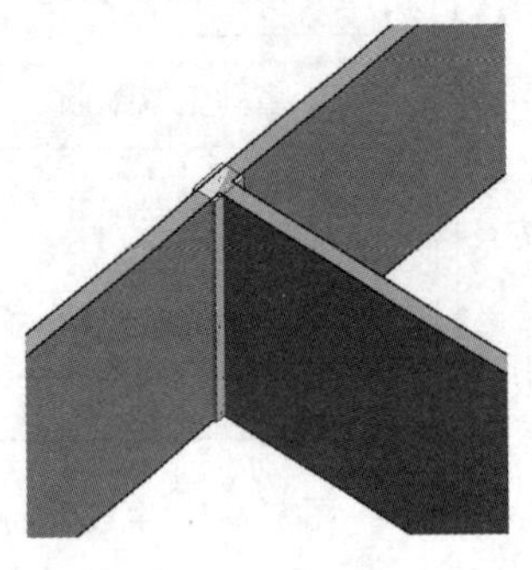

图 7.4-10　连接前

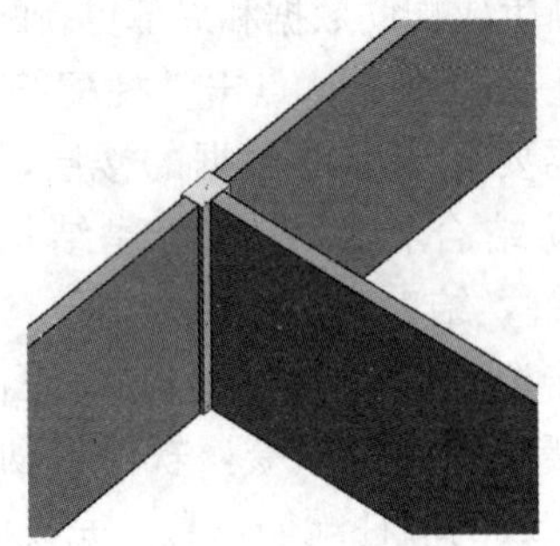

图 7.4-11　连接后

3. 柱断梁

布置梁时，由于建模标准的要求，梁在柱子处应该断开，且当平面较长时，分段布置柱子很不方便。而我们在建模的时候，共线且类型相同的梁，往往是一起建的。若使用 Revit 中的“用间隙拆分”来断梁，操作十分烦琐。此命令大大简化了柱断梁的操作步骤，提高了工作效率。

注意事项：

(1) 可在平面或 3D 视图执行命令，需先选择梁再执行命令。可批量选择。

(2) 对斜柱不起作用。

(3) 端点可平柱中或柱边。

操作步骤：

(1) 选择需打断的结构梁（图 7.4-12），点击图标执行命令，弹出设置框（图 7.4-13）。

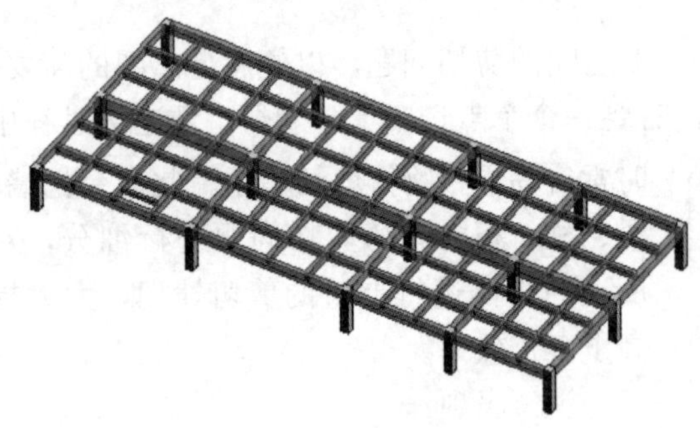

图 7.4-12　选择结构梁

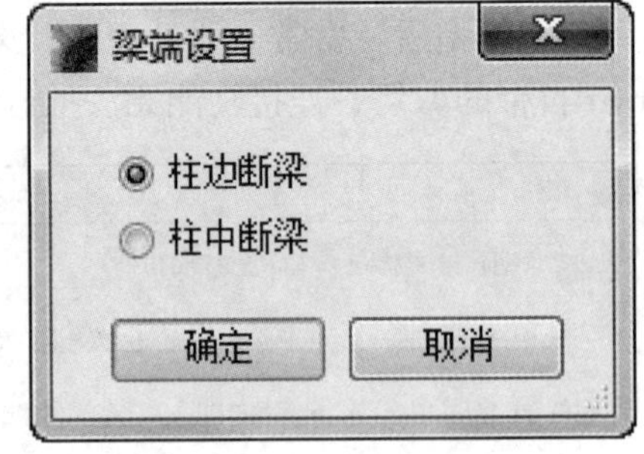

图 7.4-13　设置打断方式

(2) 设置梁端至柱中还是柱边。

(3) 确定后完成命令。与柱相交的梁均被打断，没有与柱相交的梁则不受影响。效果如图 7.4-14 所示。

(4) 图 7.4-15 和图 7.4-16 示意了梁端平柱中与柱边的区别。

4. 梁方向调整

梁方向与梁的创建方式有关，进行配筋时，如果一开始没有注意到梁的方向，标注的左负筋有时候会显示在右边。此命令大大简化了把方向相反的梁旋转 180°的步骤，且可以一次进行多根梁的旋转，提高了工作效率。

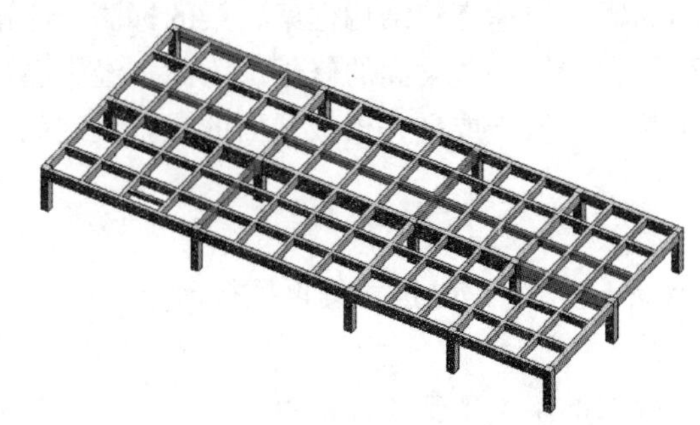

图 7.4-14　完成打断

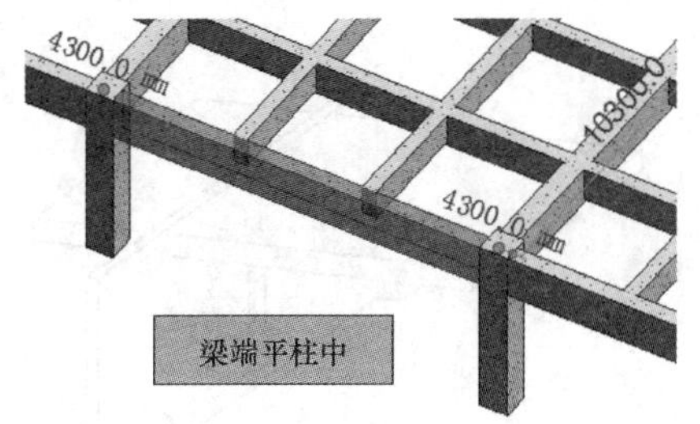

图 7.4-15　梁端平柱中方式

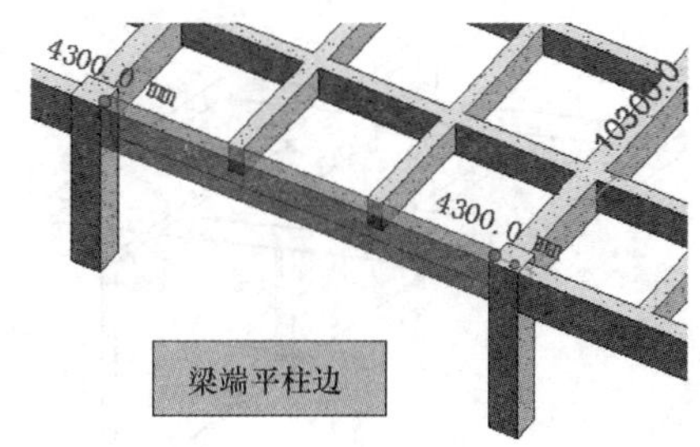

图 7.4-16　梁端平柱边方式

注意事项：

（1）可在平面或 3D 视图执行命令，需先选择梁再执行命令。

（2）此调整为梁的起始点对调。

（3）梁的左、右定义如下：对于非垂直的梁（两端点 x 坐标不同），左端点的 x 坐标小于右端点的 x 坐标；对于垂直的梁（两端点 x 坐标相同），左端点的 y 坐标小于右端点的 y 坐标。

操作步骤：

选择需调整的结构梁，点击图标执行、完成命令。

5. 梁合并

有些结构计算模型，通过软件转换接口导出到 Revit 时，所有梁相交处均被打断，不符合建模及表达习惯。此命令可以批量处理所选的梁，把共线且类型相同的梁合并成一条梁。

注意事项：

可在平面或 3D 视图执行命令，需先选择梁再执行命令。可批量选择。

操作步骤

（1）选择需合并的结构梁，点击图标执行、完成命令。效果如图 7.4-17 和图 7.4-18 所示。

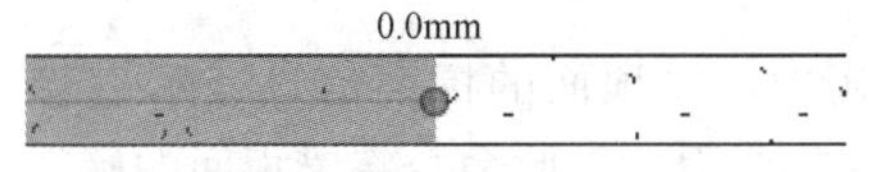

图 7.4-17　梁合并前

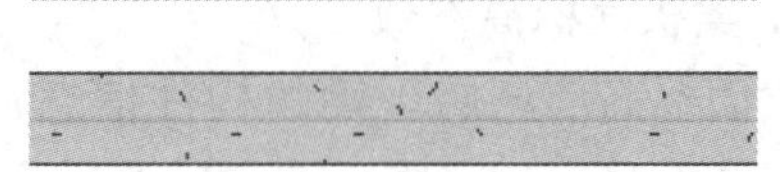

图 7.4-18　梁合并后

（2）弹出对话框，显示命令运行的时间以及合并的情况。

6. 梁齐板面

建模初期，一方面因为需要快速搭建结构框架，梁的标高未必准确；另一方面，因为图纸的修改，建模过程可能会漏掉一些梁高的修正。为此，经常会出现梁超出、低于楼板顶面的现象。此命令对于超出、低于或平齐楼板顶面的梁，设起始点标高至楼板底面，提高了工作效率。

注意事项：

可在平面或 3D 视图执行命令，需先选择梁再执行命令。

操作步骤：

（1）选择需平齐同一板面的梁，单击图标执行命令。

（2）点选需要平齐的面，完成命令。效果如图 7.4-19 和图 7.4-20 所示。

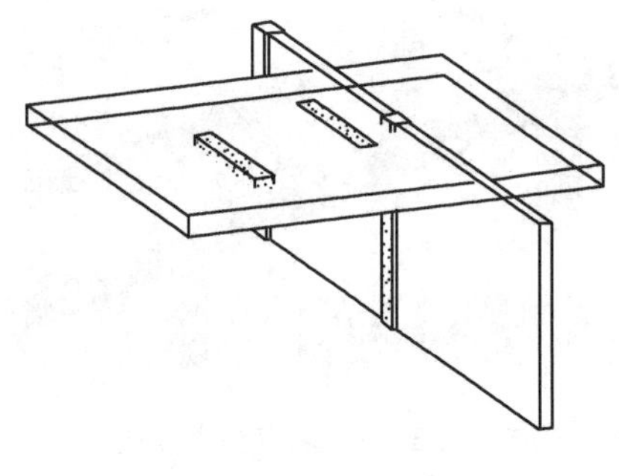

图 7.4-19　命令前

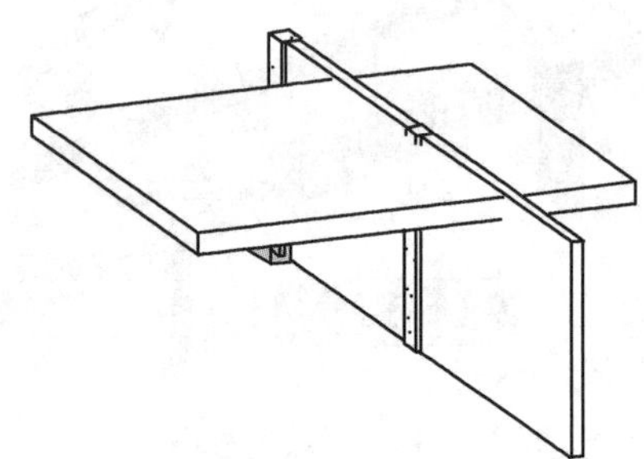

图 7.4-20　命令后

7. 楼板分割

建模初期，同一高度，相同厚度的楼板一般是统一建模的。但随着项目的进展，楼板需要进行各种分割。对于楼板分割，Revit 的常规做法是：对需要分割的楼板进行边界编辑，把原楼板编辑成分割后的其中一块。然后，再新建楼板，编辑边界为分割后的另外一块。此过程虽然并不复杂，但十分烦琐。此命令仅用详图线，即可对楼板进行分割，大大简化了楼板分割的过程，提高了工作效率。

注意事项：

（1）仅在平面执行命令。需先选择楼板和详图线再执行命令。

（2）内部含有洞口的楼板在执行完该命令后，洞口变为由“楼板洞口剪切”命令完成。楼板的“编辑边界”中，将不含有洞口的边界。

操作步骤：

（1）选择详图线和楼板，单击图标执行命令。

（2）根据提示，点选详图线两侧楼板区域内的任意位置，按两次“Esc”退出点选，完成命令。效果如图 7.4-21 和图 7.4-22 所示。

8. 梁板面标高参数

梁面标高信息属于梁的构件信息，在 Revit 中，梁顶面的标高信息表示为起点（终点）标高偏移，这与施工图常用的标注形式不一致。因此，此命令将梁板面的标高信息自动读取，将数值写入共享参数，标注形式与施工图常用一致。

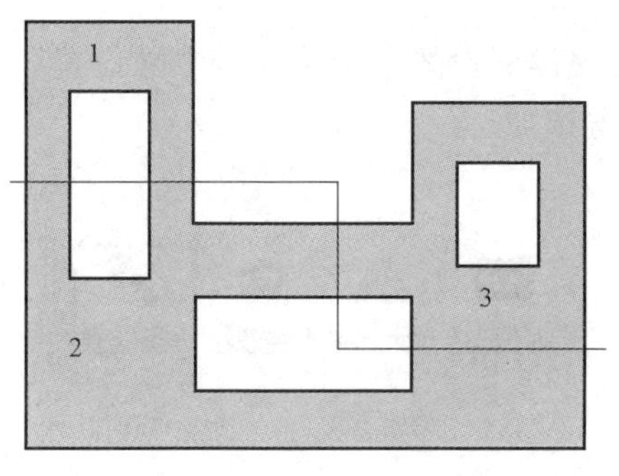

图 7.4-21　分割前

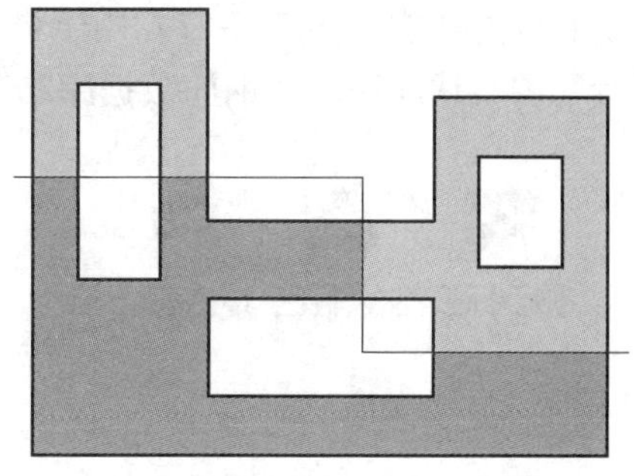

图 7.4-22　分割后

注意事项：

（1）可在平面或 3D 视图执行命令，需先选择梁板再执行命令。

（2）如果梁板标高位置发生变化，需要再次执行该命令，梁板面的标高参数才是正确的。

操作步骤：

（1）选择梁和楼板，单击图标执行命令。

（2）完成命令后，参数在梁板属性的“其他”中显示。如图 7.4-23 所示。

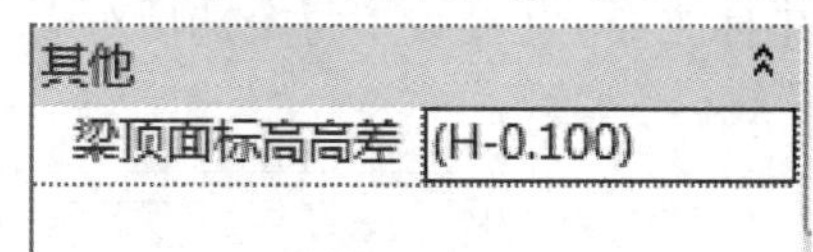

图 7.4-23　添加参数

9. 梁平法辅助软件

本程序主要分为 3 个基本模块，“梁编号”模块、“梁配筋”模块和“辅助工具”模块，程序界面简单直观，操作方便。考虑到不同用户使用的梁族可能不同，软件提供设置界面，允许用户在“设置”功能中自己设置使用的族和对应的配筋参数。

梁编号模块（图 7.4-24）主要实现梁的自动编号、手动编号功能，主要添加梁的类型信息、序号信息和跨号信息，如添加信息“KL1-4”。

梁配筋模块（图 7.4-25）主要实现辅助输入梁配筋信息功能，主要添加的信息有：梁负筋、梁架立筋或通长筋、梁底筋、梁箍筋、梁腰筋、加腋钢筋等信息。该模块的特点是，对不同类型的钢筋采用不同的输入方法，软件会自动根据所选标签的类型，弹出不同的操作窗口。为提高工作效率，本模块支持使用字母代替数字进行输入，通过该功能，工程师输入配筋值时左手无需离开键盘，对工作效率有很大的提升。并且，用户可根据自己的需要进行改键设置。

图 7.4-24　梁编号模块

图 7.4-25　梁配筋模块

辅助工具模块（图 7.4-26）主要用于提高工作效率，提高本文方法的可行性。主要提供的功能包括：梁方向自动调整、批量生成梁标签、标签避让等。

10. 初始设置

初始设置功能（图 7.4-27）用于进行用户使用偏好设置。分为“族参数设置”、“改键设置”、“默认配筋”、“钢筋数据库”等 4 个设置选项。

图 7.4-26　辅助工具模块

图 7.4-27　初始设置命令

“族参数设置”（图 7.4-28）选项中可设置内容包括：混凝土梁族名、混凝土梁宽参数名、混凝土梁高参数名、混凝土梁类型、混凝土梁序号、混凝土梁跨号、混凝土梁左负筋、混凝土梁右负筋、混凝土梁面筋、混凝土梁底筋、混凝土梁箍筋、混凝土梁腰筋、混凝土梁集中标注等，主要设置每个选项对应的参数名称、配套的小标签名称、配套的大标签名称。

初始设置

族参数设置　改键设置　默认配筋　钢筋数据库

参数类型	参数名	小标签名	大标签名
混凝土梁族名	单梁支座上部...	GDAD-梁左负...	GDAD-梁左负.
混凝土梁宽参数名	GDAD-矩形梁		
混凝土梁高参数名	单梁支座上部...	GDAD-梁右负...	GDAD-梁右负.
混凝土梁类型	单梁构造筋或...	GDAD-梁腰筋...	GDAD-梁腰筋.
混凝土梁序号	梁序号		
混凝土梁跨号	单梁上部通长...	GDAD-梁面筋...	
混凝土梁左负筋	梁编号		
混凝土梁右负筋	宽度		
混凝土梁面筋	梁跨号		
混凝土梁底筋			GDAD-梁配筋.
混凝土梁箍筋	单梁箍筋	GDAD-梁箍筋...	GDAD-梁箍筋.
混凝土梁腰筋	高度		
混凝土梁集中标注	单梁下部纵筋	GDAD-梁底筋...	

应用

图 7.4-28　初始设置对话框

“改键设置”（图 7.4-29）选项中，可为字母键 A～字母键 Z（26 个字母）设置对应的数字键、纵筋直径和箍筋直径，设置之后，在配筋模块中，可用相应的字母键代替数字键，提高工作效率。

“默认配筋”选项中，可为不同截面尺寸的梁设置默认腰筋以及为不同类型的梁设置默认箍筋。

“钢筋数据库”选项用于进行钢筋数据相关的设置。

11. 加梁类型

“加梁类型”命令图标如图 7.4-30 所示。

在结构梁族的“梁编号”参数中加入描述其梁类型的字符串。

字母键	数字键	纵筋直径	箍筋间距
A	&		
B	;		
C	2	22	
D	5	25	
E	8	18	120
F	6	16	
G			100
H			
I			
J			
K			200
L			
M			
N			150
O			
P			

图 7.4-29　改键设置对话框

操作步骤：

（1）点击命令图标，弹出对话框（图 7.4-31），该对话框为非模态对话框，可与 Revit 主窗口同时运行；

图 7.4-30　加梁类型命令

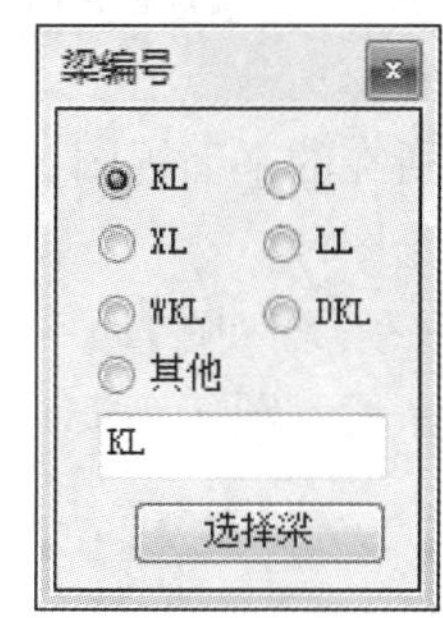

图 7.4-31　梁编号对话框

（2）在对话框的选项按钮中选择梁类型，点击“选择梁”按钮（图 7.4-32）；

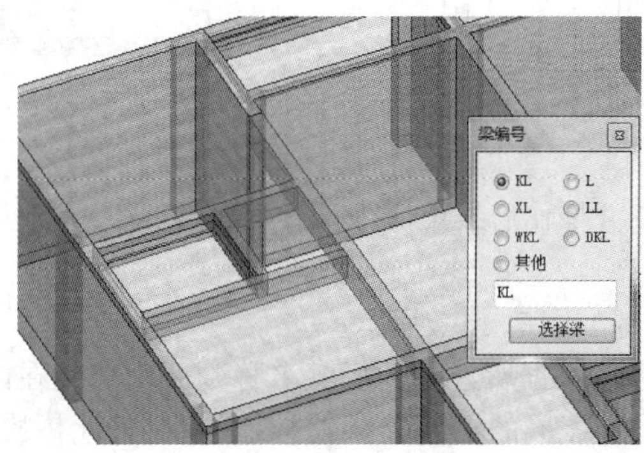

图 7.4-32　选择梁

（3）在视图中选择对应的梁，可多选；

（4）选择梁之后，程序在梁的“梁编号”参数（图 7.4-33）中添加选择的梁类型信息，完成命令。

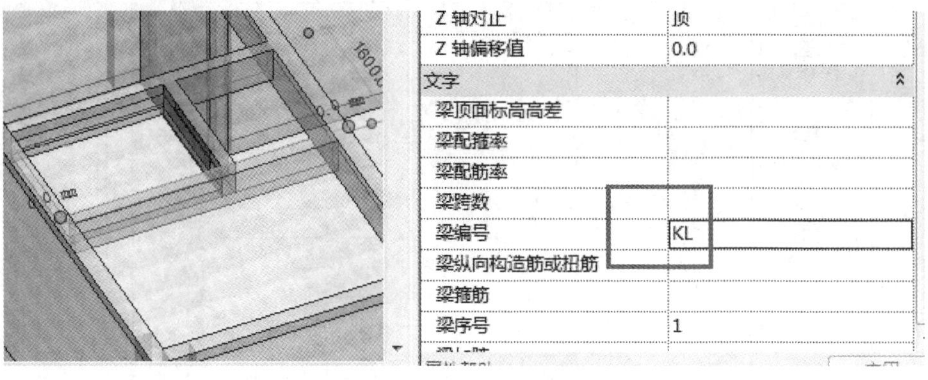

图 7.4-33　加入梁编号信息

图 7.4-34　编号归并命令

12. 编号归并

“编号归并”命令图标如图 7.4-34 所示。

选择某一条梁作为参照，之后选择拟与参照梁设置为同编号的梁，程序将参照梁的“梁类型”、“梁编号”、“梁跨号”三个参数赋予其他被选择的梁。

操作步骤：

进入梁所在的平面视图；

点击命令图标；

单选某一条梁（图 7.4-35）；

框选多条梁（图 7.4-36）；

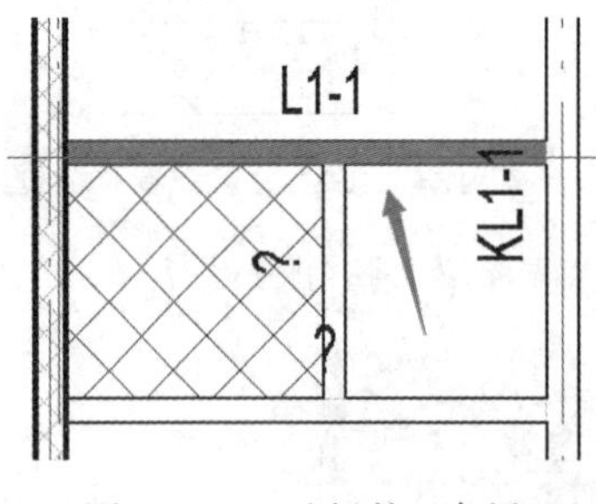

图 7.4-35　选择某一条梁

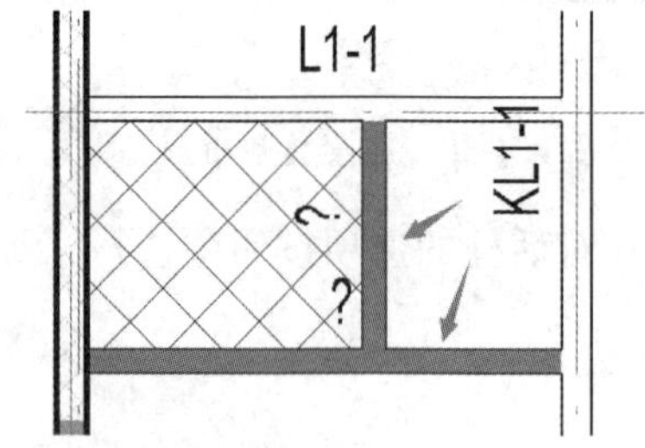

图 7.4-36　框选多条梁

程序自动进行编号归并操作后结束命令；效果如图 7.4-37 所示。

13. 左手配筋

“左手配筋”命令图标如图 7.4-38 所示。

结构梁配筋辅助程序，根据所选择的标签名称判断用户是在配置纵筋、腰筋或者箍筋，根据不同钢筋类型弹出不同的辅助窗口。支持使用字母代替数字的功能（在初始设置中进行设置）。

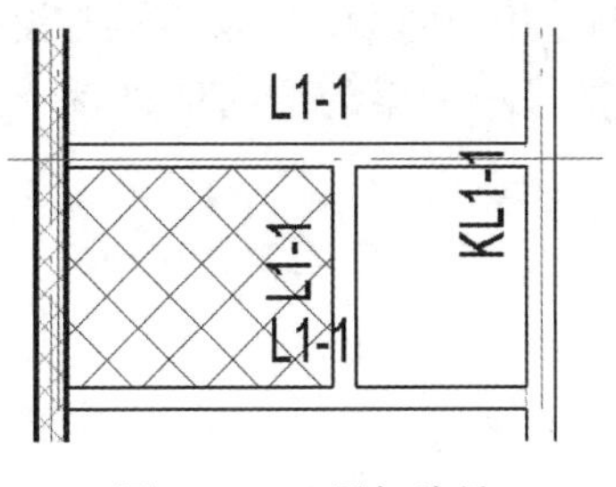

图 7.4-37　添加编号

图 7.4-38　左手配筋命令

操作步骤：

点击命令图标；

选择梁配筋标签（图 7.4-39）；

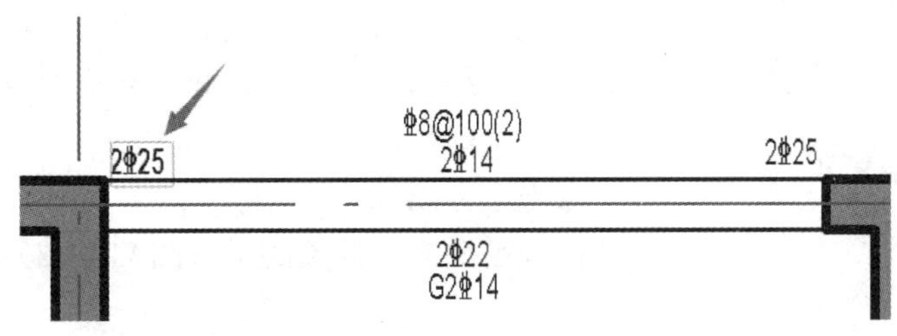

图 7.4-39　选择标签

弹出窗口，在“文字”文本框（图 7.4-40）中输入配筋值，此时，可使用在“初始设置”中定义的字母代替相应的数字，比方已经在初始设置中定义了“c”代表“2”，“a”代表“&”，“d”代表“5”，则可使用“cacd”代表“2&25”，此时“2&25”会显示在“预览”文本框中；

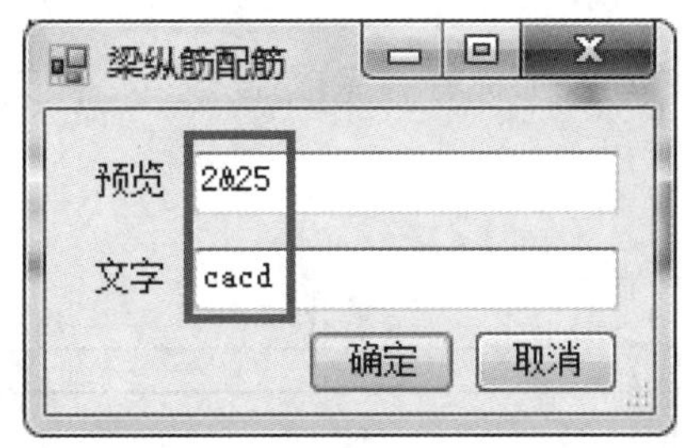

图 7.4-40　根据初设设置修改字符

点击“确定”按钮（或按 Enter 键）完成编辑。

14. 同号统一

“同号统一”命令图标如图 7.4-41 所示。

识别某一层中梁编号相同的梁，将其配筋设为一致。识别梁编号是否相同的方法为：识别结构梁的“梁类型”、“梁编号”、“梁跨号”三个参数，若三个参数的参数值都相同，则判断为梁编号相同。将其配筋设为一致的方法为：若编号相同的梁中，有某一个梁添加了“集

图 7.4-41　同号统一命令

中标注”标签，则将该梁的配筋信息赋予其他与其编号相同的梁；若所有梁都没有“集中标注”标签，则将梁起点水平坐标 X、垂直坐标 Y 都最小的梁的配筋信息赋予其他与其编号相同的梁。

注意事项：

该命令只能在平面视图中运行。

操作步骤：

进入梁所在的平面视图；

点击命令图标；

程序自动进行配筋统一操作后结束命令；

15. 加小标签

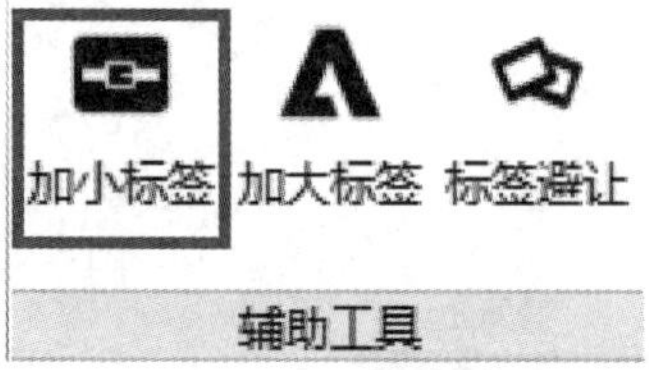

“加小标签”命令图标如图 7.4-42 所示。

图 7.4-42　加小标签命令

将左负筋、右负筋、底筋、面筋、箍筋、腰筋对应的标签添加到结构梁图元上，并移动至相应的位置。

操作步骤：

点击命令图标；

框选需要添加标签的梁（图 7.4-43）；

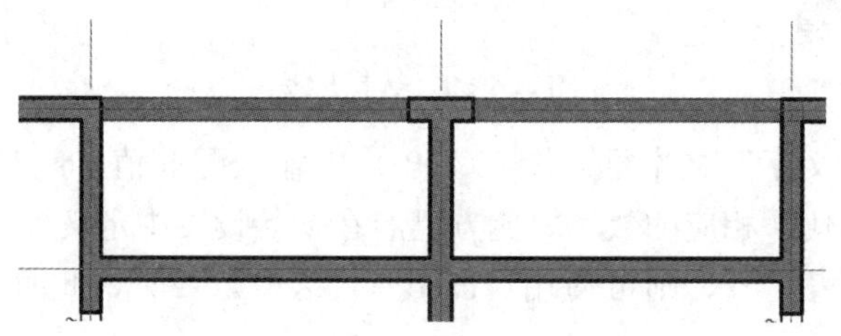

图 7.4-43　选择梁

程序自动添加标签，完成命令。效果如图 7.4-44 所示。

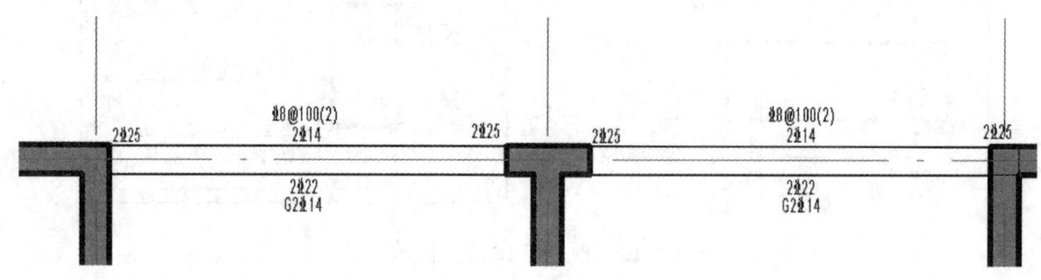

图 7.4-44　自动添加标签

16. 加大标签

“加大标签”命令图标如图 7.4-45 所示。

将左负筋、右负筋、集中标注、箍筋、腰筋对应的标签添加到结构梁图元上，并移动至相应的位置。

图 7.4-45　加大标签命令

操作步骤：

点击命令图标；

框选需要添加标签的梁（图 7.4-46）；

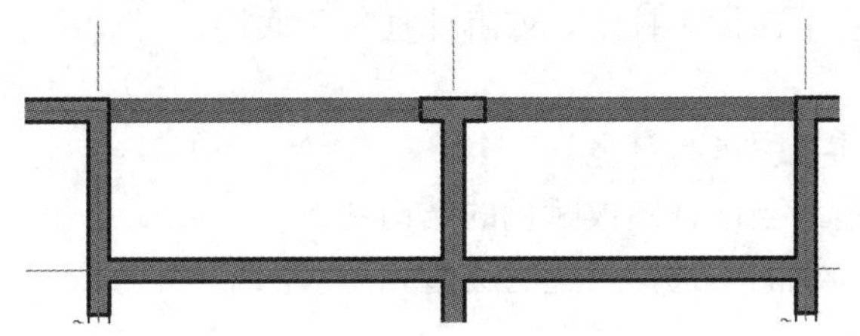

图 7.4-46　框选需要的梁

程序自动添加标签，完成命令。效果如图 7.4-47 所示。

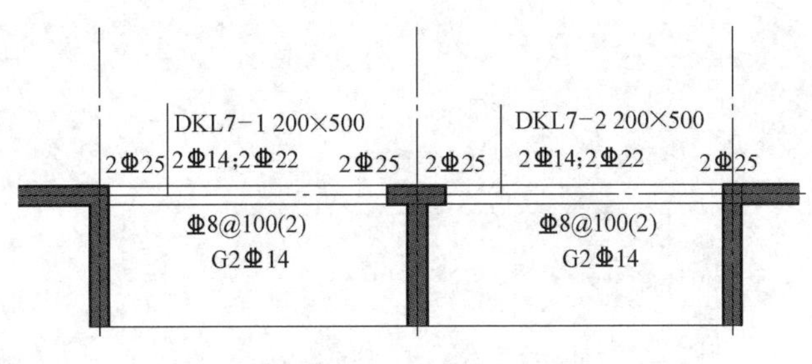

图 7.4-47　完成标签添加

7.5　可视化检查软件

7.5.1　结构柱对位检测

传统 AutoCAD 绘图方式下，竖向结构的对位只能通过多个平面的叠图对照方式来检测，由于操作麻烦，设计人员经常略过这个步骤，很容易出现错漏或者偏位的情况。另外对于高层结构常见的竖向结构分段缩小截面的设计处理、对于局部出现的梁上柱等特殊部位，也需要提醒设计及施工方特别留意，因此对于竖向结构的上下楼层对位检测，是保证设计质量的一个必要步骤。该命令通过对结构柱构件的上下层关系进行搜索、检测、分类、赋色，将竖向结构的特殊变化部位直观展示出来，对于施工交底非常有帮助，同时也可以杜绝由于设计疏漏或操作上的误差引起的结构墙柱偏位问题。

注意事项：

（1）可在平面或 3D 视图执行命令。

（2）只在当前视图赋色。

（3）赋色之前必须检查。

操作步骤：

（1）点击命令图标，弹出设置窗口。

（2）检查：对结构柱构件的上下层关系进行搜索、检测、分类。其中分类分色规则如下：

收分柱：上下柱位置相同，但截面参数不一致。

偏位柱：上下柱截面参数相同，但位置不同。

墙上柱：下面没有柱，只有结构墙。

孤柱或者底层柱：下面没有柱子，或者此柱位于底层。

斜柱：非垂直柱。

（3）赋色：对当前视图进行赋色。

（4）清除颜色：清楚当前视图被赋色的结构柱。

（5）选择：在当前视图中选择点选的类型相对应的结构柱（图 7.5-1）。

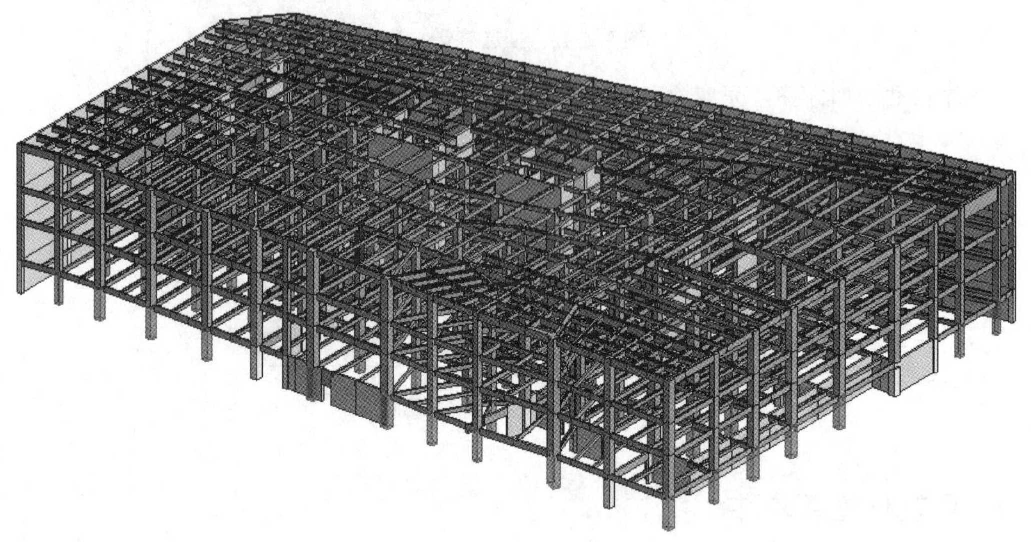

图 7.5-1　选择“孤柱或底层柱”

7.5.2　视图同步查看

Revit 是多视图软件。在设计过程中往往同时打开多个平、立、剖等多种视图，有时甚至打开 3D 视图，以查看模型的三维效果。在设计校审阶段，多视图的对照尤其频繁。虽然 Revit 视图切换非常方便，但有一个缺点，即视图缩放范围无法同步，需反复将不同视图缩放到大概一致的范围才能进行对图，并且只能手动操作，无法严格保证范围相同、缩放比例相同，影响了效率与效果。该命令可以检测当前窗口中激活的平面与 3D 视图，将其视图缩放范围设为一致，并通过无模态窗口，使这些视图持续、实时地保持一致，直至用户关闭插件命令。

操作步骤：

（1）点击图标，弹出设置窗口（图 7.5-2）。

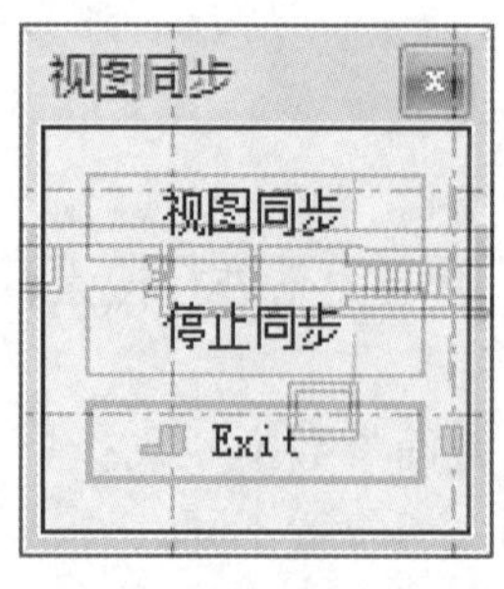

图 7.5-2　视图同步窗口

（2）视图同步：激活，让当前窗口中激活的平面与 3D 视图的视图缩放范围保持一致。如图 7.5-3 和图 7.5-4 所示。

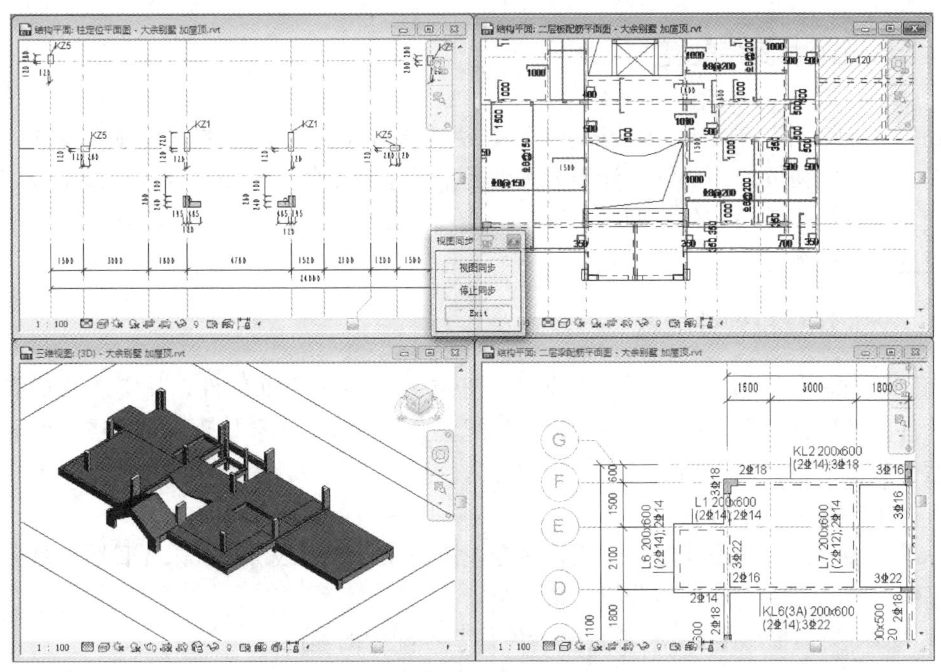

图 7.5-3　视图同步前

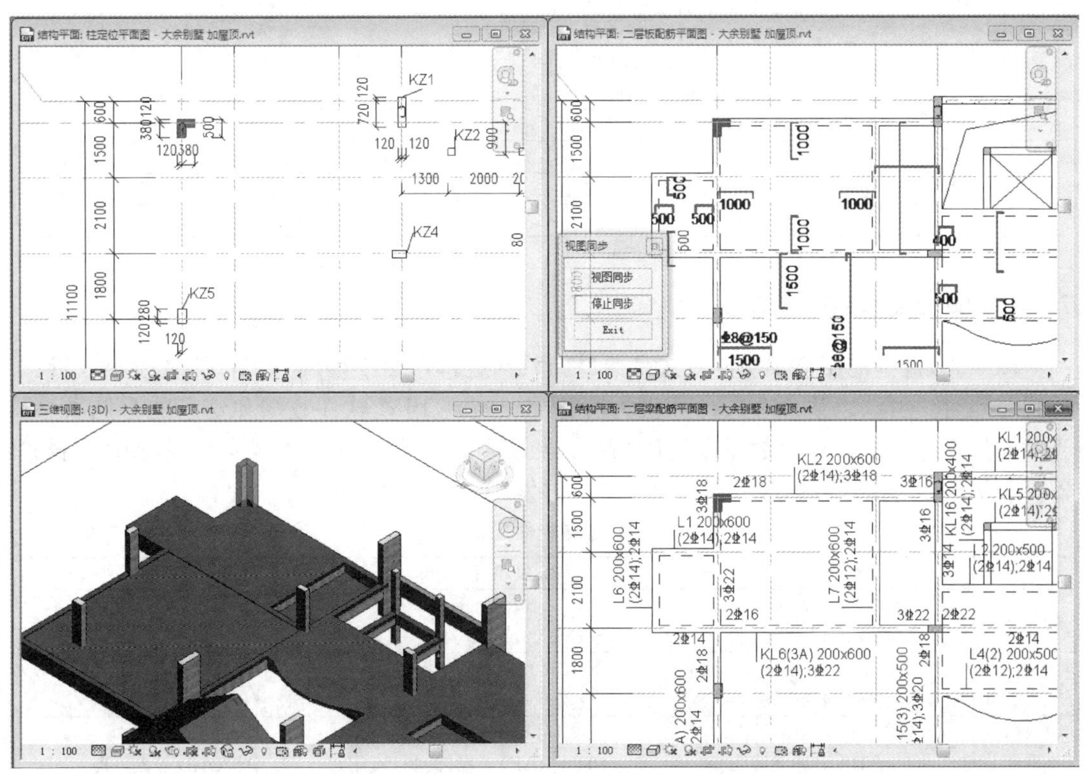

图 7.5-4　视图同步后

停止同步：关闭实时同步功能。

Exit：关闭视图同步窗口，退出该命令。

7.6 BIM 设计硬件配置

BIM 正向设计打破了传统的设计流程，使得设计不再是专业本身的独立设计，更强调专业间的高度协同。而协同设计很大程度是指基于网络的一种设计沟通交流手段，形成这种交流手段的硬件设施包括两个方面——支持 BIM 设计软件的个人计算机和实现各专业交流的中心服务器。

7.6.1 个人计算机硬件配置

BIM 设计软件既包括三维的模型软件，也包括二维的平面软件，其实现的功能比较多，软件的性能比较高，因此对于计算机的配置要求较高，主要体现在图形图像的显示能力、后台数据的运算能力和信息交互处理能力。从各专业设计对功能使用要求考虑，建议从以下两个层级进行区分：

标准层级：满足各设计专业建模，多专业协同设计、管线综合、采光日照性能分析；

高级配置：高端建筑性能分析，精细渲染。

表 7.6-1 为当前版本 Revit 软件平台硬件基本配置的建议。

个人计算机硬件配置 **表 7.6-1**

硬件	标准配置	高级配置
操作系统	Windows 7 64 位 Windows 8 64 位 Windows 10 64 位	Windows 7 64 位 Windows 8 64 位 Windows 10 64 位
CPU	I77700 主频 3.6GHz 以上	I7 7700K 主频 4.2GHz 以上
内存	DDR4 16GB	DDR4 32GB
显示器	分辨率 1920×1200 以上	分辨率 1920×1200 以上
显卡	GTX1050 以上	GTX1070 以上

7.6.2 服务器硬件配置

Revit 软件中的工作集协同方法是通过局域网进行，当工程设计项目体量较小或资源配置有限时，可以以某台个人计算机为服务器，实现 BIM 软件数据和信息的存储共享。当数据的存储容量、用户数量、使用频率、数据吞吐量较大时，需要考虑搭建中心服务器。表 7.6-2 为搭建数据服务器小于 100 个并发用户硬件基本配置。

服务器硬件配置 **表 7.6-2**

硬件	基本配置	标准配置	高级配置
操作系统	Microsoft Windows Server 2012 R2 64 位	Microsoft Windows Server 2012 R2 64 位	Microsoft Windows Server 2012 R2 64 位
CPU	E3-1230 4 核以上， 主频 3.4Ghz 以上	E5-2620 6 核以上， 主频 1.7GHz 以上	双 CPU，E5-2620 12 核以上，1.7GHz 以上
内存	8GB RAM	16GB RAM	32GB RAM
硬盘	5T+RAID 磁盘阵列	10T+RAID 磁盘阵列	20T+RAID 磁盘阵列

第 8 章　结构 BIM 正向设计软件 GSRevit 应用

建筑设计行业的 BIM 技术应用大都选择了 Revit 软件作为平台，故基于 Revit 平台实现结构直接建模、计算、出图及装配式深化设计是大势所趋。

目前 Revit 自身结构设计功能较弱，尚不满足中国制图规范和设计规范的要求，影响了全专业 BIM 应用。在 Revit 上开发一套满足中国设计规范要求的结构 BIM 软件成了当务之急。GSRevit 系统实现了结构快速建模、计算、自动成图及装配式设计功能，大大降低了 BIM 应用门槛，帮助工程师从 AutoCAD 走向 Revit 完成 BIM 结构正向设计。

8.1　GSRevit 概述

实现结构 BIM 正向设计有三个方面要求：

（1）在 Revit 上直接建模、计算和结构施工图绘制。

（2）实现滚动式结构设计：三维结构模型随着设计深度的变化，可不断添加需要的信息，譬如加偏心、加荷载、加钢筋信息等。

（3）只需要维护一个三维模型，模型中只保存一套墙柱梁板信息，即使施工图阶段修改了模型，仍可进行结构计算。

广厦结构 BIM 正向设计系统 GSRevit，实现了在 Revit 直接建模、结构计算和生成施工图，具有模型及荷载输入、生成有限元计算模型、自动成图、装配式设计、基础设计等功能。计算接口支持广厦 GSSAP、SATWE、YJK 和 ETABS 等软件，Revit 模型和计算模型实现了双向无缝互导；自动成图模块开放 200 多个参数满足全国各地设计单位对结构施工图绘图习惯的要求，并解决了 Revit 中结构施工图自动生成和编辑的问题，可接力广厦、PKPM 和 YJK 计算自动生成墙、柱、梁和板钢筋施工图，达到广厦 AutoCAD 自动成图软件 GSPLOT 类似的成图质量。

Revit 软件是一个通用平台，采用它本身提供的方式建立结构模型并不高效；它的荷载模型不具备通用性、表达烦琐、种类不多；它缺少完整的结构总体计算控制参数，提供的梁柱墙板也缺少结构属性控制，因此直接建立的模型并不能应用于结构计算。要使得 Revit 结构模型可以直接计算，一般需要解决以下几个问题：

（1）结构模型输入要简单、快速；

（2）方便输入总体设计信息和各层设计信息；

（3）方便输入或修改墙柱梁板的设计属性；

（4）方便输入各种结构设计荷载，包含其工况、荷载类型和荷载方向。

GSRevit 是在 Revit 上的二次开发产品，它可输入：混凝土直墙、混凝土弧墙、砖墙、各类型截面柱、各类型截面梁、多边形板及其设计属性和荷载。为此 GSRevit 为 Revit 增加了如图 8.1-1 所示的 8 个子菜单：模型导入、结构信息、轴网轴线、构件布置、荷载输入、结构施工图、模型导出和装配式设计。

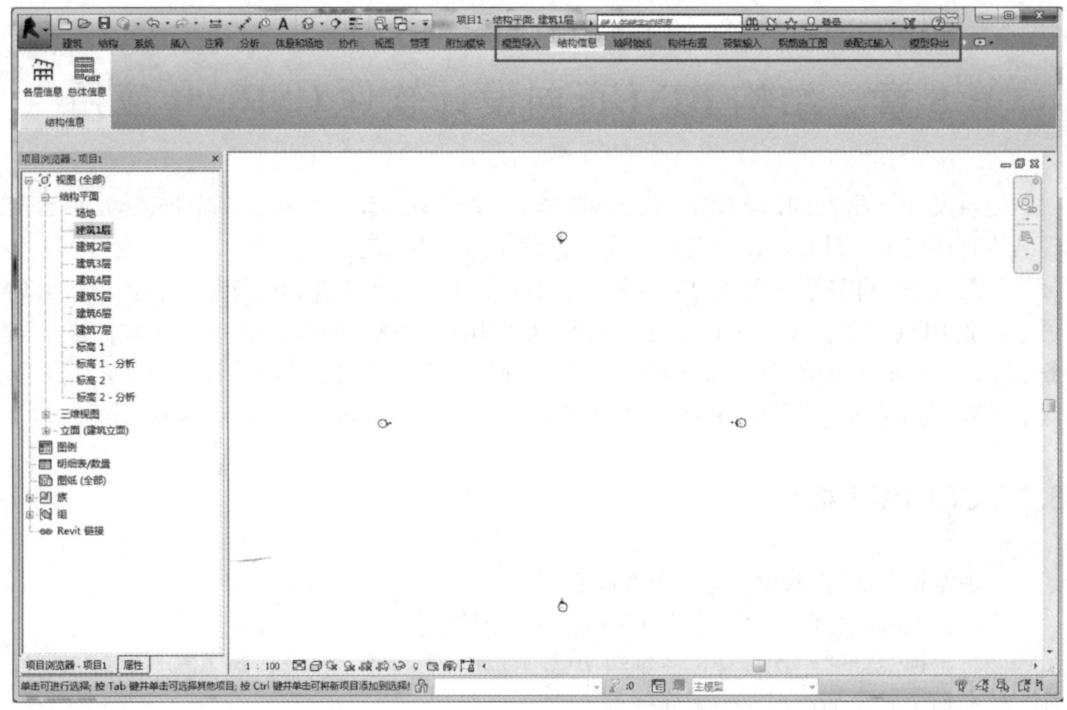

图 8.1-1　GSRevit 子菜单

Revit 软件是一个 BIM 平台，设计人员为了形成钢筋施工图 BIM 模型，绘制施工图时，需要先在墙柱梁板上添加钢筋信息，再在楼层剖面图上添加钢筋标记和绘制大样，不同于 AutoCAD 中采用点线、文字、基本图元直接绘制施工图的方式。Revit 本身不提供墙柱梁板钢筋存储格式和平法绘图方法，为实现自动成图功能，GSRevit 实现了以下功能：

（1）在墙柱梁板的属性中增加了钢筋参数；

（2）在 Revit 注释族中增加了墙柱梁板施工图各类标记；

（3）在 Revit 详图项目族中增加了板面筋和底筋大样；

（4）自动填写板钢筋参数和绘制板钢筋平面图；

（5）自动填写梁钢筋参数和绘制梁钢筋平面图；

（6）自动填写柱钢筋参数和绘制柱钢筋图；

（7）自动填写墙钢筋参数和绘制墙钢筋图。

8.2　基于 Revit 的快速建模

在 Revit 上快速输入墙柱梁板构件及其荷载、设计属性，软件操作和显示方式符合设计人员传统习惯。

基于 Revit 的结构快速建模模块，采用了添加共享参数的方式在构件中添加结构信息。为表达结构的非几何信息，开发了层信息对话框，可输入和修改各层标高、结构层号、建筑层名、下端建筑层名、相对下层层顶高度（m）、建筑高度（m）、墙柱混凝土等级等；开发了总体信息对话框，包括总信息、地震信息、风计算信息、调整信息、材料信息、地下室信息、时程分析信息和砖混信息；GSRevit 根据传统结构设计软件的输入习惯开发了轴网对话框，以及墙、柱、梁、板的截面、荷载和设计属性对话框，更为符合工程师建立和修改模型的习惯。

8.2.1 各层信息

Revit 中缺少关于结构非几何信息的表达方式，结构的非几何信息需要自行开发程序进行输入。GsRevit 开发了对话框，可输入和修改各层标高，标高图元上增加共享参数存储各层信息，如图 8.2-1 和图 8.2-2 所示。

各层信息包括：结构层号、建筑层名、下端建筑层名、相对下层层顶高度（m）、建筑高度（m）、墙柱混凝土等级、梁混凝土等级、板混凝土等级、砂浆强度等级、砌块强度等级、竖向塔块号、标准层号和 Revit 中标高名。

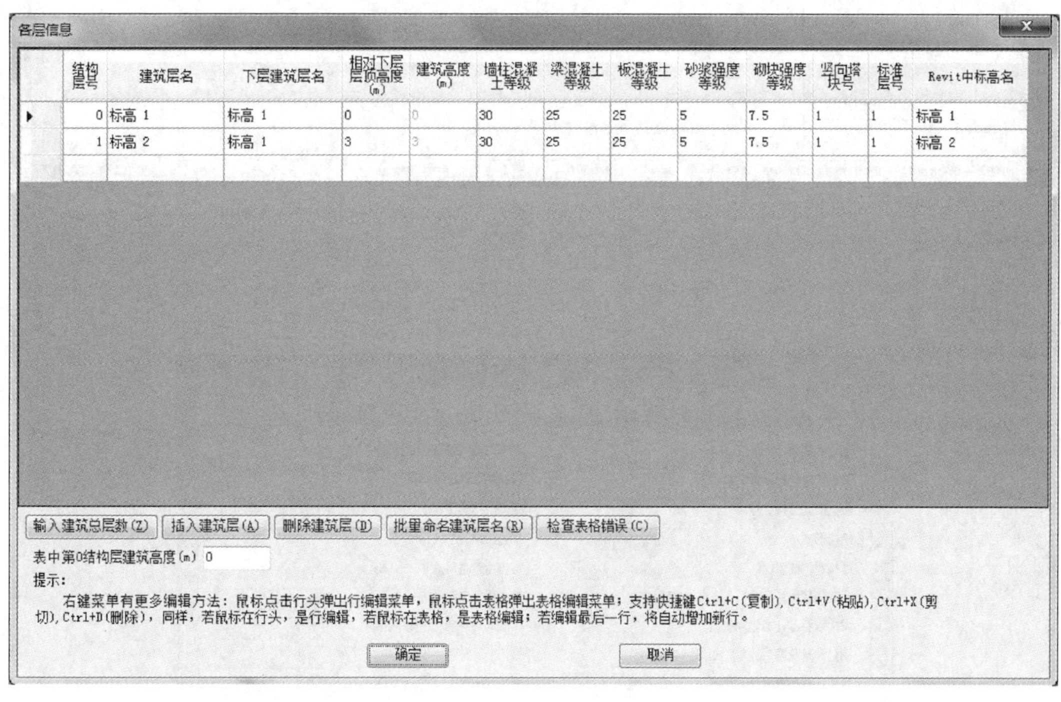

图 8.2-1　层信息对话框

8.2.2 总体信息

开发了对话框输入和修改总体信息，总体信息存于 Revit 文件系统的扩展数据中。共 8 页，包括总信息、地震信息、风计算信息、调整信息、材料信息、地下室信息、时程分析信息和砖混信息，如图 8.2-3～图 8.2-8 所示。

8.2.3 轴网轴线

批量输入正交轴网和圆弧轴网的菜单及对话框，如图 8.2-9～图 8.2-11 所示。

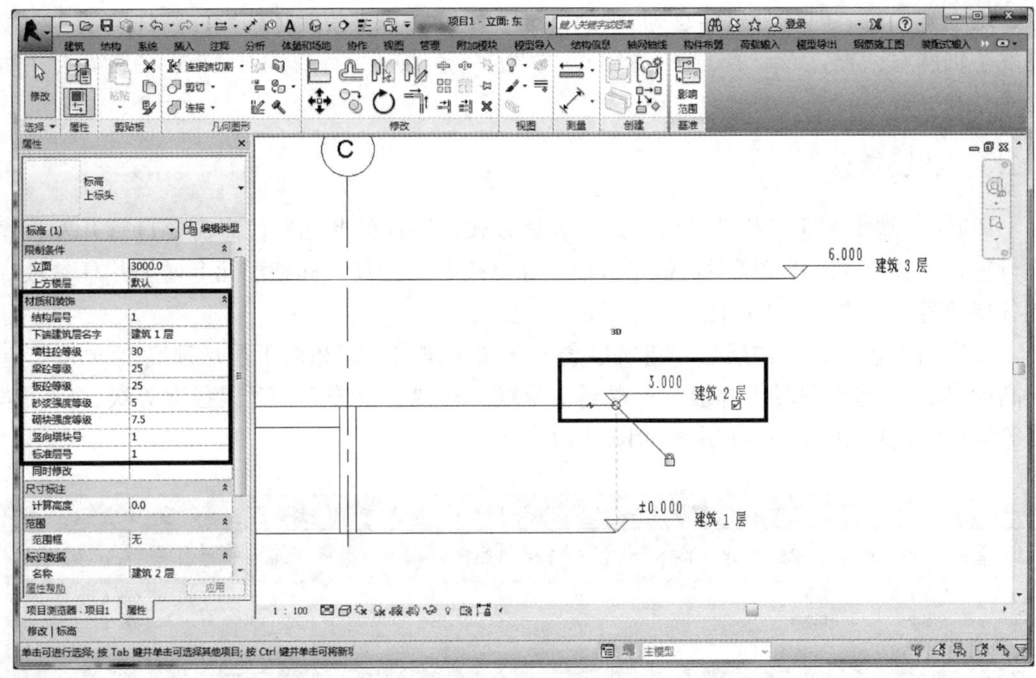

图 8.2-2　标高图元

计算总体信息

总信息 | 地震信息 | 风计算信息 | 调整信息 | 材料信息 | 地下室信息 | 时程分析信息 | 砖混信息

地下室层数	0	裙房层数（包括地下室层数）	0
有侧约束的地下室层数	0	转换层所在的结构层号	
最大嵌固结构层号	0	薄弱的结构层号	
结构形式	框架	加强层所在的结构层号	
结构材料信息	砼结构	结构重要性系数（0.8-1.5）	1
竖向荷载计算标志	模拟施工	考虑重力二阶效应	放大系数法
梁柱重叠部分简化为刚域	是	梁配筋计算考虑压筋的影响	考虑
钢柱计算长度系数考虑侧移	不考虑	梁配筋计算考虑板的影响	考虑
砼柱计算长度系数计算原则	按层计算	填充墙刚度	按周期折减考虑
装配式结构	否	是否高层结构	自动判断
异形柱结构	否	满足广东高规2013	否
墙竖向细分最大尺寸（0.25-5.0m）	2		
墙梁板水平细分最大尺寸（0.25-5.0m）	2		
所有楼层分区强制采用刚性楼板假定	实际		

确定　取消

图 8.2-3　总信息

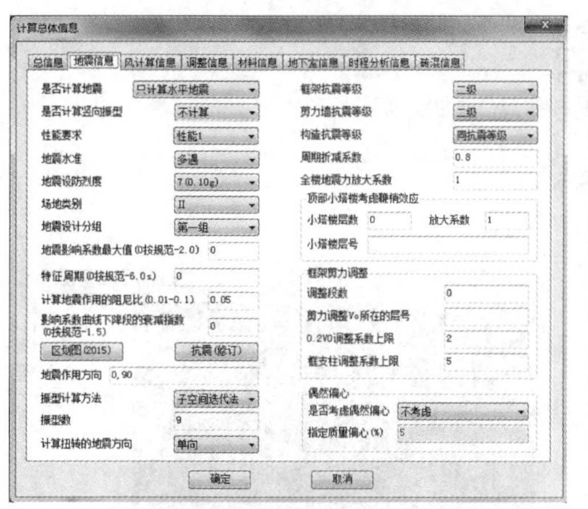

图 8.2-4　地震信息

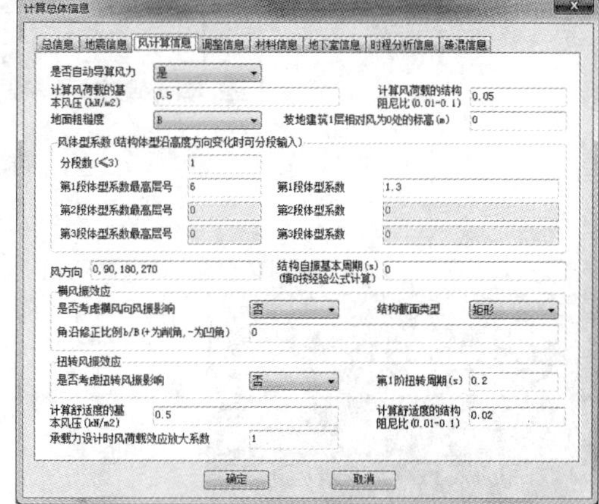

图 8.2-5　风计算信息

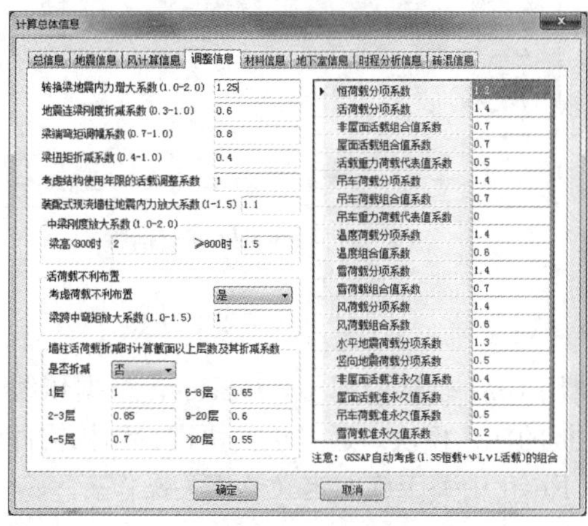

图 8.2-6　调整信息

图 8.2-7　材料信息

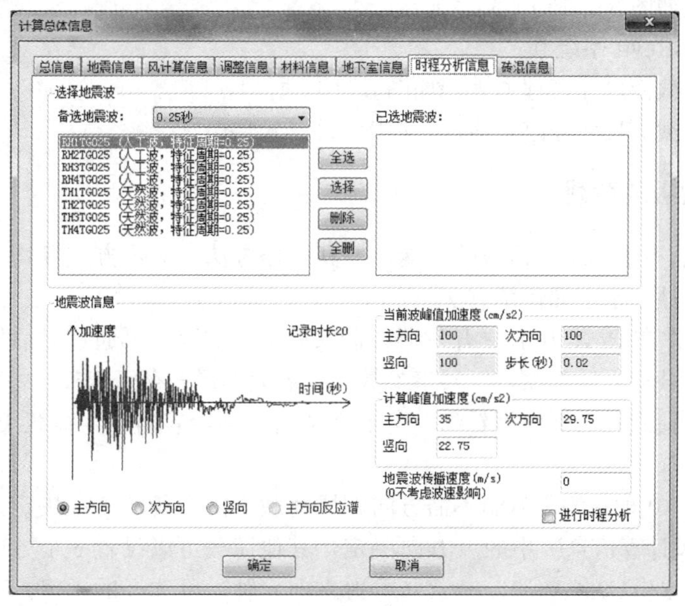

图 8.2-8　时程分析信息

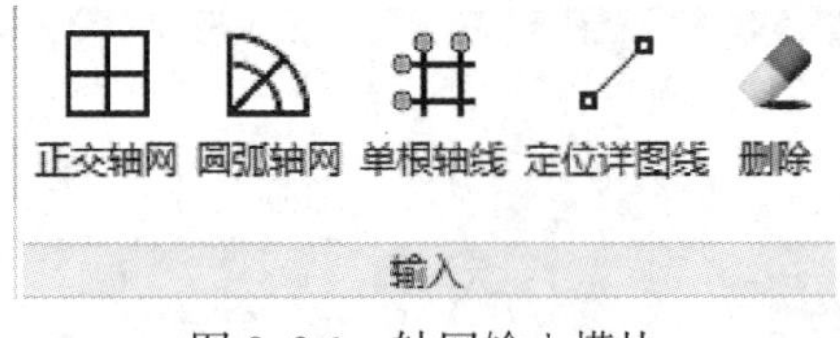

图 8.2-9　轴网输入模块

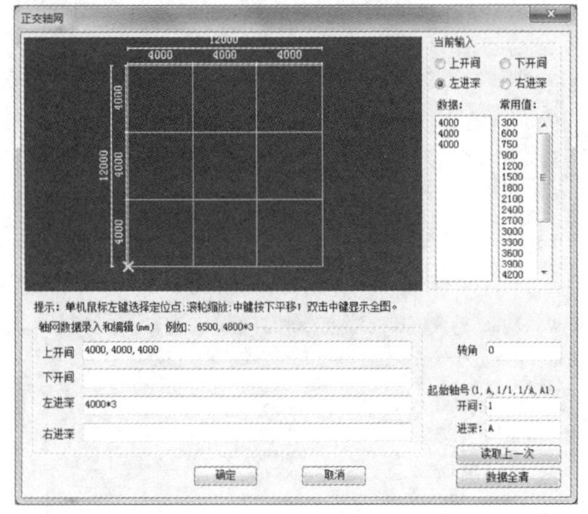

图 8.2-10　正交轴网对话框

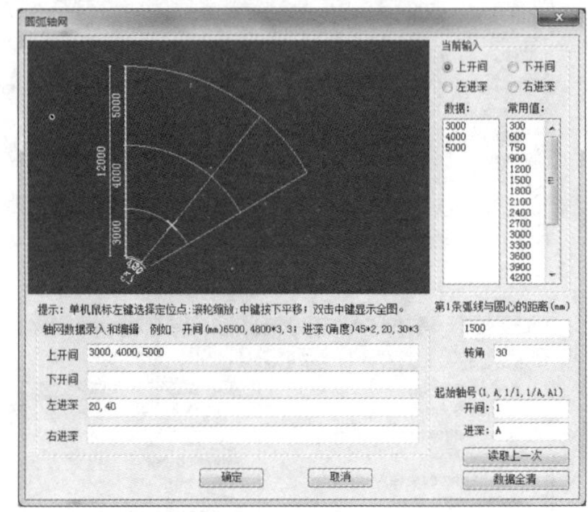

图 8.2-11　圆弧轴网对话框

8.2.4　墙柱梁板的截面

为方便工程师快速建模，并降低工程师使用 BIM 软件的门槛，GSRevit 根据传统结构设计软件的输入习惯，开发了墙、柱、梁、板的输入模块。通过该模块进行结构构件建模时，仅需要输入构件截面尺寸，不需要考虑 Revit 中关于族的定义及相关操作。

柱的截面族如图 8.2-12 所示。

梁的截面族如图 8.2-13 所示。

墙和板采用 Revit 系统族。

墙柱梁板的截面尺寸管理列表，如图 8.2-14 所示。

墙柱梁板的截面尺寸修改对话框，如图 8.2-15 所示。

8.2.5　墙柱梁板的荷载

Revit 中虽然有输入结构荷载的功能，但其操作方法、显示方式等均与传统习惯差异很大，且在方便性上也不如传统方法。

GSRevit 软件在 Revit 中独立开发荷载输入模块，工程师可通过对话框输入各种类型的结构荷载，荷载输入后程序将以共享参数和扩展数据形式存于 Revit 文件中。

在墙柱梁板荷载对话框中可看到，一个荷载由 4 项内容组成：荷载类型、荷载方向、荷载值和所属工况。

荷载类型有 10 种，均匀升温不需方向，风荷载方向由所选工况决定，风荷载工况数由“总体信息-风计算信息”中的风方向决定，其他荷载可以设置 6 个方向：局部坐标的 1、2、3 轴和总体坐标的 X、Y、$-Z$（重力方向）轴，可选择的 12 种工况为：重力恒、重力活、水压力、土压力、预应力、雪、升温、降温、人防、施工、消防和风荷载。

GS-L形柱-混凝土.rfa
GS-T形柱-混凝土.rfa
GS-不对称十字劲柱-混凝土.rfa
GS-槽形柱-混凝土.rfa
GS-对称十字劲柱-混凝土.rfa
GS-反槽形柱-混凝土.rfa
GS-反双槽形柱-混凝土.rfa
GS-方钢管混凝土柱-混凝土.rfa
GS-钢管混凝土柱-混凝土.rfa
GS-工形劲柱-混凝土.rfa
GS-工形柱-混凝土.rfa
GS-矩形变截面柱-混凝土.rfa
GS-矩形柱-混凝土.rfa
GS-矩形柱内圆钢管柱-混凝土.rfa
GS-十字工柱-混凝土.rfa
GS-十字形柱-混凝土.rfa
GS-双槽形柱-混凝土.rfa
GS-梯形柱-混凝土.rfa
GS-箱形劲柱-混凝土.rfa
GS-箱形柱-混凝土.rfa
GS-异型L形柱-混凝土.rfa
GS-异型T形柱-混凝土.rfa
GS-异型十字形柱-混凝土.rfa
GS-圆管柱-混凝土.rfa
GS-圆形柱-混凝土.rfa
GS-圆形柱内工字型钢柱-混凝土.rfa
GS-圆形柱内十字工柱-混凝土.rfa
GS-圆形柱内圆钢管柱-混凝土.rfa

GS-L形柱-钢.rfa
GS-T形柱-钢.rfa
GS-不对称十字劲柱-钢.rfa
GS-槽形柱-钢.rfa
GS-对称十字劲柱-钢.rfa
GS-反槽形柱-钢.rfa
GS-反双槽形柱-钢.rfa
GS-方钢管混凝土柱-钢.rfa
GS-钢管混凝土柱-钢.rfa
GS-工形劲柱-钢.rfa
GS-工形柱-钢.rfa
GS-矩形变截面柱-钢.rfa
GS-矩形柱-钢.rfa
GS-矩形柱内圆钢管柱-钢.rfa
GS-十字工柱-钢.rfa
GS-十字形柱-钢.rfa
GS-双槽形柱-钢.rfa
GS-梯形柱-钢.rfa
GS-箱形劲柱-钢.rfa
GS-箱形柱-钢.rfa
GS-圆管柱-钢.rfa
GS-圆形柱-钢.rfa
GS-圆形柱内工字型钢柱-钢.rfa
GS-圆形柱内十字工柱-钢.rfa
GS-圆形柱内圆钢管柱-钢.rfa

图 8.2-12　柱的截面族

GS-L形框架-混凝土.rfa
GS-T形框架-混凝土.rfa
GS-不对称十字劲框架-混凝土.rfa
GS-槽形框架-混凝土.rfa
GS-对称十字劲框架-混凝土.rfa
GS-反槽形框架-混凝土.rfa
GS-反双槽形框架-混凝土.rfa
GS-方钢管混凝土框架-混凝土.rfa
GS-钢管混凝土框架-混凝土.rfa
GS-工形劲框架-混凝土.rfa
GS-工形框架-混凝土.rfa
GS-矩形变截面框架-混凝土.rfa
GS-矩形框架-混凝土.rfa
GS-矩形内圆钢管框架-混凝土.rfa
GS-十字工框架-混凝土.rfa
GS-十字形框架-混凝土.rfa
GS-双槽形框架-混凝土.rfa
GS-梯形框架-混凝土.rfa
GS-箱形劲框架-混凝土.rfa
GS-箱形框架-混凝土.rfa
GS-圆管框架-混凝土.rfa
GS-圆形框架-混凝土.rfa
GS-圆形内工字型钢框架-混凝土.rfa
GS-圆形内十字工框架-混凝土.rfa
GS-圆形内圆钢管框架-混凝土.rfa

GS-L形框架-钢.rfa
GS-T形框架-钢.rfa
GS-不对称十字劲框架-钢.rfa
GS-槽形框架-钢.rfa
GS-对称十字劲框架-钢.rfa
GS-反槽形框架-钢.rfa
GS-反双槽形框架-钢.rfa
GS-方钢管混凝土框架-钢.rfa
GS-钢管混凝土框架-钢.rfa
GS-工形劲框架-钢.rfa
GS-工形框架-钢.rfa
GS-矩形变截面框架-钢.rfa
GS-矩形框架-钢.rfa
GS-矩形内圆钢管框架-钢.rfa
GS-十字工框架-钢.rfa
GS-十字形框架-钢.rfa
GS-双槽形框架-钢.rfa
GS-梯形框架-钢.rfa
GS-箱形劲框架-钢.rfa
GS-箱形框架-钢.rfa
GS-圆管框架-钢.rfa
GS-圆形框架-钢.rfa
GS-圆形内工字型钢框架-钢.rfa
GS-圆形内十字工框架-钢.rfa
GS-圆形内圆钢管框架-钢.rfa

图 8.2-13　梁的截面族

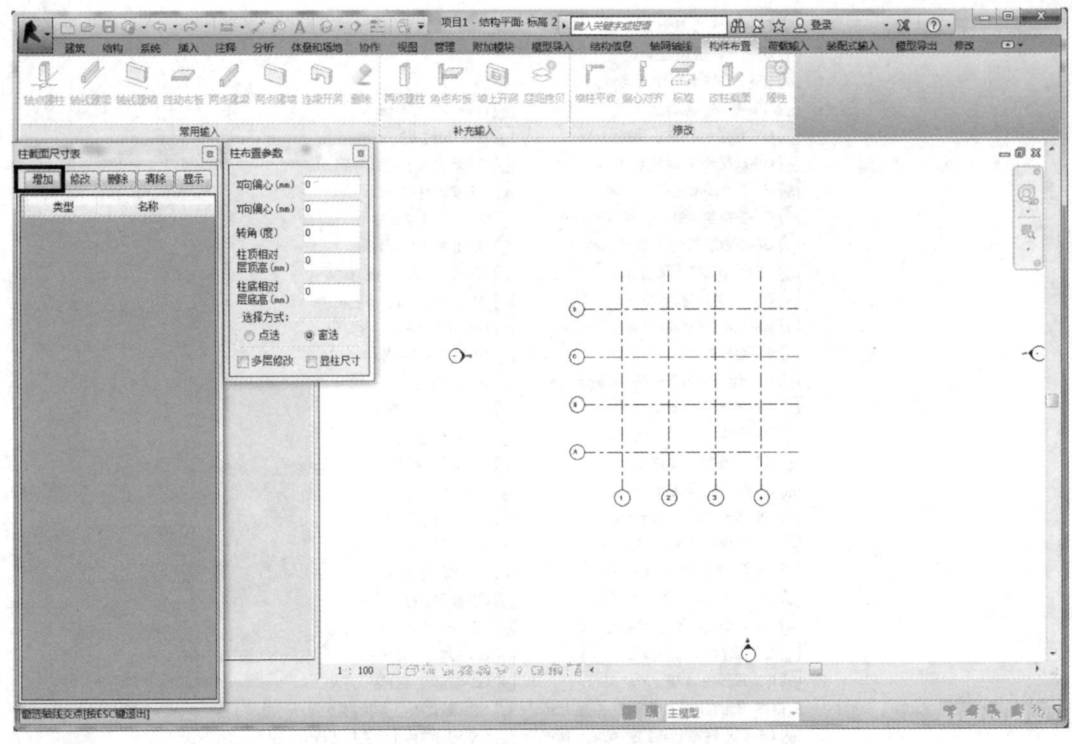

图 8.2-14　截面尺寸管理列表

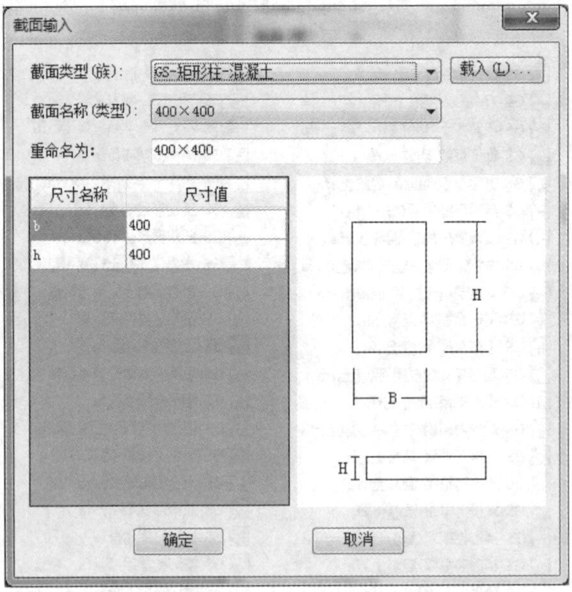

截面输入

截面类型(族):　GS-矩形柱-混凝土　载入(L)...

截面名称(类型):　400×400

重命名为:　400×400

尺寸名称	尺寸值
b	400
h	400

H

B

H

确定　取消

图 8.2-15　截面尺寸修改对话框

荷载采用字串表示法（工况＋方向＋参数）存于墙柱梁板的共享参数。

板荷载管理列表，如图 8.2-16 所示。

墙柱梁板的荷载类型修改对话框，如图 8.2-17 所示。

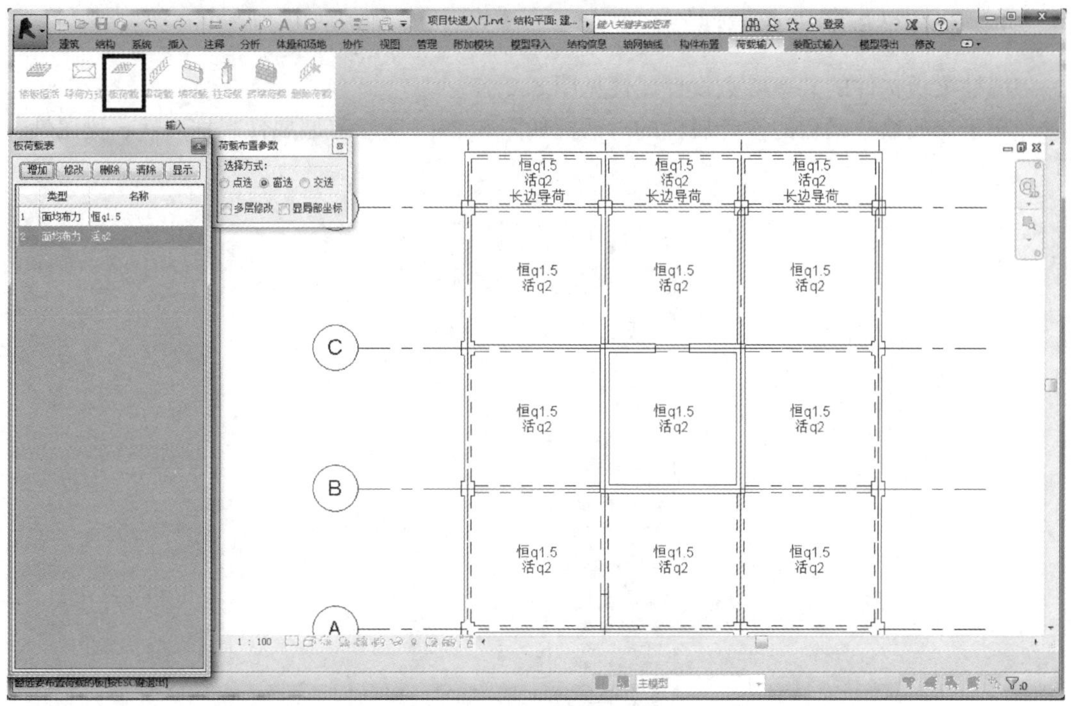

图 8.2-16　板荷载管理列表

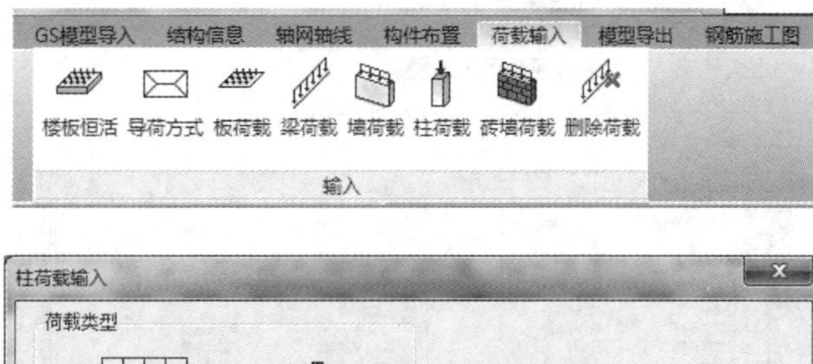

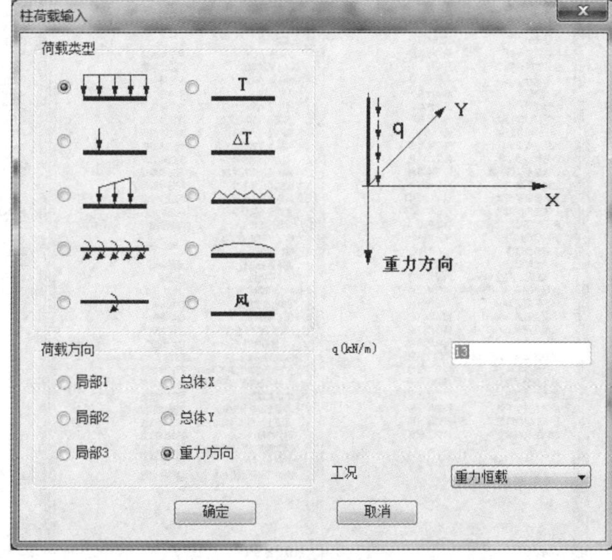

图 8.2-17　荷载类型修改对话框

8.2.6 墙柱梁板的设计属性

墙柱梁板构件的共享参数设计属性见图 8.2-18。

用于修改墙柱梁板的设计属性的对话框如图 8.2-19 所示，墙属性、柱属性、梁属性、

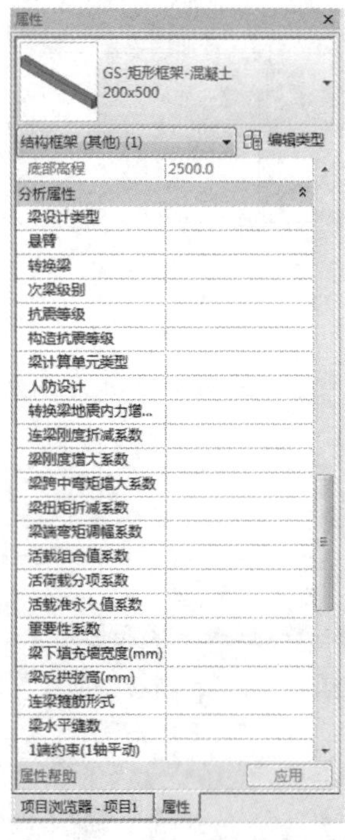

图 8.2-18 共享参数设计属性

图 8.2-19 墙柱梁板设计属性

板属性，共有上百个参数，其中包括抗震等级、角柱、转换梁、屋面板等。

8.3　基于 Revit 模型的结构计算

BIM 模型计算模块，无需进行模型转换，Revit 上的结构模型可直接进行结构计算。

8.3.1　计算模型和施工图模型的统一

GSRevit 在 Revit 中建立构件模型，工程师所见的模型是构件模型。构件模型建模完成后，准备计算模型，首先通过构件剖分形成有限元模型，并生成相应格式标准的计算数据。计算完成后，将有限元模型转换为构件模型，工程师所见的计算结果是构件模型的结果，方便设计使用。

结构设计的过程就是不断深化和反复修改的过程，因此要实现 Revit 模型直接用于结构计算，需要先解决计算模型与施工图模型的统一问题。主要有以下两个关键问题要解决，如图 8.3-1 所示：

（1）计算模型中主次梁交接处，主梁需要断开，并在交界处新增一个节点，而在施工图模型中，主次梁交接处主梁不需要断开。

（2）计算模型中梁墙交接处，墙肢需要断开，并在交界处新增一个节点，而在施工图模型中，梁墙交接处墙肢不需要断开。

因此，GSRevit 通过在形成有限元模型时智能判断如何分段来实现施工图模型的直接计算，保证计算模型和施工图模型的统一。

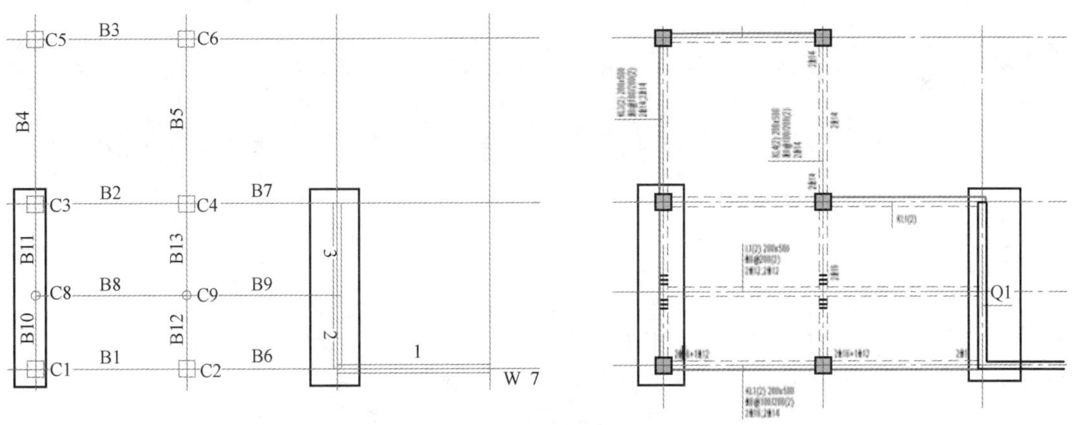

图 8.3-1　计算模型和施工图模型

8.3.2　计算模型的导入导出

模型导入、导出对话框如图 8.3-2、图 8.3-3 所示。GSRevit 可实现 BIM 模型与 GSSAP 有限元计算双向互导，包括墙柱梁板的几何和非几何信息。

总体信息包括：计算总信息、地震信息、风计算信息、调整信息、材料信息、地下室信息、时程分析信息、砖混信息等。

各层信息包括：结构层高、构件混凝土等级、砂浆强度等级、砌块强度等级、竖向塔块号、标准层号、对应 Revit 中原有标高等。

设计属性包括：构件抗震等级、计算长度、约束释放情况、施工顺序号、刚域长度等。

荷载类型包括：线荷载、集中荷载、局部线荷载、分布扭矩、集中扭矩、温度变化、曲线变化荷载、风荷载等。

荷载工况包括：重力恒载、重力活载、土压力、水压力、预应力、雪荷载、升温、降温、人防荷载、施工荷载、消防荷载、风荷载等。

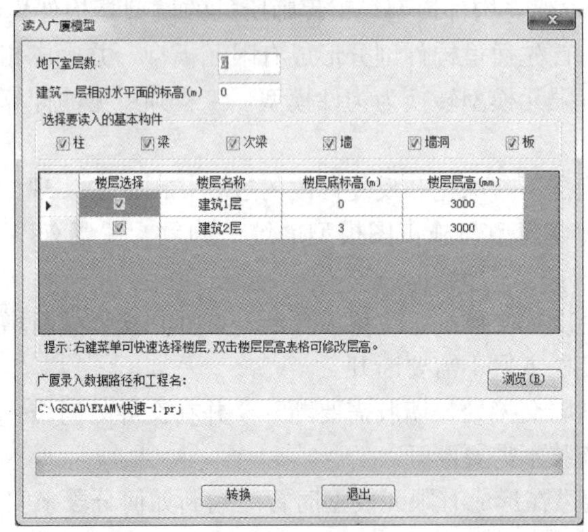

图 8.3-2 导入计算模型信息对话框

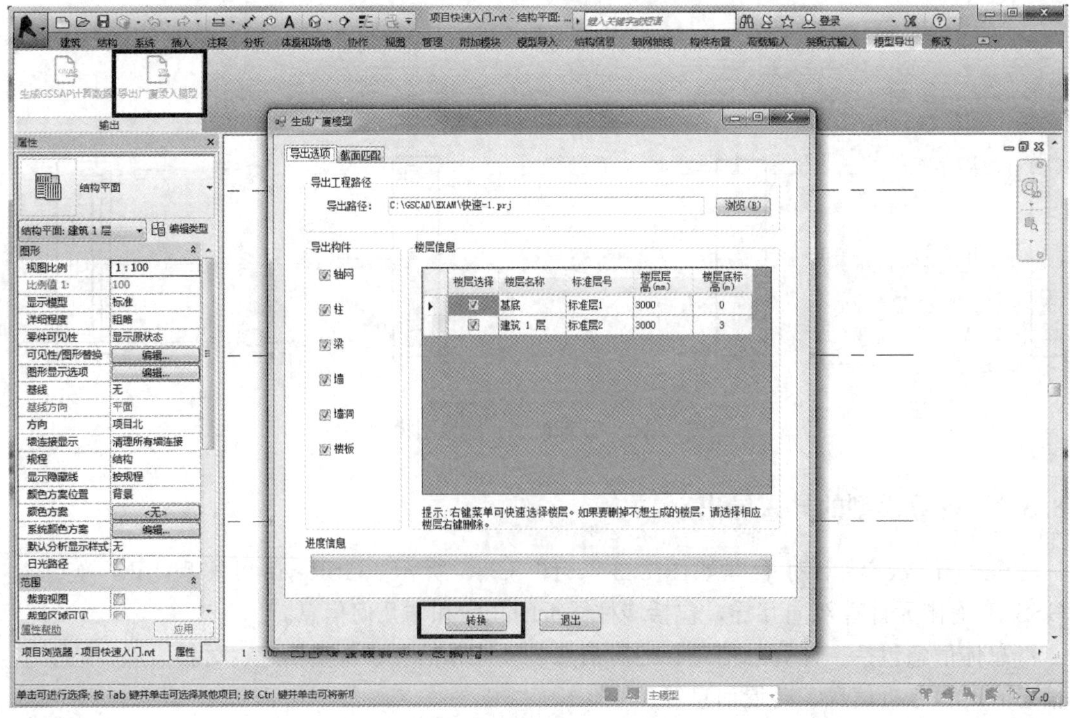

图 8.3-3 导出计算模型信息对话框

8.3.3 Revit 模型计算的正确性验证

选取某 32 层高层结构来验证 Revit 模型可用于计算。图 8.3-4 中分别是广厦 CAD 录入模型和 Revit 录入模型，都采用 GSSAP 计算。

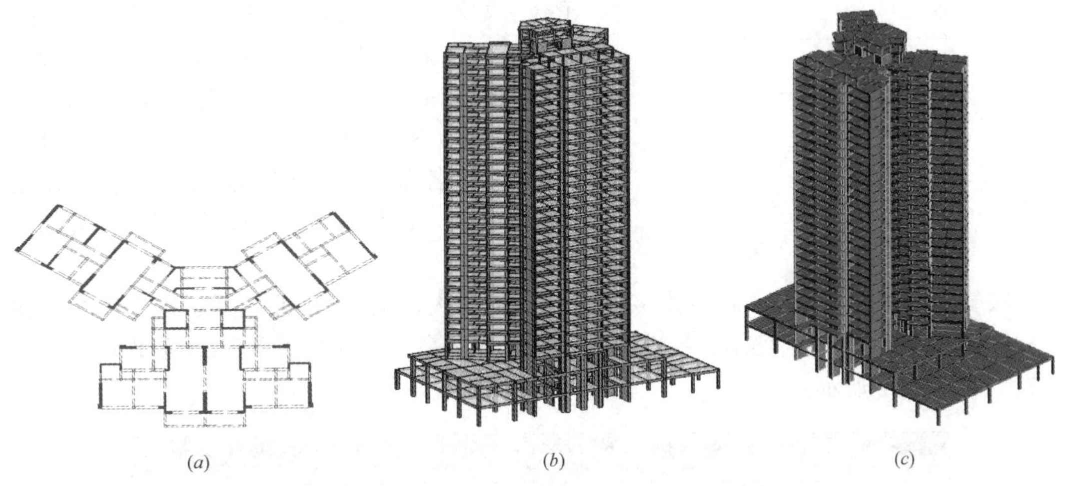

图 8.3-4　32 层高层结构模型
(*a*) 结构平面图；(*b*) 广厦模型；(*c*) Revit 模型

比较两个计算模型的恒活载、基本周期，见表 8.3-1。可见恒活载误差小于 1/1000，基本周期误差也很小。

两个模型计算对比　　　　**表 8.3-1**

	广厦模型	Revit 模型	误差%
总恒载(kN)	220026	219982	0.02
总活载(kN)	38777	38724	0.1
X 向周期(s)	3.085552	3.099603	0.4
Y 向周期	2.955005	2.968968	0.4
扭转周期	2.462124	2.496444	1.3

8.4 基于 Revit 的施工图自动生成

众所周知，国内各地设计单位的施工图绘制习惯都不同，GSRevit 开发了一套墙柱梁板钢筋标记族和大样族，族参数中增加了相应的绘图习惯选择，满足各地设计单位的需要，形成了适合全国各地设计单位习惯的结构施工图 BIM 数据标准。

Revit 平法施工图表达主要采用了 GSRevit 自动成图技术，自动读取 GSSAP、PKPM、YJK 等结构计算软件的计算结果，将构件计算内力、配筋等先作为文字信息存储到对应的结构构件中，再通过标签进行相应信息的显示，根据计算结果实现梁、墙构件的自动分段，对属于同一跨梁或同一墙肢的构件自动合并。支持自动对楼板、梁、墙柱的配筋和裂缝进行校审，支持多层同步修改和联动修改功能。

支持快速生成模型的施工图，对大模型（例如：数万平方米的地下室）施工图生成也有很好支持。而且成图功能简单易用，自动化程度高，自动生成的施工图完成度较高。

显示	键盘输入
Φ	$
Φ	%
Φ	#
Φ	&

图 8.4-1　键盘输入符号

8.4.1　Revit 中的钢筋符号

Revit 文字采用 Windows 中的 TrueType 字库，普通的字库无法显示钢筋符号，GSRevit 安装时会自动检测 Windows \ Fonts 目录下是否有 Revit.ttf，若无则自动安装 Revit.ttf。安装 Revit.ttf 后即可在 Revit 采用字体名称为“Revit”的字体，当文字采用“Revit”字体时，键盘输入符号和钢筋符号对应如图 8.4-1 所示。

按毫米设置的 TrueType 字体字高比实际的要大，乘 0.72 近似等于真实字高，如 2.5mm 字高显示在图面上需在字型对话框中设置字高 1.8mm。常用宽度系数即宽高比 0.7。如图 8.4-2 所示。

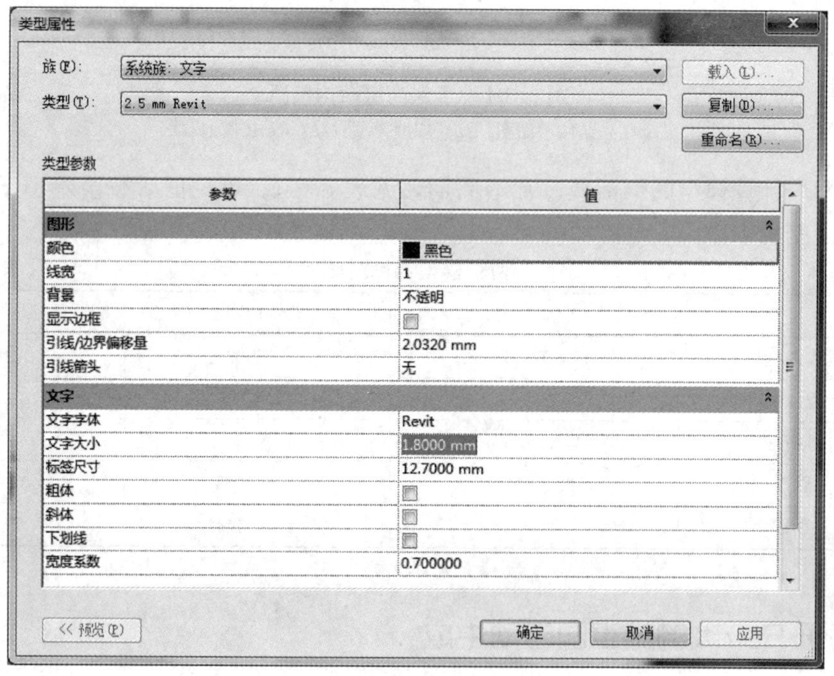

图 8.4-2　字型对话框

8.4.2　定制施工图习惯

钢筋施工图一般采用平面表示法，但各地设计单位的绘制方法不完全相同。GSRevit 收集了全国各地设计单位的绘图方法，将其贯入自动成图软件功能中。

GSRevit 同 AutoCAD 平台下自动成图软件 GSPlot 公用一套施工图习惯，GSRevit 和 GSPlot 的设置互通。如电脑中 GSPlot 已设置过施工图习惯，当打开 GSRevit 时施工图习惯同 GSPLOT。如图 8.4-3～图 8.4-6 所示对话框，可设置或修改系统、梁、板和墙柱施工图习惯。

图 8.4-3　系统施工图习惯修改对话框

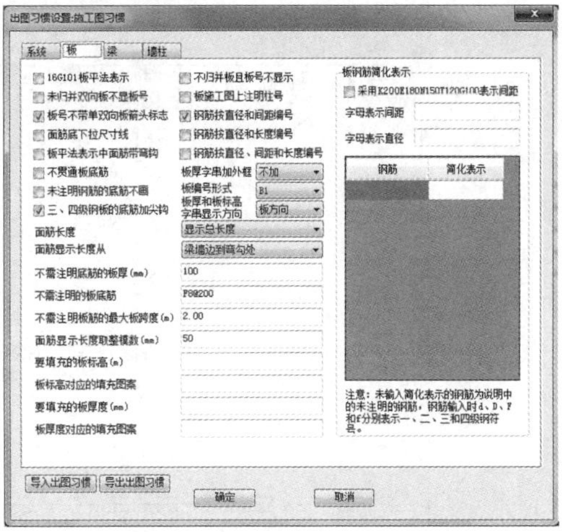

图 8.4-4　板施工图习惯修改对话框

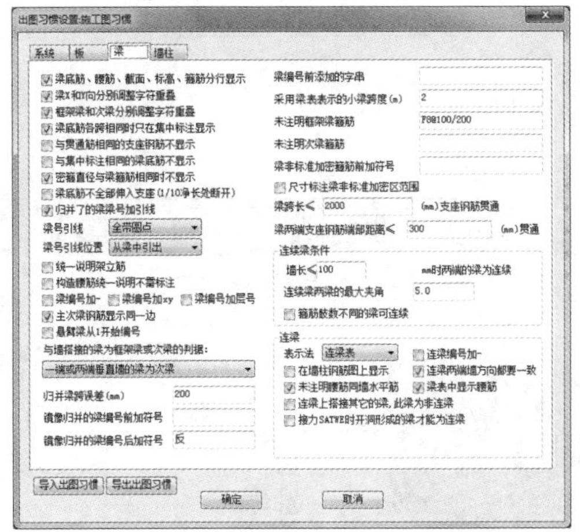

图 8.4-5　梁施工图习惯修改对话框

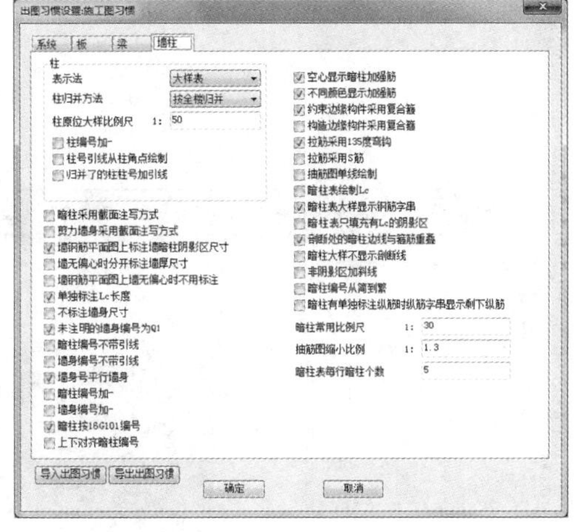

图 8.4-6　墙柱施工图习惯修改对话框

8.4.3　墙柱梁板模板图的自动生成

GSRevit 可读取 GSSAP、PKPM、YJK 等结构计算软件的计算结果，在 Revit 中自动生成墙柱梁板模板图和钢筋施工图。而且，GSRevit 生成施工图时，会将配筋信息加入到结构构件中，方便用户对结构信息的联动修改和二次利用。

自动生成墙柱梁板模板图视图，标注墙柱梁板尺寸，墙柱采用尺寸标注，梁板采用标记标注，如图 8.4-7 所示。

8.4.4　板施工图的自动生成

（1）GSRevit 在板的文字属性下自动增加共享参数，如图 8.4-8 所示。

（2）GSRevit 在注释符号下增加了 3 个板标记：GS-板编号、GS-板厚度和 GS-板标高。如图 8.4-9 所示。

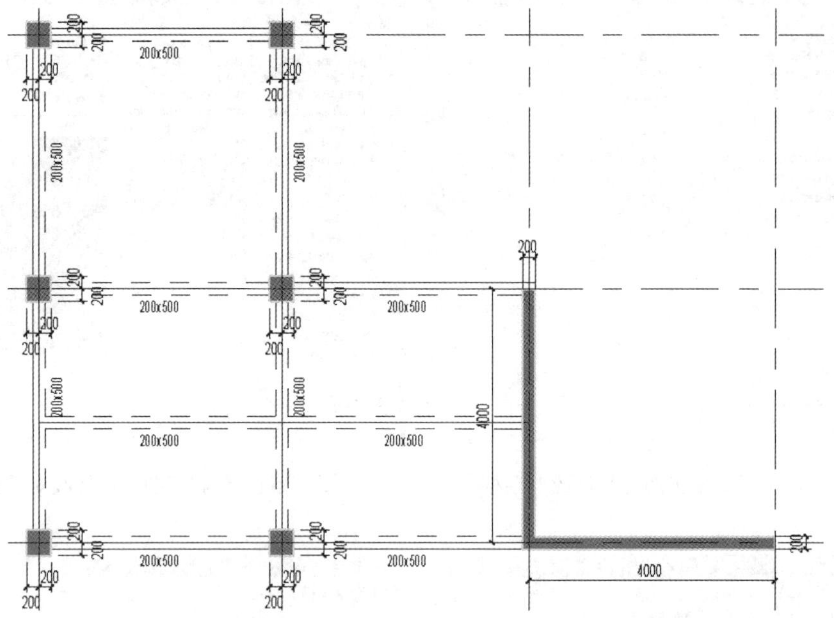

图 8.4-7　墙柱梁板模板图

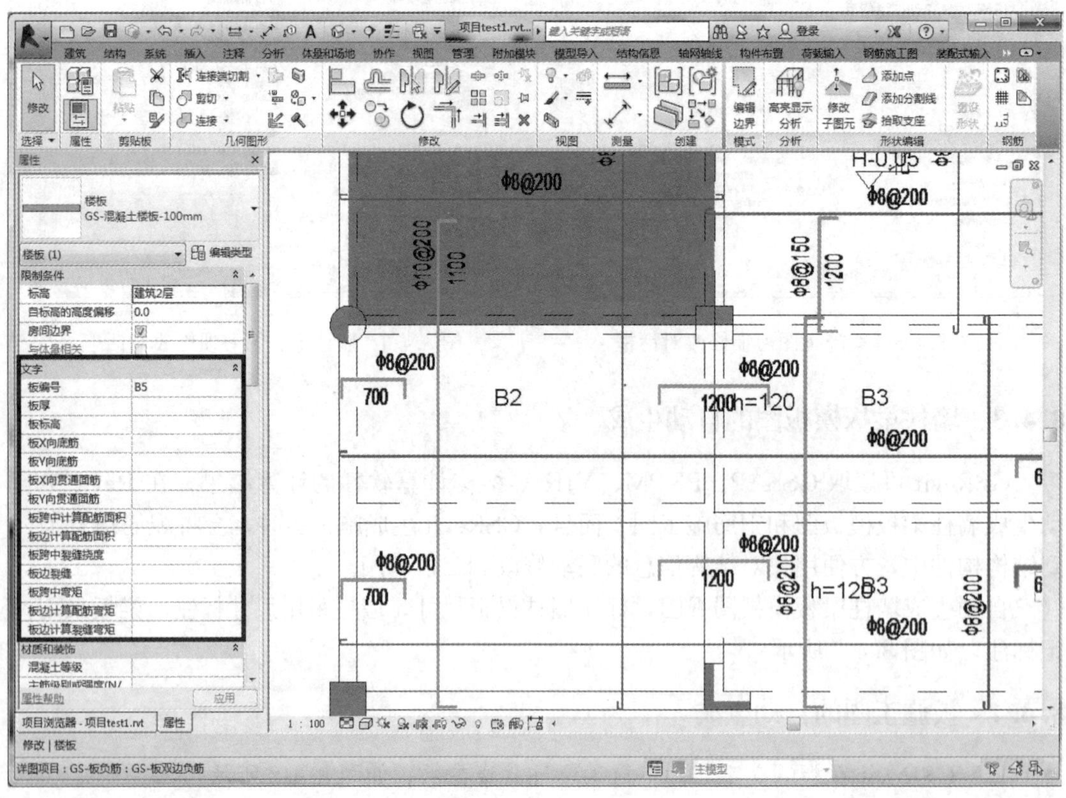

图 8.4-8　板文字属性

（3）GSRevit 在详图项目下增加了 6 个板大样：GS-板正筋（圆钩）、GS-板正筋（斜钩）、GS-板正筋（无钩）、GS-板负筋（单边）、GS-板负筋（双边）和 GS-板负筋（贯通）。如图 8.4-10 和图 8.4-11 所示。

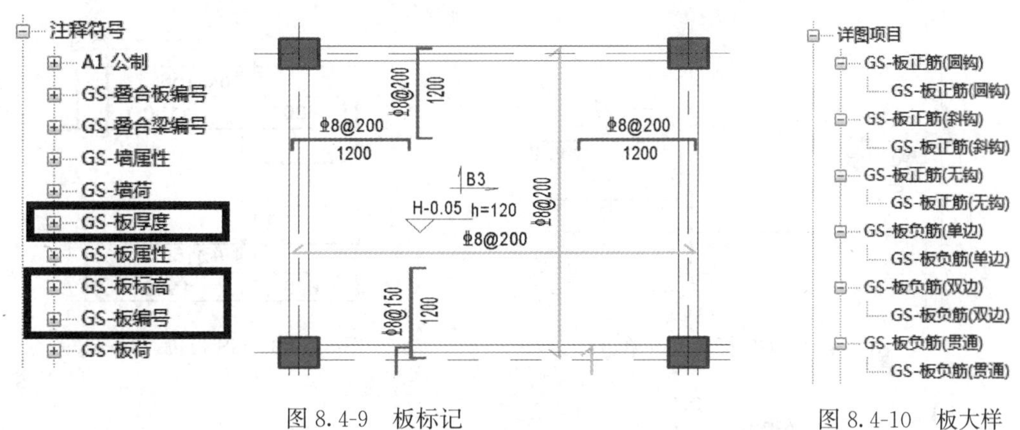

图 8.4-9　板标记　　　　图 8.4-10　板大样

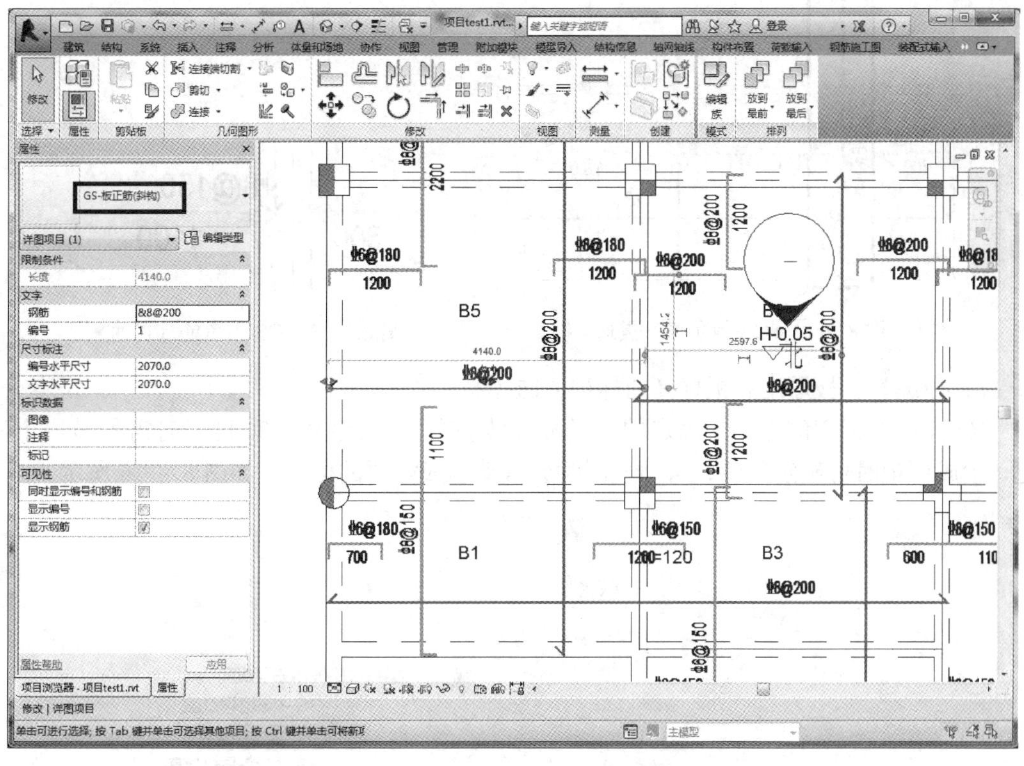

图 8.4-11　板大样示意

1）GS-板负筋（单边）应用于负筋下显示总长度，包括两种情况：①板单边伸出；②两侧对称只显示总钢筋长度，如图 8.4-12 所示 GS-板负筋（单边）。

2）GS-板负筋（双边）应用于显示两侧伸出长度，如图 8.4-13 所示。

3）GS-板负筋（贯通）应用于跨板贯通的板负筋，两侧可设置伸出长度，如图 8.4-14 所示。

4）部分设计单位要求标注从梁墙边或梁墙中伸出钢筋长度，所有板负筋可采用 GS-板负筋（贯通）完成绘制，如图 8.4-15 所示两定位点选择梁墙边，显示的钢筋长度即为从梁墙边伸出的长度。

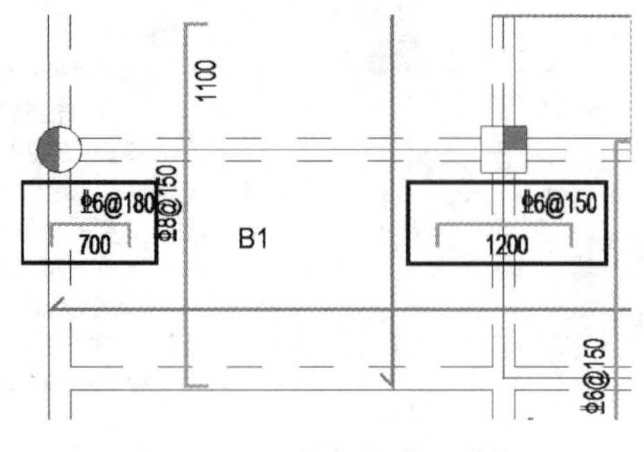

图 8.4-12　GS-板负筋（单边）

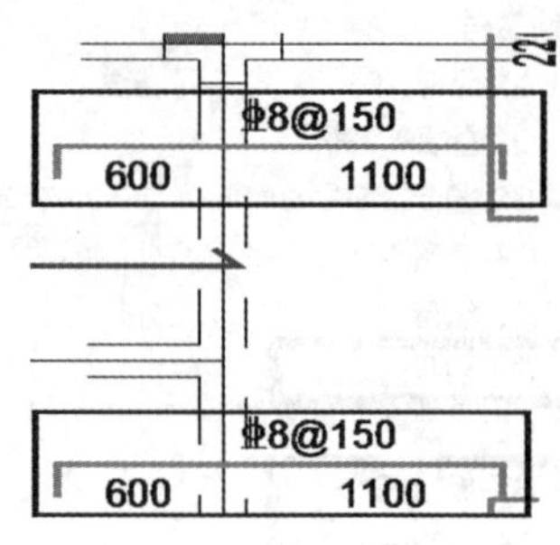

图 8.4-13　GS-板负筋（双边）

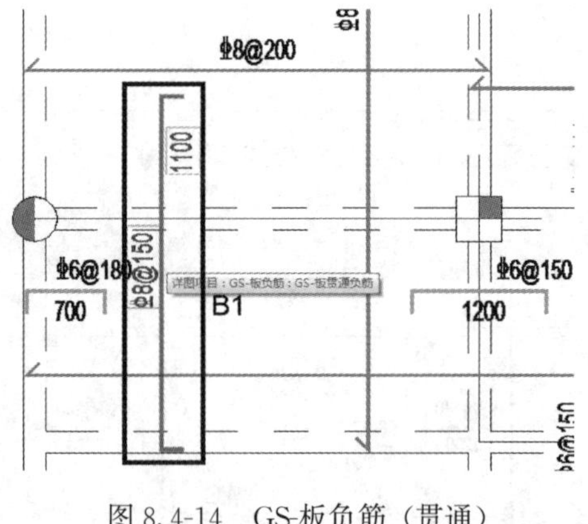

图 8.4-14　GS-板负筋（贯通）

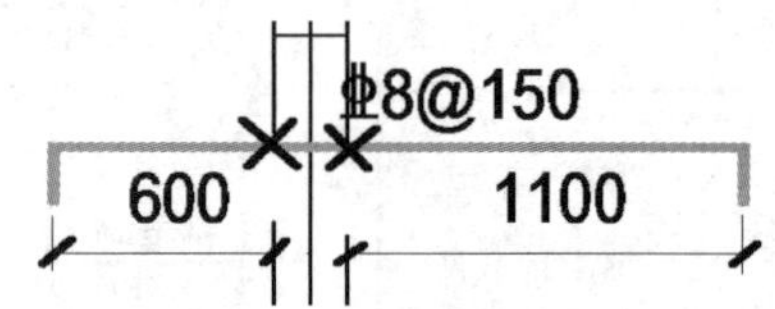

图 8.4-15　GS-板负筋（贯通）

5）板编号、板厚度和板标高的标记方向控制

Revit 一个标记的方向是固定的，只可旋转 90°；当板编号“30 度”时需另做一个标记，生成标记时可确定角度；自动成图时会自动形成需要的标记，如图 8.4-16 所示。

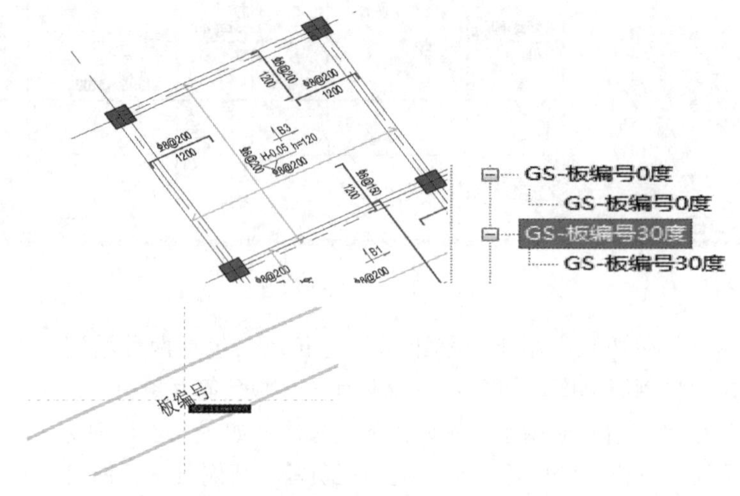

图 8.4-16　板标记方向控制

8.4.5　梁施工图的自动生成

（1）GSRevit 在梁的文字属性下自动增加如图 8.4-17 所示共享参数。

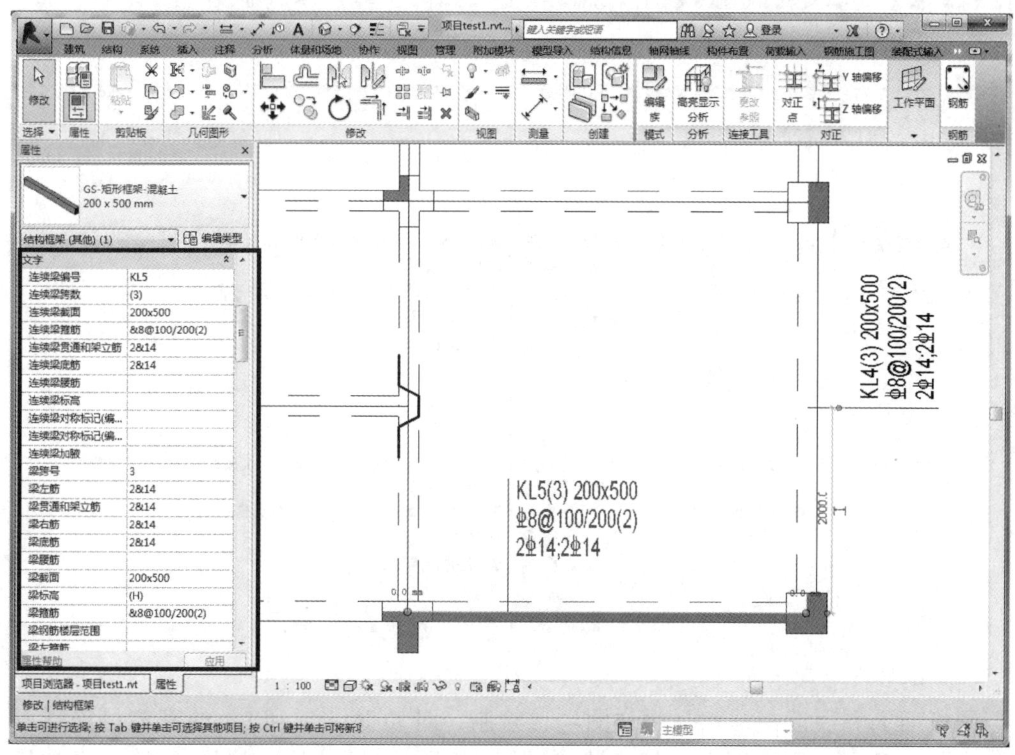

图 8.4-17　梁文字属性

（2）GSRevit 在注释符号下增加了 12 个梁标记，如图 8.4-18 所示。

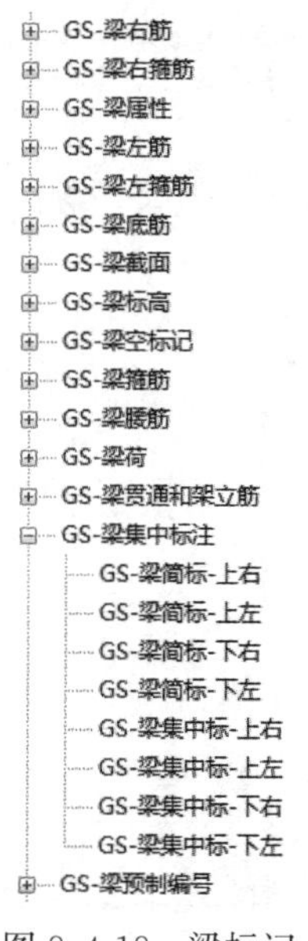

图 8.4-18　梁标记

（3）梁集中标注有 4 个简标和 4 个集中标，简标显示梁号，集中标显示梁号、截面和钢筋，各有 4 个位置，如图 8.4-19 和图 8.4-20 所示。

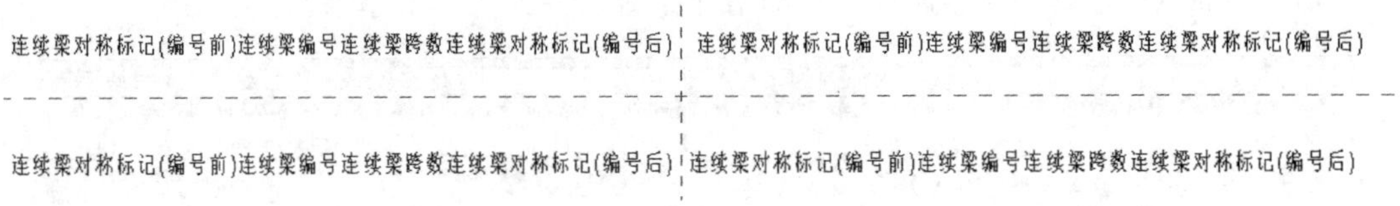

连续梁对称标记(编号前)连续梁编号连续梁跨数连续梁对称标记(编号后)
连续梁对称标记(编号前)连续梁编号连续梁跨数连续梁对称标记(编号后)
连续梁对称标记(编号前)连续梁编号连续梁跨数连续梁对称标记(编号后)
连续梁对称标记(编号前)连续梁编号连续梁跨数连续梁对称标记(编号后)

图 8.4-19　4 个简标的位置

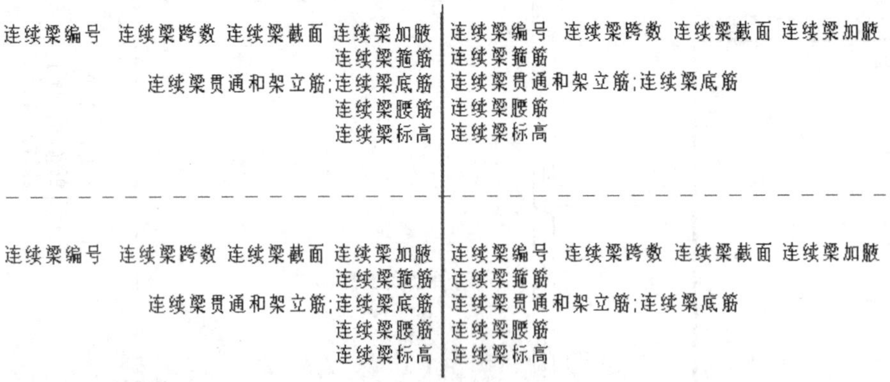

连续梁编号 连续梁跨数 连续梁截面 连续梁加腋
连续梁箍筋
连续梁贯通和架立筋;连续梁底筋
连续梁腰筋
连续梁标高
连续梁编号 连续梁跨数 连续梁截面 连续梁加腋
连续梁箍筋
连续梁贯通和架立筋;连续梁底筋
连续梁腰筋
连续梁标高
连续梁编号 连续梁跨数 连续梁截面 连续梁加腋
连续梁箍筋
连续梁贯通和架立筋;连续梁底筋
连续梁腰筋
连续梁标高
连续梁编号 连续梁跨数 连续梁截面 连续梁加腋
连续梁箍筋
连续梁贯通和架立筋;连续梁底筋
连续梁腰筋
连续梁标高

图 8.4-20　4 个集中标的位置

（4）梁的密箍和吊筋

同板面筋和底筋一样，采用详图项目绘制。自动提供 0°和 90°的密箍吊筋详图项目，其他角度可在平面图上直接旋转“0 度的详图项目”即可绘制。密箍吊筋的属性中可控制在平面图上显示密箍还是吊筋图案，密箍和吊筋用同一种方式绘制。如图 8.4-21 所示。

KL1(2)
L1(2) 200x500
Φ8@200(2)
2Φ12;2Φ12
2Φ16
2Φ14
GS-梁密箍吊筋90度
可见性
显示钢筋
显示密箍
显示吊筋

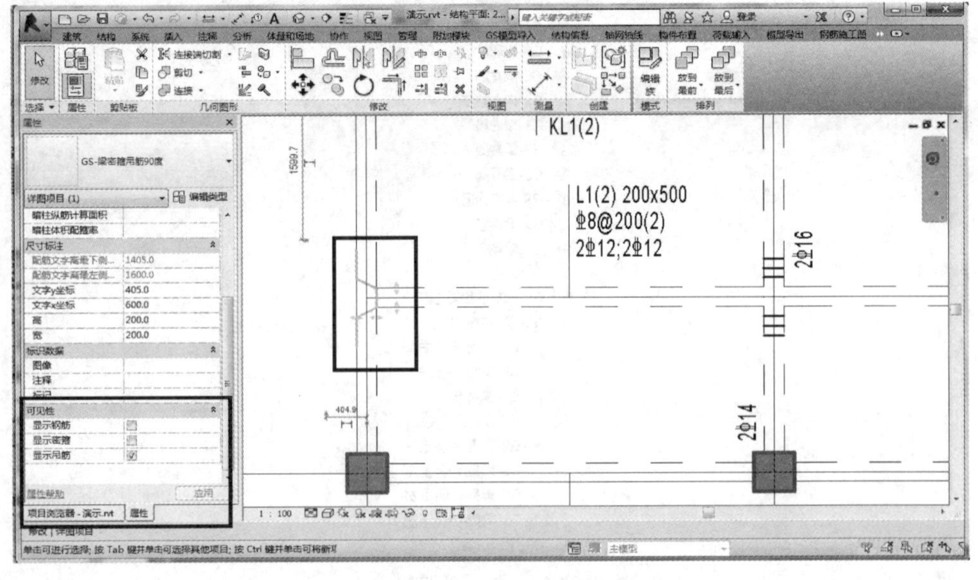

图 8.4-21　密箍吊筋属性

（5）在梁的文字属性和密箍吊筋下有钢筋共享参数

如图 8.4-22 所示，梁的钢筋共享参数包括连续梁参数和本跨梁参数，梁平面图上的标记内容可修改。

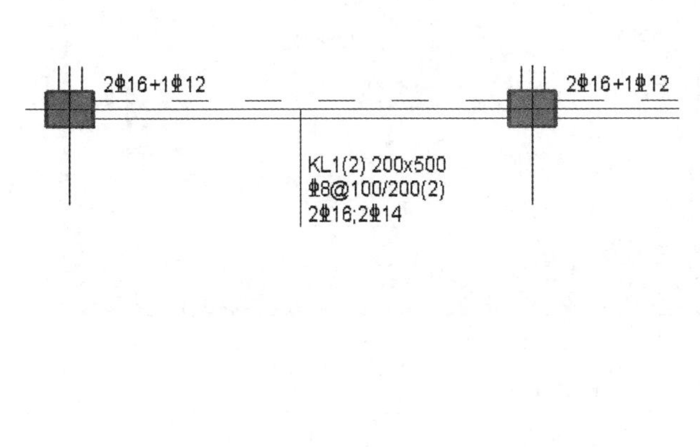

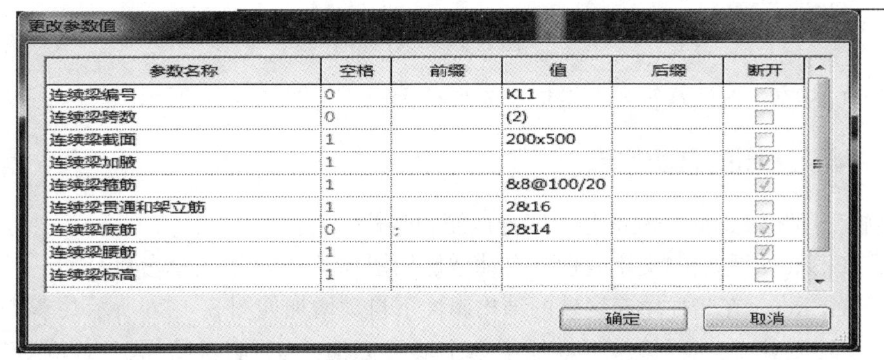
更改参数值

参数名称	空格	前缀	值	后缀	断开
连续梁编号	0		KL1		☐
连续梁跨数	0		(2)		☐
连续梁截面	1		200x500		☐
连续梁加腋	1				☑
连续梁箍筋	1		&8@100/20		☑
连续梁贯通和架立筋	1		2&16		☐
连续梁底筋	0	;	2&14		☑
连续梁腰筋	1				☑
连续梁标高	1				☐

确定　取消

图 8.4-22　梁共享参数及标记

8.4.6　柱施工图的自动生成

（1）GSRevit 在柱的文字属性下自动增加如图 8.4-23 所示共享参数。

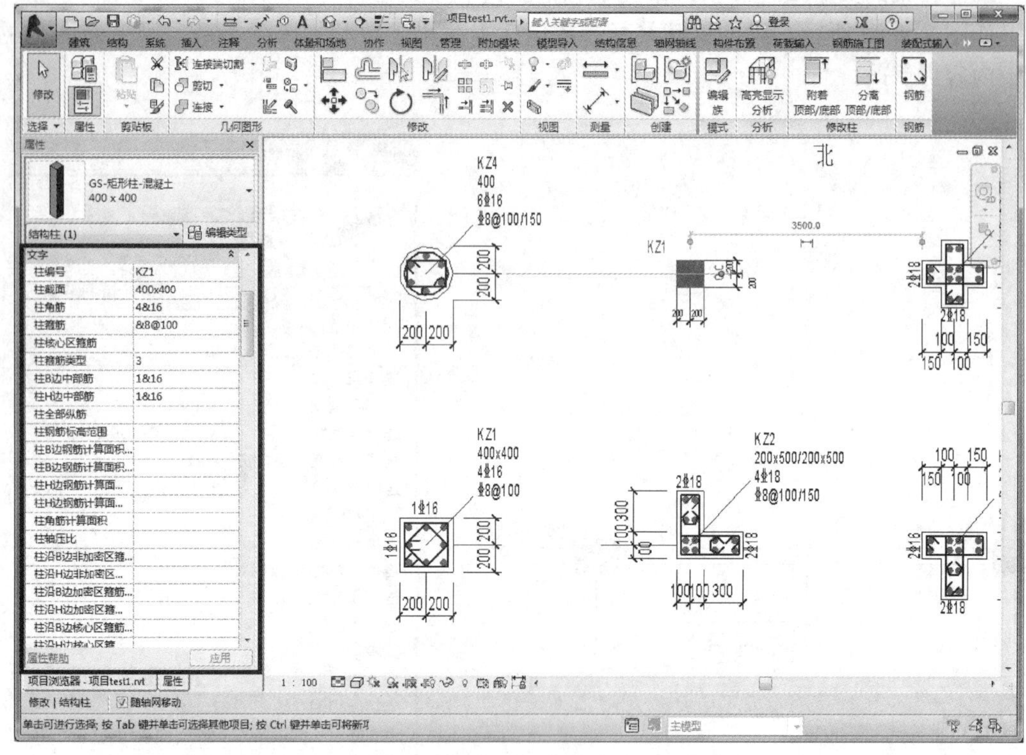

图 8.4-23　柱施工图

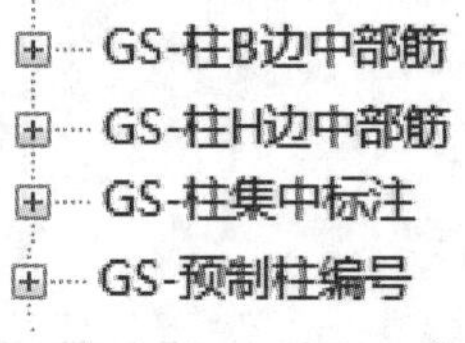

GS-柱B边中部筋

GS-柱H边中部筋

GS-柱集中标注

GS-预制柱编号

图 8.4-24　柱标记

（2）GSRevit 在注释符号下增加了 4 个柱标记，如图 8.4-24 所示。

8.4.7　墙施工图的自动生成

墙施工图的墙钢筋分两部分：墙身钢筋和暗柱钢筋。

（1）GSRevit 在墙的文字属性下自动增加如图 8.4-25 所示共享参数。

（2）GSRevit 在暗柱填充区域的结构属性下自动增加如图 8.4-26 所示共享参数。

（3）GSRevit 在注释符号下增加了 3 个墙身标记：GS-墙身简标、GS-墙身集中标和 GS-预制墙编号；6 个填充区域标记：GS-暗柱表编号、GS-暗柱表标高、GS-暗柱表纵筋、GS-暗柱表箍筋、GS-暗柱简标和 GS-暗柱集中标。GS-暗柱表编号、GS-暗柱表标高、GS-暗柱表纵筋和 GS-暗柱表箍筋显示于暗柱表，GS-暗柱简标和 GS-暗柱集中标显示于墙柱钢筋平面图。如图 8.4-27 所示。

（4）明细表中显示墙身表。如图 8.4-28 所示。

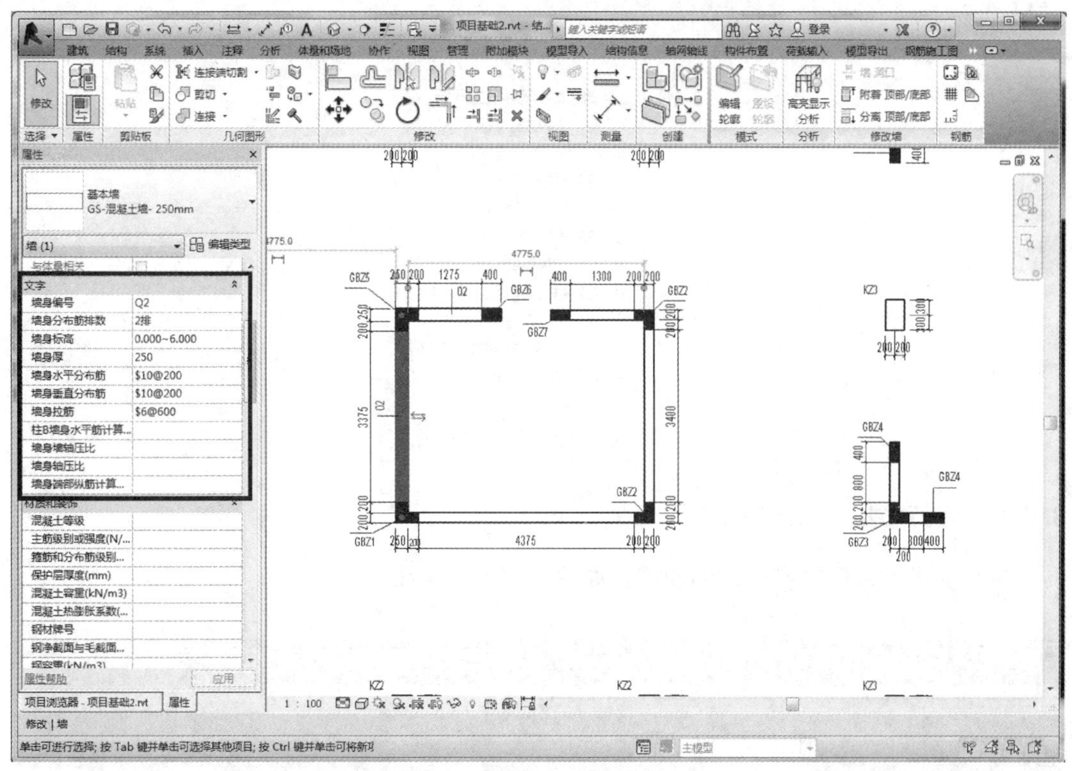

图 8.4-25　墙的文字属性

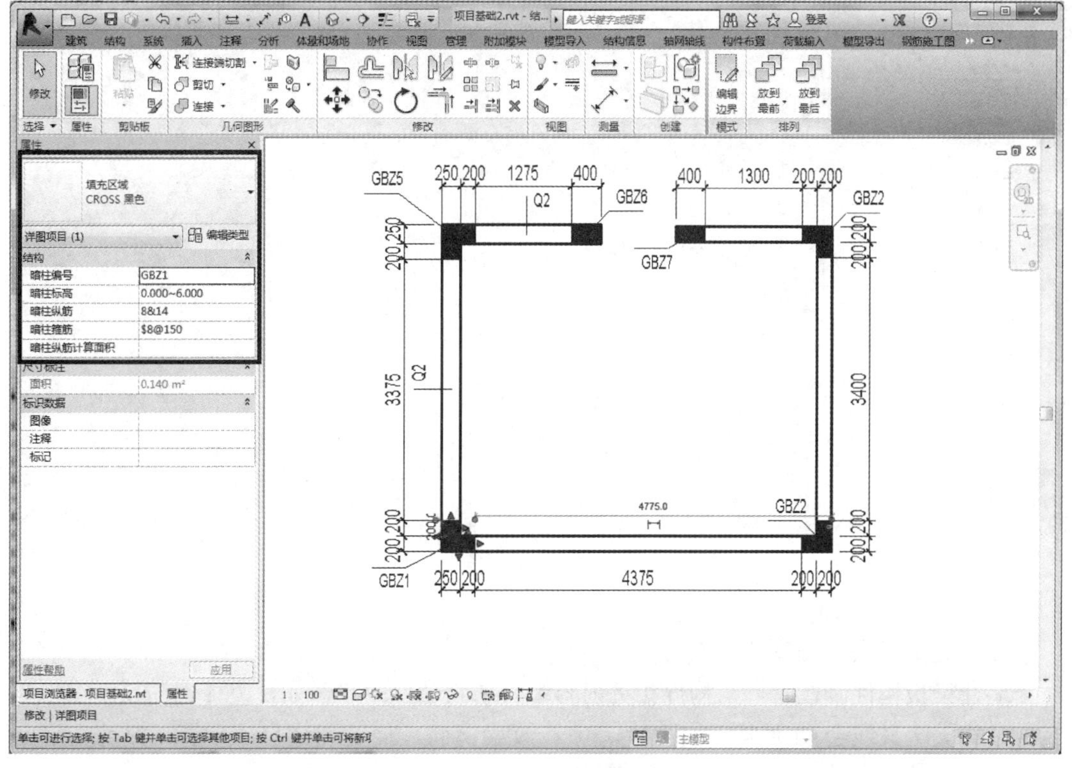

图 8.4-26　暗柱填充区域的结构属性

8.4-27　墙身和暗柱区标记

8.4.8　支持多层和联动修改

（1）提供了多层同步修改的功能，如图 8.4-29 对话框。

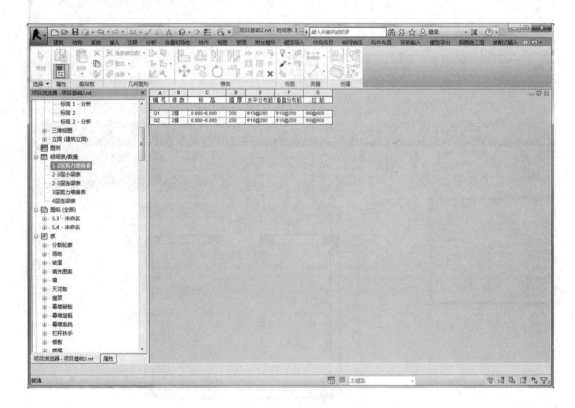

图 8.4-28　墙身表

（2）提供了联动修改的功能

墙柱梁板构件修改时，与构件相关内容都自动联动修改。譬如，改板钢筋长度字串为 1200，相关多义线会自动伸长（图 8.4-30）；改梁钢筋，挠度裂缝自动重算；改剪力墙暗柱区钢筋，软件自动计算并显示实配钢筋。

图 8.4-29　多层同步修改设置

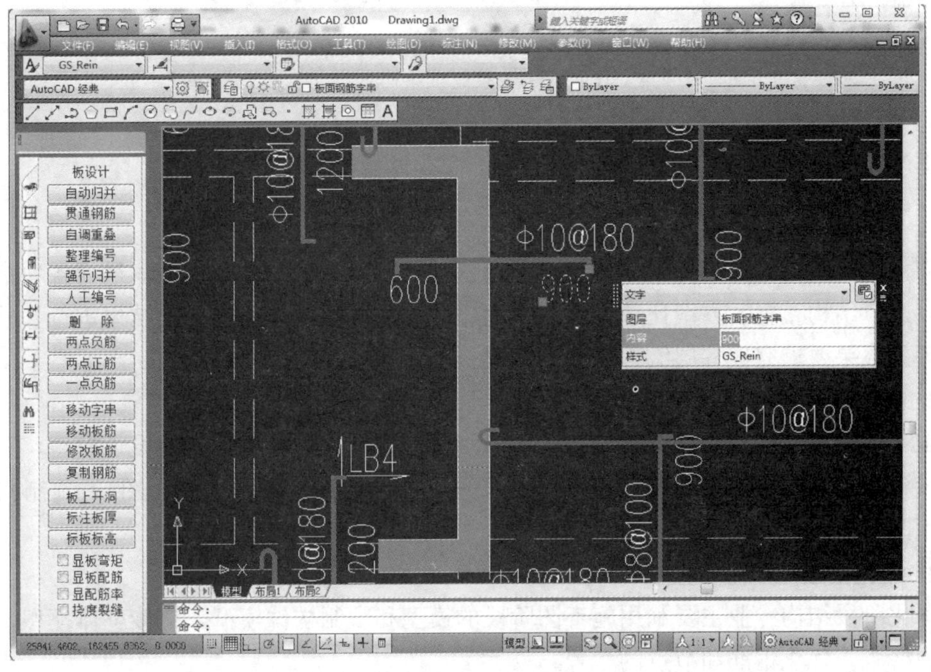

图 8.4-30　板钢筋长度联动修改

8.5 装配式建筑结构

Revit 装配式结构模块包括三维施工模型建立和预制构件加工图绘制两方面功能。GSRevit 开发了一套完整的预制构件族，包括预制墙、预制柱、预制梁、叠合板、预制阳台和预制空调板族，可用于进行三维施工模型的建立。根据构件拆分原则，分拆墙柱梁板为预制墙、柱、梁和叠合底板，每个预制构件部品库另存为单独的 RVT 文件，用于工厂加工。GSRevit 可完成构件部品钢筋和预埋件的布置，然后进行脱模和吊装计算，最后自动形成加工图。

如图 8.5-1 所示，装配式结构设计时要进行虚拟建造，否则施工时常常装配不上，虚拟建造离不开 BIM 正向设计。

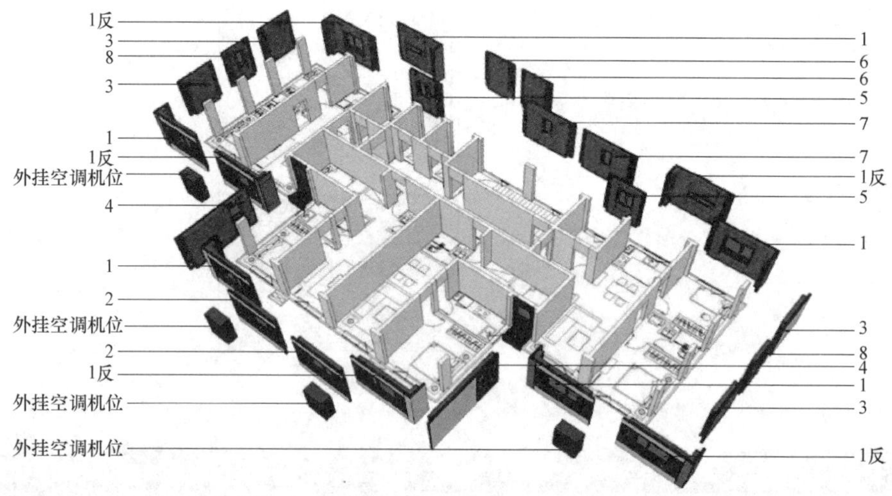

图 8.5-1 装配式结构示意

8.5.1 装配式结构设计三阶段

1. 初步设计阶段

初设阶段结构专业主要根据建筑专业提供达到一定深度的方案模型，进行各项指标的确定，进行结构布置、方案比选、确定截面、计算及调整。并根据详勘结果进行基础选型和布置。成果要求完成各层结构平面图（模板图）、基础布置平面图。

2. 施工图阶段

施工图阶段结构专业主要根据初设阶段结构模型和建筑专业提资的设计模型，完成施工图设计和预制构件的初步设计。成果要求完成各层结构平面图（钢筋图）、预制构件拆分平面图。

3. 深化阶段

深化阶段结构专业主要利用施工图阶段的模型和预制构件模型，链接整体模型，并进行碰撞检查，优化钢筋和节点的布置。

针对 3 个阶段，装配式设计软件提供了 3 类功能：

（1）整体模型建模功能，如图 8.5-2 所示。

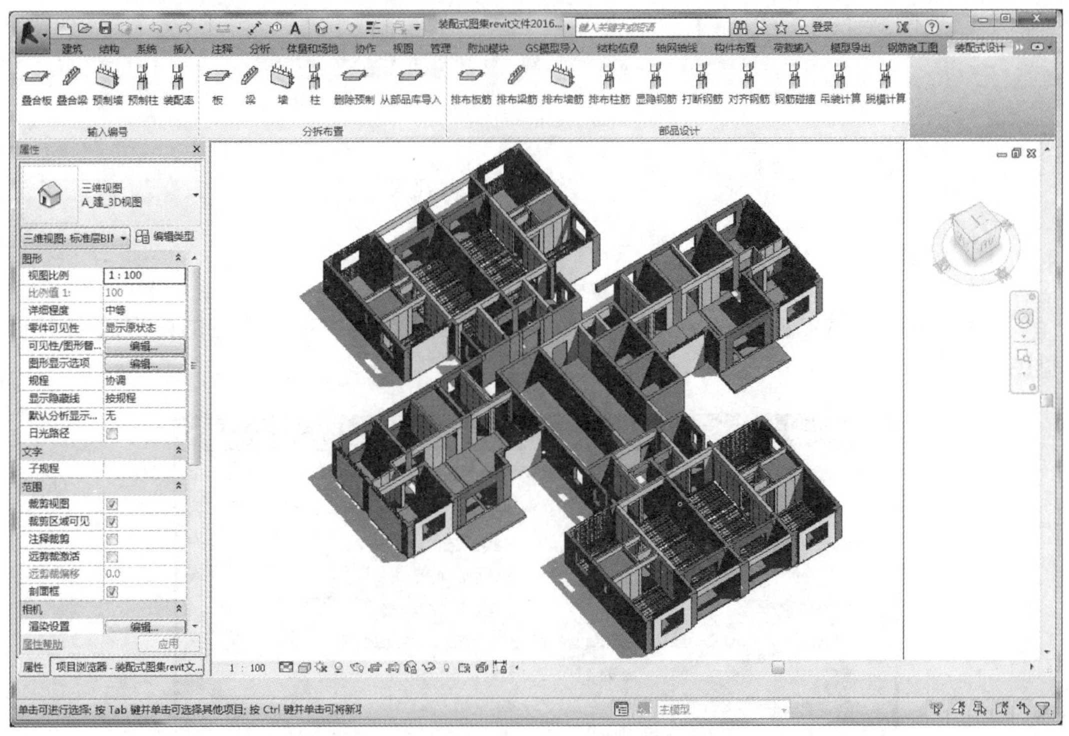

图 8.5-2　整体模型

（2）在 AutoCAD 或 Revit 中绘制结构钢筋图功能，如图 8.5-3 所示。

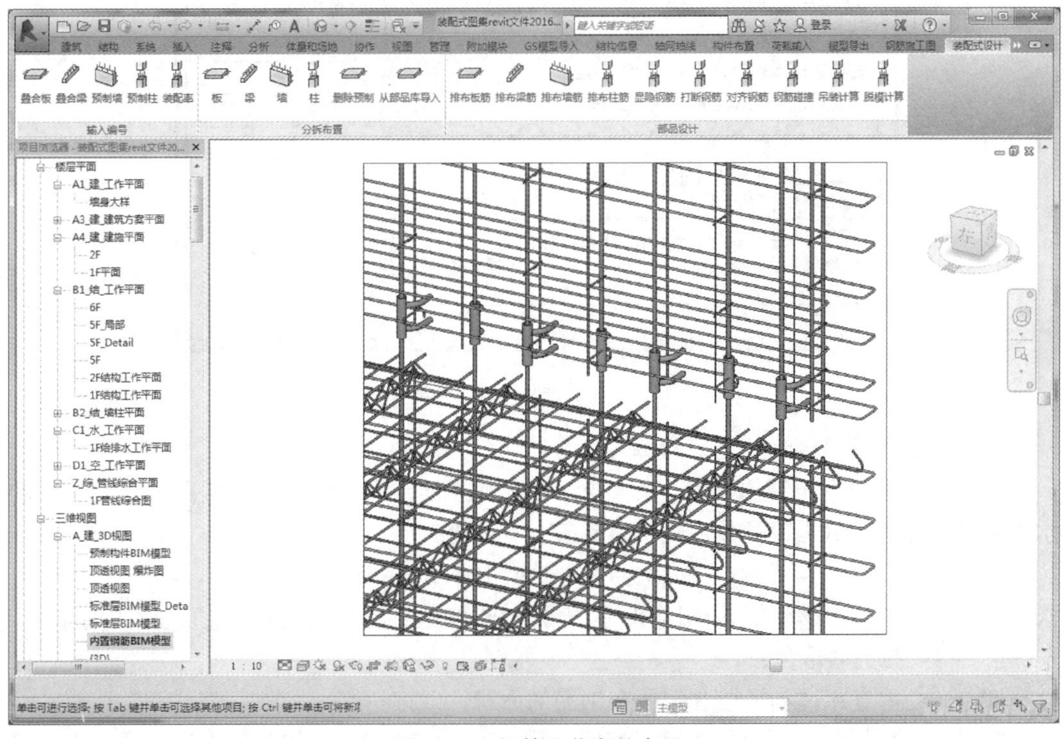

图 8.5-3　钢筋和节点的布置

（3）在 Revit 中进行构件部品的深化设计，流程如图 8.5-4 所示。

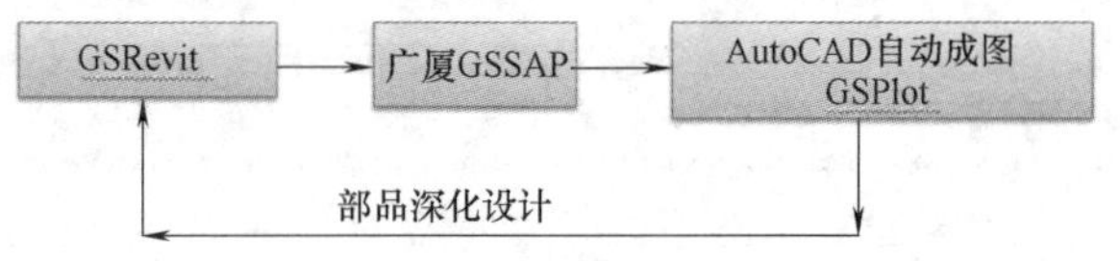

图 8.5-4 实际应用设计流程

8.5.2 等同现浇计算

（1）选择装配式结构形式（图 8.5-5），并将装配式结构中现浇墙柱的内力放大 1.1，见图 8.5-6。

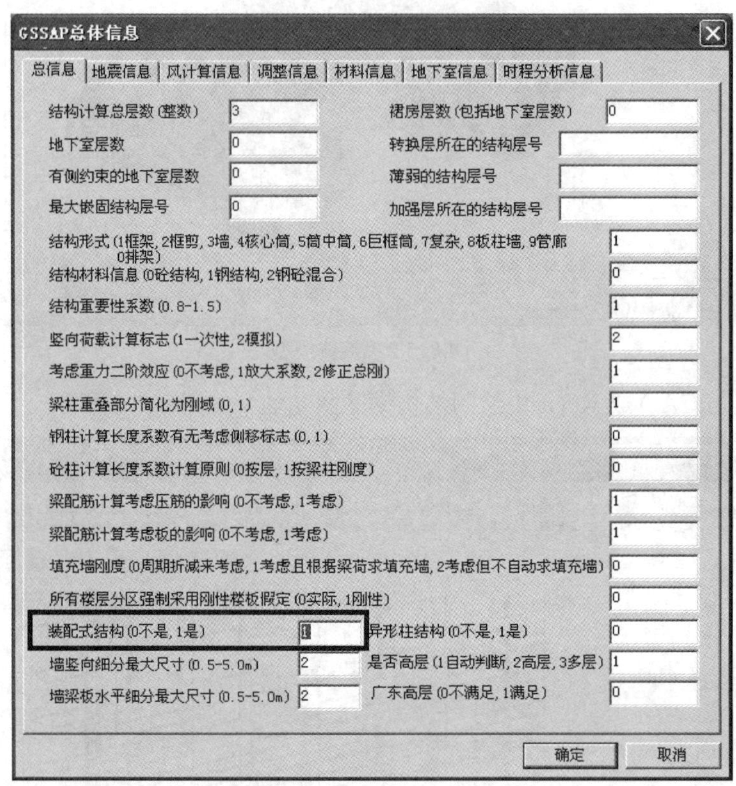

图 8.5-5 选择装配式结构

（2）预制墙柱梁接缝的受剪验算

1）《装配式混凝土结构技术规程》JGJ 1—2014 规定：在地震设计状况下，剪力墙的水平接缝的受剪承载力设计值应按下式计算：

$$V_{uE}=0.6f_yA_{sd}+0.8N$$

式中 N——与剪力设计值 V 相应的垂直于水平结合面的轴向力设计值，压力时取正，拉力时取负；

A_{sd}——垂直穿过水平结合面所有钢筋的面积；

2）当叠合梁符合《混凝土结构设计规范》GB 50010—2010 的各项构造要求时，其叠

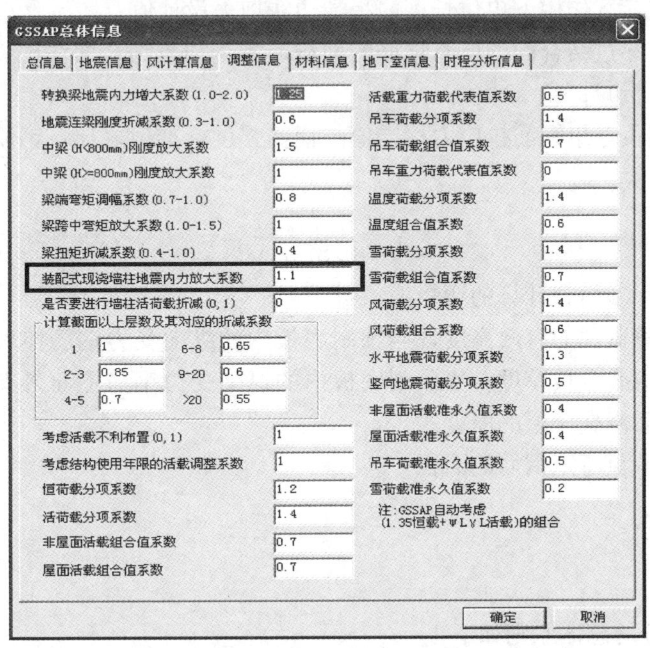

图 8.5-6　设置地震放大系数

合面的受剪承载力应符合下列规定：

$$V \leqslant 1.25 f_t b h_0 + 0.85 f_{yv} \frac{A_{sv}}{s} h_0$$

叠合梁端竖向接缝的受剪承载力设计值应按下列公式计算（图 8.5-7）：

持久设计工况

$$V_u = 0.07 f_c A_{c1} + 0.10 f_c A_k + 1.65 A_{sd} \sqrt{f_c f_y}$$

地震设计工况

$$V_u = 0.04 f_c A_{c1} + 0.06 f_c A_k + 1.65 A_{sd} \sqrt{f_c f_y}$$

式中　A_{c1}——叠合梁端截面后浇混凝土叠合层截面面积；

A_k——各键槽的根部截面面积之和，按后浇键槽根部截面和预制键槽根部截面分别计算，并取二者的较小者；

A_{sd}——垂直穿过结合面所有钢筋的面积，包括叠合层内的纵向钢筋。

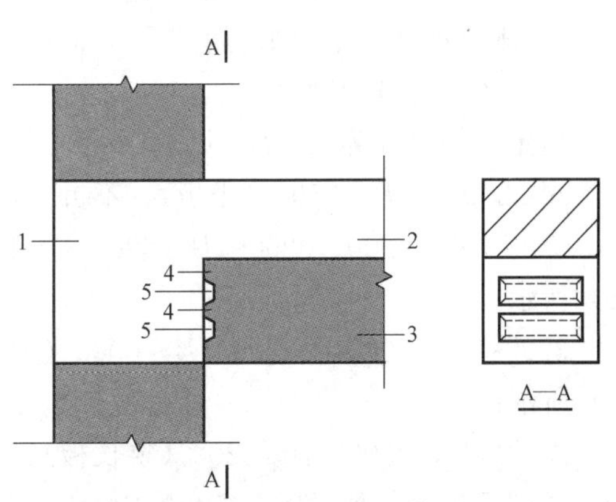

图 8.5-7　叠合梁端受剪承载力计算参数示意

1—后浇节点区；2—后浇混凝土叠合层；3—预制梁

4—预制键槽根部截面；5—后浇键槽根部截面

3）预制板的板端与梁、剪力墙连接处，叠合板端竖向接缝的受剪承载力应符合下式要求：

$$V \leqslant 1.65 A_{sd} \sqrt{f_c f_y (1-\alpha^2)}$$

式中 V——竖向荷载作用下单位长度内板端边缘剪力设计值；

A_{sd}——垂直穿过结合面的所有钢筋的面积，当钢筋与结合面法向夹角为 θ 时，乘以 $\cos\theta$ 折减；

α——板端负弯矩钢筋拉应力标准值与钢筋强度标准值之比，钢筋的拉应力可按下式计算：

$$\sigma_s=\frac{M_s}{0.87h_0A_s}$$

式中 M_s——按标准组合计算的弯矩值；

h_0——计算截面的有效高度，当预制底板内的纵向受力钢筋伸入支座时，计算截面取叠合板厚度；当预制底板内的纵向受力钢筋不伸入支座时，计算截面取后浇叠合层的厚度；

A_s——板端负弯矩钢筋的面积。

8.5.3 构件拆分

1. 楼板拆分

（1）楼板拆分的总体原则如下：

1）在板的次要受力方向拆分，也就是板缝应当垂直于板的长边；

2）在板受力小的部位分缝；

3）板的宽度不超过运输超宽的限制（一般为 2.5m）和工程生产线模台宽度的限制（一般为 3.2m）；

4）尽可能统一或减少板的规格，宜取相同宽度；

5）有管线穿过的楼板，拆分时须考虑避免与钢筋或桁架筋的冲突；

6）顶棚无吊顶时，板缝应避开灯具、接线盒或吊扇位置；

考虑到方便吊装、尽量统一构件种类和方便配筋，对于高层住宅，有以下补充原则：

1）在满足吊装要求和运输要求的前提下，尽量不拆分；

2）楼板拆分以单向板为最优先；

3）满足前面两个原则的前提下，同一标准层内尽量统一楼板拆分后的尺寸。

（2）楼板拆分规则

假定楼板尺寸为 $A\times B$，则：

$A\leqslant2500$ 且 $B\leqslant2500$（小板），不拆分，如图 8.5-8（*a*）所示；

$2500<A\leqslant3200$，$3200<B\leqslant6000$（大板），按短边拆分，按单向板拆分，如图 8.5-8（*b*）所示；

$3200<A\leqslant6000$ 且 $3200<B\leqslant6000$（大板），按短边拆分，按单向板拆分，如图 8.5-8（*c*）所示；

$A\leqslant2500$，$2500<B\leqslant3200$（狭长板），拆分增加的预制构件的数量≤1 种，则进行拆分，否则不拆分，如所图 8.5-8（*d*）示。

（3）单向板拆分方法

单向板有两种拼接方式：采用密缝拼接或者后浇小接缝（30～50mm）。两种方法在构造上差异不大，使用后浇小接缝，需要在接缝中多放置一根钢筋。因而，单向板拆分可

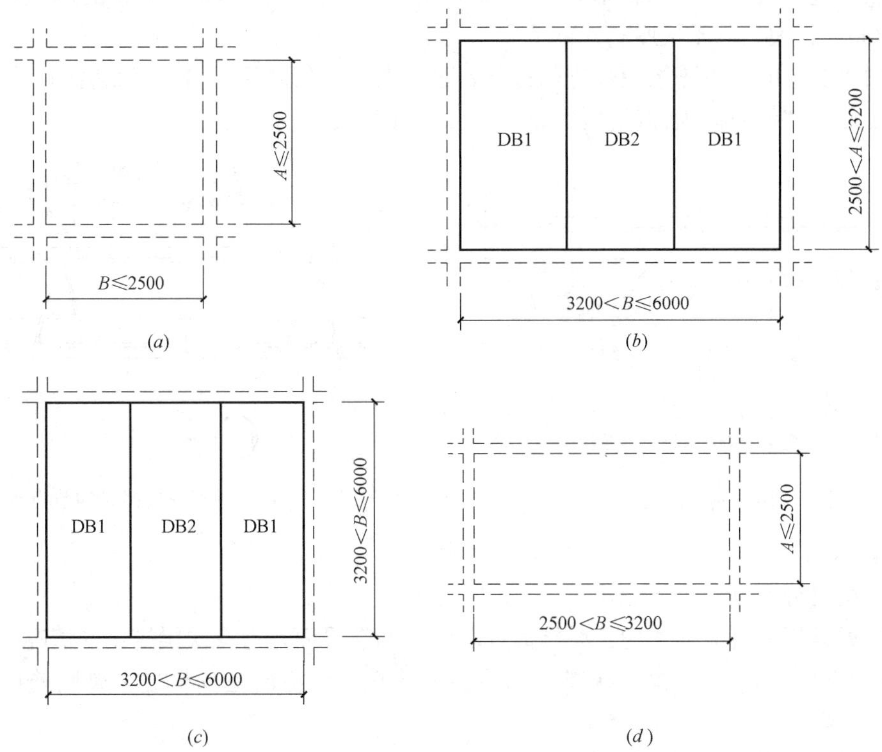

图 8.5-8　楼板拆分原则

（a）小板不拆分；（b）按短边拆分；（c）按短边拆分；（d）按是否增加构件数判断拆分

优先采用密缝拼接的方法。

如果拆分前楼板出现如 3250 之类的非整数，可通过设置后浇小接缝去掉尺寸的非整数部分，使得剩下的部分可以拆分成尺寸一致的构件，以减少构件数，如长度为 3250 的楼板，若不设置拼缝，则需拆分为 1600＋1650（图 8.5-9*a*），若在中间设置一道密缝，则可拆成：1600＋50＋1600（图 8.5-9*b*），叠合板宽度统一为 1600。

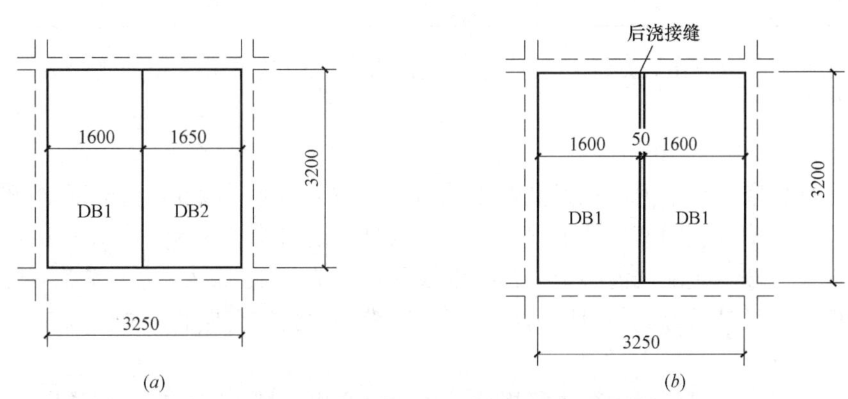

图 8.5-9　单向叠合板密缝拼接和后浇小接缝拼接做法对比

（a）不设置后浇接缝的情况；（b）设置后浇接缝的情况

（4）双向板拆分方法

双向板一般采用后浇带形式的接缝，典型接缝形式如图 8.5-10 所示，图集上也给出了双向板密缝拼接时的节点构造，如图 8.5-11 所示。若采用后浇带形式的接缝，后浇带宽度≥200，且大于等于板厚。

双向板拆分时，可先按短边进行拆分，之后在双向板之间留出一定宽度的后浇带，后浇带宽度按照“使双向板标准件数量最少”的原则确定。

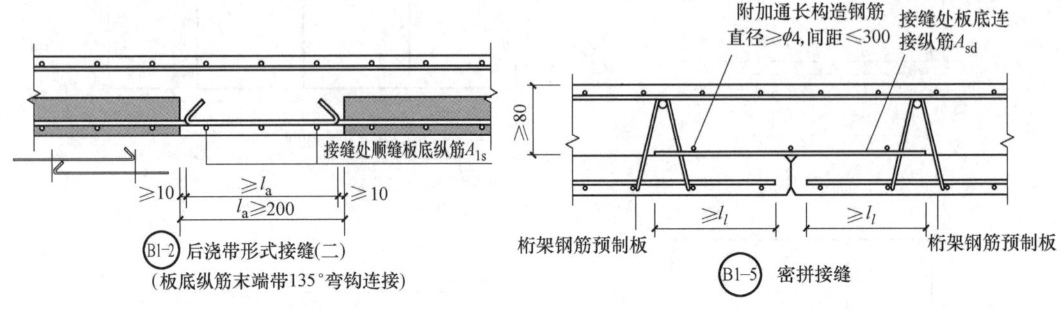

图 8.5-10　典型接缝形式　　　　图 8.5-11　双向板密缝拼接时的节点构造

2. 梁拆分

(1) 梁拆分原则

结构梁常用的拆分方法为：梁端拆分取为梁墙交界面，遇有次梁搭接的情况，主次梁连接处也要进行拆分，主梁和次梁采用后浇段连接，后浇段范围根据主梁底筋搭接长度确定。

(2) 吊装重量对梁长度的限制

对不同截面、不同长度的梁进行重量统计，统计结果如表 8.5-1 所示。

梁重量计算表　　　　**表 8.5-1**

梁宽(m)	梁高(m)	梁长(m)	容重(kN/m³)	重量(t)
0.2	0.4	30	25	6
0.2	0.5	24	25	6
0.2	0.6	20	25	6

从表 8.5-1 可以看出，对于高层住宅，假设限定的吊装重量为 6t，则吊装重量一般不为梁拆分的限制因素。

(3) 单梁拆分

对于高层住宅，单梁拆分位置设置在梁端。预制梁高度一般取：拆分前梁高－楼板厚度，是否设置凹槽以及凹槽尺寸根据《装配式混凝土结构技术规程》第 7.3.1 条确定。

抗剪键设置按《装配式混凝土结构技术规程》第 7.2.2、7.2.3 条计算后确定。

单梁拆分时，其拆分面一般取为与剪力墙边缘构件区的交界面，如图 8.5-12 所示。

(4) 主次梁拆分

主次梁交界处，需要对主梁进行拆分，主次梁交界区域为现浇区，现浇区长度按主梁底筋搭接长度确定，如图 8.5-13 所示。

当主梁与两个方向的次梁皆有连接，且次梁间距较小时，两次梁中间区域可全部设置为现浇区，如图 8.5-14 所示。

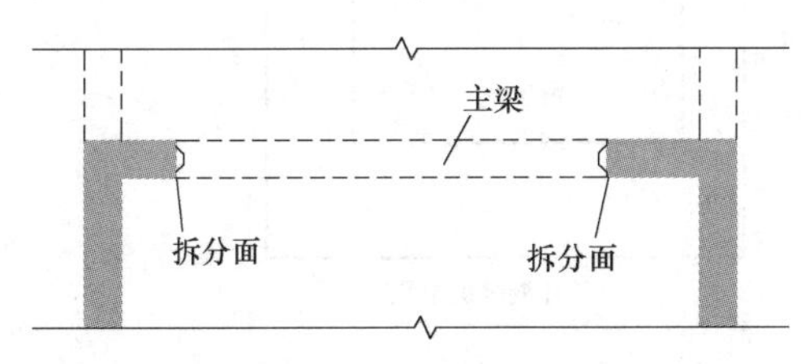

图 8.5-12　单梁拆分交界面

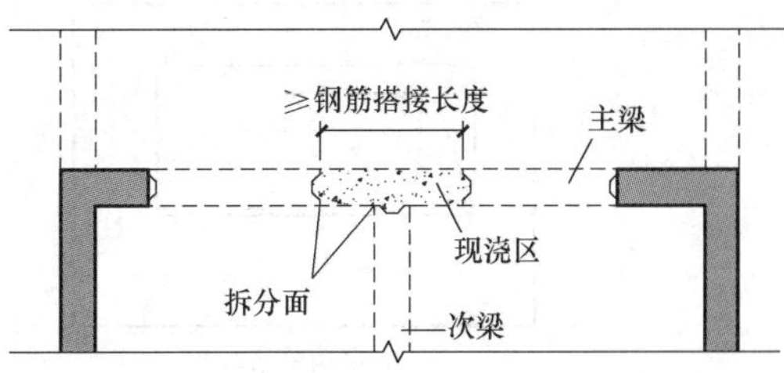

图 8.5-13　主次梁拆分

3. 剪力墙拆分

剪力墙通常可划分为边缘构件区和墙身区域，如图 8.5-15 所示。对于装配式高层住宅，墙身区域可采用预制，边缘构件区一般不预制，剪力墙拆分实际上是确定墙身区域的长度，将剪力墙拆分为边缘构件区和墙身区域两部分。

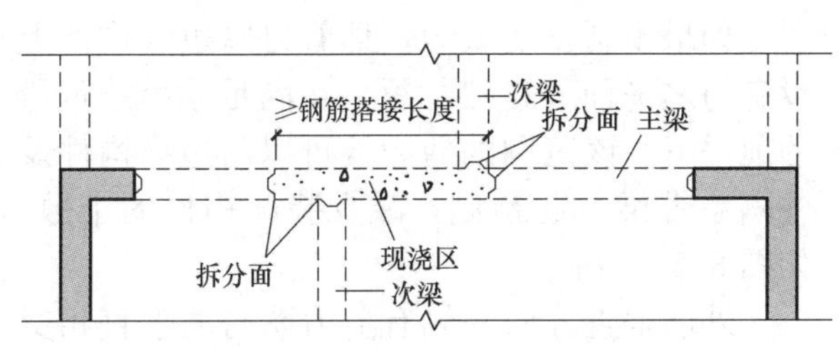

图 8.5-14　两次梁中间区域全部设置为现浇区

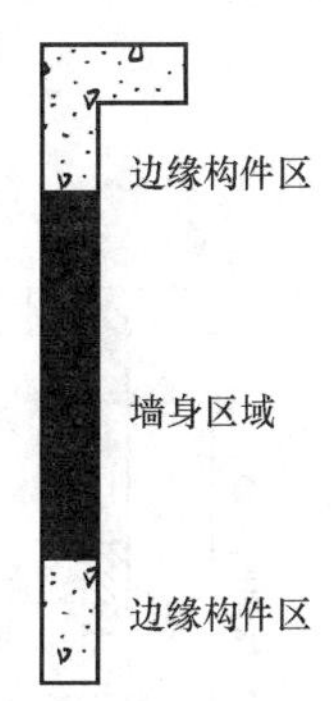

图 8.5-15　剪力墙拆分示意图

由于边缘构件区和墙身区域的划分并不影响结构计算，因此，只要边缘构件区域的长度满足规范要求，剪力墙墙身区域的长度可以比较自由地确定。并且，由于墙身区域是预制的，为了方便工厂进行标准化制造，在满足边缘构件区长度的前提下，可通过调整边缘构件区的长度（通常是加长），使墙身区域的规格尽量少。

对于一般情况，剪力墙拆分可按照以下几个步骤：

（1）初步布置剪力墙位置，进行结构整体计算和调整；

（2）剪力墙位置提建筑专业，与建筑专业协调确定最终墙位；

（3）根据规范和计算要求确定边缘构件区的尺寸，非边缘构件区部分即为墙身；

（4）统计墙身规格数量，根据实际情况归并尺寸差别较小的墙身，将长度较大的墙身缩短；

（5）根据墙身尺寸优化结果修改边缘构件区长度。

但设计中还需要考虑以下几点特殊情况：

从结构受力角度，核心筒部分的剪力墙、受力较大的剪力墙、关键部位的剪力墙应尽量采用现浇；

预制外墙比较短且全部都开窗或者门洞时，预制外墙可以与相邻剪力墙的边缘构件一起预制，将现浇部位向内移，以减少装配构件的个数，如图 8.5-16 所示。

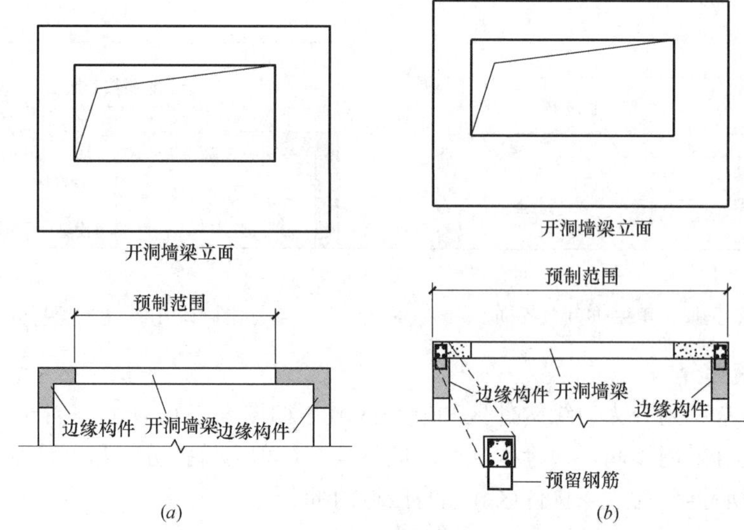

图 8.5-16　预制外墙与相邻边缘构件一起预制

（a）原设计；（b）优化设计

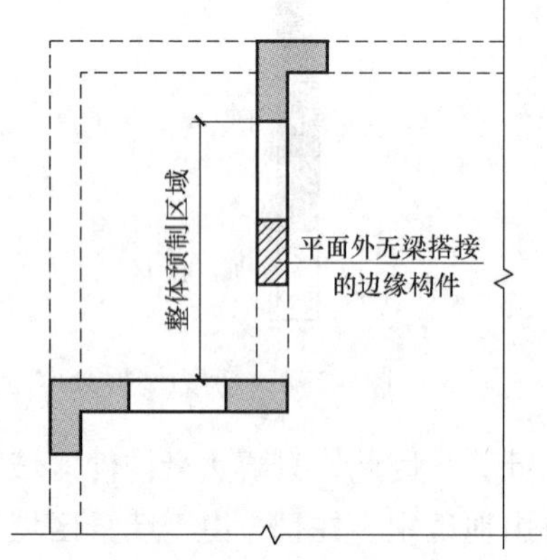

图 8.5-17　剪力墙与边缘构件及梁墙一起预制

如果预制长度太短，且剪力墙边缘构件上没有与之平面外搭接的梁，在满足起吊总重量的前提下，该范围的剪力墙可以与边缘构件及外隔墙带梁一起预制，减少装配构件的个数，如图 8.5-17 所示。

外墙垂直方向一侧有剪力墙与之垂直相交时，在满足起吊总重量的前提下，可将隔墙连成一块，剪力墙现浇部位向内移，以减少装配构件的个数，如图 8.5-18 所示。

8.5.4　装配式结构三维施工模型的建立

GSRevit 开发了一套完整的预制构件族库，不同构件族分别放在各自的目录下，见图 8.5-19。

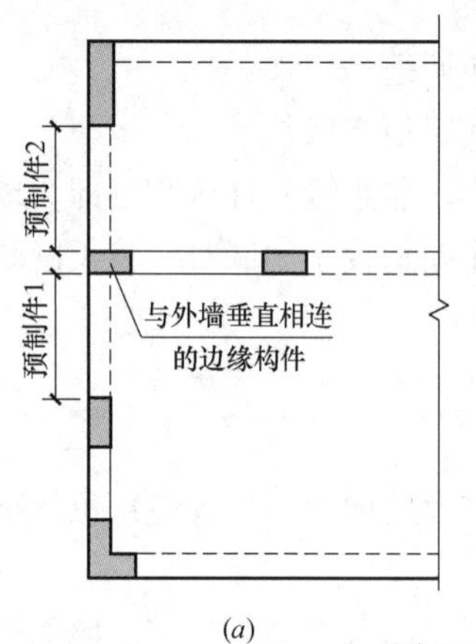

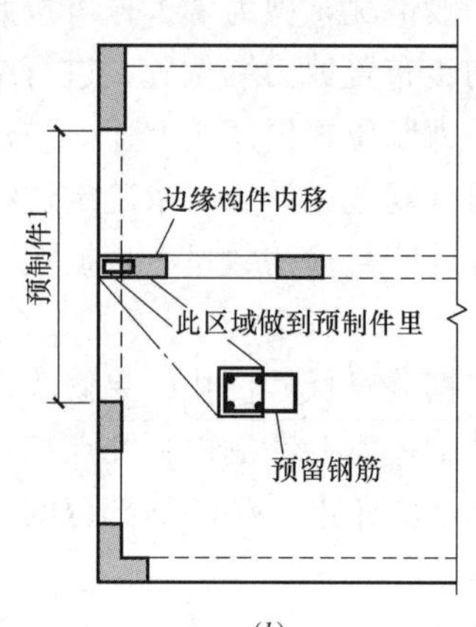

图 8.5-18　将隔墙连成一块

（a）原设计；（b）优化设计

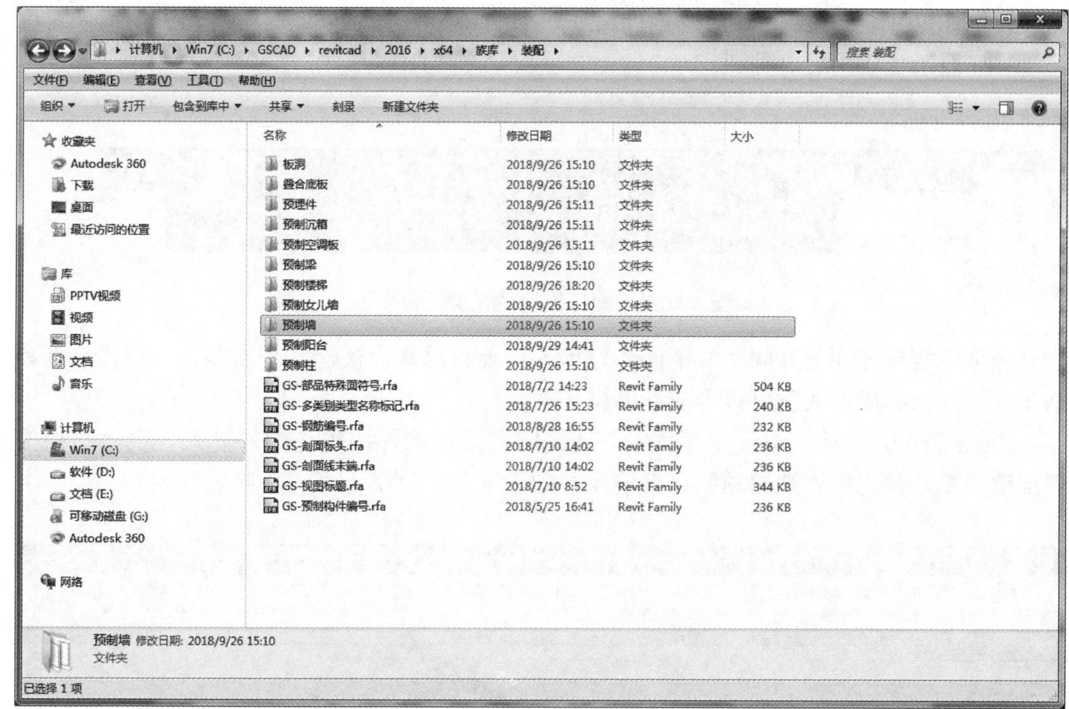

图 8.5-19　预制构件族目录

常用的构件，如预制墙、预制柱、预制梁、叠合板、预制阳台和预制空调板都有两套族，一套将尺寸参数放在族中，需通过设置族参数修改尺寸，另一套放在实例中，族文件名后带“可拖动”字串（图 8.5-20），参数放在实例中，在平面图中有拖动箭头可光标拖

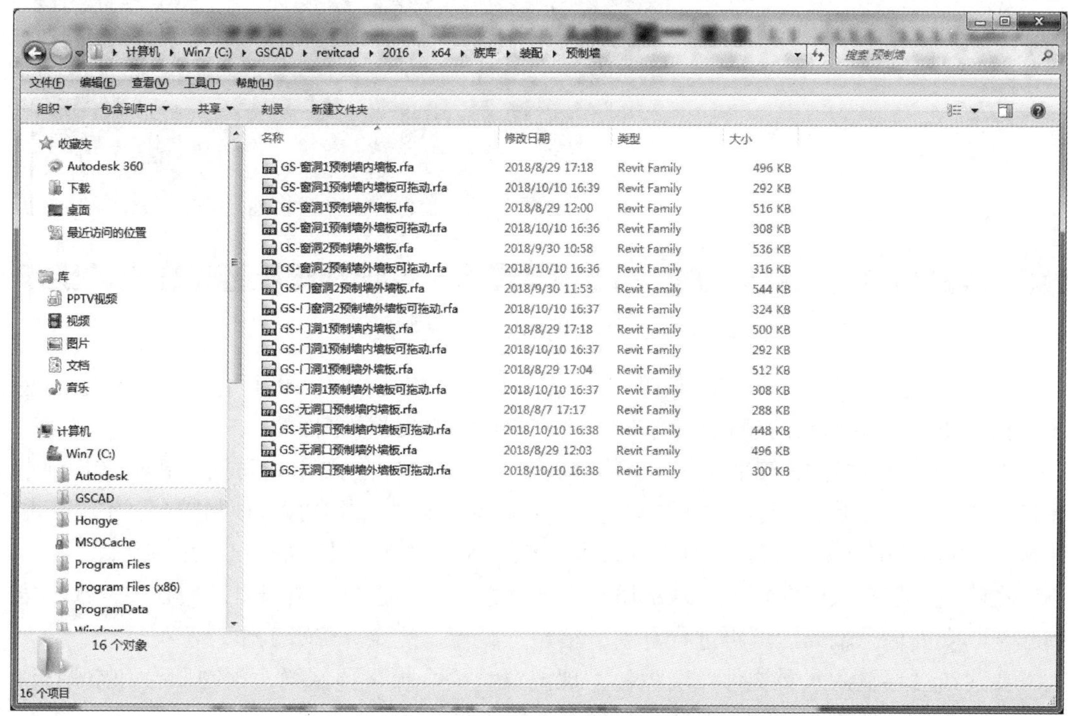

图 8.5-20　预制墙目录下的族

动设置构件尺寸，方便 Revit 修改构件尺寸，如图 8.5-21 所示，同时带有两方向镜像对称符号。一般工程应用后一种族。

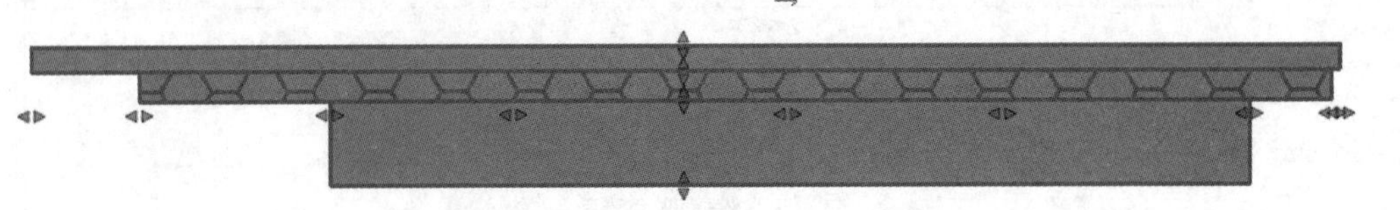

图 8.5-21　光标拖动设置预制墙尺寸

每个工程楼梯间的开间尺寸不同，设计人员要自己修改楼梯水平投影长、楼梯高度和踏步数，并做相应修改就可以形成新的楼梯族。

Revit 装配式结构三维施工模型中，现浇墙柱梁板构件按现浇构件输入，现浇暗柱按现浇墙输入，预制构件则按预制构件输入，如图 8.5-22 所示。

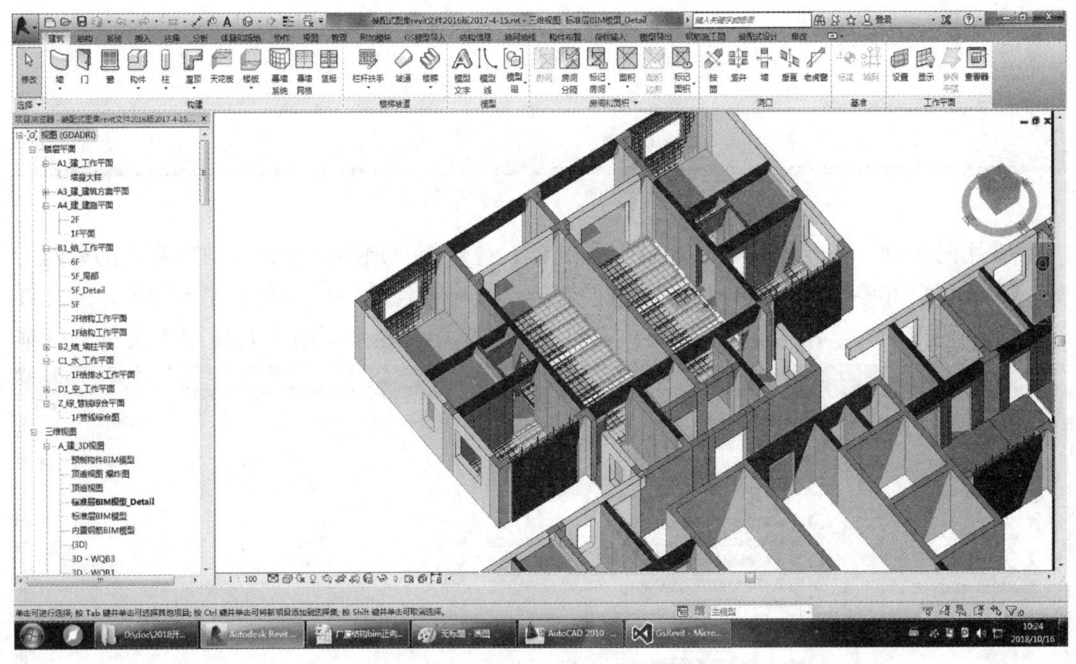

图 8.5-22　现浇与预制构件分别输入

在建立装配式结构三维施工模型时，建筑平面图和结构平面图可作为 Revit 定位底图。比如图 8.5-23 所示的建筑平面图，图 8.5-24 所示的结构平面图。

设计单位一般提供建筑平面图和结构平面图 dwg 文件，在 Revit 中可插入 dwg 文件到本建筑层的下端标高所在的层，比如要建立建筑 3 层的预制梁、叠合板、预制阳台、空调板和建筑 2 层的预制墙、柱和楼梯，则将 dwg 平面图插入到建筑 2 层，如图 8.5-25 所示。

在建筑 2 层输入竖向构件：现浇墙身、现浇柱、现浇暗柱、预制墙、预制柱、预制楼梯和预制女儿墙，输入后可再进行复制、粘贴、旋转、镜像等编辑工作。

在建筑 3 层输入水平构件：现浇板、现浇梁、叠合板、预制梁、预制阳台和空调板，输入后可再进行复制、粘贴、旋转、镜像等编辑工作。

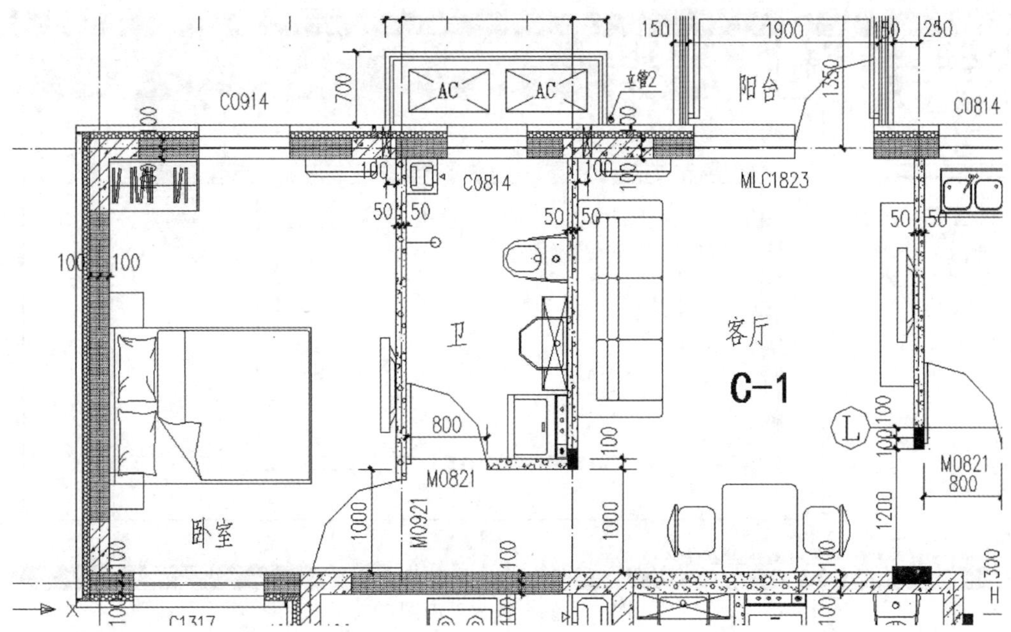

图 8.5-23　建筑平面图

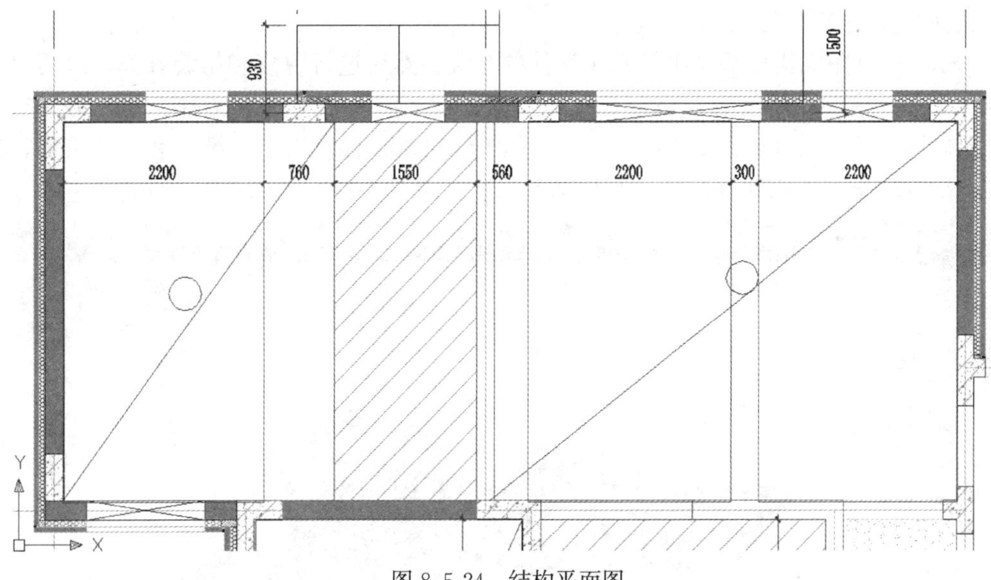

图 8.5-24　结构平面图

8.5.5　构件部品深化设计

构件部品的深化设计功能宜满足以下要求：

(1) 轻量化。文件小和运行速度要快。

(2) 设计快。分拆布置时快速形成部品截面尺寸库。

(3) 部品便于积累。可在原部品的基础上复制并修改。

(4) 能够进行局部碰撞检查。

构件部品的深化设计可采用 3 种方法：族、RVT 文件链接、独立 RVT 文件。

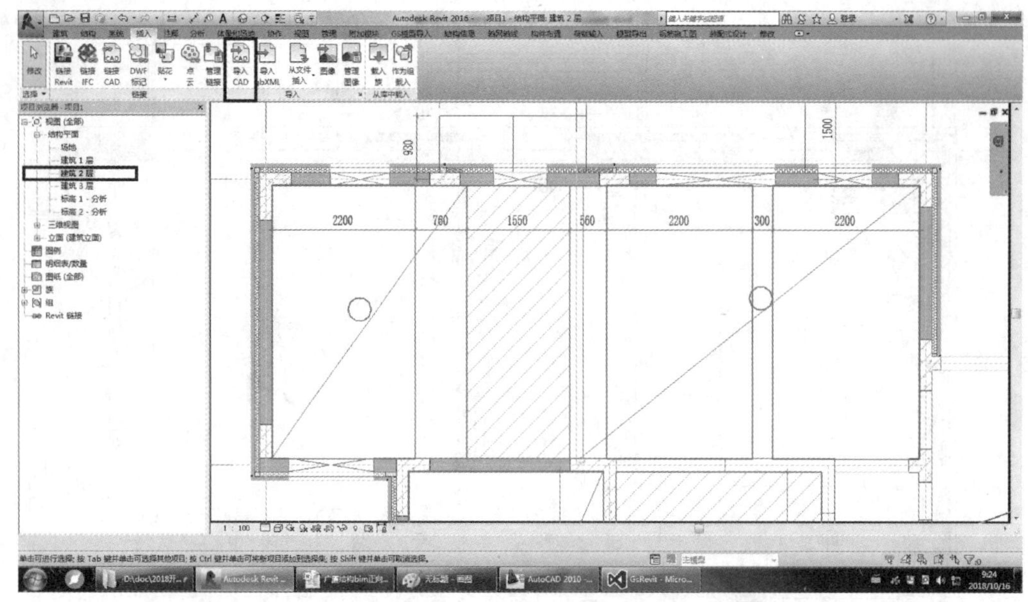

图 8.5-25　插入平面图

分拆墙柱梁板为预制墙、柱、叠合梁和叠合底板，每个预制构件部品库另存为单独的RVT 文件，用于工厂加工。

GSRevit 可完成构件部品钢筋和预埋件的布置，然后进行脱模和吊装计算，最后自动形成加工图。构件部品包括：叠合板、叠合梁、预制墙、预制柱、楼梯、女儿墙、空调板、预制阳台等。譬如，图 8.5-26 和图 8.5-27 分别是叠合底板的三维图和加工平面，部品中包括混凝土、钢筋和预埋件。其他部品示意见图 8.5-28～图 8.5-31 所示。

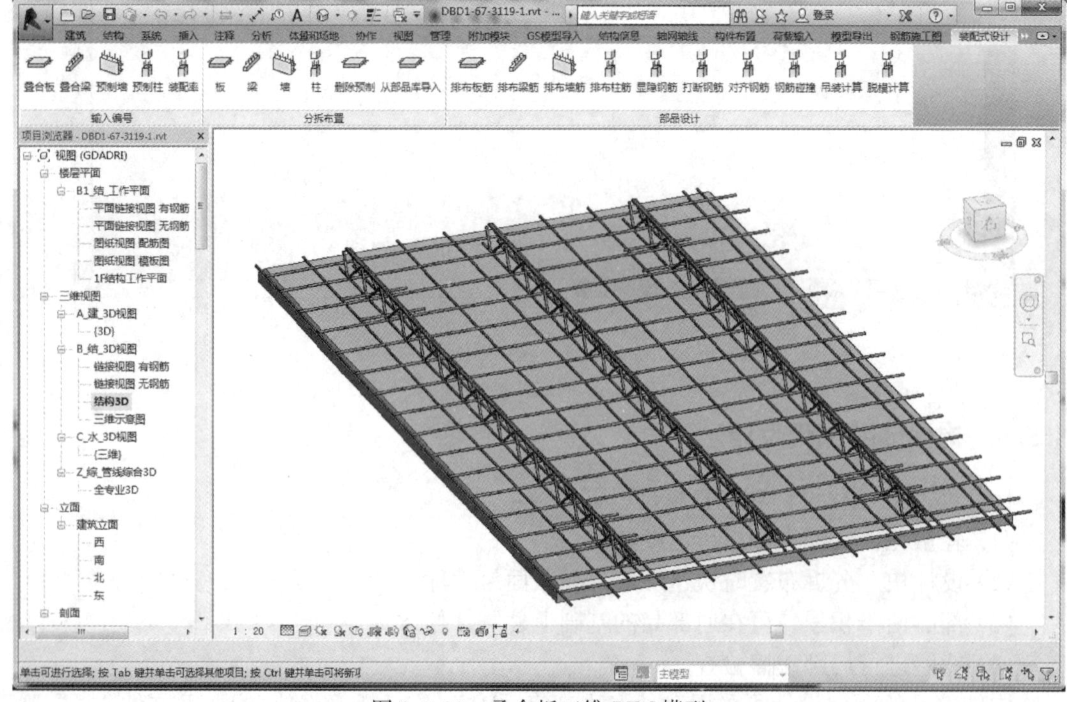

图 8.5-26　叠合板三维 BIM 模型

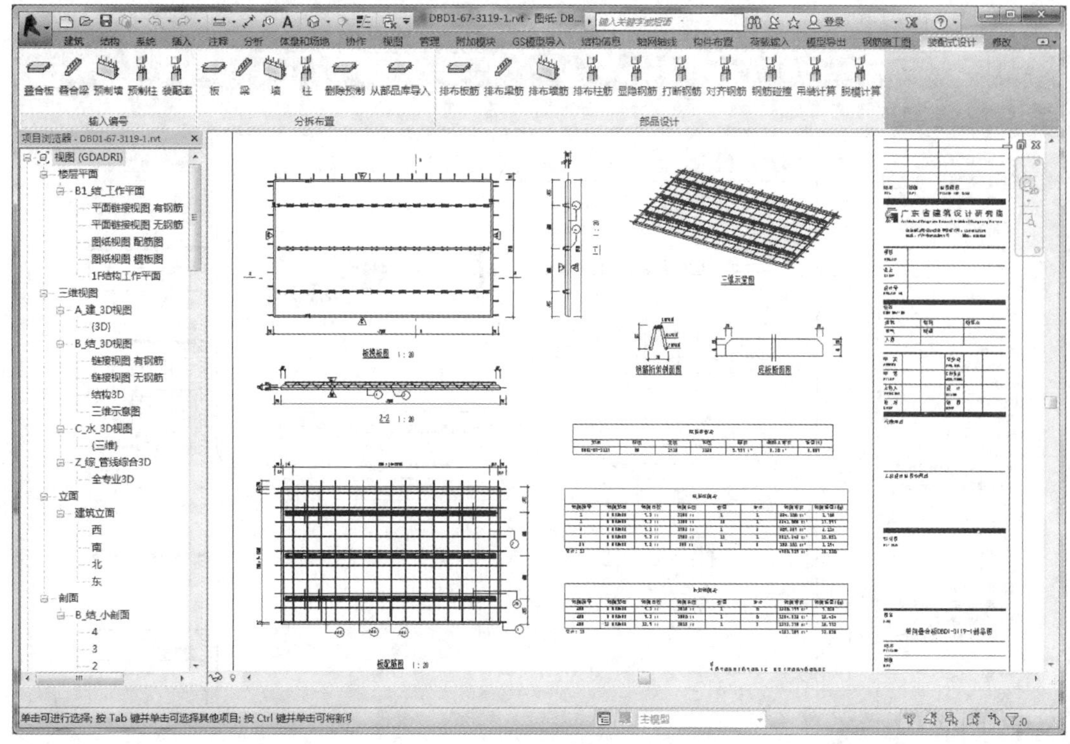

图 8.5-27　叠合板加工图

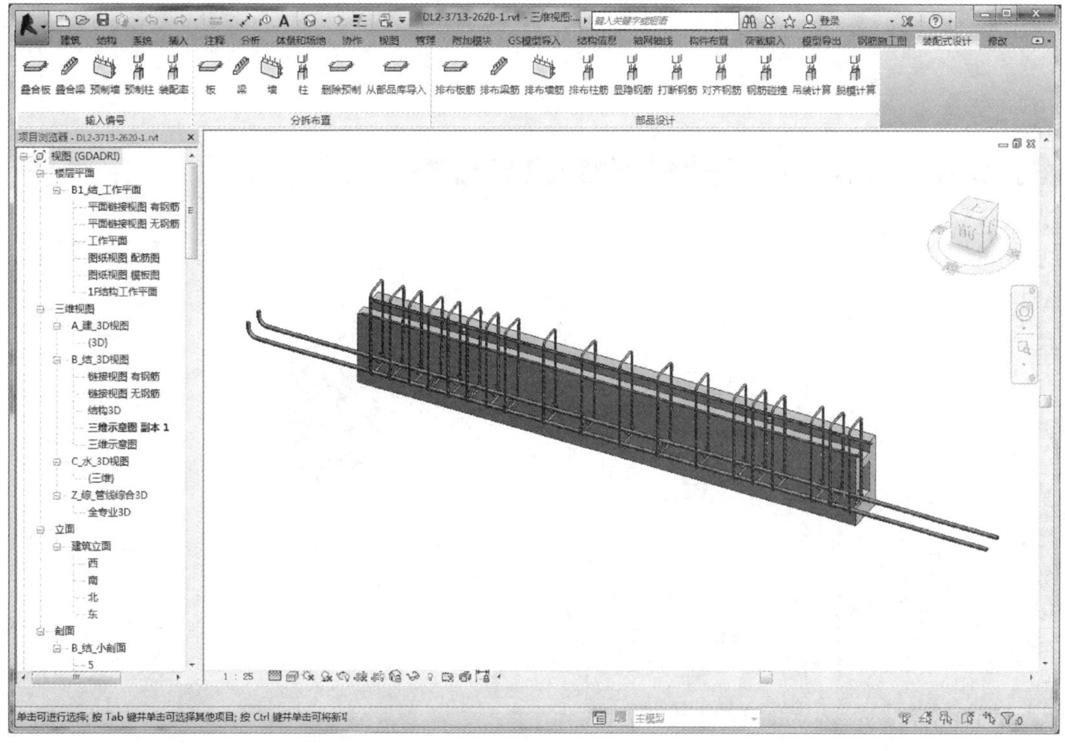

图 8.5-28　叠合梁三维 BIM 模型

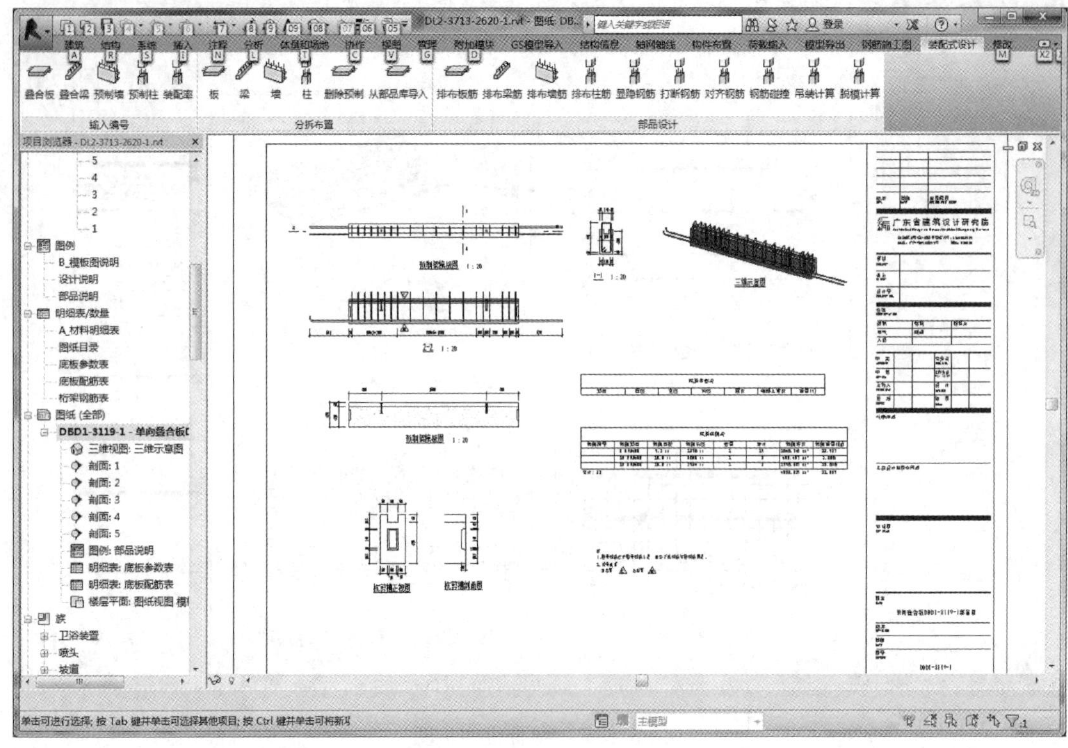

图 8.5-29　叠合梁加工图

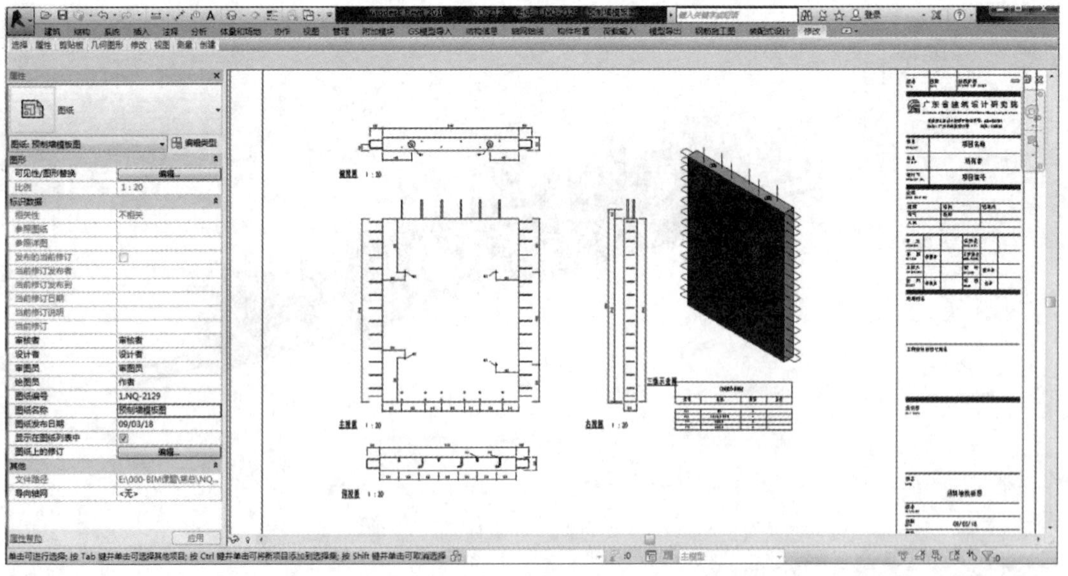

图 8.5-30　预制墙加工图

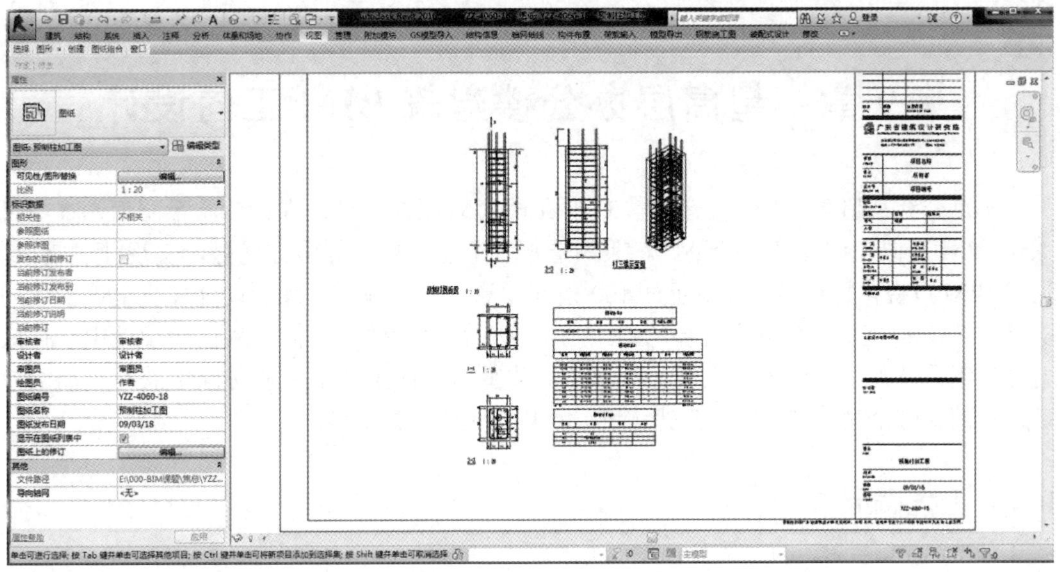

图 8.5-31　预制柱加工图

第 9 章　超高层办公楼建筑 BIM 正向设计

本章介绍某超高层办公楼建筑多专业协同 BIM 正向设计。在设计质量层面，本项目采用 BIM 正向设计技术进行设计，兼顾造型、节能、环保等多方优势，实现业主需求。通过 BIM 可视化特点累计发现超过 100 条问题意见，在施工过程中设计变更显著少于同类项目 30%以上，有效减少现场的返工与浪费。在设计效率层面，从正向设计中获得效益必然不是从单专业或者个人设计效率中获得效益，而是从多专业协同中获得更高的效率。从而在整个设计周期中做到比传统设计模式更快更好。

9.1　工程概况

民生互联网大厦项目位于广东省深圳市前海港深现代服务业合作区。总建筑面积约 25 万 m^2，最大建筑高度 180m，大楼集甲级写字楼、会议及商业等多种配套服务为一体，项目整体效果如图 9.1-1 所示。

图 9.1-1　项目整体效果图

项目位于前海填海区，结构形式复杂，构造节点多且设计施工难度高。为了在限定的时间内高质量完成设计施工的全部工作，项目参建方需深度应用 BIM 技术，充分发挥 BIM 的精确化、可视化、协同化工作的优势，提高工作效率、降低开发成本、提升建筑品质。

9.2　BIM 项目管理及协同流程

9.2.1　BIM 应用目标

民生互联网大厦项目以打造全过程 BIM 应用为目标，在设计过程中实现图纸由 Revit 正向设计出图，并通过 BIM 可视化优势对设计方案进行了数百个位置的设计优化，有效提高了设计品质。BIM 模型从设计阶段至施工阶段由不同的单位维护，即设计阶段 BIM 模型由设计单位负责，施工阶段 BIM 模型由施工单位负责。每个阶段结束后向下一个主体单位移交，保持主体模型的唯一性，减少重复建模，确保了模型信息的无损传递。设计模型在施工阶段顺利进行了施工深化，并将进度、技术参数、商务算量等信息与模型相互关联，在施工阶段设计 BIM 团队定期进行施工 BIM 模型审核，帮助施工单位达成应用 BIM 技术实现施工管理的目标。

本项目设计团队经多年积累已具备本书 2.3.2 所述四级 BIM 进阶中第一、第二层级的能力，即建模能力和出图能力，本项目在此基础之上向第三个层级突破。因此本项目的 BIM 正向设计应用目标为多专业设计协同。

9.2.2　人员架构

本项目组建了一支包含多专业、项目经验丰富的施工图设计和 BIM 团队（表 9.2-1），主要有两个组，第一组主要负责施工图设计，项目管控。另一组就项目 BIM 正向设计技术层面的支持与管理。设计团队在实施过程中，针对模型的创建流程，梳理了模型创建标准和 BIM 正向设计实施流程，结合现有 BIM 构件资源库，模型样板进行了设计优化。在实施过程中，以降本提效为价值应用核心。结合设计过程，在不同设计深度绘制不同的设计模型，力求得到基于 BIM 的设计价值利用最大化。在设计团队未完全掌握 BIM 设计出图之前，由 BIM 团队在技术和协同层面对正向设计组进行技术支持有利于项目推进，避免设计返工。相较于施工图设计团队的自己摸索，可以节约大量成本。

设计组人员组成　　**表 9.2-1**

IQRD7.3.1.2-1（2014-10 版）　　编号：

项目名称　民生互联网大厦			设计号	16-357(15-2)	
管理等级	院管口　　所管口		设计阶段	施工图	
项目设计主持人(院管理项目设)：金钊			项目负责(总负责)人：李大伟、李志毅		
设计专业	专业负责人	设计人	校对人	审核人	审定人
建筑	赖志勇 黄美映	赖志勇、冯浩祥、谢清娜、李沛州、何梦婷、徐子骅、钟慧娜、黄一益、赵应超、王文裴	黎国泾	邓汉勇	吴彦斌
结构	任恩辉	任恩辉、黄诚为、李伦、彭俊伟、杨壁毓、赵丹、黄清乾	庄润轩	李鹏	卫文
给水排水	付亮 李聪	付亮、李聪、霍韶波、姜波、张维、谢嘉明	李淼	罗巍	徐晓川
暖通	郭坤	唐春成、郭坤	谢雪雪	朱少林	浦至
电气	刘超	刘超、何文晖、钟莹	邓邦弘	廖雪飞	何海平

BIM 技术支持组：

BIM 技术负责人：郑昊

设计人：陈钟杰 荆娜 陈景川 沈晓琳 邱宇蕾

9.2.3 协同流程

本项目在施工图设计过程中进行了多专业配合与协同，表 9.2-2 是各专业协同设计过程中各专业提资及设计协调会开展情况。本协作流程是在原施工图正向设计流程基础上，结合 BIM 正向设计的特点总结而来。

多专业协同流程 **表 9.2-2**

序号	专业配合工作	提出专业	接收专业	设计内容	BIM 工作
施工图设计启动会					
1	施工图设计启动会	全专业	全专业	明确设计内容及注意事项，明确设计原则和统一技术条件	准备各专业基础中心文件统一原点，轴网确定各专业模型间的链接关系
2	结构建立第一版模型	结构	建筑	确定结构主体	
施工图阶段设计协调会					
3	建筑提第一版提资视图，防火分区	建筑	各专业	作为机电专业设计的参照底图结构专业配合依据	建筑链接结构配合视图建筑视图分三层，建模视图、配合底图视图、出图视图。其中配合底图视图与出图视图为关联视图，请注意这是底图，非建筑出图视图
4	设备专业给各专业提机房、管井	机电专业	建筑	管井、机房定位、面积需求	请注意在提资视图
5	结构提资，梁柱资料	结构专业	各专业	明确开洞情况，同时明确梁高，机电专业在设计过程中应规避大梁	及时更新链接
6	管线初步综合设计	建筑	结构、机电	建筑根据初步设计对净高要求复核各专业现有设计成果是否能满足需求。同时对建筑平面设计进行优化	BIM 负责人协助建筑专业解决发现的问题
施工图阶段设计协调会					
7	建筑提第二版提资视图(平、立、剖)，材料做法、防火分区	建筑	各专业	根据上一轮设计讨论后设计优化的机电出图配套视图	阶段性 BIM 模型/模型归档
8	水、暖提资给电（用电量）	水、暖	电气		在专用提资视图并显著标注

续表

施工图阶段设计协调会					
9	机电专业提资大于800的洞口、集水井、排水沟给建筑、结构	机电	建筑、结构		在专用提资视图并显著标注
施工图阶段出图协调会					
10	建筑大样绘制(卫生间详图、电梯详图、楼梯、墙身大样)	建筑	建筑大样	在建筑视图中表达	
11	建筑复核净高，并绘制墙身大样	建筑	建筑大样		
12	结构绘制模板图	结构	各专业	各专业复核横向、竖向管线位置	
13	管线综合	各专业	各专业	建筑再次复核净高是否能满足需求	BIM负责人统一解决各专业设计过程中遇到的问题 BIM负责人组织管线综合协调会
14	各专业修改优化施工图	各专业	各专业		机电专业完成管线末端调整、利用施工图模型直接生成图纸、并基于该图纸进行注释、标注等图纸细致化工作
15	洞口复核	结构	机电	复核洞口确保留洞准确	
16	校对	各专业	各专业		
17	由三维导出二维满足政府各部分的审图要求的全套图纸	各专业	各专业		完善图纸说明、复核图纸缺漏
完善出图成果					

多专业配合样例见图9.2-1～图9.2-6。

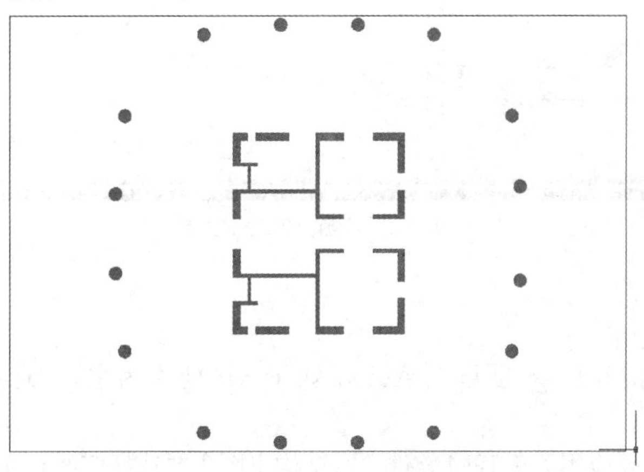

图9.2-1　步骤2、3结构提资建筑的配合视图

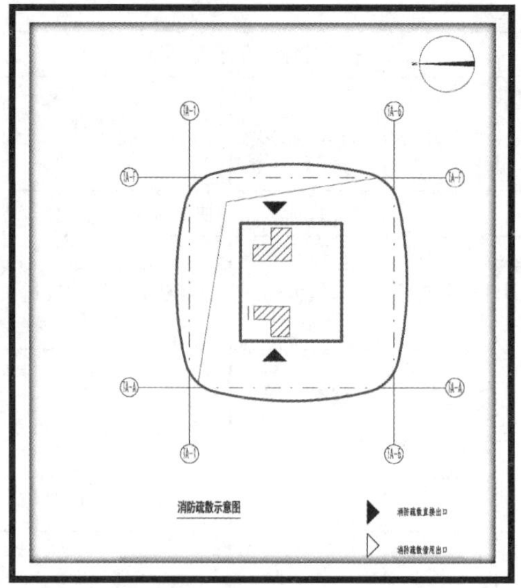

图 9.2-2 步骤 7 建筑的防火分区明确图纸

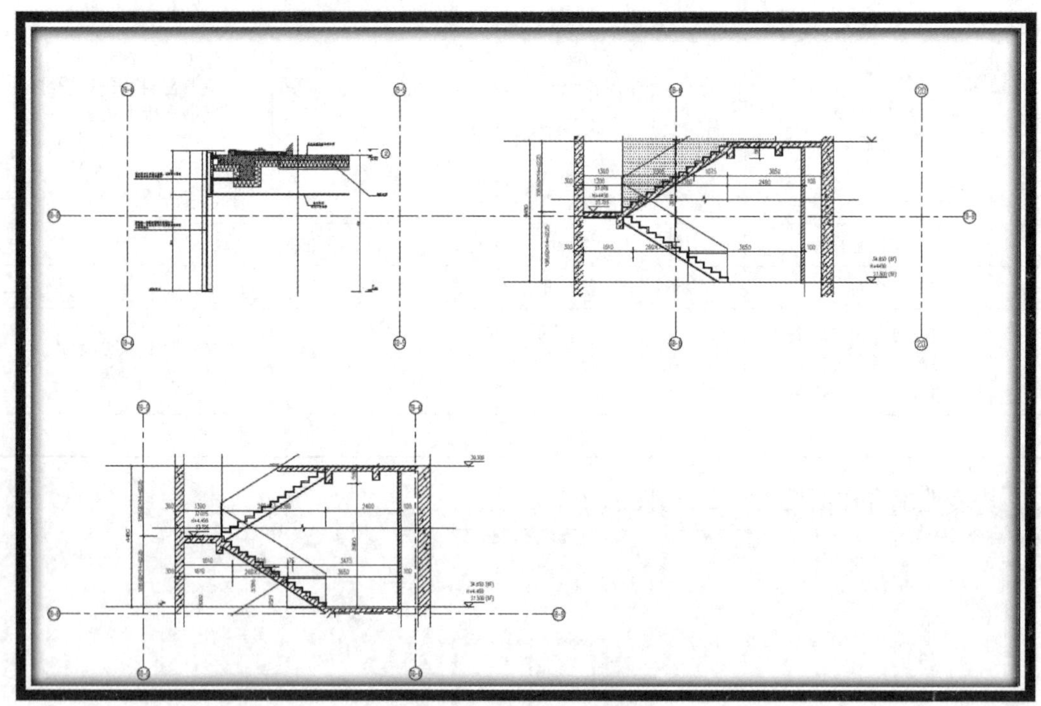

图 9.2-3 步骤 10 绘制大样

9.2.4 应用软件

结合该项目实际情况，本项目以 Autodesk Revit 建模为主，必要时应用其他软件加以辅助，见表 9.2-3。

其中建筑设计主要应用天正 BIM 软件，在结构出图主要依托广厦 GSRevit 软件，在机电建模及管线综合中主要应用了鸿业 BIMspace 软件，部分功能应用了互联立方的Isbim插件。

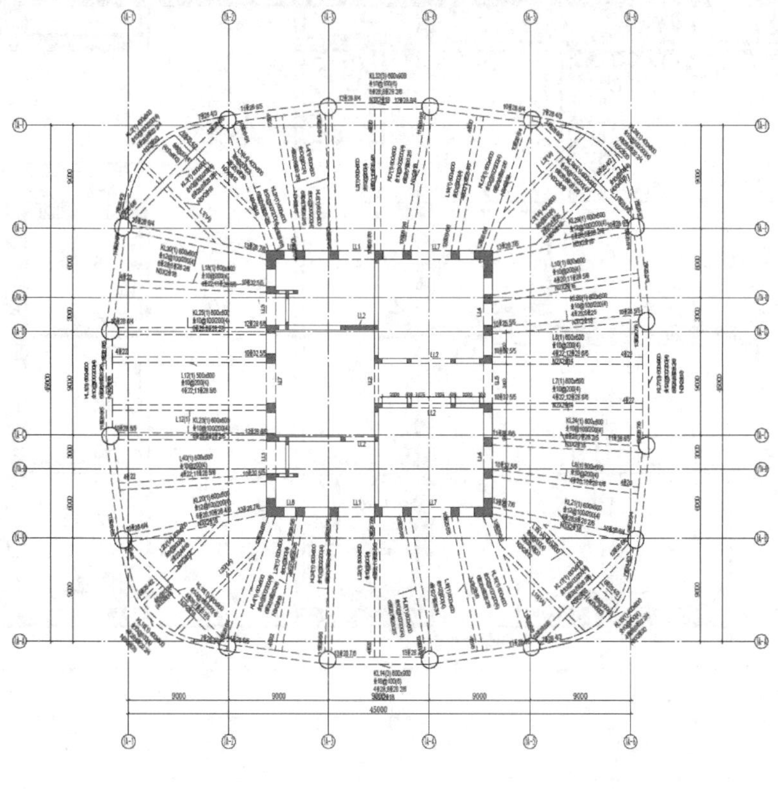

9F梁配筋平面图 1:150

图 9.2-4　步骤 12 结构绘制的模板图

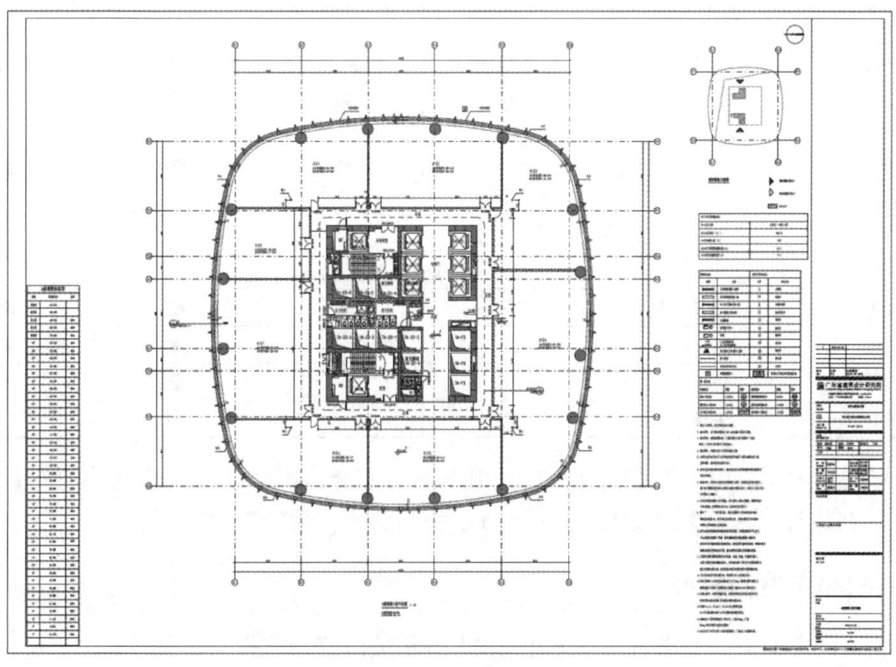

图 9.2-5　步骤 14 各专业修改优化施工图

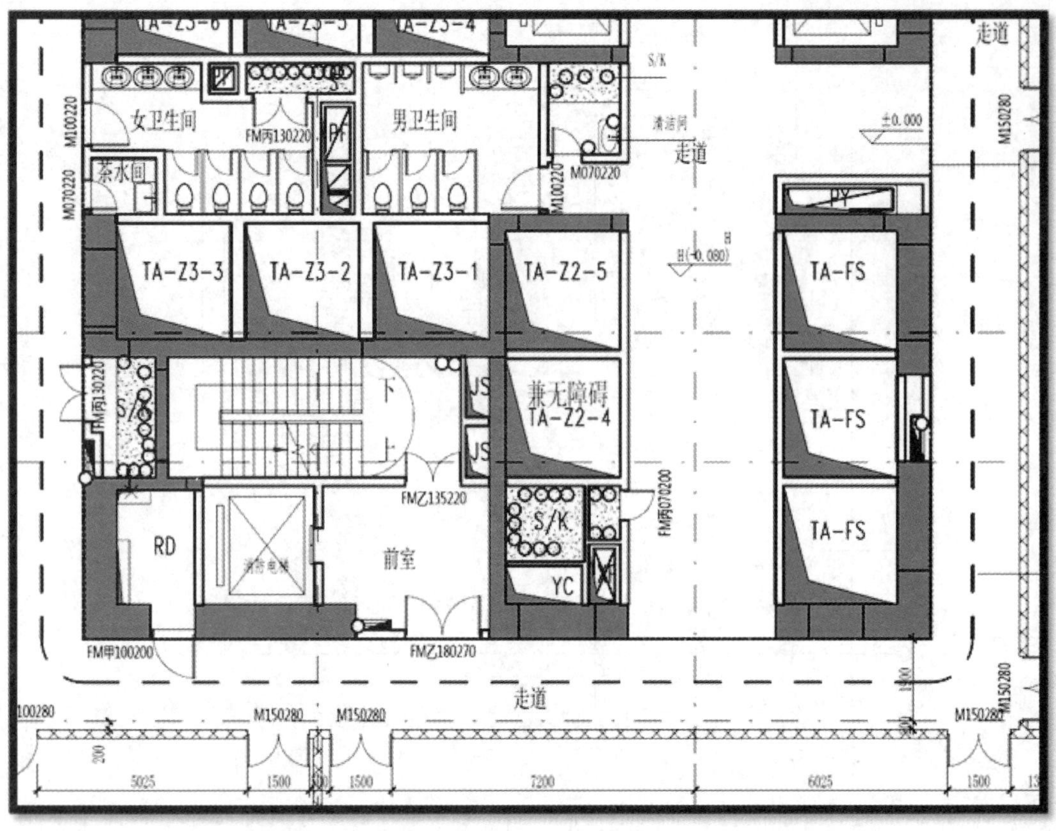

图 9.2-6　步骤 14 各专业修改优化施工图（局部放大）

项目应用软件　　**表 9.2-3**

软件工具			设计阶段		
公司	软件	专业功能	方案设计	初步设计	施工图设计
Trimble	Sketchup	造型	●	●	
Autodesk	Revit	建筑 结构 机电	●	●	●
	Navisworks	协调 管理		●	●
天正	天正 BIM	建筑	●	●	●
鸿业	BIMSPACE	机电		●	●
广厦	GSRevit	结构		●	●
互联立方	Isbim	机电		●	●

配套族库主要应用天正 BIM 和鸿业 BIMspace 配套族库，以上两款软件的配套族库基本满足 70％设计需求，剩余 30％族库来自于我们历年积累的项目族库。

9.2.5　模型深度与标准

本项目的模型深度要求可参见本书 3.11 节相关内容，这里不再赘述。

本项目制定了 Revit 出图标准。好用的 Revit 样板是项目能顺利实施的前置条件。为保证项目的顺利出图，我们针对单位、文字样式，尺寸样式等基础设置内容，以及线样式、对象样式、图层颜色、出图设置等内容统一设置，形成符合本项目特点的出图样板。如图 9.2-7 所示。

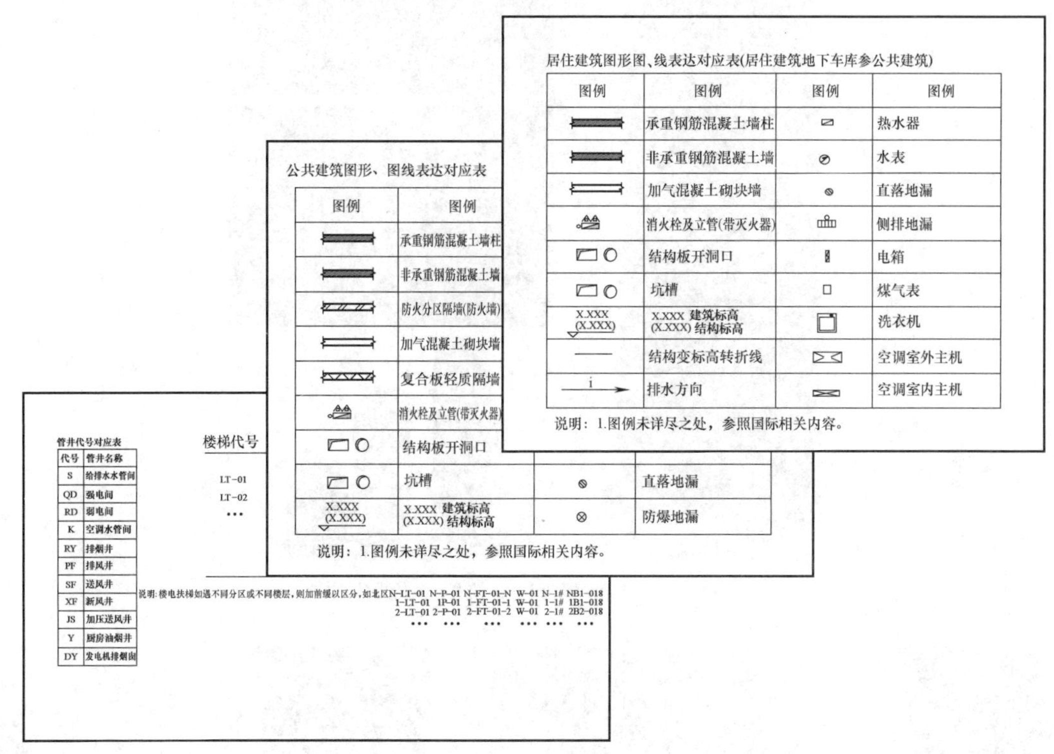

图 9.2-7　Revit 出图模板

9.3　BIM 辅助设计应用

9.3.1　建筑专业 BIM 应用

1. 双曲幕墙建筑边线定位

本项目立面为优美的双曲幕墙 ，每层楼板边缘都不一致，边缘定位困难。如采用传统 CAD 方式，根据立面确定逐层收分，不仅效率低下而且不准确。本项目通过外方提供的幕墙模型与图纸，经模型深化，逐层定位楼板边缘，确保楼板边缘的准确性，成果如图 9.3-1 所示。

2. 室外景观模拟与幕墙优化

本项目地上建筑为三栋超高层办公楼，设计人员利用 BIM 模型对该楼幕墙观感性进行评估。制作了室内 VR 360 全景制作，力求真实反映从从 B 栋看 A 栋和 C 栋的景观与立面效果。实施效果如图 9.3-2 所示。

3. 坡道、夹层施工图 BIM 协同设计与复核

该位置夹层非常复杂如图 9.3-3 所示，通过搭建三维模型，发现净高不满足要求的地

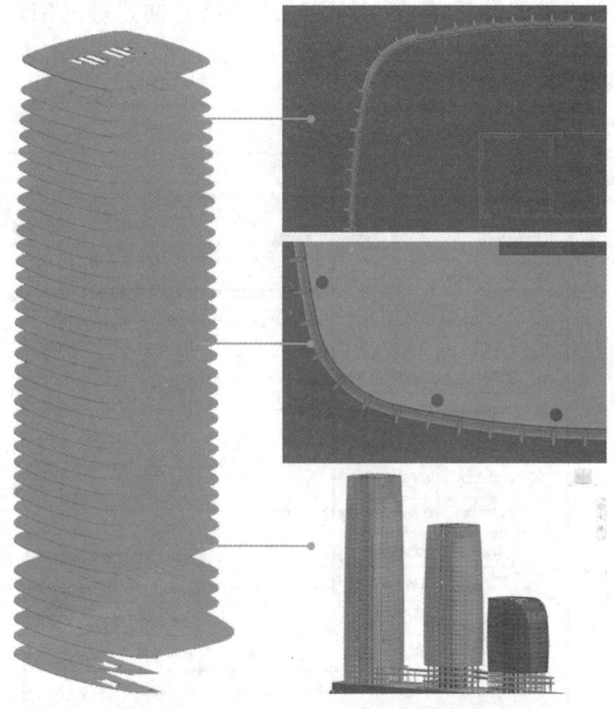

图 9.3-1　双曲幕墙的建筑楼板边线定位

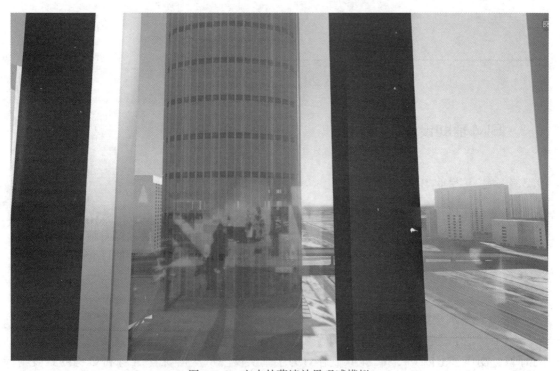

图 9.3-2　室内外幕墙效果观感模拟

方，在模型推敲多种解决方案，直至彻底解决问题。传统设计方式只能通过画剖面来解决，不直观且设计效率低下，无法全面真实反馈实际问题。通过 BIM 模型协同的方式能

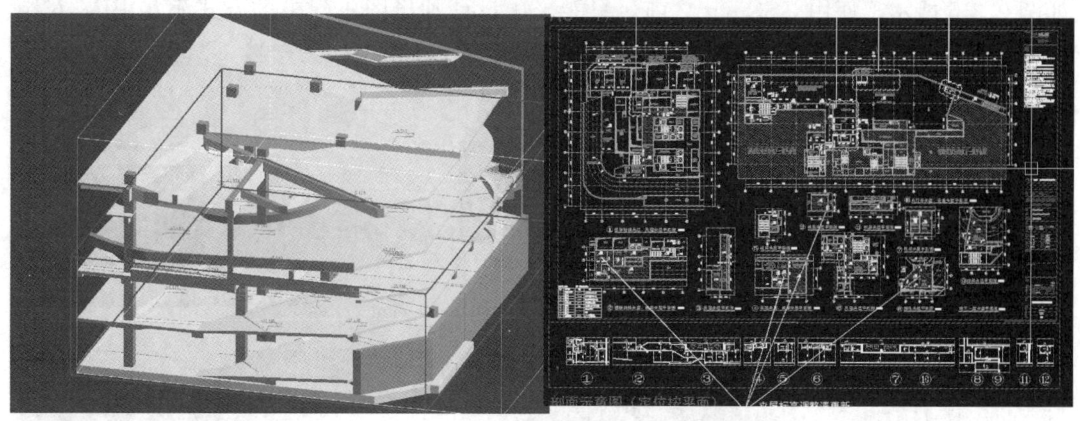

图 9.3-3　坡道夹层协同设计

够暴露设计缺陷，帮助设计师综合权衡找到一条较好的解决方案。

9.3.2　结构专业 BIM 应用

1. 斜柱定位

本项目的结构柱全部为斜柱，定位困难。如何有效定位斜柱、确保结构计算的正确性和结构体系的安全性是本项目的一大难题。因此我们采用 BIM 技术辅助结构竖向定位，确保计算模型中斜柱位置与双曲幕墙保持一致性（图 9.3-4）。

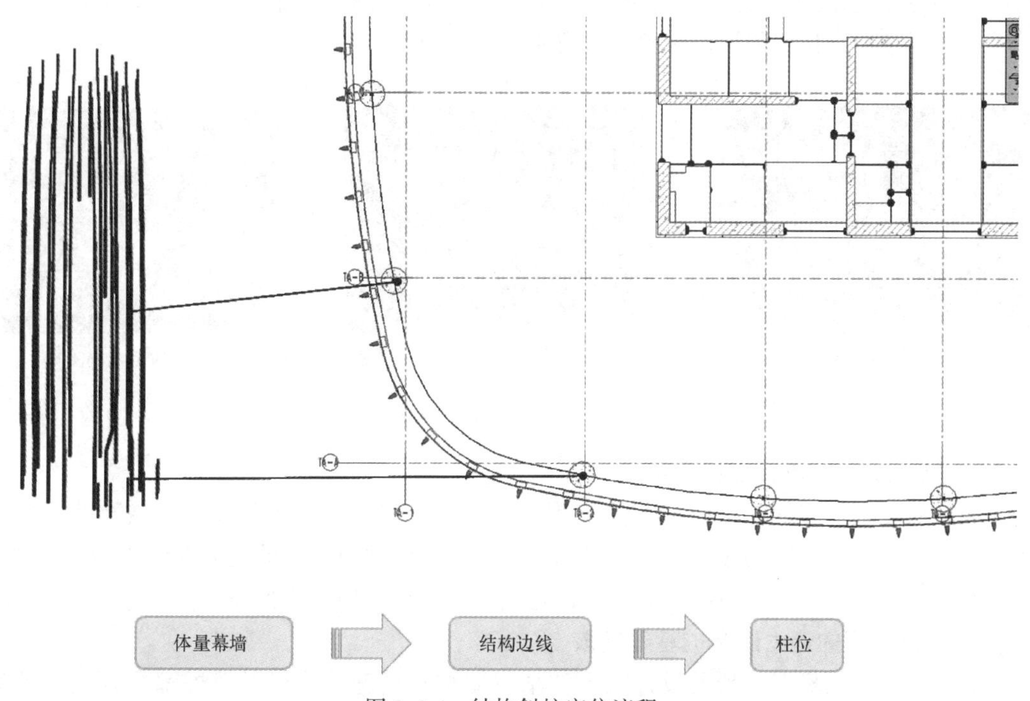

图 9.3-4　结构斜柱定位流程

2. 结构正向设计

本项目利用 GSRevit 结构正向设计软件，实现了部分模型出图。结构正向设计流程如图 9.3-5 所示。使用 GSRevit 之前，只能采用设计师出图＋建模的方式满足 BIM 对结构的需求，在应用 GSRevit 软件之后，设计模型与计算模型融为一体，减少了后期建模与模型调整的时间，进一步减轻设计人员的工作量。

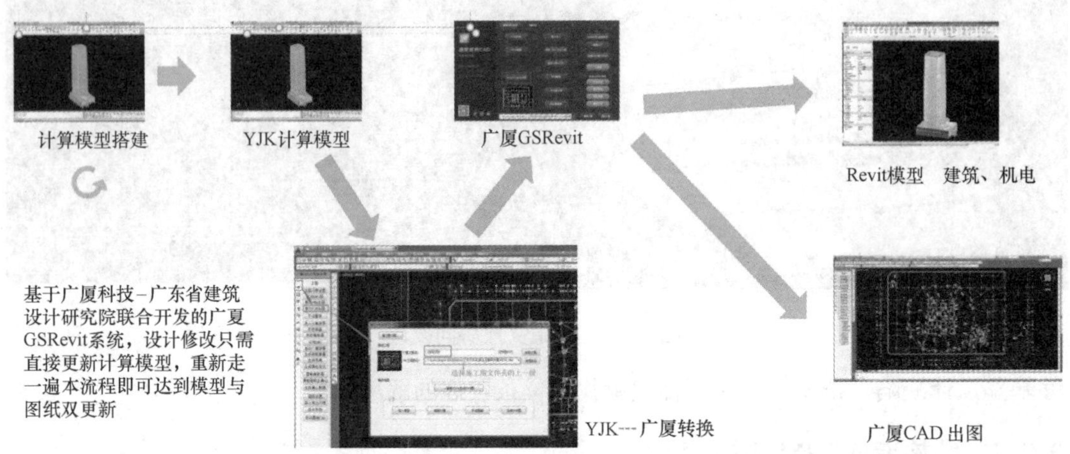

图 9.3-5　结构正向设计流程

3. 精确预留结构孔洞设计流程

传统设计模式中预留预埋是由机电安装单位与土建总包团队负责的，易出现洞口留错、留漏的问题。本项目在设计阶段进行基于 BIM 的管线综合和预留孔洞设计，所留洞口经结构专业复核，开洞大小不会影响结构强度后出留洞图给施工单位（图 9.3-6）。施工单位仅需按模型位置留洞，避免洞口留错留漏的问题。

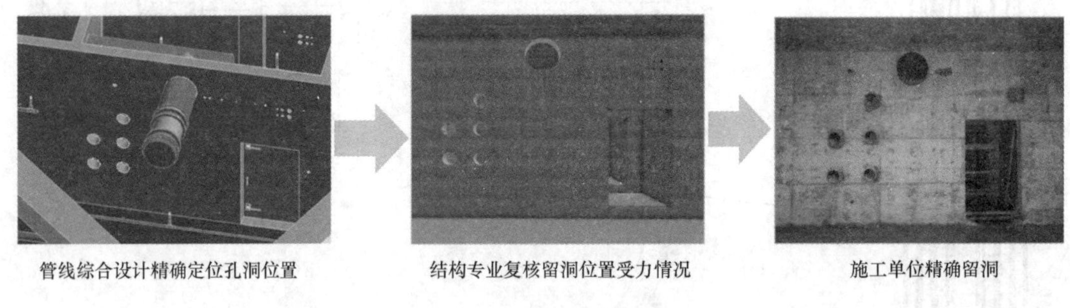

管线综合设计精确定位孔洞位置
结构专业复核留洞位置受力情况
施工单位精确留洞

图 9.3-6　项目留洞流程

4. 专项报告-重点管控位置复核

通过对复杂位置的模型复核与重点审查（图 9.3-7），可以帮助设计人员和业主掌握该处的净高、空间情况。减少设计出错的可能、同时帮助施工人员理解设计意图。该项工作极大减少了发生设计变更的可能性，也是确保设计质量的重要支撑。

5. 地质模型的建立以及桩基础复核

通过搭建地质模型，帮助设计人员评估桩基桩长情况，确保每根桩都打入地基持力层。本项目位于前海填海区，地质情况复杂，结构稳定性要求高。通过该项复核工作，我们可以了解本项目的桩基设计是否符合设计规范，端承桩是否打入持力层。如图 9.3-8 所示。

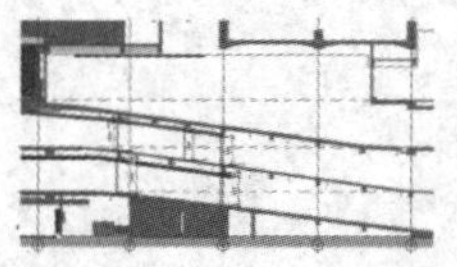
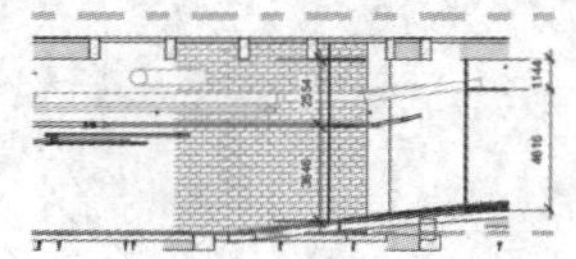
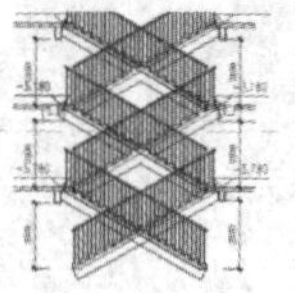

电梯厅、夹层、坡道、楼梯、结构大梁、复杂通道，楼梯转换
逐一复核，确保设计成果的可靠

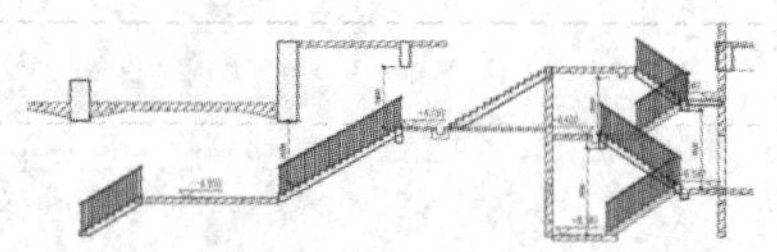

图 9.3-7　复杂设计部位的BIM验证

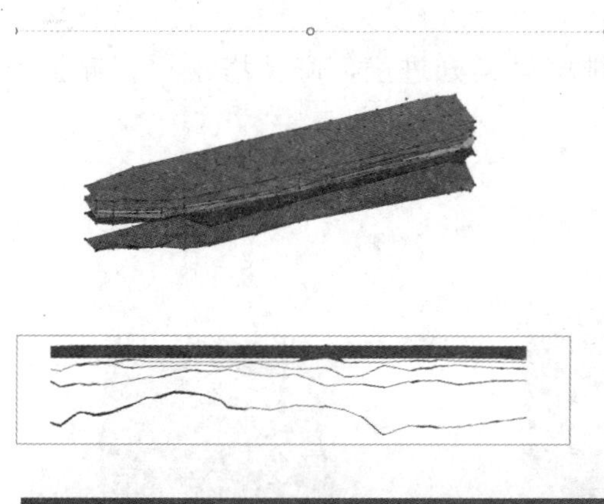
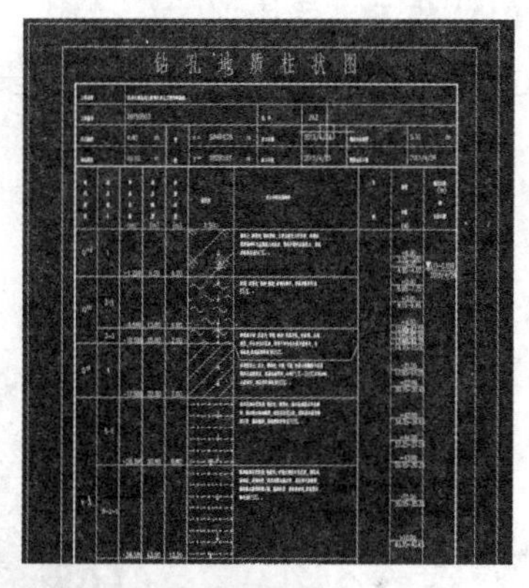
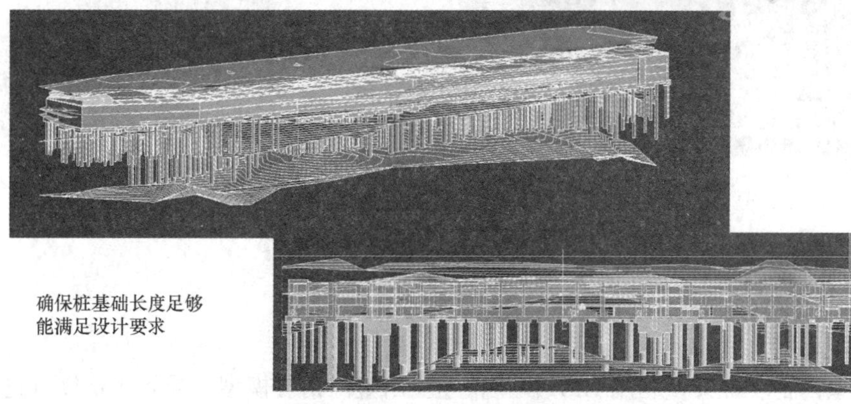

确保桩基础长度足够
能满足设计要求

图 9.3-8　桩长桩基础复核

9.3.3　施工阶段应用

1. BIM施工场地布置

BIM平面布置直观，用于前期场地策划，可有效利用现场场地，对施工前期准备帮助很大。场地布置如图 9.3-9 所示。该项应用显著提升了施工人员对项目的了解程度，较平面图更直观方便。

图 9.3-9　项目施工场地布置

2. BIM 施工塔吊模拟

通过模拟塔吊爬升情况，合理安排塔吊爬升进度，避免塔吊摇臂碰撞风险（图 9.3-10）。

图 9.3-10　塔吊模拟

9.3.4　VR 和 AR 技术辅助设计与定位

1. VR 应用

根据室内精装方案，利用 BIM 模型快速拉出室内精装模型，导入 VR 软件进行浏览，该技术成本低，效果较好，具有一定的新颖性。如图 9.3-11 所示。

2. 管线综合图—AR 显示

AR 显示解决了管线综合图过于凌乱的痛点，解决了施工人员不方便查看模型的问题，方便在施工过程中使用模型。如图 9.3-12 所示。

3. 拓展应用—球图应用

通过搭建重点部位的球图（图 9.3-13），可以帮助设计人员评估该位置 360°空间观感。

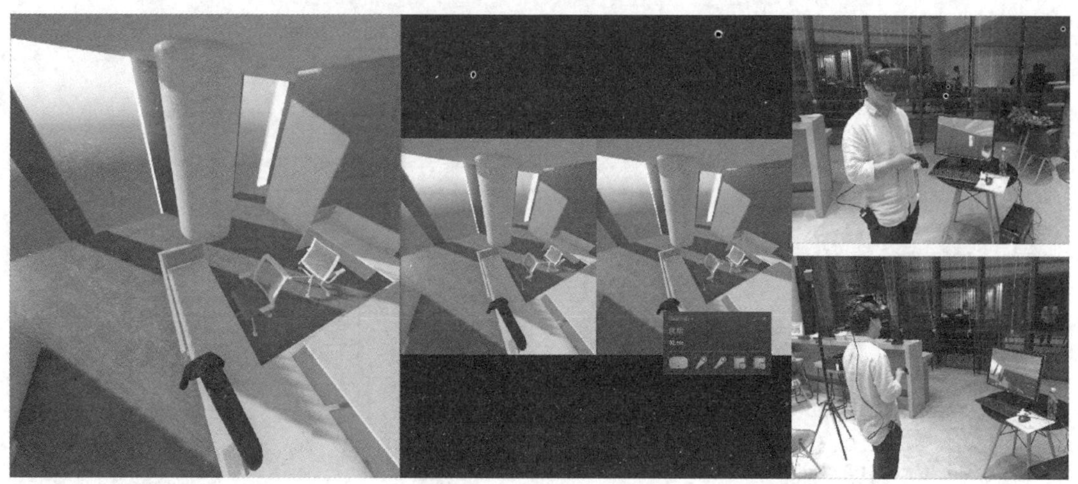

图 9.3-11　VR 模拟

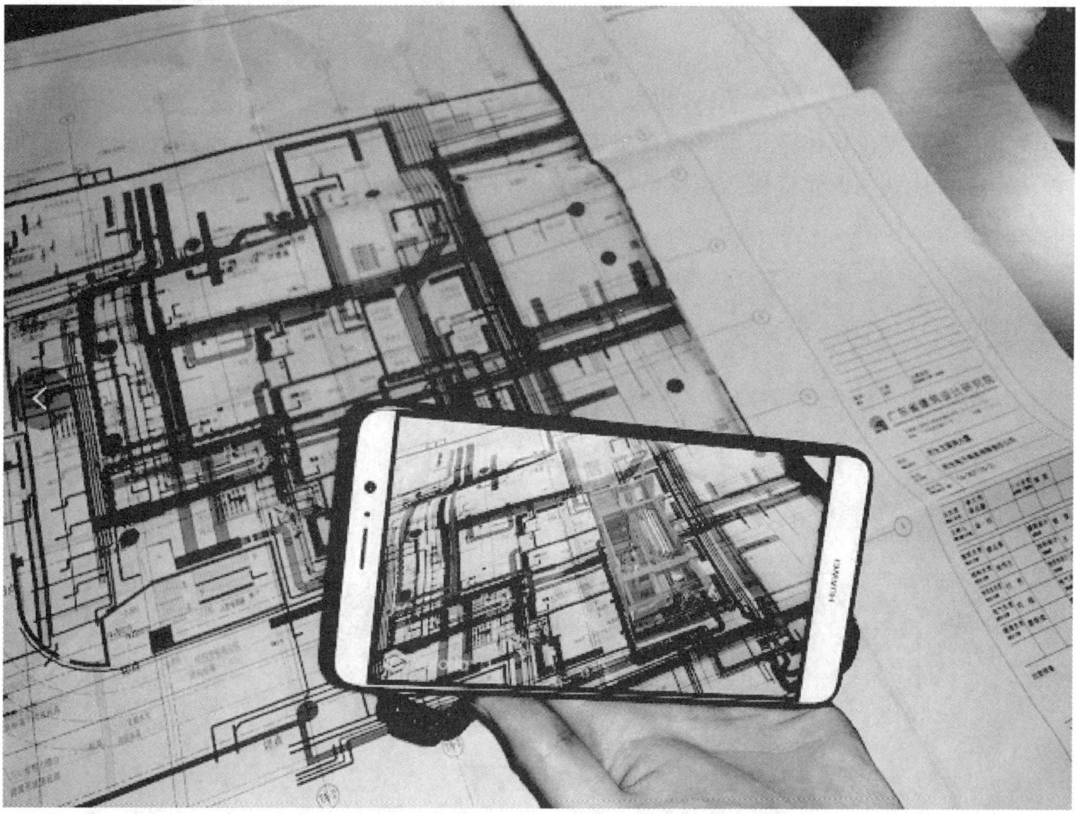

图 9.3-12　通过图纸扫描即可实现 AR 呈现

9.3.5　4D 施工模拟技术

围绕同一个模型和同一个计划可以方便展开设计、计划、成本、质量信息业务。通过施工模拟复核施工单位的施工进度计划，从而有效降低施工过程中的返工。利用 BIM 技

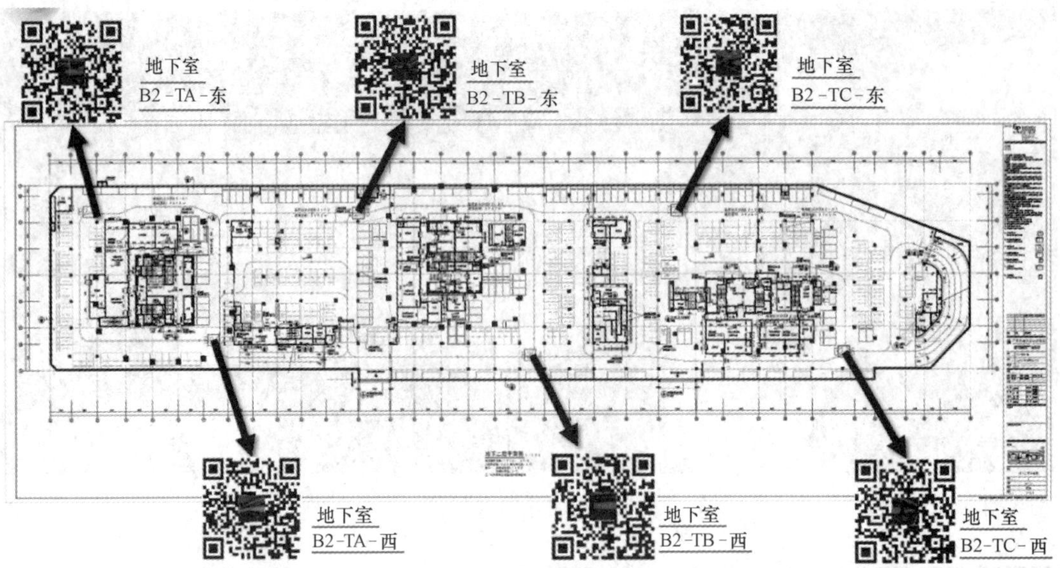

图 9.3-13　球图应用

术模拟施工总控计划，结合 BIM 模型上负载的时间、进度、工程量信息，对施工过程中需要投入的资源、总体施工节奏进行更加直观的呈现，既可以为施工资源投入进行均衡性评估，也为计划和调整提供数据支持，还可以针对潜在风险制定应急预案，最终提高计划的可实施性。如图 9.3-14 所示。

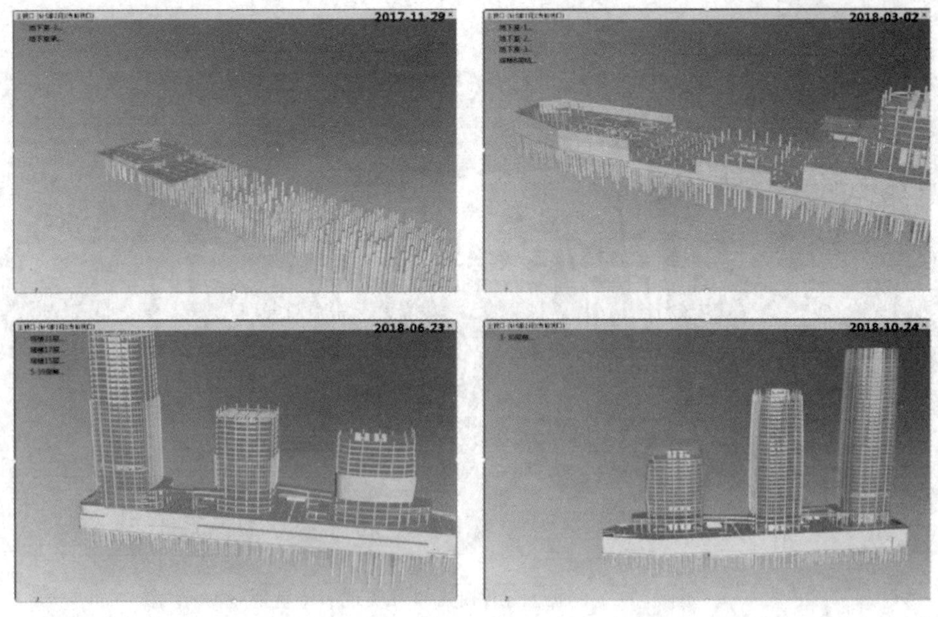

图 9.3-14　4D 施工模拟

9.3.6　质量安全管理

基于 BIM 的项目管理软件可以提升项目的精细化管理水平（图 9.3-15），通过该平台，可将现场出现的问题与模型对接，通过收集设备实时发送上传，基于云实现数据同步，并通过多种表现形式在模型中显示现场的实际情况，协助管理人员对现场出现的问题进行直观管理。平台支持追踪问题的处理过程，直至归档结束，既起到了对问题的督促作用，又有效防止管理中的遗漏现象，提高了质量安全管理的灵活性和可靠性。

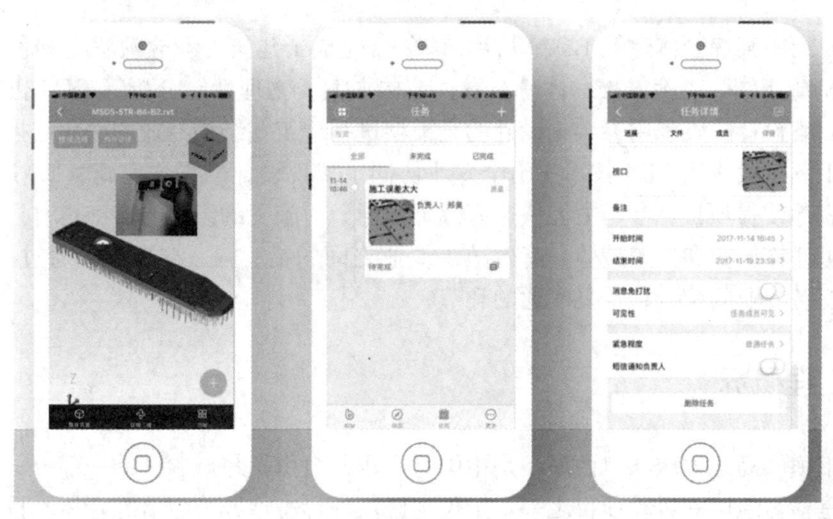

图 9.3-15　质量安全管理手机端

9.4　应用效果评价

（1）在设计质量层面，本项目采用 BIM 正向设计技术进行设计，兼顾造型、节能、环保等多方优势，实现业主需求。通过 BIM 可视化特点累计发现超过 100 条问题意见，在施工过程中设计变更显著少于同类项目 30%以上，有效减少现场的返工与浪费。

（2）在设计效率层面，从正向设计中获得效益必然不是从专业或者个人设计效率中获得效益，而是从多专业协同中获得更高的效率。从而在整个设计周期中做到比传统设计模式更快更好。

（3）基于高细度的 BIM 模型，设计、施工团队共同协同与优化，全楼平均净高提升 200mm 以上。考虑项目位于深圳前海核心区的地理位置，创造了设计口碑。

（4）在深化设计阶段协调各专业排布、全面考虑现场实施的不利因素，提前修改、提前规避返工或拆改，确保现场能按图施工，保证了工期进度。

（5）综合效益层面，本项目秉承 BIM 落地实施的理念，通过各参与方共同努力，形成了可实施、可推广、可创效的高品质设计-施工 BIM 协同之路。

第 10 章　综合体建筑 BIM 正向设计

本章介绍了某综合体建筑 BIM 设计，该项目完成了建筑专业全流程正向设计，建筑 BIM 平立剖施工图，方案推敲、体量布置、结构方案、物理性能分析等 BIM 正向设计示范应用。方案设计阶段利用参数化设计的全模型进行建筑和结构专业的深化与推敲。初步设计及施工图阶段应用 BIM 技术实施全专业协同，实现设计的深化实施。BIM 模型的多种可视化表达使得项目各参与方能快速有效地沟通，对施工的组织与实施也有显著的辅助作用。通过碰撞检查和模型校验，有效减少专业之间的错、漏、碰现象；通过协同设计，减少和缩短各专业间配合和重复沟通的环节。

10.1　工程概况

珠海市横琴岛地处珠江口西岸，是中国（广东）自由贸易试验区的一部分。横琴保利国际广场是横琴新区的启动项目之一，定位为区域的标志性办公建筑综合体，投资和建设规模大，功能全面，定位突出人性化、节约型、环保型和科技型的理念，项目效果图见图 10.1-1。

保利国际广场建筑形态方正，建筑高度达 100m，主要功能包括办公楼、商业裙房和地下车库。项目建设总用地面积 77260m^2，总建筑面积约 22 万 m^2。

图 10.1-1　项目效果图

BIM 的应用带来工作模式的改变和工作流程上的调整，我们一开始就专门为基于 BIM 的全程建筑设计进行了详细的策划，这个策划的过程也是和各专业团队充分交流的过程。因为三维模型分工特性及模型的整体性，要求各专业参与方都要按时完成相应的模型。只有保证团队的一致性才能不断优化和完善设计方案。进入 BIM 三维设计，各专业的提资方式发生改变，交流方式也彻底改变。立体化的设计和精确性的提高让设计的重心开始前移，在初步设计阶段就有比较理想并成型的解决方案。在全专业配合上协同必须在一个统一规则下共同建模，共同传递模型，共享数据，规范流程，才能避免不必要的反复工作，切实提高工作效率，充分发挥 BIM 协同的优势。

10.2　项目组织及管理

本项目建筑师直接进行 BIM 模型的搭建、方案推敲、出图等全部工作；建筑师同时兼做土建建模工作；结构工程师对 BIM 模型进行复核，协调结构布置；设备专业在初设阶段即由专门的 BIM 管线综合团队加入进行机电建模及专业配合的工作。该方式并没有采用设计-BIM 双团队，因此与既有设计模式基本一致，不需要对现有管理方式进行调整摸索。

10.3　项目技术统一措施

1. 模块化

根据设计区域和全 BIM 模型分为多个子项模型，每个子项内容独立，与主体 BIM 模型相互链接，BIM 设计过程中能同步针对每个子项进行优化，拆分模块见图 10.3-1。

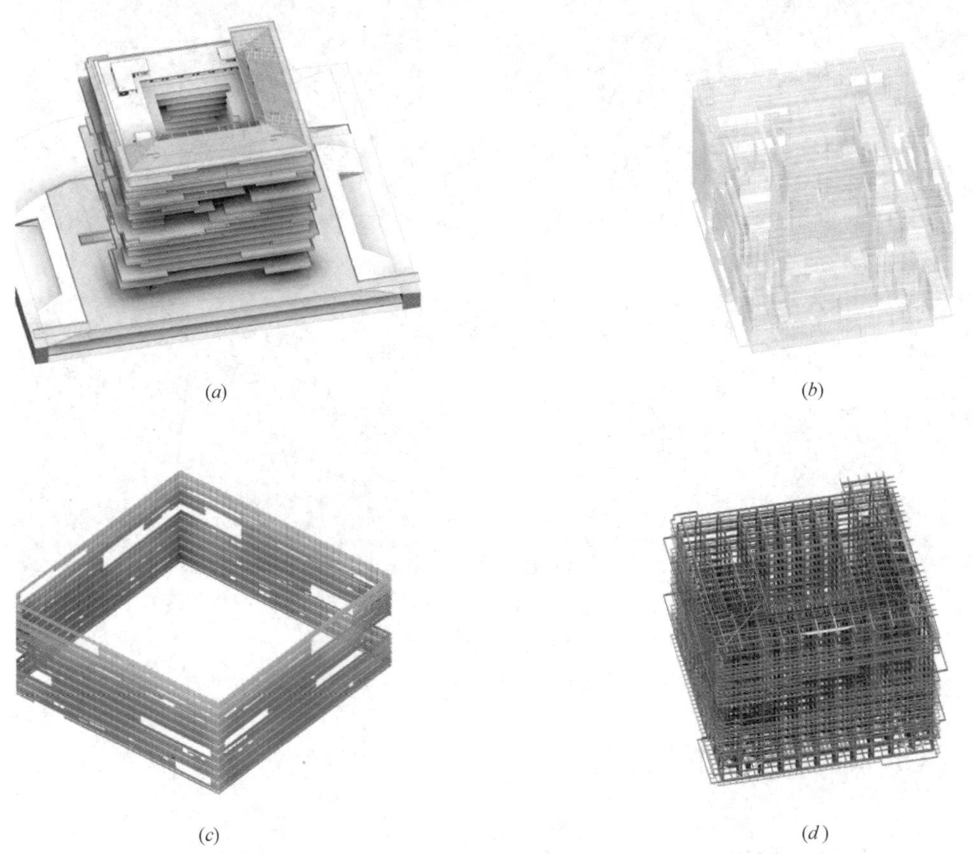

(*a*)　(*b*)　(*c*)　(*d*)

图 10.3-1　模块化拆分（一）

（*a*）建筑模块；（*b*）幕墙模块；（*c*）百叶模块；（*d*）结构模块

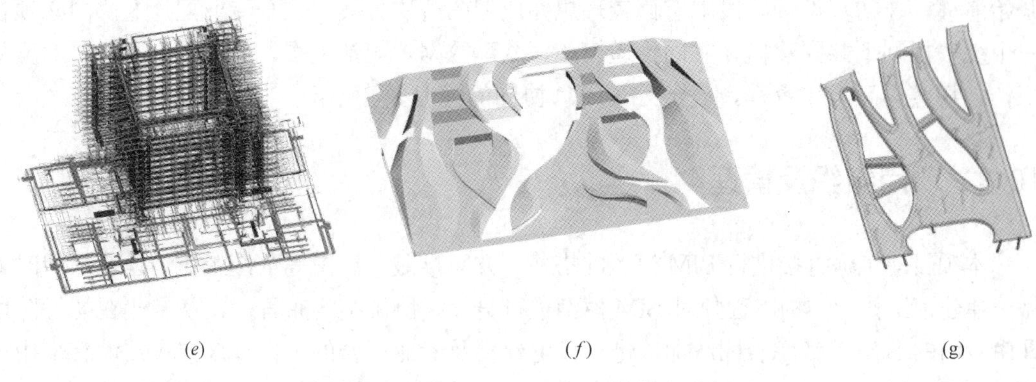

(*e*)　　(*f*)　　(g)

图 10.3-1　模块化拆分（二）

（*e*）管线模块；（*f*）地形模块；（*g*）天桥模块

2. 标准化构件设计

标准化 BIM 模型构件，包括常规模型构件，体量构件，自适应构件等，当要修改设计时，只需要修改其中一个构件单元，就可以实现整体模型的更新，极大程度上提高设计效率，标准构件见图 10.3-2。

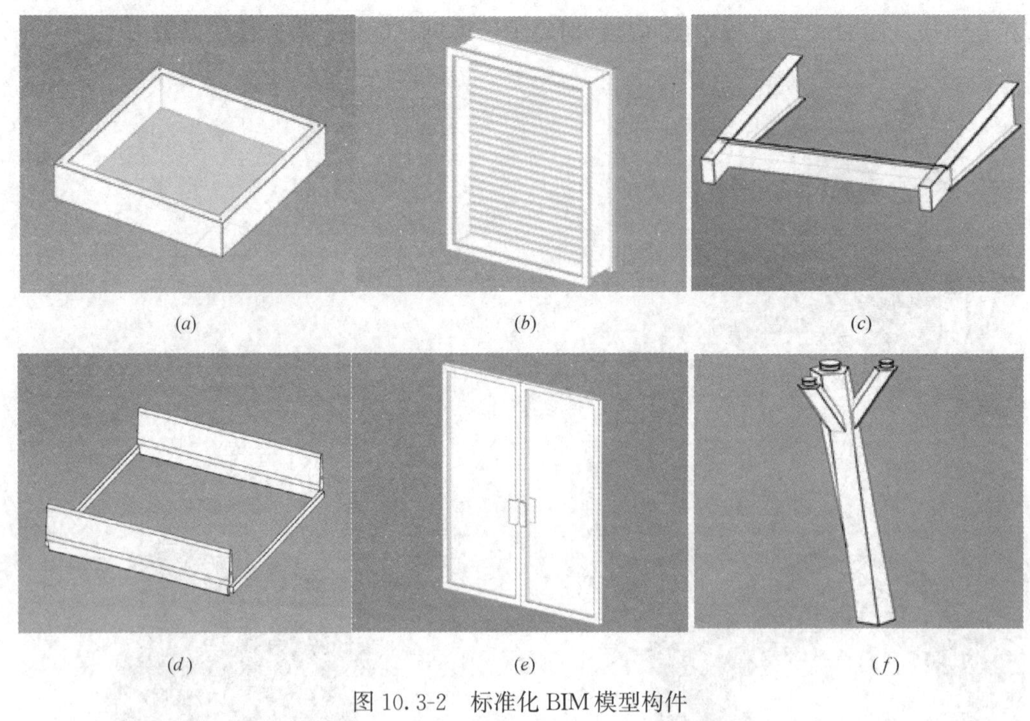

(*a*)　　(*b*)　　(*c*)

(*d*)　　(e)　　(*f*)

图 10.3-2　标准化 BIM 模型构件

（*a*）幕墙；（*b*）百叶窗；（*c*）钢构件；（*d*）百叶；（*e*）玻璃门；（*f*）天桥柱

10.4　基于 BIM 的设计控制

10.4.1　全流程设计控制

通过直观的三维设计方式，协调复杂的建筑形体、构件、空间及设备管线间的关系。

在方案阶段、初步设计及施工图阶段，BIM 模型担任着不同角色，有效控制设计的深化实施，阶段模型见图 10.4-1～图 10.4-4。

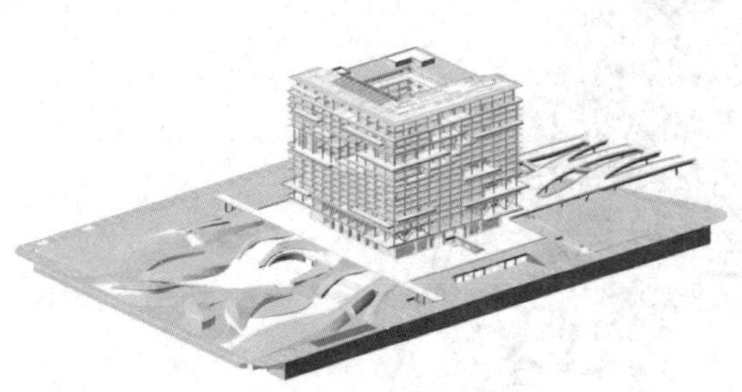

图 10.4-1 BIM 模型鸟瞰图（不带百叶）

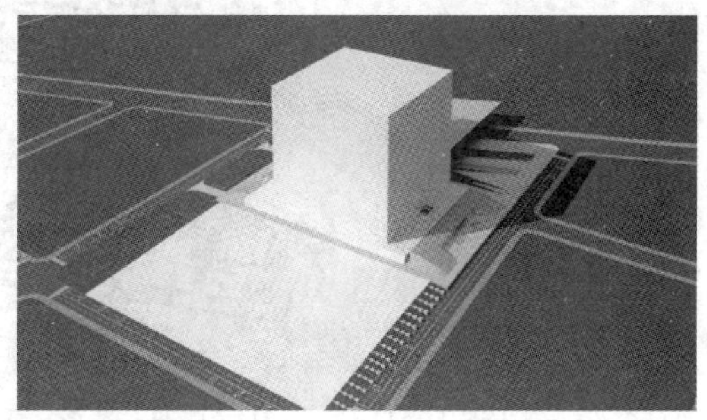

图 10.4-2 方案

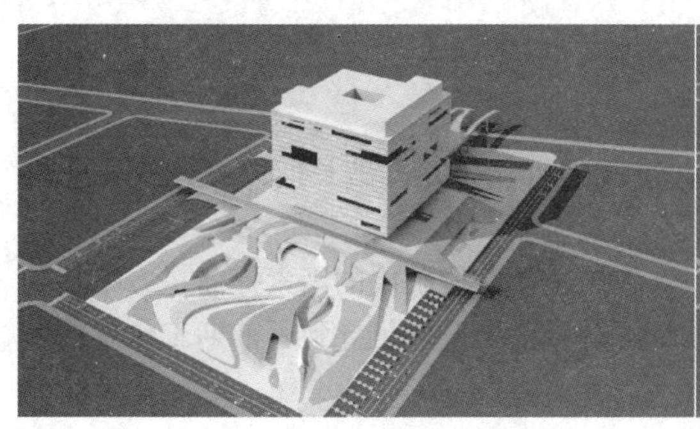

图 10.4-3 初步设计

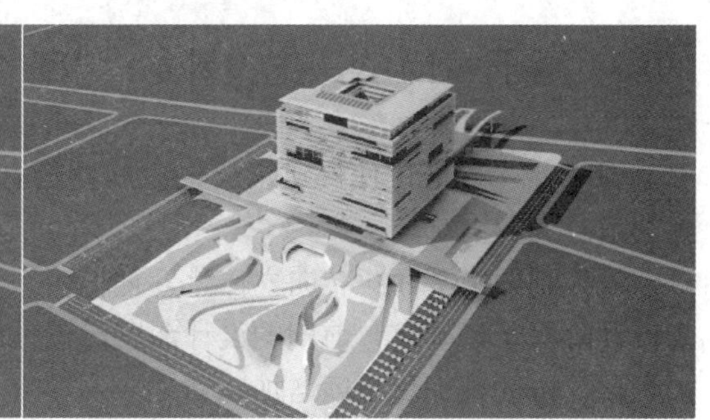

图 10.4-4 施工图

10.4.2 全专业设计控制

在 Revit 中搭建了全专业的整体模型，配合进行各专业的设计深化。

完整的 BIM 模型直观反映了建筑丰富的外部形态及复杂的内部空间，是进行多专业协同设计的基础，对减少项目的碰撞错误和反复修改工作，更精确地表达图纸提供了极大帮助，各专业模型见图 10.4-5～图 10.4-7。

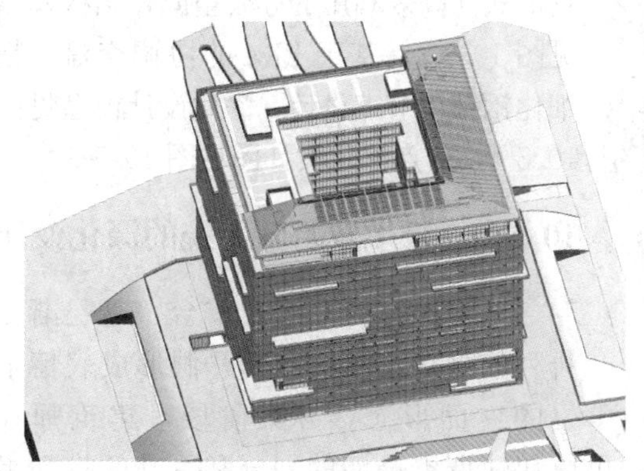

图 10.4-5 BIM 建筑模型

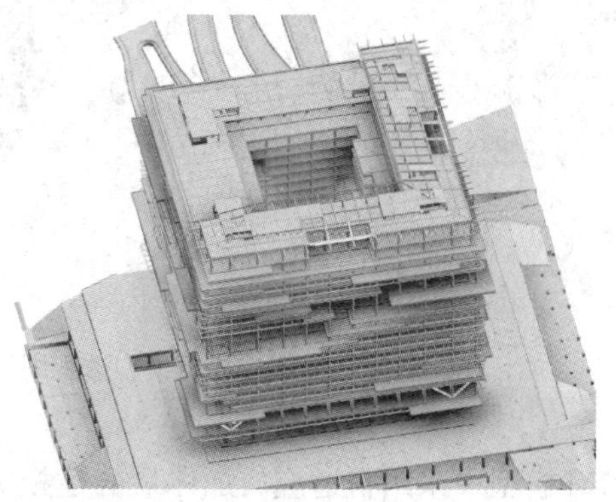

图 10.4-6 BIM 结构模型

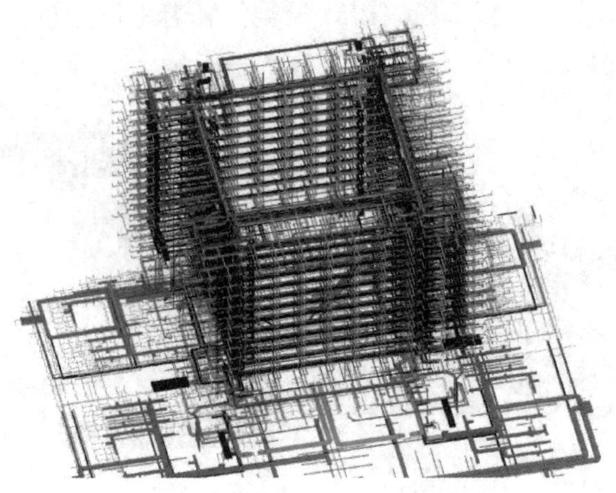

图 10.4-7　BIM 设备模型

10.5　基于 BIM 的深化设计

BIM 技术的应用使得建筑全生命周期的共享成为可能，并打破长期以来建筑行业存在的信息隔阂。

设计制图由平面化转向立体化，把很多原来在施工图阶段解决的因素提前在方案及初步设计阶段予以确定，前期的设计深度与设计精度的巨大提升，也导致了前期工作量的增加，设计协同精细化程度增加。

10.5.1　钢结构转换桁架的深化设计

建筑主体结构从三层开始向外悬挑 12.5～15.5m，三层采用钢结构转换桁架支承上部结构，桁架模型见图 10.5-1、桁架结构布置见图 10.5-2。

图 10.5-1　桁架层局部模型透视图

建筑师与结构工程师通过 BIM 模型进行可视化交流，从杆件节点设计到内部空间逐一进行调整，形成合理的钢结构布置形式与高效利用的办公空间，结构模型见图 10.5-3。基于 BIM 的协调交流，精细化钢结构节点设计，深化设计模型见图 10.5-4，节点深化设计图见图 10.5-5。

10.5.2　幕墙及百叶系统的深化设计

错位排列的开放式露台、逐层渐变排列的百叶及非均布的开洞形成表情丰富的立面形态。方案阶段，建筑师在 BIM 模型中采用自适应族加体量的建模方法，可以快速调整幕墙的划分和百叶的排列组合方式，实现不同方案的比选和优化，见图 10.5-6、图 10.5-7。

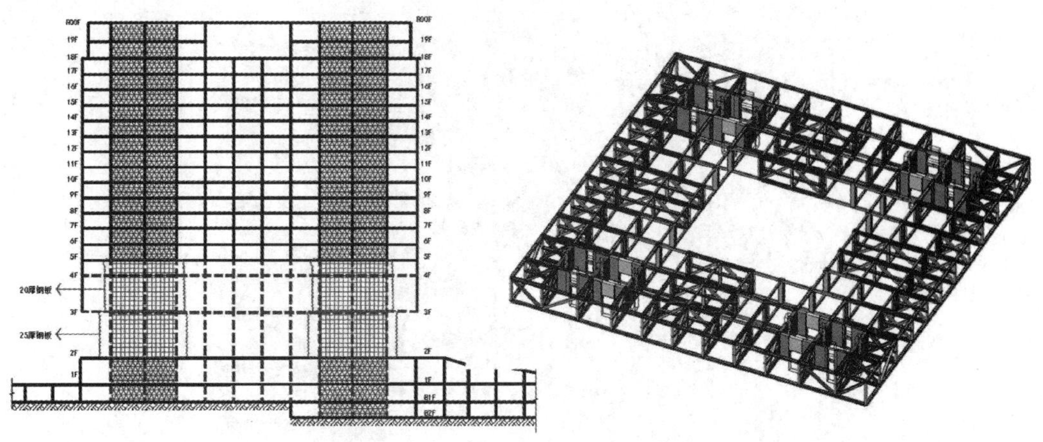

图 10.5-2　桁架层结构布置图

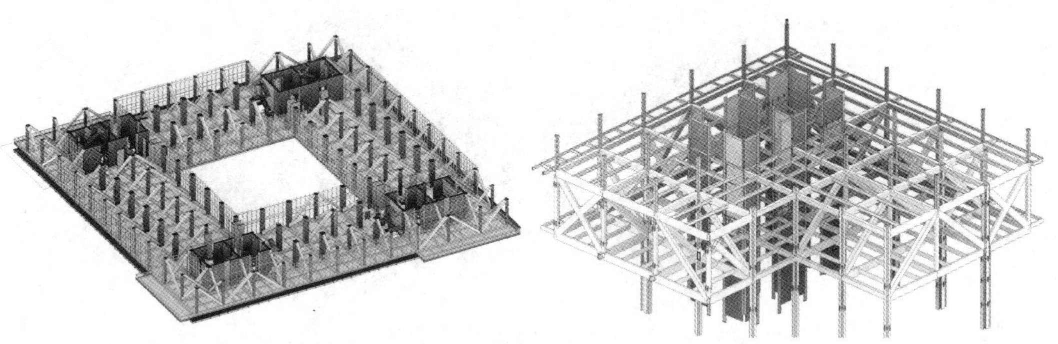

图 10.5-3　钢结构桁架层

图 10.5-4　桁架层深化模型

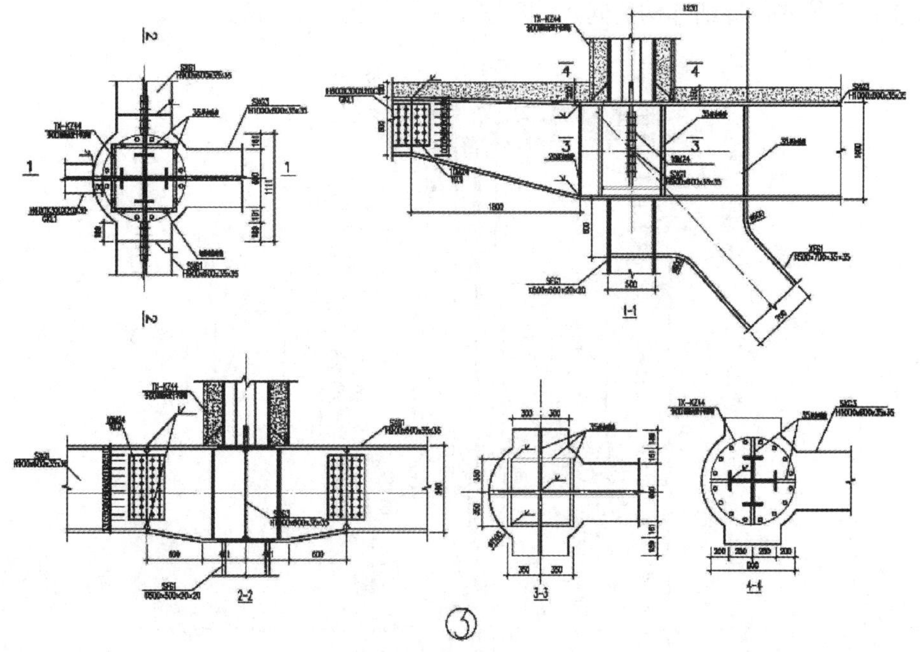

图 10.5-5　桁架层节点

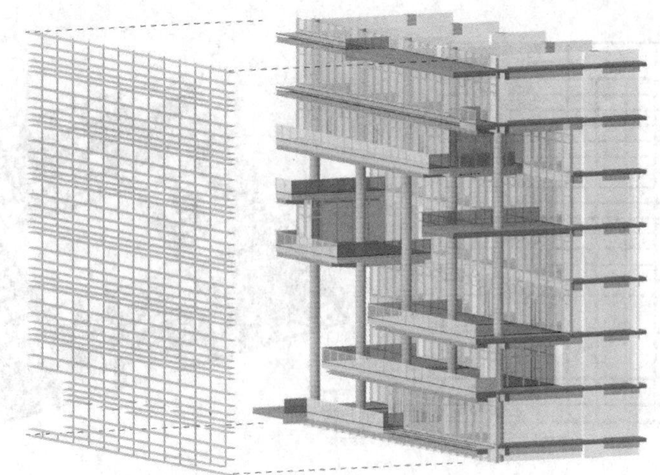

图 10.5-6　BIM 模型立面拆分图

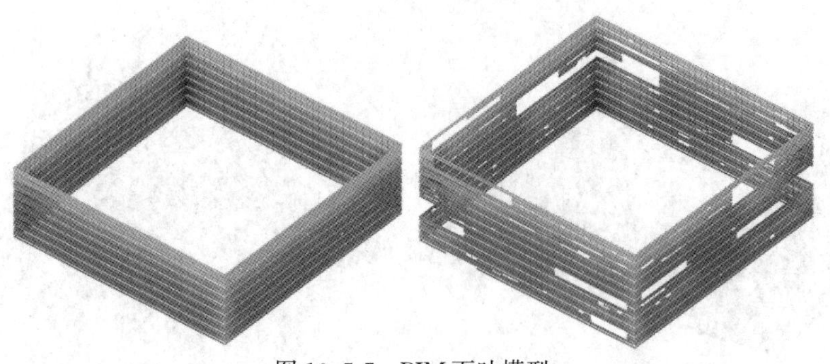

图 10.5-7　BIM 百叶模型

建筑师与结构工程师、幕墙设计公司在可视化的三维空间中逐一解决幕墙、百叶构件选型及支撑系统构件等细部构造问题，见图 10.5-8～图 10.5-10。

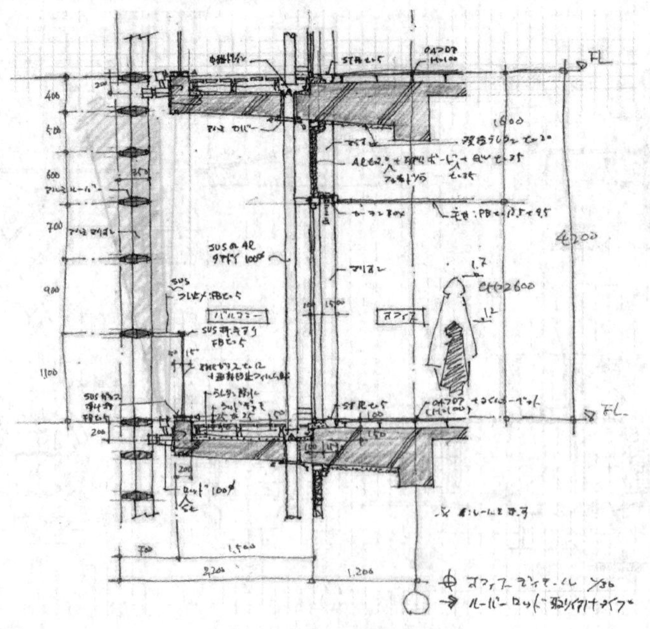

图 10.5-8　断面探讨草案

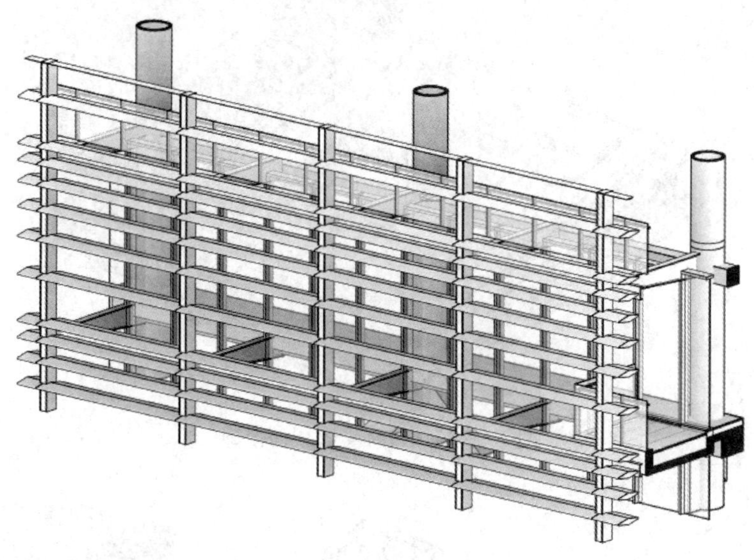

图 10.5-9　BIM 百叶深化模型

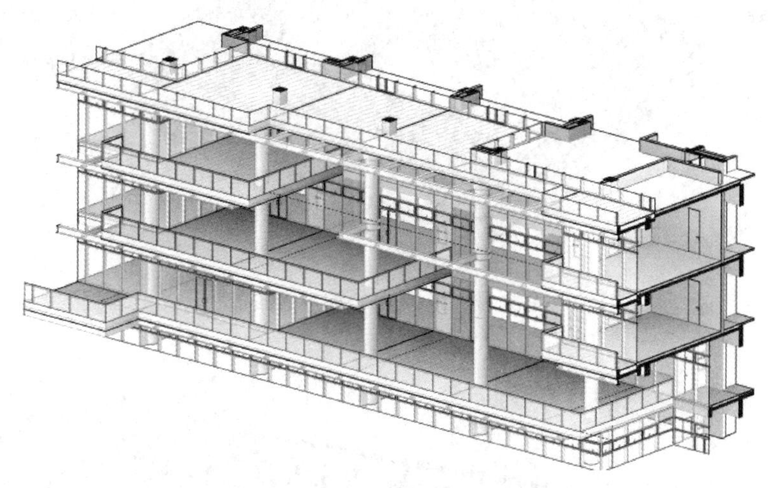

图 10.5-10　BIM 幕墙深化模型

10.5.3　金属屋面深化设计

采用 BIM 模型进行屋面深化，见图 10.5-11～图 10.5-13。

10.5.4　地景式裙房的深化设计

裙房是与景观广场相结合的复杂地景式建筑。

通过 BIM 模型精确定位曲线台阶，模拟草坡地形，研究结构形式，精确进行结构构件设计，定位复杂桥梁，有效利用覆土下方空间净空做功能房间，继而形成曲线流畅而又具有气势的山丘绿化，见图 10.5-14～图 10.5-18。

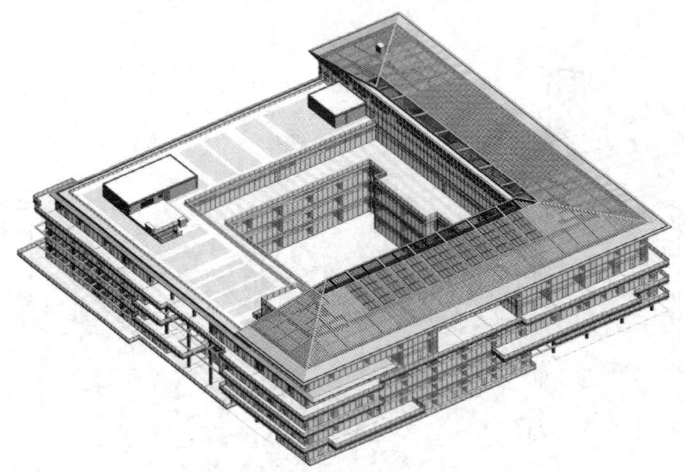

图 10.5-11　BIM 金属屋面模型

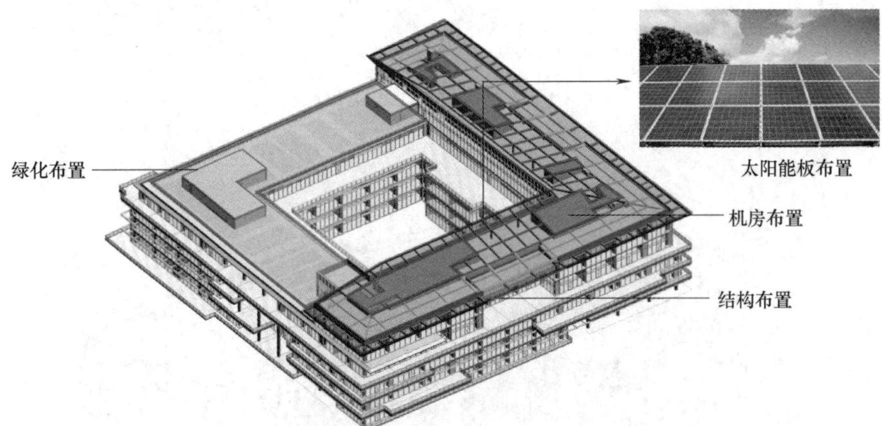

图 10.5-12　BIM 金属屋面布置

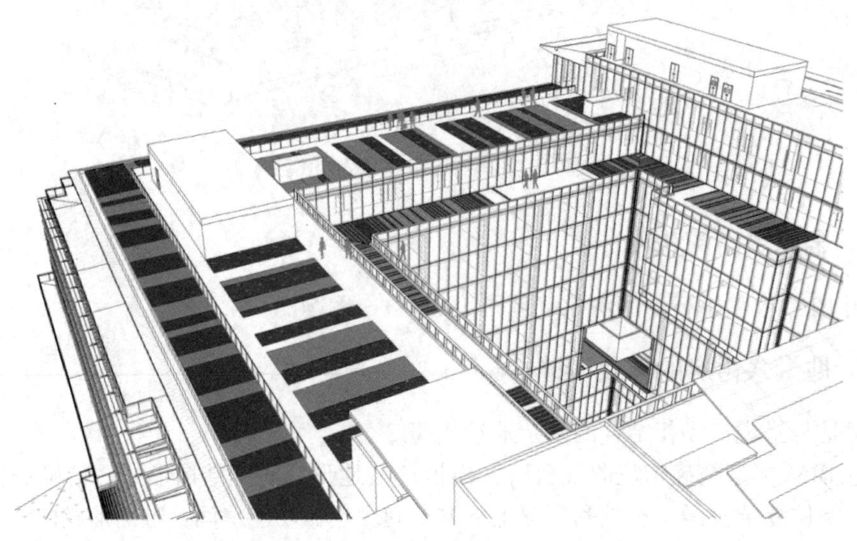

图 10.5-13　绿化屋面（一）

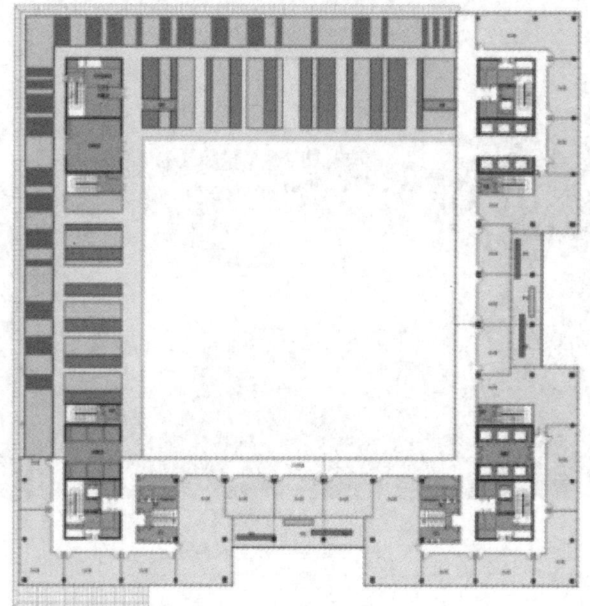

图 10.5-13　绿化屋面（二）

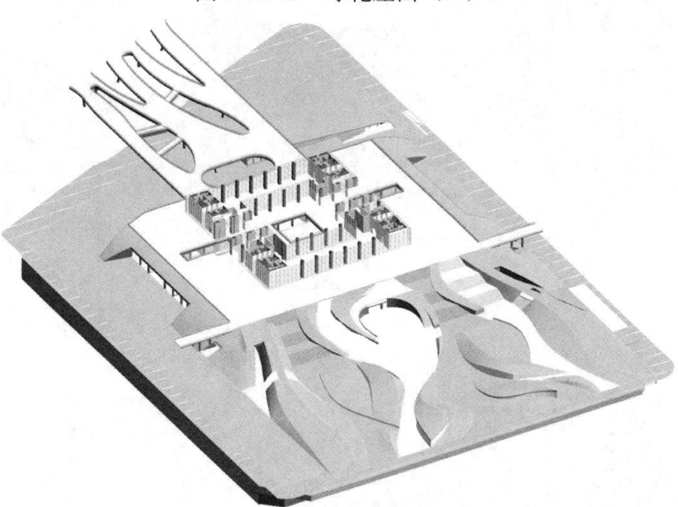

图 10.5-14　BIM 场地模型（一）

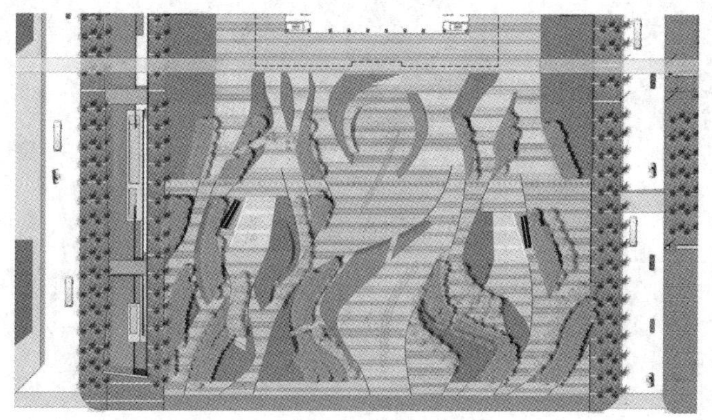

图 10.5-15　BIM 场地模型（二）

图 10.5-16　BIM 场地模型（三）

图 10.5-17　曲线步行过街天桥

图 10.5-18　覆土下商业空间

10.6　基于 BIM 的管线综合

可视化表达便于多专业协调设计，有助于复杂部位的相互避让，实现有效的建筑净高控制。

在设计过程中利用碰撞检查和模型校验，有效减少专业内部及各专业之间的错、漏、碰现象；通过协同设计，减少和缩短各专业间配合和重复沟通的环节，见图 10.6-1～图 10.6-4。

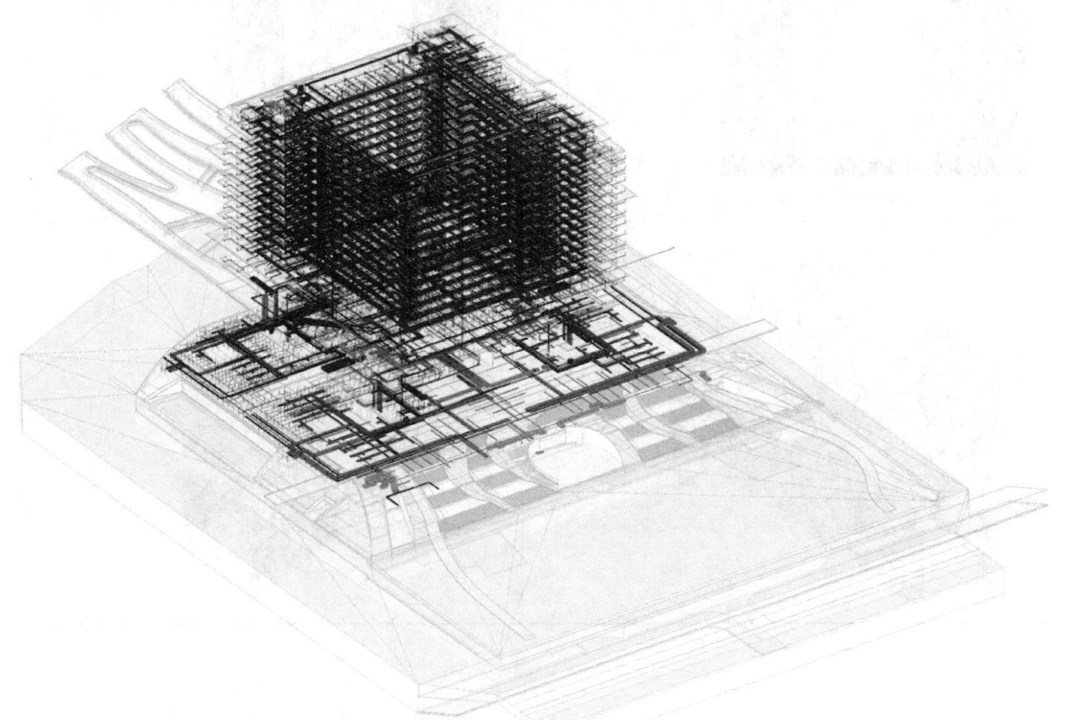

图 10.6-1　BIM 管线综合

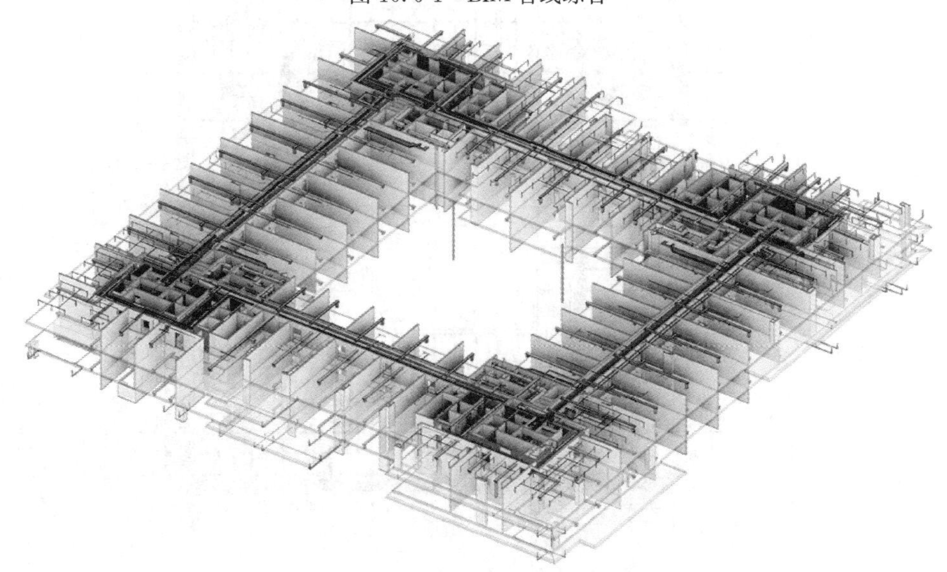

图 10.6-2　管线综合方案优化比选

优化前	优化后
办公室 走廊 办公室 （轴BK～BL×轴14～15）	办公室 走廊 办公室 （轴BK～BL×轴14～15）
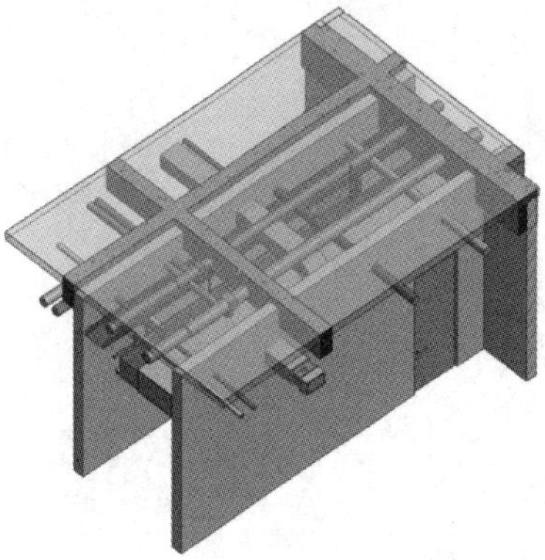	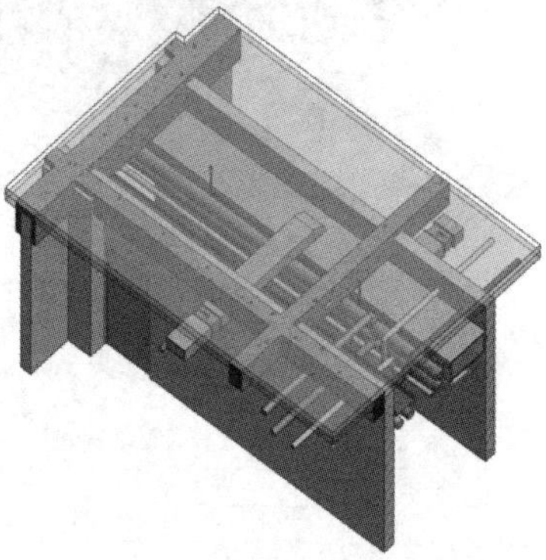

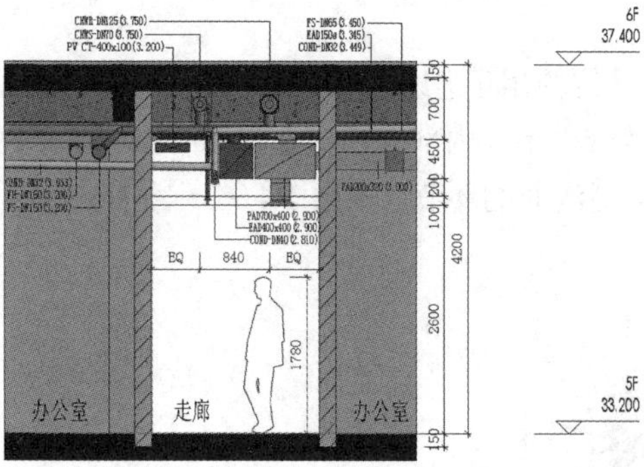

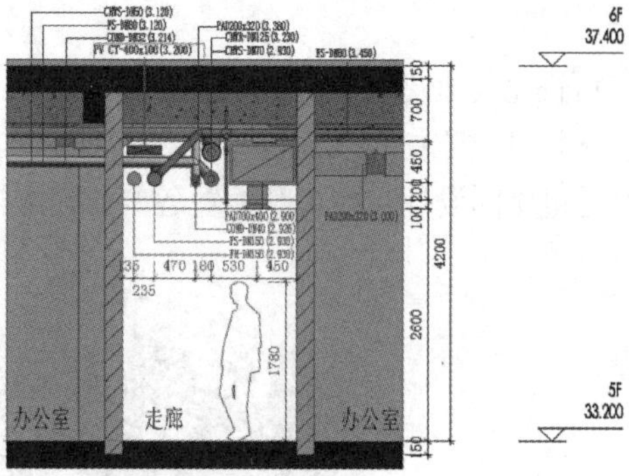

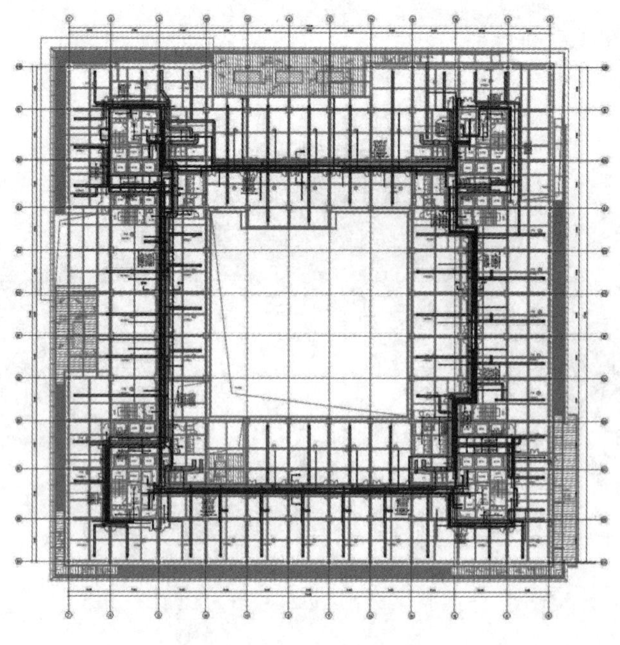

图 10.6-3　BIM 管线综合布置图

精细化机电建模，包括主次管线布置、设备末端、机房布置等，更直观反映复杂部位管线布置，有效指导施工。

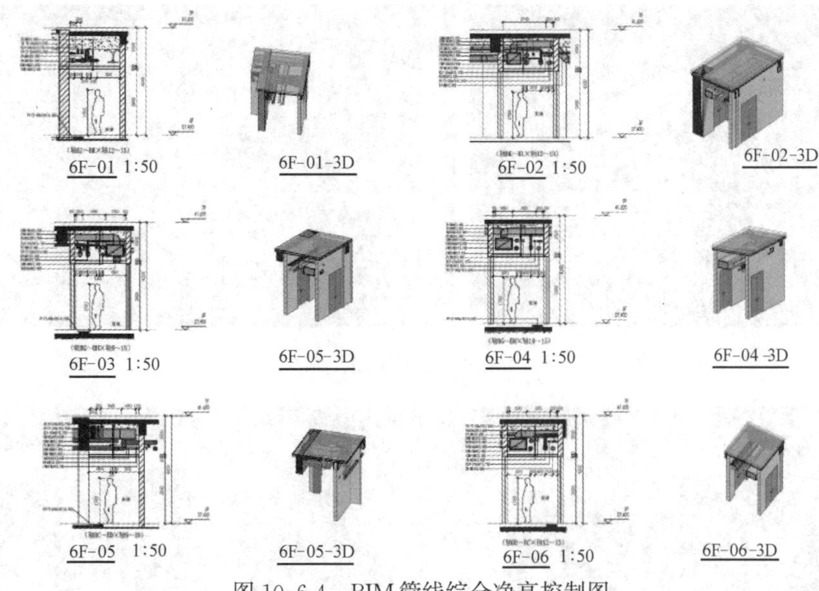

图 10.6-4　BIM 管线综合净高控制图

10.7　基于 BIM 的性能化设计

本项目按绿色三星建筑评价标准进行设计，因此从概念方案开始即对方案进行模拟分析，根据分析结果对方案不断修正与优化，使其贯彻到深化设计直至施工图阶段，见图 10.7-1。

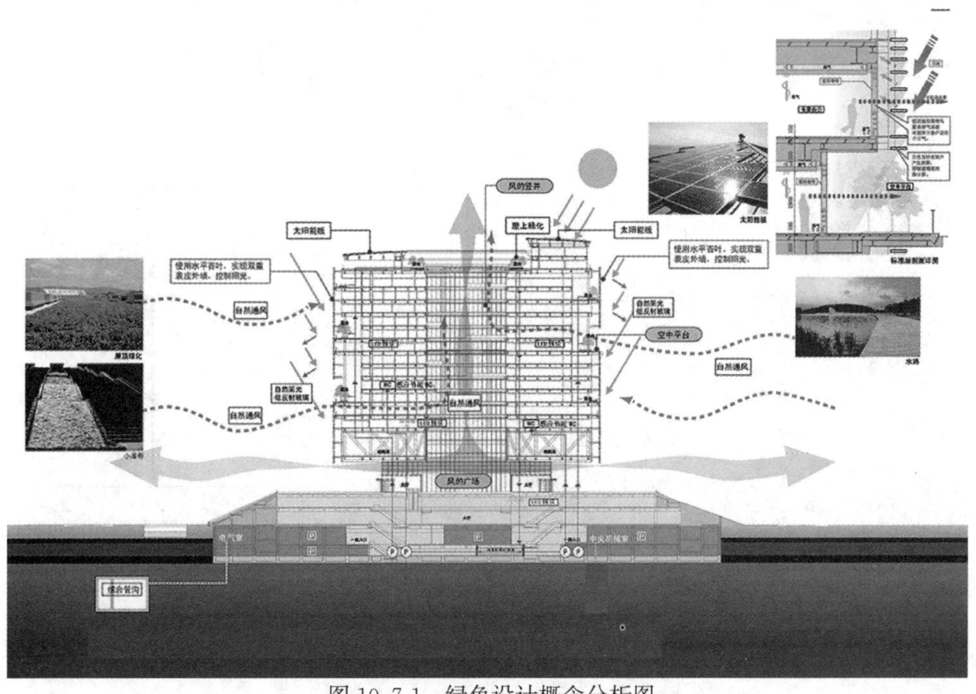

图 10.7-1　绿色设计概念分析图

在不同阶段，均利用 BIM 与绿色分析软件间的可传输格式，将 BIM 模型导入绿色建筑分析软件（Ecotect Analysis、Simulation CFD 等）进行分析，见图 10.7-2～图 10.7-8。

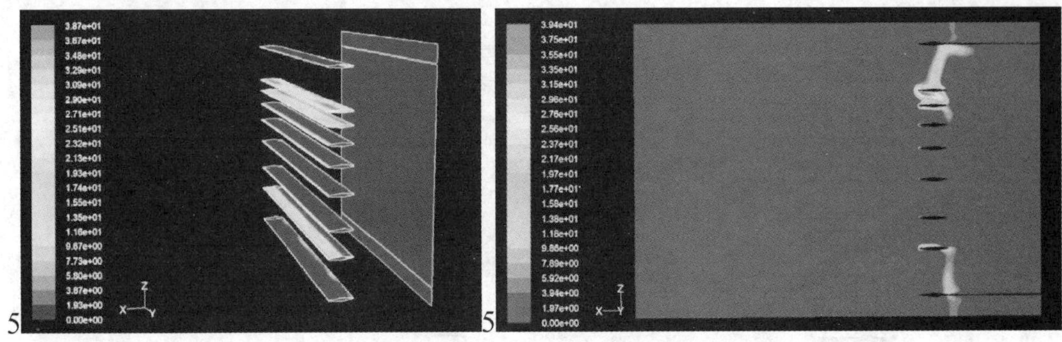

图 10.7-2　噪声源模拟结果

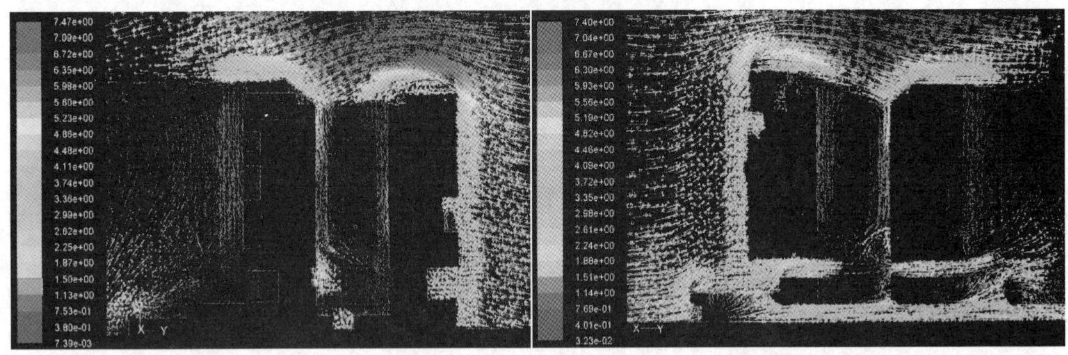

图 10.7-3　通风模拟结果

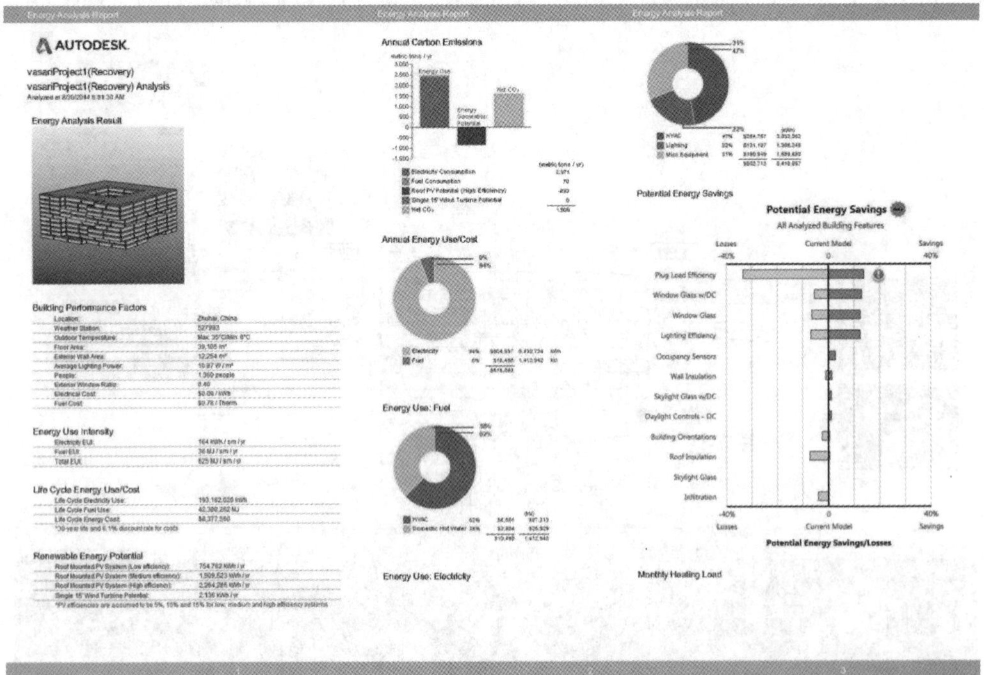

图 10.7-4　体量能耗分析—Vasari 分析结果

风环境模拟分析，通过不同建筑形体夏季风环境和热环境的模拟进行方案比选优化。

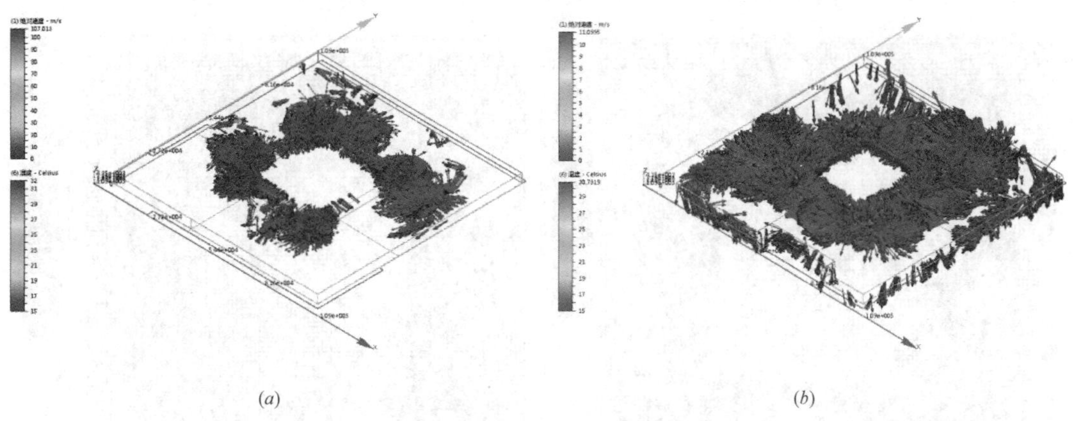

(*a*)　　(*b*)

图 10.7-5　夏季室内空气流场

(*a*) 方案 1；(*b*) 方案 2

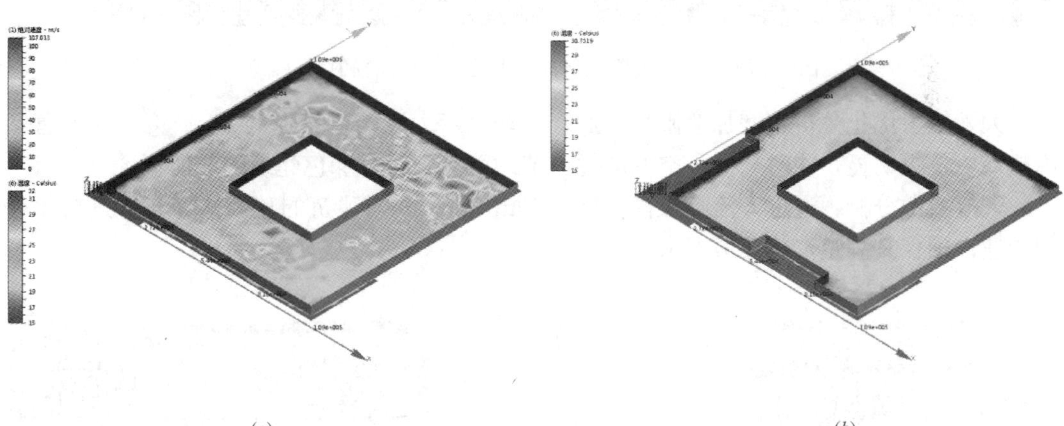

(*a*)　　(*b*)

图 10.7-6　夏季室内全局温度

(*a*) 方案 1；(*b*) 方案 2

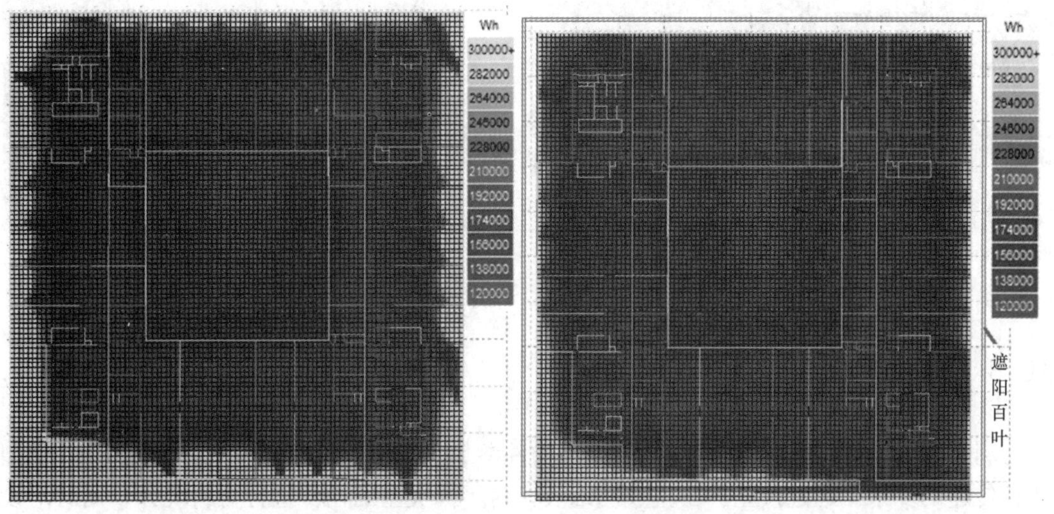

图 10.7-7　是否设置遮阳百叶下的全年太阳辐射量（一）

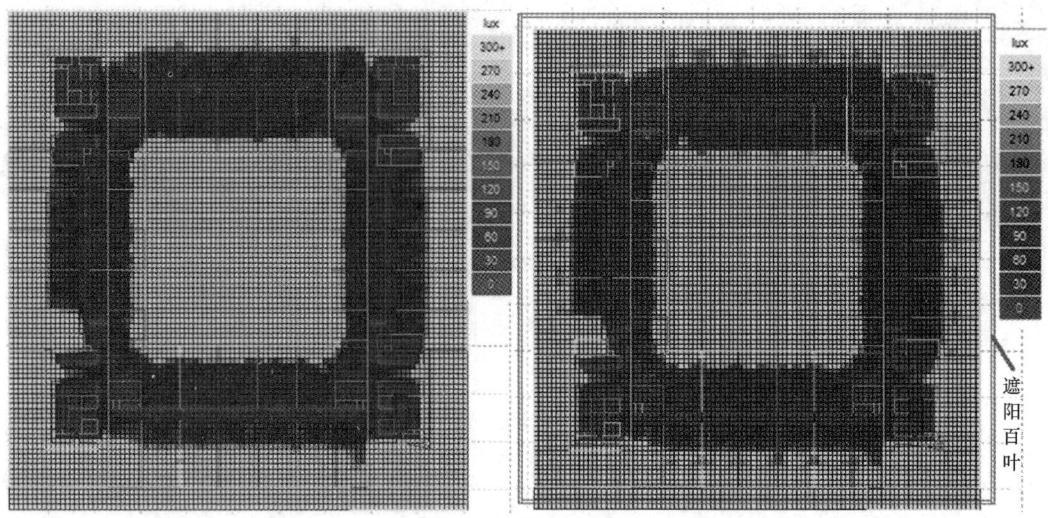

图 10.7-7　是否设置遮阳百叶下的全年太阳辐射量（二）

太阳辐射优化分析：增加遮阳百叶后，平均全年太阳辐射量降低 21.36%，对改善室内热环境效果明显，同时降低了空调能耗，节约能源，符合绿色建筑的节能标准。

人流疏散分析：通过人流疏散模拟软件 Pathfinder，对建筑的疏散楼梯布置进行了模拟验证，确保其满足消防疏散要求。

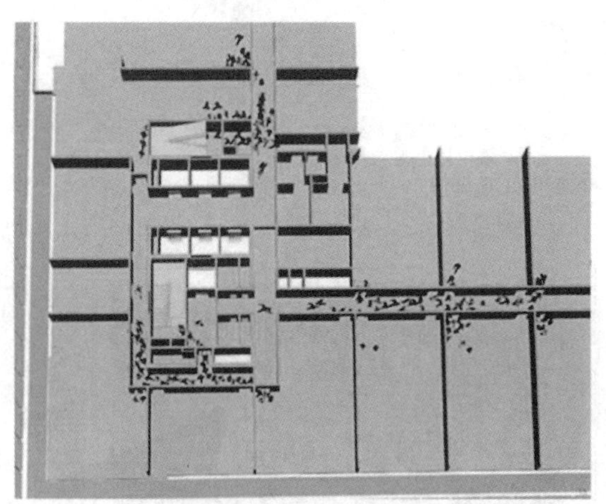

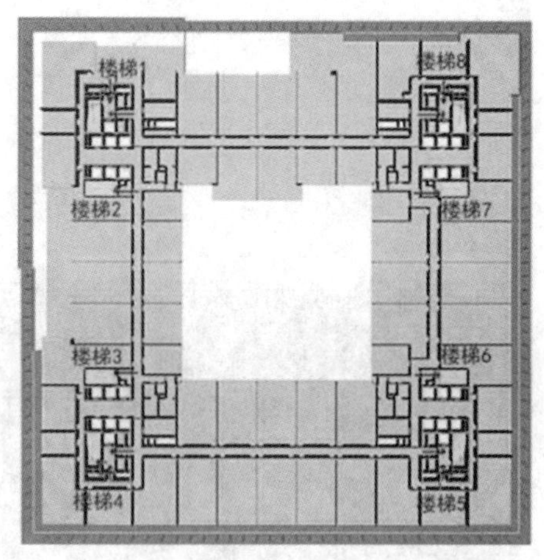

图 10.7-8　疏散模拟

10.8　基于 BIM 的材料统计

利用 BIM 软件创建模型构件，并添加构件参数、造价、厂家等信息，满足 BIM 模型信息传递的要求。通过模型导出生成明细表，对不同类型的构件进行材料统计，同时对设计进行校核，见图 10.8-1。

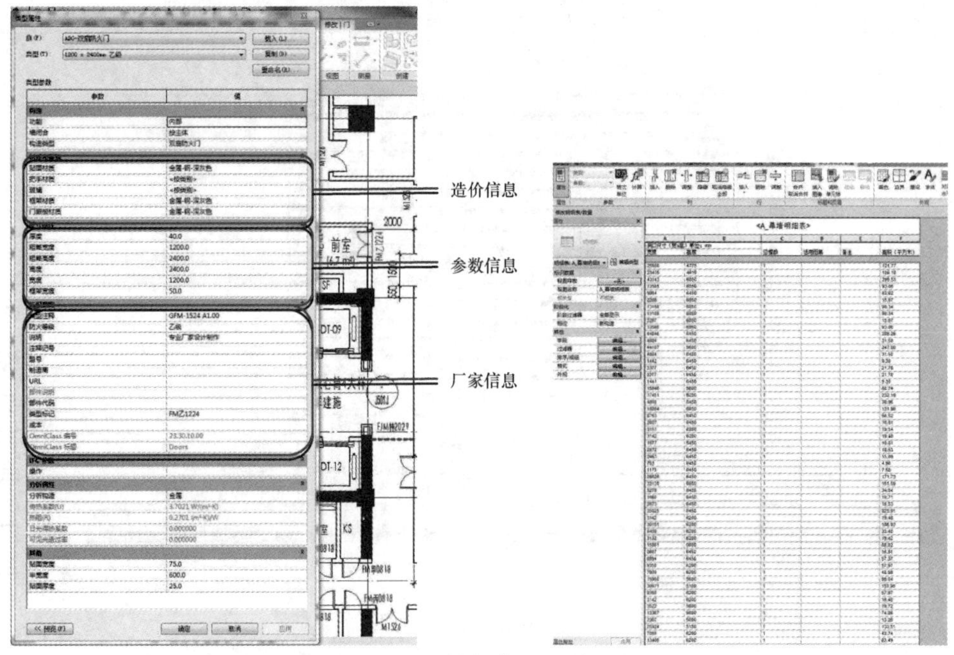

图 10.8-1　构件信息及明细表

10.9　基于 BIM 的施工图出图

各专业以建筑专业模型为基础，协调其他专业模型。BIM 模型可剖切生成平立剖面图与大样图等，对模型进行修改，图纸也实时更新，二维设计图纸与三维模型得以同步，见图 10.9-1、图 10.9-2。

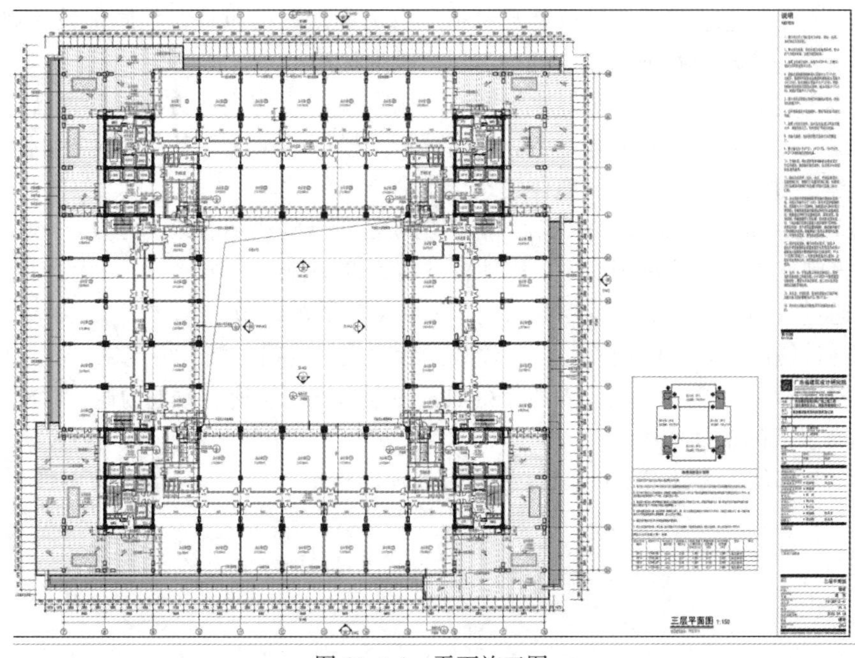

图 10.9-1　平面施工图

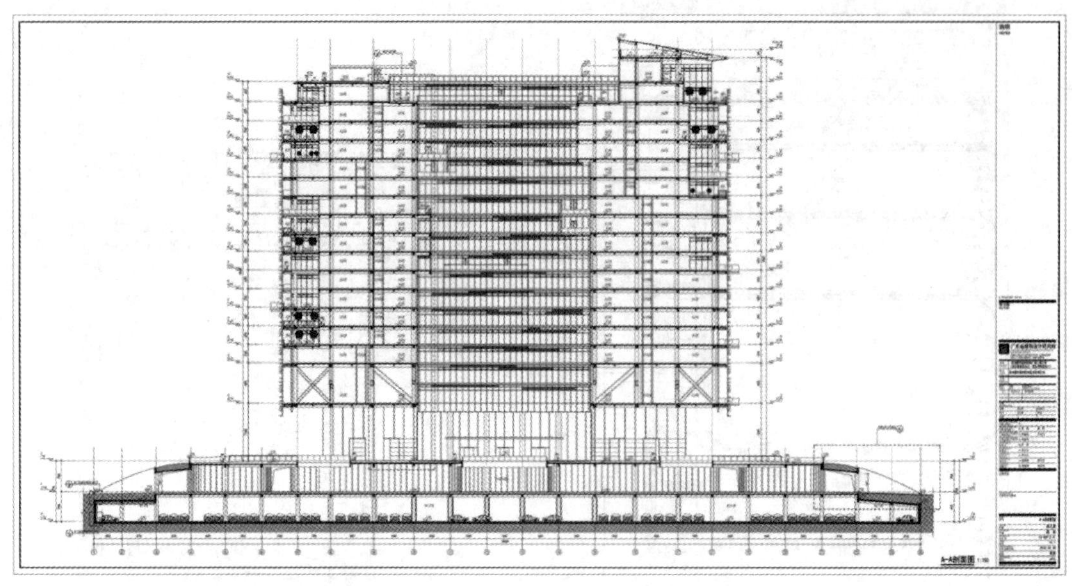

图 10.9-2　剖面施工图

10.10　项目应用 BIM 的优势

该项目为公建类建筑，在设计过程中，完成了建筑专业全流程正向设计，建筑 BIM 平立剖施工图，方案推敲、体量布置、结构方案、物理性能分析等 BIM 正向设计示范应用。

保利国际广场项目应用“参数化设计”、“建筑信息模型 BIM”等手段，实践“形式追随性能”这一概念。形式追随性能是一种“自下而上”的过程，如同生长的规律一般，设计过程的每一个环节都或多或少的决定了生成的最后结果。

可持续的建筑数字技术，使得参与者有一个共享的空间表达方式，管理者、建筑师、施工者有了一个统一的设计协作平台，建筑分析、模拟的深入和多专业领域协作，必将引发设计、建造过程的变革，提升整体建筑全生命周期的效率。

总的来说，BIM 在珠海横琴保利国际广场项目所起的作用有以下几点：

（1）直观反映复杂的建筑形体、构件、空间及设备管线；

（2）通过协同设计，缩短各专业间配合和重复沟通的环节；

（3）通过碰撞检查和模型校验，有效减少专业之间的错、漏、碰现象；

（4）BIM 模型的多种可视化表达使得项目各参与方能快速有效地沟通，对施工的组织与实施也有显著的辅助作用；

（5）复杂部位、复杂节点的 BIM 模型有效辅助施工。

附录A 各阶段模型深度和表达方式参考表

参照使用附表的内容需注意以下事项：

（1）工程项目应用过程中，不限于附表中所列出的各专业各阶段模型深度要求内容；

（2）附表中规定的表达方式仅限于在 Revit 的提资视图中，无需体现在 Revit 软件中的设计内容可参照传统设计方式；

（3）各阶段模型深度的表达方式，宜综合考虑工程项目在各阶段模型深度的应用需求，以及现阶段的 BIM 技术的应用深度进行勾选；

（4）表达方式中的三维模型精度需参照国际惯用 LOD 级别来划分；

（5）附表内容宜体现在项目的 BIM 实施方案中。

1. 初设第一时段模型设计

建筑建模内容 **表 A-1**

专业	内容		深度要求	表达方式				备注
				图	表	文字	模型	
建筑专业	设计图纸	总平面图	测量坐标网、坐标值、场地范围的测量坐标(或定位尺寸)道路红线、建筑红线用地界线	○				
			场地四邻原有及规划道路的位置(主要坐标或定位尺寸),道路和邻地的控制标高和主要建筑物及构筑物的位置、名称、层数、建筑间距	○				
			场区道路、广场的停车场及停车位、消防车道	○			○	
			主要道路广场的起点、变坡点、转折点和终点的设计标高,以及场地的控制性标高	○				
			注明建筑单体相对定位,以及±0.00与绝对标高的关系。室外地坪(四角标高、出入口标高)	○				
	设计图纸	各层平面图	注明房间名称			○		
			表明承重结构的轴线及编号、柱网尺寸和总尺寸	○				
			建筑平面的防火分区和防火分区分隔位置、面积及防火门、防火卷帘的位置和等级,同时应表示疏散方向灯	○				
			室内、室外地面设计标高及地上、地下各层楼地面标高			○		
			室内停车库的停车位和行车线路、机械停车范围	○				
			有特殊要求的房间放大平面布置	○				

结构专业建模内容 **表 A-2**

专业	内容	深度要求	表达方式				备注
			图	表	文字	模型	
结构	结构布置原则	开间、进深和柱网建议尺寸，剪力墙布置间距、数量，确认建筑的平面长宽比、高度比、结构收进和突出的尺寸及高度等	○		○		
	结构选型	采用砌体结构、框架结构、框架剪力墙结构、剪力墙结构、混合结构、钢结构等			○		
	基础	基础埋深、地基基础设计等级、基础形式			○		
	大跨度、大空间结构	结构可能的形式、网架结构、预应力混凝土结构等			○		
	结构单元划分	结构伸缩缝、沉降缝、防震缝的预计位置和预计宽度			○		
	结构设计标准参数	结构抗震、结构安全等级、设计使用年限			○		

给排水专业建模内容 **表 A-3**

专业	内容	深度要求					表达方式				备注
		位置	尺寸	标高	荷载	其他	图	表	文字	模型	
给排水	各类水专业泵房及水处理机房、热交换站、水池(箱)等用房	○	○	○		平面布置	○				1. 内排水雨水斗位置由建筑专业提出，水专业复核。 2. 配合建筑专业吊顶综合图，提供喷头平面布置图
	大型设备吊装孔通道	○	○				○				
	报警阀间、水表间、给排水竖井	○	○				○				
	影响建筑、结构布置的小型水处理构筑物	○	○				○				
	主要干管敷设路由	○	○	○			○			○	

暖通专业建模内容 **表 A-4**

专业	内容	深度要求					表达方式				备注
		位置	尺寸	标高	荷载	其他	图	表	文字	模型	
暖通	制冷机房(电制冷机房或吸收式制冷机房)设置平面布置	○	○				○	○			1. 核算泄爆面积，核对防爆墙等安全设施的设置及烟囱的位置。 2. 主管道的平面布置影响各专业间的综合
	燃油燃气锅炉房设备平面布置	○	○				○	○			
	空调机房、风机房设备平面布置及风管井、水管井	○	○				○	○			
	换热站、膨胀水箱间设备平面布置	○	○				○	○			
	通风空调系统主风管道平面布置	○		○			○			○	

电气专业建模内容 **表 A-5**

专业	内容	深度要求					表达方式				备注
		位置	尺寸	标高	荷载	其他	图	表	文字	模型	
电气	变配电室(站)、地沟、电缆夹层	○	○	○		平面布置	○				
	柴油发电机房	○	○	○			○	○			
	各弱电机房及管理中心、消防控制中心	○	○	○			○				
	电气(强电、弱电)竖井	○				面积	○	○			
	缆线进出建筑物位置、主要敷设通道	○		○			○			○	
	设备吊装孔及运输通道	○		○			○				
	有特殊要求的功能用房	○		○		面积	○	○			

2. 初设第二时段模型设计

建筑专业模型内容 **表 A-6**

专业	内容		深度要求	表达方式				备注
				图	表	文字	模型	
建筑	设计图纸	总平面图	绿化、景观(水景、喷泉)及休闲设施的布置示意图	○				
			用箭头或等高线表示地面破向,并表示出护坡、挡土墙、排水沟等	○				
	设计图纸	各层平面图	主要结构和建筑构配件,如非承重墙、壁柱、门窗、楼梯、电梯、自动扶梯(及其上空)、平台、阳台、雨篷、台阶、坡道等	○			○	
			主要建筑设备的固定位置,如水池、卫生器具与设备专业有关的设备位置	○				
			变形缝位置	○			○	
			管道井及其他专业需要的竖井位置,楼屋面及承重墙上较大洞口的位置	○				
			当围护结构采用特殊材料时,应标明与主体结构的定位关系	○				
			有特殊要求的房间放大平面布置	○			○	
		立面图	立面图两端的轴线号	○				
			立面外轮廓及主要结构和建筑部件的可见部分	○				
			平、剖面未能表示的屋顶标高或高度	○				
			外墙面装饰材料	○				
		剖面图	建筑物两端的轴线	○				
			主要结构和建筑构造配件部分,如:地面、楼板、檐口、女儿墙、梁、柱、内外门窗、阳台、栏杆、调廊、共享空间、电梯机房、屋顶等,或其他特殊空间	○				
			各层楼地面、室外标高以及室外地面至建筑檐口或女儿墙顶的总高度,各楼层之间尺寸	○				
			楼地面、屋面、吊顶、隔墙、保温、地下室防水处理示意图	○				

结构专业模型内容 **表 A-7**

专业	内容	深度要求	表达方式				备注
			图	表	文字	模型	
结构	上部结构选型	对方案阶段结构选型的修改和确认			○		
	基础平面图	独立基础、条形基础、交叉梁基础、筏形基础、箱形基础、桩基平面等	○		○		
	楼、屋面结构平面布置草图	梁、板、柱、墙等结构布置及主要构件初步估计截面尺寸	○			○	
	结构区段(单元)的划分及后浇带	结构缝的位置及宽度、后浇带的位置和宽度(区分收编后浇带和沉降后浇带)			○		
	大跨度、大空间结构的布置	大跨度、大空间部分结构、采用平面结构、空间结构、预应力结构或其他新型结构,针对不同的结构体系提出相应的设计参数,如结构的高跨比等,提出主要节点构造草图,如大跨度屋盖的钢结构内部节点和支座节点构造	○		○		
	拟采用的处理地基的方法	地基处理范围、方法和技术要求			○		
	设计说明书	结构设计说明(包括人防设计说明)			○		

给水排水专业模型内容 **表 A-8**

专业	内容	深度要求					表达方式				备注
		位置	尺寸	标高	荷载	其他	图	表	文字	模型	
给排水	集水坑等水专业构筑物	○	○	○			○				
	内排水雨水斗	○					○				
	给水、排水、热媒与小区或市政接口	○		○					○		
	给水排水局部总平面(包括主要管道布置、化粪池、隔油池、降温池、水表井、水泵接合器井等构筑物)	○	○				○				
	消防水池、生活水池、屋顶水箱(池)集水井(坑)等水专业构筑物	○	○	○		贮水容积	○			○	
	给水排水设备(水泵、热交换器、水处理设备)等	○			○		○				
	管沟、位于承重结构上的大型设备吊装孔(洞)	○	○				○				
	穿基础的给水排水管道	○		○		套管管径	○			○	
	热水供应等所需的供热量、一次热媒种类和参数要求					供热量的数值			○		
	各热水系统的工作制					是全天工作还是定时工作			○		
	给水排水专业设备用房对通风温度有特殊要求的房间	○				要求的温湿度参数、通风次数	○		○		
	气体灭火的区域	○					○				
	主要干管敷设的路由	○	○	○						○	

续表

专业	内容	深度要求					表达方式				备注
		位置	尺寸	标高	荷载	其他	图	表	文字	模型	
给排水	消防设备、生活给水设备、电热设备和其他用电设备	○		○		名称、用电量、供电要求及数量	○	○	○		
	设置水喷雾灭火系统和气体灭火系统的场所	○					○				
	给水排水及消防系统的控制要求					系统的状况监测、设备的启停方式等			○		
	消火栓、报警阀、水流指示器、信号阀、用于直接触发启动消防栓水泵及喷淋水泵的压力开关	○		○		各防火分区的数量及总数量	○	○	○		
	水箱、水池、气压罐	○				数量控制要求	○				
	主要干管敷设的路由	○	○	○						○	

暖通专业建模内容 **表 A-9**

专业	内容	深度要求					表达方式				备注
		位置	尺寸	标高	荷载	其他	图	表	文字	模型	
暖通	送、排风系统在外墙或出地面的口部	○		○			○				
	在垫层内埋管的区域和垫层厚度	○	○				○				
	设计说明书（包括：设计说明、消防专篇、人防专篇、环保专篇、节水专篇）								○		
	制冷机房（电制冷机房或吸收式制冷机房）设备平面布置	○	○		○		○	○		○	
	燃油燃气锅炉房设备平面布置	○	○		○		○	○			
	空调机房、风机房荷载要求	○	○		○		○	○			
	换热站设备平面布置	○	○		○		○	○			
	管道平面布置	○	○	○		核心筒、剪力墙等部位较大开洞	○	○		○	
	设备吊装孔及运输通道	○		○	○		○				
	用水点（冷却塔、膨胀水箱、急速补水点、加湿点等）	○				用水量、用水压力、水源	○	○			
	排水点（锅炉房、制冷机房、换热站、空调机房等）	○				排水量	○	○			
	冷冻机及冷却塔台数、水流量、运行方式、控制要求、供回水温度	○				冷却塔有无冬季供冷要求	○				
	燃油燃气锅炉房锅炉平面布置	○					○				
	不能保证给水排水专业温度要求房间	○				给水排水管道需另作保温，加热措施	○				
	风系统、水系统主要管道敷设路由	○	○	○		敷设路径	○			○	

续表

专业	内容	深度要求					表达方式				备注
		位置	尺寸	标高	荷载	其他	图	表	文字	模型	
暖通	制冷机房（电制冷机房或吸收式制冷机房）、燃油燃气锅炉房、换热站（包括制冷机组、冷冻水泵、冷却水泵、冷却塔、锅炉、热水机组、热水泵、电动阀门等）	○				设备位置、电量、电压、控制方式	○	○	○		
	空调机房及空调系统、通风机房及通风系统	○					○	○	○		
	防排烟系统	○					○	○	○		
	其他用电设备	○					○	○	○		
	风系统、水系统主要管道敷设路由	○					○	○	○	○	

电气专业建模内容 **表 A-10**

专业	内容	深度要求					表达方式				备注
		位置	尺寸	标高	荷载	其他	图	表	文字	模型	
电气	变配电室（站）、地沟、电缆夹层	○	○	○		平面布置	○				
	柴油发电机房	○	○	○			○	○			
	各弱电机房及管理中心、消防控制中心	○	○	○			○				
	电气（强电、弱电）竖井	○				面积	○	○			
	缆线进出建筑物位置、主要敷设通道	○		○			○			○	
	设备吊装孔及运输通道	○		○			○				
	有特殊要求的功能用房	○		○		面积	○	○			
	变配电室（站）、柴油发电机房、各弱电机房等	○			○		○	○			
	各类电气用房电缆沟、夹层	○	○	○			○				
	安装在屋顶板或楼板上较重的设备	○			○		○	○			
	电气（强电、弱电）竖井	○			○		○	○			
	配电箱、设备箱、进出管线需在剪力墙上的留洞	○	○	○			○	○			
	设备基础、吊装及运输通道的荷载要求	○			○		○	○			
	有特殊要求的功能用房	○		○		面积	○	○			
	变配电室（站）、缆线夹层、柴油发电机房、各弱电机房等功能用房	○				给水、排水要求	○	○			
	水泵房电气控制室	○				面积	○	○			
	变配电室（站）、缆线夹层、柴油发电机房、各弱电机房、电气井等功能用房	○				空调、环境、进排风量（或发热量）要求	○	○			
	冷冻机房电气控制室	○				面积	○	○			

续表

专业	内容	深度要求						表达方式				备注
		位置	尺寸	标高	荷载	其他		图	表	文字	模型	
电气	消防送、排风机、消防泵等消防设备	○				控制点数及位置	○	○				
	非消防电源的切断点	○				数量	○	○				
	主要管线、桥架	○	○	○		敷设路径	○					

3. 施工图第一时段模型设计

建筑专业建模内容　　**表 A-11**

专业	内容	深度要求	表达方式				备注
			图形	表	文字	模型	
建筑	总平面图	建筑物、构筑物（人防工程、地下车库、油库、贮水池等隐蔽工程以虚线表示）的名称或编号、层数、定位、标高	○			○	
		广场、停车场、运动场地、道路、无障碍设施、排水沟、挡土墙、护坡的定位尺寸	○				
		场地四邻的道路、水面、地面的关键性标高	○				
		广场、停车场、运动场地的设计标高	○				
		挡土墙、护坡或土坎顶部和底部的主要设计标高及护坡坡度	○				
		管道综合：需要注明各管线与建筑物构筑物的距离和管线间距	○				
	各层平面图	承重墙、柱及其定位轴线和轴线编号，内外门窗位置、编号及定位尺寸，门的开启方向，注明房间名称或编号	○				
		轴线总尺寸（或外包总尺寸）、轴线间尺寸（柱距、跨度）门窗洞口尺寸、分段尺寸	○				
		墙体厚度（包括承重墙和非承重墙），及其与轴线关系尺寸	○				
		变形缝位置、尺寸	○				
		主要建筑设备和固定家具的位置；如：卫生器具、雨水管、水池、台、橱、柜、隔断等	○			○	
		电梯、自动扶梯及步道、楼梯（爬梯）位置和楼梯上下方向示意；规格、容量、类别（消防）	○ ○			○	
		补充主要结构和建筑构造部件的位置、尺寸和做法索引；如：中庭、天窗、地沟、地坑、重要设备或设备机座的位置尺寸、各种平台、夹层、人孔、阳台、雨篷、台阶、坡道、散水、明沟等	○				
		室外地面标高、底层地面标高、各楼层标高、地下室各层标高	○		○		
		各专业设备用房面积、位置及有关技术要求等			○	○	
		每层建筑平面中防火分区面积和防火分隔位置示意；及卷帘门、防火门的形式	○			○	
		屋面平面图应有女儿墙、檐口、屋脊（分水线）、出屋面楼梯间、水箱间、屋面上人孔及屋面排水方式，如：雨水口、天沟、坡度、坡向等	○			○	
		车库的停车位和通行路线	○				
		特殊工艺要求土建配合放大图部分，特殊部位平面节点大样	○			○	
		室内装修构造材料表；如：天棚、地面、内墙面、屋面保温等	○				
	立面图	两端轴线编号，立面转折较复杂时可用展开立面表示	○				
		立面外轮廓及主要结构和建筑构造部件的位置	○			○	
		平、剖面未能表示出的屋顶、檐口、女儿墙、窗台等	○			○	
		在平面图上表达不清的窗编号					
		立面饰面材料	○		○		

续表

专业	内容	深度要求	表达方式				备注
			图形	表	文字	模型	
建筑	剖面图	墙、柱轴线和轴线编号	○				
		剖切到或可见的主要结构，如室外地面、底层地（楼）面、各层楼板夹层、平台、屋架、屋顶、出屋面烟囱、檐口、女儿墙、门、窗、楼梯、台阶、坡道、阳台、雨篷等	○			○	
		高度尺寸：外部尺寸：门、窗、洞口高度、室内外高差、女儿墙高度、总高度	○				
		构筑物及其他屋面特殊构件等标高，室外地面标高			○		
		标高：主要结构和建筑构造部件的标高，如地面、楼面（含地下室）、屋面板、屋面檐口、女儿墙顶、高出屋面的建筑物	○				
	其他	其他凡在平立剖面或文字说明中无法交代或交代不清的建筑构配件和建筑构造	○				
		人防口部设计、人防专业门型号、扩散室和风井处理、出地面风井，人防地面部分做法	○				
		特殊装饰物构造尺寸，如旗杆、构（花）架等	○				

结构专业建模内容 **表 A-12**

专业	内容	深度要求	表达方式				备注
			图	表	文字	模型	
结构	楼层的结构平面图	主要构件梁、板、柱、剪力墙的截面尺寸，特别是影响建筑平面布置、剖面、层高的构件尺寸。注明结构楼板面标高，给出边缘构件位置和尺寸	○				
	基础平面图	应包括基础的埋置深度，基础平面尺寸及轴线关系，箱基、筏基或一般地下室的底板厚度，地下室墙及人防各部分墙体（临空墙、门框墙、扩散室、滤毒室、风机房等）厚度	○				
	砌体结构墙	给出构造柱的平面位置和尺寸	○				
	楼梯、坡道	结构形式，梁式或板式			○		
	室外管沟、管架	结构形式和构件尺寸	○				
	室外挡土墙	挡土墙的形式和构件尺寸	○				

给排水专业建模内容 **表 A-13**

专业	内容	深度要求					表达方式				备注
		位置	尺寸	标高	荷载	其他	图	表	文字	模型	
给排水	各类水专业泵房及水处理机房、热交换站、水池(箱)等用房	○	○	○		平面布置	○			○	
	大型设备吊装孔通道	○	○				○				
	报警阀间、水表间、给排水竖井	○	○				○				
	影响建筑、结构布置的小型水处理构筑物	○	○				○				
	集水坑等水专业构筑物	○	○	○			○			○	
	车库及设备用房内排水地沟	○	○				○			○	
	内排水雨水斗	○					○			○	
	消火栓箱	○				开洞尺寸、洞底标高	○			○	
	所有用于排除地面水的地漏	○								○	
	给排水管线进水管、出水管	○	○							○	
	喷头布置平面图	○								○	
	室内给排水干管垂直、水平通道	○	○	○						○	
	给水、排水、热媒与小区或市政接口	○		○							
	给排水局部总平面(包括主要管道布置、化粪池、隔油池、降温池、水表井、水泵节合器井等构筑物)	○	○	○						○	
	消防水池、生活水池、屋顶水箱(池)集水井(坑)等水专业构筑物	○	○	○	○					○	
	给排水设备(水泵、热交换器、水处理设备)等基础	○	○		○					○	
	位于承重结构上的大型设备吊装孔(洞)	○	○				○				
	机房设备检修安装预留吊钩(轨)	○					○				
	暗设于承重墙内的消火栓箱	○								○	
	管道穿板时大于 ϕ300 预留洞	○									
	管沟	○	○							○	
	较大管径管道固定支架	○	○				○				
	穿梁,剪力墙,基础的管道预留孔洞和预埋套管	○	○	○						○	
	穿过人防围护结构的管道	○	○	○						○	
	穿水池池壁防水套管	○	○	○						○	
	穿地下室外墙防水套管	○	○	○						○	

续表

专业	内容	深度要求					表达方式				备注
		位置	尺寸	标高	荷载	其他	图	表	文字	模型	
给排水	消防设备和其他用电设备(包括生活给水设备、电热设备、感应开关、电节点压力表等)	○		○		名称、用电量、控制要求、供电要求及数量	○	○	○		
	设置水喷雾灭火系统和气体灭火系统的场所	○							○	○	
	给排水及消防系统的控制要求					系统的状况监测、设备的启停方式等			○		
	消火栓、报警阀、水流指示器、信号阀	○		○		各防火分区的数量及总数量	○		○	○	
	水箱、水池、气压罐、液位计、用于直接触发启动消防栓水泵及喷淋水泵的压力开关	○		○		数量控制要求	○			○	
	给排水管线进水管、出水管	○		○						○	
	每层喷头布置	○		○						○	
	室内给排水干管的垂直水平通道	○	○	○						○	

暖通专业建模内容 **表 A-14**

专业	内容	深度要求					表达方式				备注
		位置	尺寸	标高	荷载	其他	图	表	文字	模型	
暖通	制冷机房(电制冷机房或吸收式制冷机房)设置平面布置,排水沟平面布置	○	○	○			○				
	燃油燃气锅炉房设备平面布置,排水沟平面布置	○	○	○			○				
	换热站设备平面布置,排水沟平面布置	○	○	○			○				
	空调机房、通风机房、膨胀水箱间设备平面布置	○	○	○			○				
	分体空调室外机位置,散热器位置	○	○				○			○	
	管道平面布置,管井位置	○	○				○				
	在垫层内埋管的区域和垫层厚度	○	○	○			○				
	墙体预埋管、预留洞	○	○	○			○			○	
	设备吊装孔及运输通道	○	○	○			○				
	动力管道入户	○	○	○			○			○	
	管道地沟	○	○	○			○				
	室外管线平面布置						○			○	
	制冷机房(电制冷机房或吸收式制冷机房)设备平面布置,排水沟平面布置	○	○		○	设备基础平面尺寸、高度、做法	○				
	燃油燃气锅炉房设备平面布置,排水沟平面布置	○	○		○	运行荷载	○				

续表

专业	内容	深度要求					表达方式				备注
		位置	尺寸	标高	荷载	其他	图	表	文字	模型	
暖通	换热站设备平面布置,排水沟平面布置	○	○		○		○				
	空调机房	○			○		○	○		○	
	通风机	○	○	○	○		○	○		○	
	设备吊装孔及运输通道	○	○	○	○	荷载包括自重及运行重量	○				
	机房设备检修安装用吊钩(轨)	○	○	○	○	运行方式	○				
	管道吊装荷载	○					○	○	○		
	管道固定支架推力	○					○	○	○		
	用水点(冷却塔、膨胀水箱、急速补水点、加湿点等)	○				用水量、用水压力、水源	○				
	排水点(空调机房、制冷机房、锅炉房、换热站、分体空调及多联机室外机处等)	○				排水量	○				
	制冷机房冷冻机台数及运行方式、控制要求、冬季使用要求	○				冷却水循环水量、供回水温度	○				
	燃油燃气锅炉房锅炉平面布置、换热站平面布置图	○	○				○		○		
	不能保证给排水专业温度要求房间	○				给排水管道需另作保温,加热措施	○		○		
	风系统、水系统管道位置	○				需与给排水专业配合	○		○	○	
	宽度大于800mm的风管	○		○			○		○	○	
	制冷机房(电制冷机房或吸收式制冷机房,包括制冷主机、冷冻水泵、冷却水泵、冷却塔、电动阀门等)	○	○			设备位置、电量、电压、控制方式	○	○	○		
	燃油燃气锅炉房(锅炉、热水机、热水泵、电动阀门等)	○	○			设备位置、电量、电压、控制方式	○	○	○		
	换热站		○			设备位置、电量、电压、控制方式	○	○	○		
	空调机房、新风机房、通风机房(包括非机房内的设备)	○	○			设备位置、电量、电压、控制方式	○	○	○		
	水箱、气压罐	○	○			设备位置、水位信号、控制方式	○	○	○	○	
	电动阀、电磁阀	○	○	○		设备位置、电量、电压、控制方式	○	○	○	○	
	消防防排烟系统(包括设备及阀门等)	○	○			设备位置、电量、电压、控制方式	○	○	○		
	变配电机房通风管道布置图	○	○	○			○				
	暖通空调系统自控控制说明、联动控制要求					设备位置、电量、电压、控制方式	○	○	○		
	风口、风机盘管、VAV BOX等	○	○				○			○	
	分体空调机(器)、电散热器等电源要求	○		○							

电气专业建模内容 **表 A-15**

专业	内容	深度要求					表达方式				备注
		位置	尺寸	标高	荷载	其他	图	表	文字	模型	
电气	变电室(站),地沟,电缆夹层	○	○	○		平面布置	○				
	柴油发电机房、储油间	○	○	○		防火要求	○	○			
	各弱电机房及管理中心	○	○	○		地面、墙面、门窗等做法及要求	○	○	○		
	电气(强电、弱电)竖井	○	○	○		门、墙体要求、防火要求	○	○	○		
	缆线进出建筑物位置、主要敷设通道	○	○	○		敷设路径	○			○	
	设备吊装及运输通道	○	○	○			○				
	配电箱(柜)、配电箱(柜)安装位置及在非承重墙上留洞	○	○	○			○	○			
	灯具安装位置	○		○			○			○	
	变电室(站)、柴油发电机房、各弱电机房等	○	○		○	必要时提供动荷载	○				
	各类电气用房电缆沟、夹层	○	○			做法(如:支架、预埋件等)	○				
	安装在屋顶板或楼板上的设备	○	○		○		○				
	电气(强电、弱电)竖井	○	○	○	○	留洞尺寸	○	○			
	设备基础,吊装及运输通道	○	○		○		○				
	缆线进出建筑物、主要敷设通道预埋件,留洞	○	○	○			○			○	
	灯具、母线吊挂、开关柜固定、变压器吊装、变压器牵引地锚等预埋件	○	○	○	○		○			○	
	设备基础、设备吊装及检修所需吊轨、吊钩等	○	○	○	○	技术要求	○	○	○		
	有特殊要求的功能用房	○	○	○	○		○	○	○		
	利用基础钢筋、框架柱内钢筋、屋顶结构做防雷、接地、等电位联接装置					施工要求	○		○		
	防侧击雷					钢门窗、圈梁与柱钢筋连接要求			○		
	防雷接地装置预埋件	○	○	○		技术要求	○		○		
	变配电室(站)、缆线夹层、柴油发电机房、各弱电机房等功能用房	○				给水、排水要求	○	○	○		
	水泵房电气控制室	○	○				○				
	主要管线、桥架	○	○	○			○			○	
	灯具安装位置	○		○			○			○	
	缆线进出建筑物敷设路径	○	○	○			○	○		○	
	变配电室、缆线夹层、柴油发电机房、各弱电机房、电气竖井等功能用房	○				空调、环境、进排风量(或发热量)要求	○	○	○		
	冷冻机房电气控制室	○	○	○			○				
	空调、通风机房内控制箱	○	○	○		操作空间要求	○	○		○	
	电源插座、弱电插座等电器设备布置	○	○	○			○			○	
	主要管线、桥架敷设路径	○	○	○			○			○	
	灯具安装位置	○		○			○			○	

续表

专业	内容	深度要求					表达方式				备注
		位置	尺寸	标高	荷载	其他	图	表	文字	模型	
电气	缆线进出建筑物敷设路径	○	○	○			○	○		○	
	非消防电源的切断点	○		○		数量	○	○			
	消防送、排风机、消防泵等消防设备控制柜(箱)	○		○		数量、控制点数	○	○		○	
	建筑设备监控系统控制柜(箱)	○		○		监控点数量、控制要求	○	○	○	○	
	灯具安装位置	○		○			○			○	
	主要管线、桥架	○	○	○			○			○	
	防雷接地装置	○	○	○		共用接地要求	○	○	○	○	

4. 施工图第二时段模型设计

建筑建模内容 **表 A-16**

专业	内容	表达方式				备注
		图	表	文字	模型	
建筑	住宅的家具布置大样图	○				
	有特殊要求的建筑,室内家具布置大样图;(如:旅馆建筑、医院建筑、幼儿园建筑等)	○				
	天棚吊顶	○				
	基础形式及有防水要求的做法	○				
	有特殊要求:如(电控防火门、安全门、无障碍生间等)	○				
	其他凡在平立剖面或文字说明中无法交代或交代不清的建筑构配件和建筑构造	○				
	人防口部设计、人防专业门型号、扩散室和风井处理,出地面风井,人防地面部分做法	○				
	特殊装饰物的构造尺寸,如旗杆、构(花)架等	○				
	卫生间大样图	○				
	如有特殊房间需设置开水器、洗手盆等大样图					
	如有公共浴室、桑拿房及厨房等大样图					
	应在建筑图上反映留孔留洞及地坑(沟)等放大详图					
	外墙做法大样(有节能要求)	○				
	门窗尺寸、开启方式、立面分格等(有节能要求)	○				
	楼、电梯间的前室或合用前室大样详图	○				

结构建模内容 **表 A-17**

专业	内容	深度要求	表达方式				备注
			图	表	文字	模型	
结构	变配电室(站)发电机房(包括电缆沟)等的结构平面图	梁、板、柱,剪力墙的截面尺寸及其轴线定位关系,楼板、梁、剪力墙需要留置的洞位置尺寸	○				
	各种给排水设备用房(水泵房、中水站、热交换器房)结构平面图及设备、水池基础平面图	梁、板、柱,剪力墙的截面尺寸及其轴线定位关系,楼板、梁、剪力墙需要留置的动位置尺寸	○				
	制冷机房、空调机房、锅炉房等的结构平面图,结构开洞位置图	梁、板、柱,剪力墙的截面尺寸及其轴线定位关系,楼板、梁、剪力墙需要留置的洞位置尺寸	○				

附录B　BIM模型常用图层和颜色参考表

常用图层线型颜色参照表　　表 B-1

分类 \ 图层名称	Revit 表达	图层名称	图层线型	图层含义	图形颜色
说明文字尺寸标注	Revit 文字设置	说明、尺寸-PUB_TEXT	——	说明文字	黑 RGB-0-0-0-0
	Revit 文字设置	说明、尺寸-DIN_IX	——	建筑内部尺寸	RGB-0-0-255
	Revit 文字设置	说明、尺寸-房间名称	——	房间名称	RGB-0-127-255
	Revit 文字设置	说明、尺寸-战时房间名称	——	战时房间名称(平战结合房间)	RGB-255-255-0
	Revit 文字设置	说明、尺寸-实际功能房间名称	——	实际功能房间名称	红色 RGB-255-63-0
	Revit 文字设置	说明、尺寸—管井名称	——	管井名称	绿色 RGB-0-255-0
	Revit 文字设置	说明、尺寸-户型编号	——	户型编号	洋红 RGB-255-0-255
	Revit 文字设置	说明、尺寸-楼电扶梯编号	——	楼电扶梯编号	洋红 RGB-25-0-255
	Revit 文字设置	说明、尺寸-卫生间编号	——	卫生间编号	绿色 RGB-0-255-0
	Revit 文字设置	说明、尺寸-汽车　　编号	——	汽车坡道编号	绿色 RGB-0-255-0
	Revit 文字设置	说明、尺寸-PUB_TAB	——	表格及其文字等	黑 RGB-0-0-0
	Revit 文字设置	说明、尺寸-DIM-ELEV	——	建筑标高(符号及文字)	绿色 RGB-0-255-0
	Revit 文字设置	说明-尺寸-DIM-ELEV 坑沟	——	建筑坑槽、井、水沟底标高(符号及文字)	RGB-255-127-127
	Revit 文字设置	说明、尺寸-DIM-IDEN	——	大样索引(引线和文字)	绿色 RGB-0-255-0
	Revit 文字设置	说明、尺寸-DIM-LEAD	——	引出标注	绿色 RGB-0-255-0
	Revit 文字设置	说明、尺寸、-DIM-SYMB	——	索引标注、图名、比例、指北针等文字符号	绿色 RGB-0-255-0
	Revit 文字设置	说明、尺寸-DIM-COOR	——	坐标标注	绿色 RGB-0-255-0
	Revit 文字设置	说明、尺寸-图纸说明	——	图纸中说明文字、图例文字等	黑 RGB-0-0-0

续表

分类＼图层名称	Revit 表达	图层名称	图层线型	图层含义	图形颜色
消防	vv 表达中线设置	消防-防火分区	——	防火分区缩略图块(线条、说明文字、填充等)	洋红 RGB-255-0-255
	vv 表达中线设置	消防-疏散出口箭头	——	疏散出口箭头(加粗)	洋红 RGB-255-0-256
	vv 表达中线设置	消防-防火分区线	——	防火分区线(平面中辅助表达,不打印)	RGB-191-0-255
	vv 表达中线设置	消防-防火分区示意图	——	防火分区示意图(单独成图时采用)(加粗)	红色 RGB-255-63-0
家具、洁具	配套族设置	家具洁具-LVTRY	——	厨洁具、冰洗、空调	RGB-76-153-95
	配套族设置	家具洁具-FUR	——	家具	灰色 RGB-128-128-128
停车位、车流线	Revit 文字设置	停车位、车流线-车位编号	——	车位编号	灰色 RGB-128-128-128
	Revit 文字设置	停车位、车流线-充电车位符号	——	充电车位符号	灰色 RGB-128-128-128
结构、设备布置	vv 表达中线设置	结构、设备-结构采线	— —	结构梁线投影线、边线	灰色 RGB-128-128-128
	配套族设置	结构、设备-给排水设备	——	给排水设置面置	灰色 RGB-128-128-128
	配套族设置	结构、设备-电气设备	——	电气设备布置	灰色 RGB-128-128-128
	配套族设置	结构、设备-暖通设备	——	暖通设备布置	灰色 RGB-128-128-128
	配套族设置	结构、设备-设备基础	——	设备基础通线	灰色 RGB-128-128-128
	Revit 文字设置	结构、设备-设备基础_TEXT	——	设备基础文字说明	绿色 RGB-0-255-0
	Revit 文字设置	结构、设备-设备基础_DIM	——	设备基础定位尺寸	绿色 RGB-0-255-0
修改、面积等		修改、面积-云线	——	修改范围圈示	RGB-255-0-127
	Revit 线设置	修改、面积-AREA	——	面积轮廓线	RGB-255-191-0
	Revit 文字设置	修改、面积-AREA-TEXT	——	面积文字标注	绿色 RGB-0-255-0
	Revit 文字设置	修改、面积-前室面积线	——	前室面积线	绿色 RGB-0-255-0
	Revit 文字设置	修改、面积-前室面积	——	前室面积文字	绿色 RGB-0-255-0

续表

图层名称 / 分类	Revit 表达	图层名称	图层线型	图层含义	图形颜色
立面、剖面	vv 表达中线设置	立面、剖面-立面外轮廓线	——	立面外轮廓线(加粗)	黑 RGB-0-0-0
	vv 表达中线设置	立面、剖面-立面内轮廓线	—	立面内轮廓线(加粗)	黄色 RGB-255-255-0
	vv 表达中线设置	立面、剖面-立面装饰线	—	立面装饰线	绿色 RGB-0-255-0
	vv 表达中线设置	立面、剖面-立剖面中线	—	立剖面建筑分隔、墙柱投影	黄色 RGB-255-255-0
	vv 表达中线设置	立面、剖面-立剖面看线	——	立剖面建筑投影线	灰色 RGB-128-128-128
	vv 表达中线设置	立面、剖面-立面设备	—	立面设备投影	灰色 RGB-128-128-128
	vv 表达中线设置	立面、剖面-立面管道	—	立面管道投影	灰色 RGB-128-128-128
	vv 表达中线设置	立面、剖面-立剖面配景	—	立剖面配景(绿植、人物、景物等)	灰色 RGB-128-128-128
	vv 表达中线设置	立面、剖面-HATCH 玻璃	—	立剖面玻璃填充图案	灰色 RGB-128-128-128
	vv 表达中线设置	立面、剖面-HATCH 玻璃 1	—	立剖面玻璃填充图案(用于多种类区分,按数字类推)	灰色 RGB-128-128-128
	vv 表达中线设置	立面、剖面-HATCH 金属	——	立剖面金属填充图案	灰色 RGB-128-128-128
	vv 表达中线设置	立面、剖面-HATCH 金属 1	—	立剖面金属填充图案(用于多种类区分,按数字类推)	灰色 RGB-128-128-128
	vv 表达中线设置	立面、剖面-HATCH 石材	—	立剖面石材填充图案	灰色 RGB-128-128-128
	vv 表达中线设置	立面、剖面-HATCH 石材 1	—	立剖面石材填充图案(用于多种类区分,按数字类推)	灰色 RGB-128-128-128
	vv 表达中线设置	立面、剖面-WINDOW	—	立剖面门窗轮廓、分格等	黄色 RGB-255-255-0
	vv 表达中线设置	立面、剖面-PUB_HATCH	—	立剖面一般填充图案、梁板断面填充、砌体填充等	灰色 RGB-128-128-128
	vv 表达中线设置	立面、剖面-HANDRAIL	——	立剖面栏杆、扶手	绿色 RGB-0-255-0
	vv 表达中线设置	立面、剖面-WALL	—	剖面梁板线	青色 RGB-0-255-255
	Revit 线设置	立面、剖面-SURFACE	——	剖面、大样等表面层线(保温层,完成面等)	洋红 RGB-255-0-255
详图、大样	vv 表达中线设置	详图、大样-防水层	——	防水层(加粗)	洋红 RGB-255-0-255
	vv 表达中线设置	详图、大样-金属构件	—	防水层(加粗)	绿色 RGB-0-255-0
	vv 表达中线设置	详图、大样-PUB_HATCH	—	大样一般填充图案、梁板断面填充,砌体填充等	灰色 RGB-128-128-158

续表

分类＼图层名称	Revit 表达	图层名称	图层线型	图层含义	图形颜色
人防(建筑)	族类型设置	人防-WALL	———	人防墙线	青色 RGB-0-255-255
	族类型设置	人防-HATCH	———	人防墙体填充	灰色 RGB-128-128-128
	Revit 文字设置	人防-TEXT	———	人防文字标注	黑 RGB-0-0-0
	配套族设置	人防-WINDOW	———	人防门窗	RGB-153-76-76
	配套族设置	人防-WINDOW-TEXT	———	人防门窗编号	RGB-255-191-127
	族类型设置	人防-防爆地漏	———	人防防爆地漏	黄色 RGB-255-255-0
	族类型设置	人防-集水井	———	人防集水井(染毒池)	RGB-156-133-76
	族类型设置	人防-DIN	———	人防尺寸标注	蓝色 RGB-0-0-255
	Revit 文字设置	人防-EVBL	———	人防标高文字	黑 RGB-255-63-0
总图	Revit 线设置	总图-用地红线	———	用地红线(加粗)	红色 RGB-255-0-0
	Revit 线设置	总图-建筑控制线	— · —	建筑控制线(加粗)	蓝色 RGB-0-0-255
	Revit 线设置	总图-地下室轮廓线	------	地下室轮廓线(加粗)	灰色 RGB128-128-128
	Revit 线设置	总图-ROAD	———	道路边线	黄色 RGB-255-255-0
	Revit 线设置	总图-ROAD_DOTE	—　—	道路中线	红色 RGB-255-0-0
	Revit 线设置	总图-建筑轮廓线	———	新建建筑轮廓线(加粗)	黑色 RGB-0-0-0
	Revit 线设置	总图-现状建筑	———	现状或周边建筑轮廓线	灰色 RGB-128-128-128
	Revit 线设置	总图-地形图	———	地形图	灰色 RGB-128-128-128
	vv 表达中线设置	总图-绿植	———	绿化植物等	RGB-76-153-95
	vv 表达中线设置	总图-景观小品	———	景观小品、人物、家具等	灰色 RGB-128-128-128
	vv 表达中线设置	总图-水体	———	水体、水池、泳池等	灰色 RGB-128-128-128
	vv 表达中线设置	总图-护坡挡墙	------	护坡挡墙	灰色 RGB-128-128-128
	Revit 线设置	总图-建筑出入口	———	建筑出入口标识文字及符号	洋红 RGB-255-0-255
	Revit 线设置	总图-消防车道	------	消防车道路线(加粗)	红色 RGB-255-0-0
	Revit 线设置	总图-消防登高操作场地	------	消防车登高操作场地范围线(边界线加粗)	灰色 RGB-128-128-128
	Revit 线设置	总图-消防登高面	———	消防车登高面(消防扑救面)(加粗)	绿色 RGB-0-255-0

续表

分类＼图层名称	Revit 表达	图层名称	图层线型	图层含义	图形颜色
停车位、车流线 停车位-流线	配套设置	停车位、车流线-CAR	————	停车位	灰色 RGB-128-128-128
	Revit 线设置	停车位、车流线-CAR_流线	————	汽车流线	RGB-76-95-153
	Revit 线设置	停车位、车流线-重型设备运输通道	------------	重型设备运输通道、路线(一般是提条件时使用)	洋红 RGB-255-0-255
轴网、柱子	系统族类型设置	轴网柱子-AXIS	------------	轴号、平面图第一、二道尺寸	绿色 RGB-0-255-0
	系统族类型设置	轴网柱子-AXIS_TEXT	————	轴号、尺寸文字	黑色 RGB-0-0-0
	系统族类型设置	轴网柱子-DOTE	— · —	轴线(用于地下室、裙房)	红色 RGB-255-0-0
	系统族类型设置	轴网柱子-DOTE_办公	— · —	轴线(用于办公)	RGB-153-76-76
	系统族类型设置	轴网柱子-DOTE_办公 1	— · —	轴线(用于多栋办公,按数字类推)	RGB-153-76-76
	系统族类型设置	轴网柱子-DOTE_住宅	— · —	轴线(用于住宅)	红色 RGB-255-0-0
	系统族类型设置	轴网柱子-DOTE_住宅 1	— · —	轴线(用于多栋住宅,按数字类推)	红色 RGB-255-0-0
	系统族类型设置	轴网柱子-PUB_DIM	------------	除轴网尺寸外的其他尺寸(第三道尺寸)	绿色 RGB0-255-0
	系统族类型设置	轴网柱子-PUB_HATCH	------------	填充图案	灰色 RGB-128-128-128
	结构制作底图	轴网柱子-COLUMN	————	结构柱	洋红 RGB-255-0-255
	结构制作底图	轴网柱子-COLUMN_HATCH	------------	结构柱、剪力墙填充	灰色 RGB-128-128-128
	结构制作底图	轴网柱子-CWALL	————	剪力墙	洋红 RGB-255-0-255
	结构制作底图	轴网柱子-GZ	————	构造柱	蓝色 RGB-0-0-255
	结构制作底图	轴网柱子-GZ_TEXT	————	构造柱文字	黑色 RGB-0-0-0
	结构制作底图	轴网柱子-TZ	————	楼梯柱	洋红 RGB-255-0-255
	结构制作底图	轴网柱子-TZ_TEXT	————	楼梯柱文字	黑色 RGB-0-0-0

续表

分类 \ 图层名称	Revit 表达	图层名称	图层线型	图层含义	图形颜色
墙体、楼地面（楼、电、扶梯、洞口、坑槽等）	vv 表达中线设置	墙体、楼地面-WALL	————	砌体墙体线	青色 RGB-0-255-255
	vv 表达中线设置	墙体、楼地面-CURTWALL	————	幕墙	黄色 RGB-255-255-0
	vv 表达中线设置	墙体、楼地面-WALL-MOVE	————	隔墙	黄色 RGB-255-255-0
	vv 表达中线设置	墙体、楼地面-WALL-PARAPET	————	矮墙、女儿墙	黄色 RGB-255-255-0
		墙体、楼地面-ROOF	————	坡屋面瓦、屋面分水线	蓝色 RGB-0-0-255
		墙体、楼地面-HOLE	————	平面洞口、坑槽位置	蓝色 RGB-0-0-255
		墙体、楼地面-HOLE_HATCH	————	平面洞口坑槽填充	RGB-173-173-173
	对象设置	墙体、楼地面-BALCONY	————	阳台、女儿墙、空调板等	RGB-255-63-0
	Revit 线设置	墙体、楼地面-SURFACE	————	表面层线（保温层，完成面等）	洋红 RGB-255-0-255
	vv 表达中线设置	墙体、楼地面-GROUND	————	地线（散水线，剖面楼地面面层等）	黄色 RGB-255-255-0
	vv 表达中线设置	墙体、楼地面-STATR	————	楼梯、电扶梯、坡道、台阶、钢梯、马道等及其文字、箭头	黄色 RGB-255-255-0
	vv 表达中线设置	墙体、楼地面-HANDRAIL	————	栏杆、扶手	绿色 RGB-0-255-0
	Revit 线设置	墙体、楼地面-墙洞	————	墙上开洞	RGB-255-128-64
	Revit 文字设置	墙体、楼地面-墙洞_TEXT	————	墙上开洞文字	RGB-127-159-255
	Revit 线设置	墙体、楼地面-投影线	- - - - - -	平面投影线	蓝色 RGB-0-0-255
	Revit 线设置	墙体、楼地面-结构变高线	- - - - - -	结构变标高转折线或结构边界线（加粗）	灰色 RGB-128-128-128
	配套族设置	墙体、楼地面-集水坑	————	集水坑、集水坑编号、排水沟、预埋排水管（虚线加粗）	RGB-255-127-127
	Revit 线设置	墙体、楼地面-排水	————	排水措施（分水线、排水坡度箭头等）	RGB-255-127-127
	Revit 线设置	墙体、楼地面-排水_TEXT	————	集水坑、排水沟、排水管、坡度等文字说明	RGB-0-0-0
	Revit 线设置	墙体、楼地面-店面线	————	商业零售店面墙线、门	RGB-125-127-255
	配套族设置	墙体、楼地面-预埋套管	————	结构墙柱梁上预埋套管	RGB-173-173-173
	配套族设置	墙体、楼地面-地漏	————	地漏	RGB-255-127-127
		墙体、楼地面-水体	————	水体、水池、泳池等	灰色 RGB-128-128-128

续表

分类 \ 图层名称	Revit 表达	图层名称	图层线型	图层含义	图形颜色
门窗、卷帘		门窗-WINDOW	————	门窗、电梯门、安全门、电动门窗等（含防火门窗、百叶、天窗等）	黄色 RGB-255-255-0
	Revit 文字设置	门窗-WINDOW_TEXT	————	普通门窗编号文字	黑色 RGB-0-0-0
	Revit 文字设置	门窗-WINDOW_防火 TEXT	————	防火门窗、防火卷帘、消防救援窗洞编号文字	RGB-255-63-0
	Revit 文字设置	门窗-WINDOW_电动 TEXT	————	电动门窗编号文字，在电动门窗编号后加注（电）	绿色 RGB-0-255-0
	Revit 文字设置	门窗-WINDOW_常开 TEXT	————	常开防火门窗文字，在防火门窗编号后加注（常开）	绿色 RGB-0-255-0
	Revit 文字设置	门窗-WINDOW_百叶 TEXT	————	百叶窗编号文字	红色 RGB-255-63-0
	配套族设置	门窗-防火卷帘	————	防火卷帘（防火卷帘）	RGB-159-127-255

管道颜色参考表 **表 B-2**

给排水			电气		
缩写	描述	颜色(RGB)	缩写	描述	颜色(RGB)
FS	消防喷淋管	255-000-000	PV MR	动力桥架	000-255-255
FH	消防栓管	255-128-128	LG CT	照明桥架	128-000-255
RJ	热水给水管	128-000-064	MX	母线槽	255-000-000
RH	热水回水管	128-000-128	MR	信息设施桥架	076-076-153
ZJ	中水管	128-128-192	MR	楼控桥架	064-064-255
T	通气管	255-000-191	MR	IBMS 桥架	128-128-255
J	给水管	000-000-255	MR	安防桥架	185-185-128
F	废水管	160-160-080	FS TR	消防桥架	255-128-000
W	污水管	067-067-033	ELVMR	弱电桥架	000-255-000

续表

给排水			电气		
缩写	描述	颜色(RGB)	缩写	描述	颜色(RGB)
Y	雨水管	012-128-243	GY MR	高压桥架	000-255-255
Q	气体灭火管	128-128-192			
LM	冷媒管	000-000-160			
SP	水泡给水管	255-000-000			
ZYG	直饮水供水管	158-216-244			
ZYH	直饮水回水管	200-200-255			
空调					
缩写	描述	颜色(RGB)			
EAD	排风管	153-038-000			
SF	送风管	000-191-255			
PY	排烟管	255-127-000			
XF	新风管	000-255-000			
PF	排风管	128-255-255			
P(F)	排风兼排烟管	128-026-064			
HF	回风风管	191-000-255			
JS	加压送风管	128-255-128			
XB	消防兼补风管	000-000-255			
S(B)	送风兼补风系统	255-000-255			
LQG	冷却供水管	255-000-128			
LQH	冷却回水管	255-128-255			
KRH	空调热水供水管	170-000-100			
KRG	空调热水回水管	255-142-199			
LDG	冷冻水供水管	000-128-192			
LDH	冷冻水回水管	128-128-255			
LN	冷凝水管	128-255-128			
P	膨胀水系统	098-201-255			

参考文献

[1] 焦柯，杨远丰. BIM结构设计方法与应用［M］. 北京：中国建筑工业出版社，2016

[2] 焦柯. 装配式混凝土结构高层建筑 BIM 设计方法与应用［M］. 北京：中国建筑工业出版社，2018

[3] BIM 协同；链接：https：//zhuanlan. zhihu. com/p/37527313；来源：知乎

[4] 刘济瑀. 勇敢走向 BIM2.0［M］. 北京：中国建筑工业出版社，2015

[5] 单立欣，穆丽丽，建筑施工图设计：设计要点、编制方法［M］. 北京：机械工业出版社，2011

[6] 欧阳东，李克强，赵瑗琳. BIM 技术——第二次建筑设计革命［J］. 建筑技艺，2014（2）：24-29

[7] 中国建筑标准设计研究所. 民用建筑工程设计互提资料深度及图样［M］. 北京：中国计划出版社，2006

[8] 潘佳怡，赵源煜. 中国建筑业 BIM 发展的阻碍因素分析［J］. 工程管理学报，2012，26（01）：6-11

[9] 查克·伊斯曼，伊斯曼，泰肖尔兹，等. BIM 手册：适用于业主、项目经理、设计师、工程师和承包商的建筑信息模型指南［M］. 北京：中国建筑工业出版社，2016

[10] 中国住房和城乡建设部.《建筑信息模型应用统一标准》［M］. GB/T51212-2016

[11] 广东省住房和城乡建设厅《广东省建筑信息模型应用统一标准》DBJT 15-142-2018

[12] 焦柯，杨远丰，周凯旋等. 基于 BIM 的全过程结构设计方法研究［J］. 土木建筑工程信息技术，2015，7（5）：1-7

[13] 黄高松，焦柯. BIM 正向设计的 ISO 质量管理体系研究［J］. 建材与装饰，2018（38）

[14] 杨新，焦柯. 基于BIM 的装配式建筑协同管理系统 GDAD-PCMIS 的研发及应用［J］. 土木建筑工程信息技术，2017，9（03）：18-24

[15] 陈健，李鹏祖，王国光，蒋海峰. 水电工程枢纽三维协同设计系统研究与应用［J］. 水力发电，2014，40（08）：10-12＋100

[16] 张洋. 基于 BIM 的建筑工程信息集成与管理研究［D］. 北京：清华大学，2009

[17] 刘星. 基于 BIM 的工程项目信息协同管理研究［D］. 重庆：重庆大学，2016

[18] 罗远峰，焦柯. 基于 Revit 的装配式建筑构件参数化钢筋建模方法研究与应用［J］. 土木建筑工程信息技术. 2017，9（4）：41-45

[19] 王磊，余深海. 基于 Revit 的 BIM 协同设计模式探讨［J］. 全国现代结构工程学术研讨会. 2014

[20] 何关培. BIM 和 BIM 相关软件［J］. 土木建筑工程信息技术，2010，02（4）：110-117

[21] 吴文勇，焦柯，童慧波，等. 基于 Revit 的建筑结构 BIM 正向设计方法及软件实现［J］. 土木建筑工程信息技术，2018（3）

[22] 杨远丰，莫颖媚. 多种 BIM 软件在建筑设计中的综合应用［J］. 南方建筑，2014（4）：26-33

[23] 陈宇军，刘玉龙. BIM 协同设计的现状及未来［J］. 中国建设信息化，2010（4）：26-29

[24] 李云贵. 建筑工程设计 BIM 应用指南［M］. 北京：中国建筑工业出版社，2014

[25] 中建股份. BIM 软硬件产品评估研究报告，2014

[26] 陈少伟，陈剑佳，焦柯. 基于 Revit 的 BIM 正向设计软件配置研究. 土木建筑工程信息技术，2018，10（5）

[27] 许志坚，陈少伟，罗远峰，蔚俏冬，焦柯. 基于 Revit 的正向设计族库建设研究. 土木建筑工程信息技术，2018，10（6）

[28] 杨新，焦柯，鲁恒，霍浩彬. 基于 BIM 的建筑正向协同设计平台模式研究. 土木建筑工程信息技术（已录用）

[29] 吴彦斌，郑昊，沈晓琳. Revit 参数化体量在概念方案中的应用. 土木建筑工程信息技术.（已录用）

[30] 浦至，郑昊. 超高层办公楼建筑多专业协同 BIM 正向设计. 土木建筑工程信息技术.（已录用）